建筑基坑与边坡工程实例专辑

山东建勘集团有限公司
山　东　大　学

中国建材工业出版社

图书在版编目（CIP）数据

建筑基坑与边坡工程实例专辑／山东建勘集团有限公司，山东大学著. -- 北京：中国建材工业出版社，2021.9

ISBN 978-7-5160-3260-2

Ⅰ. ①建… Ⅱ. ①山… ②山… Ⅲ. ①基坑工程-建筑施工-案例②边坡-道路工程-案例 Ⅳ. ①TU46 ②U416.1

中国版本图书馆 CIP 数据核字（2021）第 153910 号

内 容 简 介

本书选取了山东建勘集团有限公司在基坑与边坡工程方向完成的 52 个代表性项目，并根据工程时间和区域性质不同分为三大部分：软土深基坑支护设计与施工，硬土深基坑支护设计与施工，岩石及土岩组合深基坑、边坡支护设计与施工，归纳了工程案例中技术、管理等方面所取得的成功经验，对存在问题的项目深刻剖析了原因并提出了解决和避免措施。

本书旨在为岩土工程师提供一本内容翔实、资料丰富、实用性强的基坑与边坡设计、施工、治理等方面的参考书籍。

建筑基坑与边坡工程实例专辑

Jianzhu Jikeng yu Bianpo Gongcheng Shili Zhuanji

山东建勘集团有限公司
山　东　大　学　　著

出版发行：中国建材工业出版社
地　　址：北京市海淀区三里河路 1 号
邮　　编：100044
经　　销：全国各地新华书店
印　　刷：北京雁林吉兆印刷有限公司
开　　本：787mm×1092mm　1/16
印　　张：26.75
字　　数：650 千字
版　　次：2021 年 9 月第 1 版
印　　次：2021 年 9 月第 1 次
定　　价：**168.00 元**

编写委员会

序

　　岩土工程（geotechnical engineering）是土木工程的一个重要基础性的分支。在工程设计中，地基与基础在理念上被视为结构（工程）的一部分，然而却与以钢筋混凝土和钢材为主的结构（工程）之间有着巨大的差异，这是因为岩土工程师的工作对象和必须妥善处理的风险主要来自因地而异的地质、地貌环境下天然形成或人工随机填筑、组分复杂、工程性状随环境多变的材料。近代土力学的宗师卡尔·太沙基先生说过，"不走运的是，土是天然形成而不是人造的，土作为大自然的产品始终是复杂的，一旦我们从钢材、混凝土转到土，理论的万能性就不存在了。天然土绝不会是均匀的，其性质因地而异，而我们对其性质的认知只是来自于少数的取样点。"同时，太沙基先生特别强调岩土工程师在实现工程设计质量目标的过程中必须高度重视动态变化风险，他说，"施工图只不过是个愿望之梦，工程师最应该担心的是未曾预测到的工作对象的条件变化。绝大多数的大坝破坏是由于施工的疏漏和粗心，而不是由于错误的设计。"因此，岩土工程是一门应用实践性极强的科学技术，既是一门科学，也是一门艺术，需要辅助相关计算，更要基于专业知识和区域岩土工程特性进行正确的分析判断。因此，提高理论素养并坚持不断地总结和丰富实践经验，无疑是提高执业水平的关键。岩土工程师必须综合运用跨学科的理论知识方法、室内外检测监测成果，在长年工程实践总结、思考和分析的基础上不断汲取经验，才有可能为复杂工程问题提出正确的解决方案。

　　岩土工程技术服务（geotechnical engineering services 或 geotechnical engineering consultancy activities）在国际上已是行业划分标准（Standard Industry Classification, SIC）中的专业技术服务门类之一，如联合国统计署的 CPC86729、美国 SIC 的 871119/8711038、英国 SIC 的 M71129。以 1979 年完成的国际调研为基础，由当年国家计委、建设部联合主导，我国于 1986 年开始正式"推行'岩土工程体制'"，明确"岩土工程"包括岩土工程勘察、岩土工程设计、岩土工程治理、岩土工程检测和岩土工程监理等与国际接轨的岩土工程技术服务内容，并在 1992 年颁布的《工程勘察资格分级标准》（建设部〔92〕建设资字第 25 号）的总则中加以特别说明。经过政府主管部门、行业协会和业界企业 30 多年的不懈努力，我国市场化的岩土工程技术服务体系基本建立起来，其包括技术标准、企业资质、人员执业资格及相应的继续教育认定等，促使传统的工程勘察行业的内涵发生了显著的变化，实现了服务能力和产品价值的巨大提升。通过岩土工程技术服务体系，全行业为社会提供了前所未有、十分广泛和日益深入的专业服务价值，创造了显著的经济效益、环境效益和社会效益，科技水平和解决复杂工程问题的能力获得大幅度的提升，满足了国家建设发展的时代需要。

　　作为岩土工程的重要服务内容，基坑工程与边坡工程涉及岩土工程勘察、岩土工程设计、岩土工程治理和岩土工程监测检测，是典型的专业集成全过程技术咨询服务。由于周边建成环境的复杂性、不同场地工程地质和水文地质条件的多样性、工程基坑和边坡形状的各异性，基坑工程与边坡工程要面对更多的不确定和面临更多的风险和挑战。随着高层建筑、地下工程、高速公路等基础设施的大量密集兴建，基坑工程与边坡工程向着深（高）、长、大的方向发展，周边建成环境的保护对基坑工程与边坡工程提出的要求日益复杂和严苛。近年来，基坑工程和边坡工程的质量安全事故频发，导致严重的经济损失和社会负面影响。为加强基坑工程和边坡工程的安全管理，防范基坑工程和边坡工程安全事故，住房城乡建设部和山东省住房和城乡建设厅先后出台了危险性较大分部分项工程安全管理实施细则。如何在保证工程基坑和边坡及邻近既有建（构）筑物安全的前提下，充分发挥支护体系的承载潜能，做到既经济合理，又施工方便、快速、环保，一直是基坑工程与边坡工程从业人员的关注焦点。

山东建勘集团有限公司（原山东省城乡建设勘察设计研究院，始建于1958年）是我国工程勘察行业的骨干单位，建院63年以来为国家和地方的工程建设、城乡发展和行业科技进步做出了重要的贡献。为帮助和促进从业人员在岩土工程设计、岩土工程治理和项目管理等方面业务水平的提升，山东建勘集团有限公司组织专家精选52个基坑工程与边坡工程的典型项目并主编、出版本专辑。本书内容翔实、资料丰富、实用性强，书中实践素材珍贵可信，其不仅包括成功案例的经验，还包括对问题案例的思考，对初入行业的年轻工程师们是难得的入门教材，对其他从业人员也具有重要的借鉴价值。在此，特别感谢每一位为本书付出辛勤劳动和智慧的专家同仁，并借本书的出版机会，希望业界和全社会对"岩土工程"的认知能够随着技术的创新与实践而不断地深入和发展，共同促进岩土工程技术服务行业的可持续发展，为社会和客户不断创造出新的更大的价值。

全国工程勘察设计大师

中国勘察设计协会副理事长

岩土工程与工程测量分会会长

中国土木工程学会土力学及岩土工程

分会第八、九届理事会副理事长

2021年4月

前　　言

山东建勘集团有限公司（原山东省城乡建设勘察设计研究院），始建于 1958 年，是一家专业齐全的综合勘察设计甲级单位。现有专业技术骨干人才 400 余人，工程技术应用研究员 28 人，高级工程师 88 人；其中，中国工程勘察大师 1 人，山东省工程勘察大师 5 人。先后完成一大批国家级和省级重点工程项目或科研项目，到目前为止有 160 多个项目获得国家级或省部级优秀工程奖或科技成果奖，其中，全国科学大会奖 2 项、国家优秀工程奖铜奖 1 项、全国优秀工程行业（部级）奖 18 项、省级优秀工程奖 91 项。集团公司自 20 世纪 90 年代开始开展基坑、边坡支护设计、施工业务，是山东省内开展此类业务最早的专业单位之一，至今已经发展成省内知名的岩土工程一体化的专业集团公司，于 2019 年经省发展和改革委员会批准成立"山东省基坑与边坡工程研究中心"。

本书旨在为岩土工程师们提供一本内容翔实、资料丰富、实用性强的基坑与边坡设计与施工、治理等方面的参考书。书中宝贵的工程实践经验可为基坑与边坡工程技术发展提供珍贵可信的实践素材。作者从山东建勘集团有限公司完成的数百项基坑与边坡工程中选取有代表性的 52 个项目，其中既有优秀成功案例，也有存在瑕疵和问题的项目。本书根据工程案例的时间和区域性质不同分为三大部分：软土深基坑支护设计与施工；硬土深基坑支护设计与施工；岩石及土岩组合深基坑、边坡支护设计与施工。对于每一个工程案例，作者努力发掘各项目的特点，归纳了工程案例中技术、管理等方面所取得的成功经验，对存在问题的项目深刻剖析了原因并提出了解决和避免的措施。

本书特邀山东大学作为共同著作单位，山东大学张乾青教授、济南大学刘燕博士全过程指导，为本书的整体编排和案例的筛选提出了宝贵意见，并对每一个案例进行了深入分析与凝练。本书得到了山东建勘集团有限公司各施工、勘察专业公司广大技术人员的大力支持，为作者提供了大量的数据和素材，在此向每一位在基坑、边坡技术专业化发展过程中为山东建勘集团有限公司付出辛勤劳动和智慧的同事们致敬！

在本书出版过程中，国家工程勘察大师严伯铎先生通篇审阅并提出了宝贵的意见和建议，全国工程勘察设计大师沈小克欣然受邀为本书作序。本书还得到了山东省基坑与边坡工程技术中心、山东建筑大学及驻鲁同行业专家的鼎力支持和无私的指导，在此一并表示诚挚的谢意！

由于作者水平和能力有限，书中难免存在不当之处，作者将以感激的心情诚恳接受旨在改进本书的所有读者的任何批评和建议。

作者

2020 年 12 月

目 录

第一篇 绪 论

建筑基坑和边坡工程都属于岩土工程范畴，是运用工程地质学、土力学、岩石力学解决各类工程中关于岩石、土的工程技术问题的科学。建筑边坡一般是永久性工程，可分为建筑物地基边坡、建筑物邻近边坡和对建筑物影响较小的延伸边坡。建筑物地基边坡必须满足稳定和有限变形要求，建筑物邻近边坡须满足稳定要求，对建筑物影响较小的延伸边坡允许有一定限度的破坏。基坑工程一般是临时性工程，是为保证地下结构施工及基坑周边环境的安全，对基坑侧壁及周边环境采用的支挡、加固与保护措施，短期内须满足稳定和有限变形要求。

岩土工程具有不确定性、区域性、隐蔽性的特点，岩土设计参数即使全面详细地现场勘察也难以精确获得施工现场所需的全部数据，因此仅靠工程的岩土勘察报告并不能对岩土工程的施工现场的实际情况有一个整体、全面的认识。岩土性能参数和结构受环境因素的影响较大，岩土施工中不可避免地会对地下岩土层带来一定的扰动，引起岩土层性能和结构的变化。

基坑与边坡工程一般具有以下几个特点：明显的区域特征，不同区域具有不同的工程地质和水文地质条件，即使同一场地也可能会有较大差异；具有明显的环境保护特征，基坑与边坡工程的施工会引起周围地下水位变化和应力场的改变，导致周围土体的变形，对相邻环境会产生影响；具有很强的个体特征，基坑与边坡所处区域地质条件的多样性、周边环境的复杂性、形状的多样性、支护形式的多样性，决定了基坑与边坡工程具有明显的个性；具有很强的动态设计和信息化施工要求特征，施工过程中出现的各类条件的变化以及结构内力、位移等情况的变化，有时难以发现，需采用多种有针对性的检测、监测方法对隐蔽性工程的质量、构件内力、周边环境进行监控。因此，需设计、监测、施工各方协调一致，方可及时解决问题，保证工程施工的安全进行。

基坑与边坡支护是岩土、结构及施工相互交叉的科学，且受到多种复杂因素的相互影响，工程理论落后于生产实践，其在土压力理论、基坑设计计算理论等方面尚待进一步发展。因此，基坑与边坡工程要做到安全适用、技术先进、经济合理，就应该以工程经验为基础，注重概念设计，辅助理论计算进行设计与施工。

基坑工程从早期的放坡开挖和简易木桩围护发展至今，已经形成了应对各种复杂工况的多种支护形式。随着我国城市建设的不断发展，城市高层、超高层建筑、桥梁、市政广场等地上建（构）筑物鳞次栉比，市政管线、地铁车站和隧道、地下商场、地下过街通道、桥梁基础等地下建（构）筑物不断增多。周边复杂的地上和地下工程结构，使得多数位于繁华市区的基坑工程不仅要满足自身结构的安全，还要面临支护空间受限和变形控制严格的双重考验。目前常用的支护形式主要有放坡开挖、土钉墙支护和复合土钉墙支护、水泥土重力式支护结构、钢板桩支护、悬臂式排桩支护、拉锚式排桩支护、内支撑式排桩支护，以及双排桩支护等各种组合支护形式。本书中均有大量典型的类似案例，并根据所在场地水文地质条件不同、周边环境因素不同，分门别类地进行汇总，总结出了可以借鉴的经验与教训，提出了改进建议。另外，一些新的支护技术，随着经济和技术的发展，如地下连续墙、预应力鱼腹梁钢结构组合支撑技术（IPS 工法）、TRD 工法等在山东省区域内也正在被越来越多的工程项目所采用。

我国是一个多山国家，随着城市和工业建设的发展，山地和丘陵地区的土地被大量开发，这些建设场地地形起伏较大，为了满足工程建设的需要而进行大规模的挖方或填方，形成了一系列复杂的建筑边坡。坡地作为山区地形的一种主要特征，一方面，给工程建设提供了一定的方便，使建筑物错落有致，显得更加丰富多彩；另一方面，坡地也给工程建设带来了较大的困难，易出现许多山地灾害。在山地城市建设中，边坡无处不在，边坡处理更是一个较突出的难题，如果处理失误，便可能造成毁灭性灾难。目前，常见的边坡支护措施有喷锚支护、格构式挡墙支护、抗滑桩支护、重力式挡墙、锚杆挡墙、锚定板挡墙、悬臂式挡墙、扶壁式挡墙等。山东建勘集团有限公司曾主编了《边坡工程施工质量验收标准》《边坡工程鉴定与加固技术标准》两本关于边坡工程的地方标准，为山东省的边坡技术的发展做出了较大的贡献，本书选取了一部分有代表性的永久性边坡支护案例，也可以为后续工程提供很好的借鉴。

提到基坑工程，便无法回避地下水控制问题。我国幅员辽阔，水文地质条件复杂，许多地区地下水埋深较浅，甚至出现高承压水层。山东省内，特别是济南泉城，水文地质条件尤为复杂。基坑开挖过程中的渗水和涌水不但影响基坑支护及主体结构施工，还会引发基坑坍塌事故；工程降水使周边建（构）筑物产生不均匀沉降，导致建筑物倾斜甚至破坏等。随着我国基坑工程的发展，工程技术人员对地下水控制的重要性认识越来越高，地下水控制技术理论也越来越丰富。基坑工程地下水控制主要包括降水和截水。目前，常见的降水方法包括集水明排、管井降水、轻型井点降水、喷射井点、电渗井点等。常见的截水方法包括周边或局部设置落底式截水帷幕、悬挂式截水帷幕。成幕方法较多，主要有单轴、双轴或三轴深层搅拌桩搭接截水帷幕，高压旋喷、定喷或摆喷搭接截水帷幕，地下连续墙截水帷幕，咬合桩截水帷幕，TRD 工法桩截水帷幕等，最近新出现的有螺旋钻机素混凝土或压浆止水帷幕、双向深层搅拌桩搭接止水帷幕、变角速高压旋喷止水帷幕、钻搅喷一体截水帷幕等。目前，山东省内以深层搅拌桩搭接、高压旋喷桩搭接为主。

基坑施工过程中，为实时反馈基坑变形数据，监测基坑安全状态，指导下一步施工，实现动态化施工、动态化设计，自然离不开基坑监测技术。随着信息技术的蓬勃发展，深基坑监测正在从单一的人工现场采集数据，向远程自动化数据采集发展，将可以更准确地预测基坑工程的安全状态和控制风险，同时可以更好地指导基坑工程技术的发展。随着我国 5G 技术的普及应用，万物互联时代正在到来，基坑工程实时动态化全面监测的发展步伐正在加快。在监测方面，本书着重的是对监测数据的分析和应用。

本书从山东建勘集团有限公司完成的数百项基坑与边坡工程中选取有代表性的 52 个项目，并根据区域地质不同分为三大部分：软土深基坑支护设计与施工；硬土深基坑支护设计与施工；岩石及土岩组合深基坑、边坡支护设计与施工。

第二篇　软土深基坑支护设计与施工

本专辑所谓的软土基坑，是指组成基坑侧壁的土层以第四系全新统为主，主要有新近沉积的地层、饱和的黄土状土、流塑～可塑的黏性土、松散～稍密的粉（砂）土及碎石土，上部有少量的填土，底部见少量的硬土，基坑降水会引起周边地面产生较大的沉降，对环境影响大。

由于工程地质条件差，可供软土基坑选择的基坑支护形式较少，除受工程地质条件的限制外，还有周边环境条件限制。如天然放坡、土钉墙、复合土钉墙等支护形式，基坑要浅、坡度要缓、环境简单；采用排桩、桩锚等方案，桩径要大、锚杆要长。即使基坑深度不大，若周边环境要求高时，也只有桩撑、地下连续墙＋内撑等方案可选。通常要设置止水帷幕，基坑位移大，安全系数低，出险情况多。

本篇选择了山东建勘集团有限公司完成的 16 个深大基坑支护项目，以桩锚支护方案为主，个别案例涉及内支撑、双排桩支护、悬臂桩支护、复合土钉墙方案。最大支护深度桩锚、内支撑 18m，天然放坡、复合土钉墙 8～10m。

东胜大厦和菏泽电力生产楼是山东建勘集团有限公司开展深基坑支护设计早期完成的项目，早期的软土基坑还有胜利油田计算机中心、济宁医学院附属医院门诊楼、山东省立医院集团影像医学研究所、威海海悦大厦、郓城供电局 1 号楼和 2 号楼等。自《建筑基坑支护技术规程》（JGJ 120—1999）颁布以后，山东建勘集团有限公司作为山东省唯一的岩土工程一体化试点单位身躬力行，但经验少，计算软件少，设计文件不完善，概念不尽合理或存在隐患甚至错误。由于当时公司管理制度不健全，建筑市场监管力度也不够，基坑支护及降水施工在监测、验收等过程管理上有一定的缺陷，许多工程资料缺失严重，检测与监测内容和资料不完善，无法用数据真实反映基坑的实际变形情形。

胜利油田计算机中心基坑设计与施工完成于 20 世纪 80 年代末，采用桩锚支护和高压旋喷桩搭接止水帷幕。

济宁医学院附属医院门诊楼基坑采用土钉墙支护，由于土方队伍不配合，基坑支护时断时续，忽快忽慢，无法正常施工，更由于地层中含有膨胀土，在土钉注浆时，面层出现剥落现象。山东省立医院集团影像医学研究所基坑支护采用了桩锚支护、土钉墙支护和微型钢管桩锚支护等多种支护形式，其中微型钢管桩锚支护时，土方队伍在锚杆注浆完成后的第二天就下挖土方，导致边坡出现水平位移加速、坡体中水管破裂等基坑破坏征兆，所幸及时采取反压措施，才避免酿成大的事故。

威海海悦大厦项目，地下水位较高，未设置止水帷幕，采用开放式管井降水。基坑北、南、西三侧均采用天然放坡，坡面没有进行挂网喷射混凝土面层防护，只用塑料布防雨，施工和使用过程中基本顺利；基坑东侧采用土钉墙支护方案，施工前坡面坡率因环境影响变陡，若改用桩锚支护可能是正确的选择，但选择了增加土钉道数和长度。施工过程中，土方队伍超挖严重，软土坡面直接坍塌，不得已击入大量的木桩等护面措施。且淤泥质混砂地层中的地下水疏干极其困难，在坡面上设置了大量的泄水管、坡体设置了部分导水井。

郓城供电局 1 号、2 号楼基坑支护采用水泥土墙复合土钉墙和桩锚支护方案，地下水控制利用水泥土墙作止水帷幕，结合坑内大口径管井降水。1 号、2 号采用长螺旋超流态压扩灌注 CFG 桩法复合地基，在基坑开挖至基底以上 0.7m 时才开始 CFG 桩施工。由于 CFG 桩距边坡较近，施工造成支护结构被动区地基土扰动，强度降低，水泥土墙复合土钉墙 1d 产生的位移就远超报警值，后部分桩用高压旋喷桩替代。桩锚支护段，坡顶为通行道路，一直有重型车辆行走，支护结构位移非常大，最大达到了近 40cm，附近建筑物都出现了较大的变形。

济南·鑫苑名家基坑，前期采用土钉墙支护方案，土钉竖向间距 1.5~1.8m，水平间距 1.0~1.4m，长度 6.0~13.5m，直径 150mm。第一个基坑开挖支护施工过程中，边坡出现多处滑塌，许多土钉被拔出；后期方案做了大的调整。

长安大厦基坑，采用桩锚支护＋止水帷幕控制方案。由于是单排搅拌桩搭接止水帷幕、施工质量差等原因，基坑降水引起周边建筑物的沉降量大大超过允许值，下部锚杆施工时，锚孔又出现大量的涌水涌砂现象。后对止水帷幕和周边建筑物都采取了加固措施，重新选用了锚杆类型，增加了施工措施等。

德州红星美凯龙一期南地块由于降水井出现质量问题，对地基造成了严重破坏，付出了较高的加固代价。

烟台天马中心项目在基坑开挖过程中，尽管采取了减缓施工速度等一系列措施，但引起周边的建筑物变形仍然超过了规范限值。

德州人民医院门诊楼则以桩撑方案为主，造价相对较高。

1 泺口服装国际会展中心项目深基坑支护设计与施工

1.1 基坑概况、周边环境及场地工程地质条件

项目位于济南市济泺路以西,滨河北路以南,小清河北侧。其占地长、宽均约105m,总建筑面积14万 m^2,其中地上建筑面积约9.7万 m^2,地下面积约4.3万 m^2。主楼位于东南角,地上33层,面积47m×33m,柱距8.4m,采用框架-核心筒结构,桩筏基础;其他区域为裙楼,地上8~9层,采用框架结构,天然地基筏形基础。主楼和裙楼均为地下3层,建筑物±0.000为25.50m,基底标高为11.5m和12.4m。

1.1.1 基坑概况

主楼基坑周边场地地面标高为25.30m左右,基坑深度为13.80m,裙楼基坑周边场地地面标高为24.40~25.40m,基坑深度为12.10m、12.9m和13.0m(图1.1)。

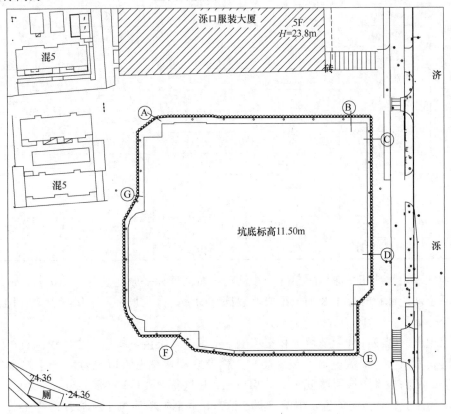

图 1.1 基坑周边环境及支护平面图

设计:叶胜林、赵庆亮、马连仲;施工:张训江、田文利。

1.1.2　基坑周边环境情况

（1）北侧：地下室外墙距 5 层洑口服装大厦外墙 22.5～23.7m，该大厦地上 23.8m，框架结构，沉管夯扩灌注桩基础，桩长 12.0～15.0m，桩端持力层为辉长岩风化层。

（2）东侧：地下室外墙距济洑路路沿石 22.0～28.7m，距人行道边线约 11.2m，距地下电缆 8.7～9.9m。

（3）南侧：地下室外墙距南水北调箱涵 37.5～37.8m，箱涵埋深约 6.0m，箱涵南侧为小清河。施工期间小清河内水位为 20.41m，水深约 2.5m。

（4）西侧：南段较开阔，50m 范围内无建（构）筑物。北段地下室外墙距围墙最近距离为 17.2m，距 2 栋 5 层住宅楼最近距离为 22.2m，砖混结构，天然地基，基础埋深约 1.5m。

1.1.3　场地工程地质条件

1. 场地地层埋藏条件及基坑支护设计岩土参数（表 1.1）

表 1.1　基坑支护设计岩土参数

层　号	土层名称	γ (kN/m³)	c_q (kPa)	φ_q (°)	锚杆 q_{sik} (kPa)
①	杂填土	18.5	5.0	12.0	20
②	粉土	19.1	9.9	19.7	40
	粉质黏土	20.1	12	15.0	40
③	黏土	19.3	12	15.0	40
	淤泥质黏土	18.7	12	10.0	20
④	粉土	19.3	11.3	20.9	45
⑤	黏土	18.5	13.3	16.6	45
⑥	黏土	19.0	23.6	16.4	50
⑦	粉质黏土	19.7	18	19.5	55
	粉土	19.3	11	21.0	55
⑧	黏土	19.5	26	20.9	70
⑨	残积土	19.0	20	20.0	75
⑩	全风化辉长岩	20.0	15	35.0	120

场地位于山间冲积平原地貌单元与小清河、黄河冲积平原地貌单元交接处，地层主要由第四系全新统冲积黏性土及粉土组成，表部有少量的人工填土，下伏燕山期辉长岩。自上而下分述如下：

①层填土（Q_4^{ml}）：分为杂填土和素填土。杂填土，杂色，松散，含砖块、石灰渣、建筑垃圾等；素填土，褐黄色，可塑～硬塑，稍湿～湿，稍密，以黏性土为主，含少量砖屑、灰渣、植物根系。该层厚度 2.10～5.70m，层底标高 18.63～23.25m。

②层粉土（Q_4^{al}）：褐黄色，很湿～湿，稍密，局部夹粉质黏土和淤泥质黏土薄层。该层厚度 0.80～3.30m，层底深度 3.50～6.00m，层底标高 18.55～20.82m。

③层黏土：褐黄色，软塑～可塑，含氧化铁，局部相变为淤泥质黏土、粉质黏土。该层厚度 0.10～3.60m，层底深度 4.70～7.30m，层底标高 17.48～19.92m。

④层粉土：褐黄色，湿，中密，含氧化铁，局部夹黏土薄层。该层厚度 0.40～3.40m，层底深度 6.00～8.50m，层底标高 16.16～18.31m。

⑤层黏土：褐灰～灰黑色，软塑～可塑，含少量有机质，局部为淤泥质黏土。该层厚度 0.30～2.10m，层底深度 7.00～9.30m，层底标高 15.36～17.57m。

⑥层黏土：灰～灰黑色，可塑，含有机质。该层厚度 0.30～1.40m，层底深度 8.10～9.70m，层底标高 14.96～16.70m。

⑦层粉质黏土：灰～灰黄色，可塑，含有机质，局部为粉土、黏土亚层。该层厚度 5.50～7.20m，层底深度 14.30～16.30m，层底标高 8.32～10.25m。

⑧层黏土：灰黄～褐黄色，可塑～硬塑，含氧化铁，底部含少量风化碎屑，局部为粉质黏土亚层。该层厚度 1.40～4.50m，层底深度 16.70～20.00m，层底标高 4.73～7.86m。

⑨层辉长岩残积土（Q^{el}）：灰黄色，可塑，湿。该层厚度 0.40～2.80m，层底深度 17.80～21.60m，层底标高 3.73～6.77m。

⑩层全风化辉长岩（K）：黄绿色，密实，粗砂状。该层厚度 0.40～5.10m，层底深度 19.00～25.00m，层底标高 −0.59～5.66m。

⑪层强风化辉长岩：黄绿色，密实，砂状、碎块状。该层厚度 3.00～20.50m，层底深度 23.20～41.00m，层底标高 −16.28～1.16m。

2. 地下水情况

场地地下水主要为第四系孔隙水和辉长岩风化裂隙水。勘察期间在钻孔内测得地下水静止水位埋深 1.80～3.10m，相应标高 21.44～22.77m。南侧小清河水位标高为 20.41m。与小清河有水力关系。

1.2 基坑支护及地下水控制方案

1.2.1 基坑支护设计方案

本基坑分 7 个支护单元进行支护设计，均采用桩锚支护，基坑安全等级均为一级，基坑周边荷载均按 20kPa 局部均布荷载考虑，地下室外墙肥槽均按 2.5m 考虑。

（1）支护桩采用钻孔灌注桩，桩间距 1.50m，桩径 800mm，桩嵌固深度分别为 7.0m 和 7.9m，冠梁顶设置 0.5m 平台，平台以上按 1：0.6 放坡。

（2）钢筋混凝土冠梁 900mm×800mm，混凝土强度 C30。

（3）桩身主筋为 HRB400，桩身混凝土强度 C30，桩顶锚入冠梁长度 50mm，主筋锚入冠梁长度 700mm。

（4）设 3～4 道锚索，一桩一锚，间距 1.5m，入射角 20°～30°，锚索杆体为 $\phi^s 15.2$ 钢绞线，锚孔直径 150mm，注浆体强度不小于 M20。锚索采用二次注浆，第二次注浆压力 2.5MPa 左右。腰梁为 2 根 22a 槽钢（图 1.2）。

（5）坡顶不小于 1.5m 宽度范围、冠梁外平台及平台以上坡面挂网喷护，面层钢筋网为 $\phi 6@250mm×250mm$，喷面混凝土强度 C20，喷面厚度为 60mm。

（6）锚索抗拔承载力通过现场基本试验确定。

1.2.2 基坑地下水控制方案

地下水位降深按 11.5～12.5m 考虑。由于基底有较稳定的黏土层，基底以下辉长岩

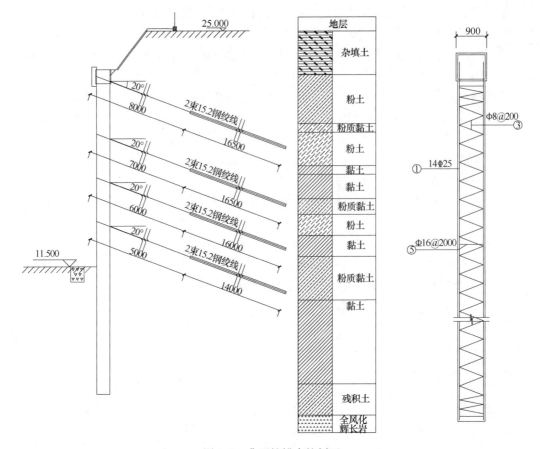

图 1.2 典型桩锚支护剖面

风化层透水性差，可视为较好的隔水层，因此本基坑选择了周边落底式止水帷幕结合坑内管井降水的地下水控制方案。

（1）基坑周边设置高压旋喷桩与支护桩搭接止水帷幕，高压旋喷桩采用三重管旋喷工艺，桩径 1100mm，与支护桩搭接 200mm，桩顶与支护桩冠梁底平齐，桩底标高 4.5m，分别进入坑底 7.0m、7.9m，桩长 16.9～17.8m。水泥用量 520kg/m。

（2）沿基坑周边肥槽按主楼、裙楼分别为 12.0m、14.0m 间距布设降水管井，坑内按 26.0～27.5m 间距布设疏干管井，井径 700mm，滤管外径 400mm，反滤层不小于 100mm。井底进入坑底以下 5.5m，井深 17.6～19.3m。

（3）基坑北侧、东侧及西侧北段帷幕外侧，按 14m 间距布设回灌井，井深 12m，结构同降水管井。

（4）坡顶设置 240mm 宽、高度不小于 300mm 的挡水墙，上翻面层以外一定范围应硬化，且设置一定的外倾角度，在合适的位置设置坡顶排水沟，确保坡顶有组织地顺畅排水。

1.3 基坑支护及降水施工

基坑支护及降水施工于 2012 年 6 月 23 日—2012 年 10 月 18 日进行，垫层、底板施工于2012年10月下旬—2013年4月初进行，至2013年6月15日完成地下结构施工。

（1）基坑邻近小清河，上部土质较软弱，地下水位下降易引起基坑周边大范围的建筑、管线及道路变形，因此止水帷幕质量是关键。在施工前对高压旋喷桩进行了3组试喷试验，选择合理施工参数（水压35MPa，浆压0.5MPa，气压0.6MPa，最大直径1400mm），保证了旋喷桩桩径和搭接。同时，施工期间还应严格控制引孔垂直度，加强回灌井的回灌等措施。

（2）支护桩采用旋挖钻机成孔时，混凝土充盈系数过大。桩身易出现"大肚子"现象，影响锚杆腰梁安装，为此，基坑南侧支护桩采用回转钻机成孔，同时，利用回转钻机产生的废弃浆液作为旋挖钻机护壁浆液，基本解决了成桩质量问题和旋挖钻机成孔充盈系数过大的问题。

（3）在基坑南侧第一道锚索试成锚过程中，出现锚孔坍塌，下锚困难，即使锚索能强行下放的，也出现锚索杆体黏附过多泥块，影响锚索承载能力。经过试验后，改变成锚工艺，锚孔施工到设计深度后，借助钻杆先行注浆，锚孔注满浆液后提取钻杆，再下放锚杆体，利用水泥浆比重大的优势，解决了锚索塌孔问题，确保成锚质量。基坑支护效果如图1.3所示。

图1.3　基坑支护效果图

（4）基底局部处于第8层黏土层，影响降水井降水漏斗的形成，降水效果欠佳，设计也预见到该问题，采用了在坑底设置盲沟协助排水疏干，局部为了加快疏干进度，增设了20cm厚砂石垫层。

1.4　基坑监测

1.4.1　坡顶水平位移（图1.4）

坡顶水平位移总体呈现上升趋势，说明坡顶水平位移整体向坑内位移。其中，基坑东侧北段S05号监测点2012年10月8日、S06在2012年10月18日出现数据异常，超报警值，经分析主要原因是东侧腰梁与支护桩结合不紧密及桩脚被水浸泡造成的。截至2013年5月23日，S05、S06累计变化分别为53.5mm和49.3mm，其他所有观测点的累计值都小于预警值，在控制范围内，累计变化量为23.1~8mm（S16）。其他所有观测点的累

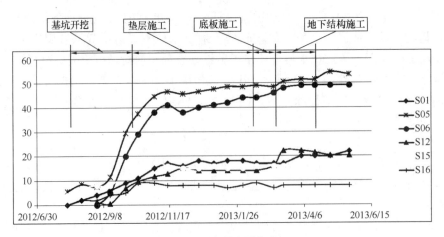

图 1.4　坡顶水平位移

计值都小于预警值。

1.4.2　周边建筑物沉降

周边建筑物沉降总体呈现下降趋势，说明发生了沉降变形，总体变化量较小，数据稳定（图 1.5）。截至 5 月 23 日，最大累计变化量为 -25.86mm（C13），最小累计变化量为 -0.24mm（C03）。

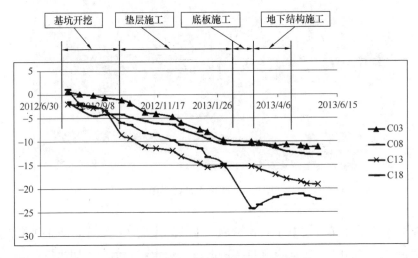

图 1.5　周边建筑物沉降累计变化量曲线

1.4.3　道路、管线沉降

管线、道路沉降总体呈现下降趋势，说明发生沉降变形（图 1.6）。截至 5 月 23 日，管线最大累计变化量为 -30.671mm（C21），最小累计变化量为 24.855（C22）；道路最大累计变化量为 -27.955（D03），最小累计变化量为 1.1725（D04）。

1.4.4　基坑测斜

从 CX3、CX6 点深层位移曲线来看（图 1.7 和图 1.8），最大位移发生在基坑深度 6～8m 处，达 30.565mm 和 47.96mm，均发生在 7.5m 深度处，在基坑深度范围内向上、向下位移逐渐有所减小，至基坑深度以下位移快速收敛，CX3 点深度 15.5m 处位移仅为

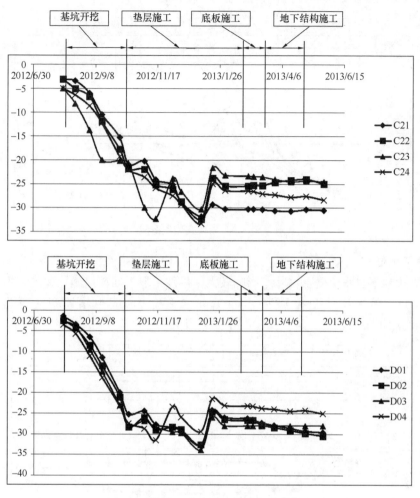

图 1.6 管线、道路沉降累计变化量曲线

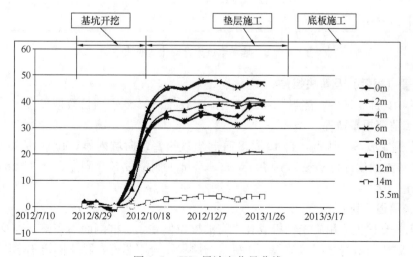

图 1.7 CX3 累计变化量曲线

0.985mm，CX6 点深度 16.5m 处位移仅为－0.720mm。

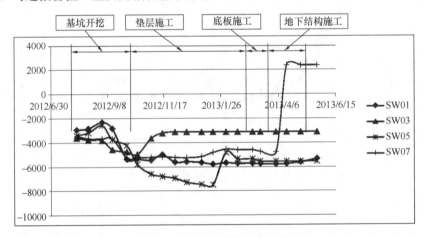

图 1-8　CX6 累计变化量曲线

1.4.5　地下水位

基坑周边地下水水位受基坑降水影响较大，虽然采取了回灌措施，但效果不明显，截至 5 月 23 日，最大累计变化量为－5560mm（SW05），最小累计变化量为 2390mm（SW07），均超报警值，主要是锚孔漏水导致（图 1.9）。

图 1.9　地下水位累计变化量曲线

1.4.6　预警（报警）及解决措施

2012 年 10 月 8 日 S05 测点、2012 年 10 月 18 日 S06 测点项目数据异常。

1. 施工监测报警情况

基坑东侧北段 S05 测点，自 10 月 8 日起出现报警，向坑内累计位移达 35.5mm，在 10 月 17 日该点的累计位移量达到 40.5mm；基坑东侧中段 S06 测点，10 月 18 日达到报警值 36mm。

2. 报警原因分析

基坑东侧支护桩采用旋挖钻机成孔，有的桩位偏差大、桩侧面不齐整，以及旋喷桩成桩质量差，腰梁与桩身之间缝隙很大，桩身与腰梁贴合不紧密，腰梁固定不牢固，坡脚有超挖沟槽、积水严重，东南角个别锚索漏水。水平位移过大的主要原因是锚索锚固力没有有效地作用到支护桩上，桩内侧被动区土体扰动，降低了被动区土压力，从而出现过大水平位移。

3. 现场措施及建议

报警通知单发出后，首先，暂停对东侧的地下水回灌，减少水压力，同时填充腰梁与支护桩之间缝隙；其次，对现状坡脚处进行排水处理，对漏水位置进行封堵，以降低对被动区土体的浸泡和扰动。经采取以上处理措施，S05 和 S06 号监测点变形逐渐趋稳，在修复腰梁和重新对锚索施加预加力后，有降低趋势（图 1.10）。

图 1.10　基坑东侧情况

1.5　结束语

（1）基底以下有较稳定的隔水层或相对隔水层，选择落底式止水帷幕是比较好的选择，但降水井不宜穿透隔水层，除非存在突涌的风险。

（2）当锚索难以插入时，先注浆，再插入锚索，也能收到较好的效果。

（3）在基坑监测过程中，对监测数据的分析处理应该与施工现场的实际情况相结合，找出数据异常的根本原因，消除施工隐患，保证工程安全。影响基坑状态的因素很多，主要的影响因素有工程地质条件、支护设计、地下水位的变化以及开挖方式等，随机的因素有大气降水、坡顶临时堆载等，很难比较准确地预测基坑的状态。只有常巡视，认真监测并合理地分析数据，才能准确掌握基坑的安全状态，预测基坑的变形趋势。

在基坑监测过程中，应积极与施工各方搞好协调工作，及时处理工程施工中的安全隐患，及时反馈工程中的问题，共同保证基坑安全。

2 济南·鑫苑名家项目深基坑支护设计与施工

2.1 基坑概况、周边环境及场地工程地质条件

项目位于济南市历山北路以西，水屯北路以北，历黄路以东，小清河以南。建筑面积约70万 m²，单体建筑47栋，其中8层18栋，18层7栋，25～33层21栋，3层幼儿园1栋，地下车库6栋（图2.1）。原为黄台木材厂及梁府村庄，为拆旧重建场地。

图 2.1　场地卫星图片

2.1.1 基坑概况

本工程分6个地块，按6个独立基坑进行开挖，各基坑概况见表2.1。

表 2.1　各地块基坑概况

地块编号	基坑规模（m×m）	建筑编号	建筑层数	现状标高（m）	槽底标高（m）	开挖深度（m）
Ⅱ-1	196×196	17 号～25 号	18～33	23.19～24.01	18.85～19.65	4.2～10.0
		地下车库				6.0/10.0
Ⅱ-2	238×164	7 号～16 号	25～33	23.54～24.74	16.95～17.6	6.0～7.0
		地下车库		23.2～24.33	17.1～17.6	5.6～6.98

设计：叶胜林、赵庆亮、马连仲；施工：李学田、王立建。

续表

地块编号	基坑规模 （m×m）	建筑编号	建筑层数	现状标高 （m）	槽底标高 （m）	开挖深度 （m）
Ⅱ-4	163×112	2号、3号、5号、 6号	33、25	23.3～23.56	16.65～17.75	5.8～6.76
		地下车库		23.3～23.5	17.05～17.55	5.8～6.25
Ⅱ-5	54×21	35号～42号	8	23.42～24.98	18.87～19.47	4.55～6.11
		43号～47号	18	23.58～24.04	18.3～21.5	2.18～5.3
	152×142	地下车库		23.33～24.85	19.2	4.13～5.78
Ⅱ-6	107×21	26号～34号	8	24.8～25.14	18.62～19.92	5.98～6.33
	108×109	地下车库		24.91～25.7	19.3	5.61～6.4
Ⅲ	88×116	1号	25	24.5	15.20	9.3
		地下车库				

2.1.2　基坑周边环境概况（图2.2和图2.3）

（1）北侧：Ⅱ-1、Ⅱ-2、Ⅱ-4和Ⅲ地块基坑开挖上口线距清河南路最近为25.0m。

（2）东侧：Ⅱ-6、Ⅲ地块基坑开挖上口线距历山北路最近为4.1m；距电力一公司宿舍楼群最近为23.0m，该楼均为6层，采用灌注桩基础，基础埋深2.5m，阳台为悬挑结构。

（3）南侧：Ⅱ-4、Ⅱ-5和Ⅱ-6地块基坑开挖上口线距电力一公司宿舍楼最近为42.0m；距水屯北路最近为15.8m。

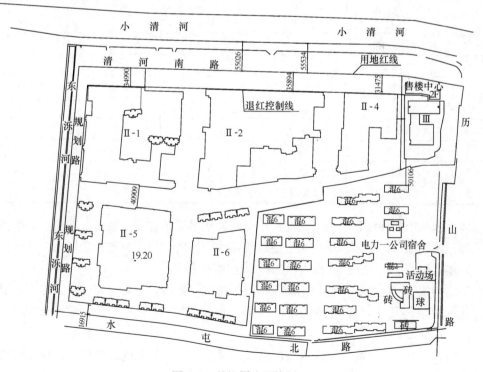

图2.2　基坑周边环境图

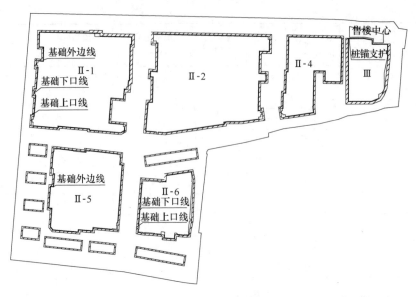

图 2.3　支护平面布置图

（4）西侧：Ⅱ-1 地块和Ⅱ-5 地块基坑开挖上口线距东泺河东岸最近 27.2m。

2.1.3　场地工程地质条件

1. 场地地层埋藏条件及基坑支护设计岩土参数（表 2.2）

表 2.2　基坑支护设计岩土参数

层号	土层名称	γ (kN/m³)	c_k (kPa)	φ_k (°)	土钉、锚杆 q_{sk} (kPa)
①	填土	18.0	8	15.0	20
②	粉土	19.4	12	22.0	38
②-1	淤泥质	17.5	5	5.0	20
③	黏土	17.5	12	5.0	50
④	粉质黏土	18.9	29.5	10.0	62
⑤	粉质黏土	19.8	40.0	17.5	70
⑥	黏土	19.5	45	17.5	70
⑦	粉质黏土	19.1	40	18.0	62

场地地处山前冲洪积平原与黄河、小清河冲积平原结合部，场地上部地层为第四系全新统冲积湖积地层，下部为第四系上更新统冲洪积地层，表部分布有杂填土，下伏白垩纪侵入岩体（图 2.4）。基坑支护影响范围内地层描述如下：

①层杂填土（Q_4^{ml}）：杂色，稍湿~很湿，松散~稍密，主要混碎砖块、碎石、混凝土块等建筑垃圾。其中，在场地的Ⅱ-1、Ⅱ-5 地块局部混生活垃圾。该层厚度 0.80~7.10m，平均 3.10m。

②层粉土（Q_4^{al}）：黄褐~褐黄色，稍密，很湿~湿，含少量云母片，见贝壳碎屑。该层厚度 0.50~2.70m，层底埋深 2.50~6.00m。

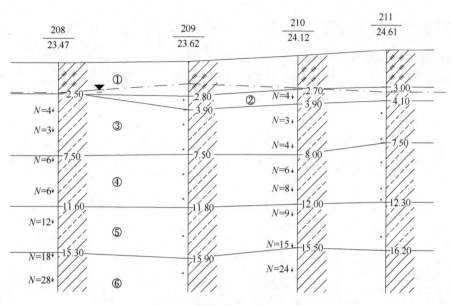

图 2.4 典型工程地质剖面图

②-1 层淤泥质粉质黏土~黏土：灰褐色，流塑，含少量有机质，局部夹粉土薄层。该层在场地内零星分布，主要以透镜体形式出现。该层厚度 0.50~2.20m。

③层黏土夹粉质黏土：灰褐色，软塑~可塑，含少量氧化铁斑点，局部相变为粉质黏土。该层厚度 1.30~6.40m，层底埋深 6.00~9.20m。

④层粉质黏土夹粉土：灰黑~灰褐色，可塑，局部软塑，含有机质及腐殖质，局部相变为黏土，局部夹粉土透镜体（即④-1 层）。该层厚度 2.50~7.40m，层底埋深 10.10~13.40m。

⑤层粉质黏土：浅灰色，可塑~硬塑，局部坚硬，含有机质，混少量的小姜石。该层厚度 2.50~6.50m，层底标高 5.91~10.01m，层底埋深 14.60~18.50m。

⑥层黏土混姜石（Q_3^{al+pl}）：灰黄色，硬塑为主，局部可塑、坚硬，含铁锰氧化物及其结核，混 5%~10% 的姜石，局部姜石含量较高，可达 20%~40%，姜石粒径 1~3cm。该层厚度 4.00~5.50m，层底标高 3.45~4.21m，层底埋深 19.60~20.30m。

⑦层粉质黏土~黏土：棕黄~浅棕红色，可塑~硬塑，局部坚硬，含铁锰氧化物及其结核，偶见姜石，底部混有多量的闪长岩风化碎屑物及少量的圆砾。该层厚度 14.10~22.50m，层底埋深 33.90~42.80m。

2. 场地地下水及周边地表水概况

场地地下水为第四系孔隙潜水，勘察期间，地下水位埋深为 1.80~4.10m，水位标高为 19.93~21.84m，水位年变化幅度为 1.50~2.00m。

场地北侧用地红线距小清河南岸约 50m，河水水深约 1.0m（水面标高约 20.0m），流向东，济南市防洪排涝的主要通道区，钢筋混凝土直岸。

场地东侧的历山路以东，有柳行头河，毛石砌直岸。

场地西侧用地红线距东泺河东岸约 30m，河宽 10m 左右，水深约 1.0m（水面标高约 22.0m），流向北，毛石砌直岸。

2.2　基坑支护与降水方案

2.2.1　原基坑支护方案

原基坑支护设计分 20 个支护单元进行，其中Ⅲ地块北侧紧邻售楼中心，空间较小，采用桩锚支护，其他区段均采用土钉墙或复合土钉墙支护。

1. 土钉墙支护

坡面坡度 1∶0.5，土钉竖向间距 1.5～1.8m，水平间距 1.0～1.4m，长度 6.0～13.5m，土钉孔径均为 150mm（图 2.5）。

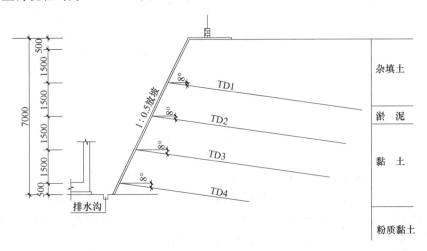

图 2.5　典型土钉墙剖面

2. 复合土钉墙支护

坡面坡度 1∶0.5，土钉竖向间距 1.8m，水平间距 1.2～2.4m，长度 6.0～13.5m，设 2 道锚索，水平间距 2.4m，长度 15.0～16.0m。土钉、锚索孔径均为 150mm（图 2.6）。

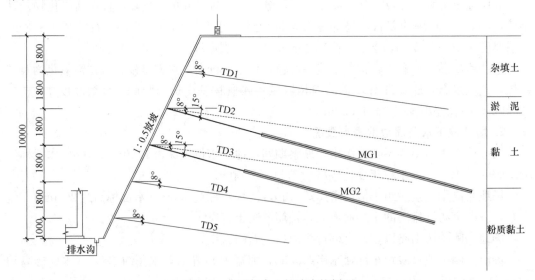

图 2.6　典型复合土钉墙支护剖面

3. 桩锚支护方案

支护桩采用钢筋混凝土灌注桩，间距 1.20m，直径 800mm，设 2 道锚索，2 桩 1 锚，锚索孔直径 150mm，采用二次压力注浆，杆体为 $\Phi^s 15.2$ 钢绞线，腰梁为 2 根 22b 槽钢；桩间土采用 $\Phi 6@200mm \times 200mm$ 钢筋网喷射混凝土面层，强度 C20，厚度 80mm（图 2.7）。

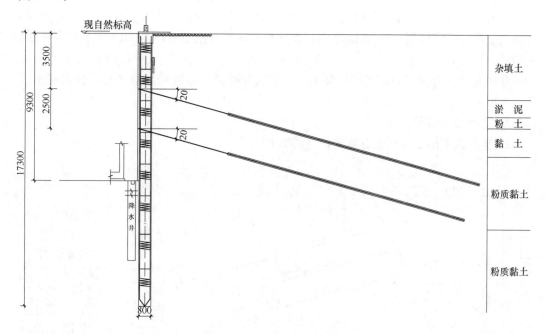

图 2.7 典型桩锚支护剖面图

2.2.2 地下水及地表水控制

基坑采用周边降水管井、坑内疏干管井和集水明排相结合的降排水方案。为了确保周边环境的安全，在北、东、南三侧设置了双排搅拌桩搭接止水帷幕。

（1）基坑周边管井间距 15～16.5m，井深 11.5～16.0m；坑内疏干管井间距 20～30m，井深 12.5～16.5m。

（2）基坑周边坡脚设排水明沟，基坑拐角坡脚、按 30m 间距设置集水坑。

（3）在场地东、南、北三侧设置双排搅拌桩搭接止水帷幕，帷幕底标高低于降水井底约 1.0m；帷幕尽量远离基坑，以土钉不触及帷幕为原则，一般距上口线约 10m。水泥土搅拌桩直径 500mm，搭接 200mm，水泥采用 P·C32.5 复合水泥，掺入量不小于 12%。止水帷幕渗透系数要求不大于 10^{-7}m/s。

（4）附近有建筑物的区段，在帷幕外 1.0～1.5m 布设回灌井，井间距 10m，井深 5.0m。

2.3 基坑支护施工与变更方案

2.3.1 基坑支护施工

2010 年 9 月开始按原设计方案施工，完成周边止水帷幕施工后，首先对 Ⅱ-1 地块进行分层开挖及支护施工，至 2010 年 10 月基坑挖深 4～5m，揭露②-1 层淤泥和③层黏土一定厚度时，基坑迅速变形，2d 内基坑坍塌，相应深度的土钉施工尚未完成。

场地分布的②-1 层淤泥和③层黏土工程性质软弱，根据现场 6 组土钉拉拔试验结果分析，③层黏土的 q_{sk} 仅为 23kPa，与原设计采用 50kPa 有较大出入。

在征得建设单位和原设计单位同意后，我公司对基坑进行了变更设计，对②-1 层淤泥和③层黏土均采取了超前支护，深度小于 8m 的基坑采用水泥土墙＋土钉墙支护，深度大于 8m 的基坑采用桩锚＋土钉墙支护。按 32 个支护单元进行设计。采用变更支护方案后基坑工程实施较顺利，至 2013 年 3 月各地块基坑均开挖完毕，至 2013 年 8 月全部回填完毕。

Ⅱ-4 基坑土方施工破坏了部分降水井、锚头和腰梁，导致局部泡槽和部分锚杆失效，有返工现象。

2.3.2　基坑支护变更方案

1. 重力式水泥土墙＋土钉墙支护（图 2.8）

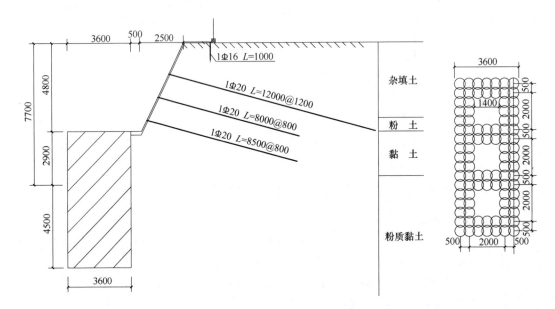

图 2.8　典型水泥土墙＋土钉墙支护剖面图

基坑深度 4.5～7.7m，采用重力式水泥土墙＋土钉墙支护。

水泥土墙为格栅式，墙厚 2.1～3.6m，水泥土强度大于 2.5MPa，墙顶标高与②-1 层淤泥或③层黏土层顶标高相当，嵌固深度 4.0～4.5m。深层搅拌桩直径 600mm，桩距、排距均为 500mm，相互搭接 100mm。水泥用量 75kg/m，桩顶高出土钉墙坡脚以上 200mm。

上部采用土钉墙支护，坡面坡度 1∶0.5。土钉成孔直径 120mm，杆体材料采用 HRB335 钢材，与水平面夹角均为 15°；或钢管土钉，钢管为直径 48mm、壁厚 3mm 普通焊管，注浆压力 0.5MPa 左右。

土钉墙坡面、上翻坡顶及水泥土墙墙顶采用挂网喷射混凝土面层，钢筋网为 Φ6.5@250mm×250mm，喷面混凝土强度 C20，喷面厚度不小于 80mm。

2. 桩锚＋土钉墙支护

基坑深度 8.75～11.0m，采用桩锚＋土钉墙支护。

支护桩采用钻孔灌注桩，桩径 800mm，桩间距 1.50m，嵌固深度 6.00m，设 2 道自钻式锚杆，一桩一锚或两桩一锚，锚杆为 1 根 40/24 自进式锚杆，锚孔直径 150mm。

上部 3.6～4.0m 采用钢管土钉墙支护，坡度 1∶0.6，杆体材料采用直径 48mm、壁厚 3mm 的钢管，与水平面夹角均为 15°。

土钉墙坡面、上翻坡顶及桩间土采用挂网喷射混凝土面层，钢筋网为 Φ 6.5@250mm ×250mm，喷面混凝土强度 C20，坡顶、土钉墙坡面喷面厚度不小于 80mm，桩间土喷射面层厚度不小于 60mm（图 2.9）。

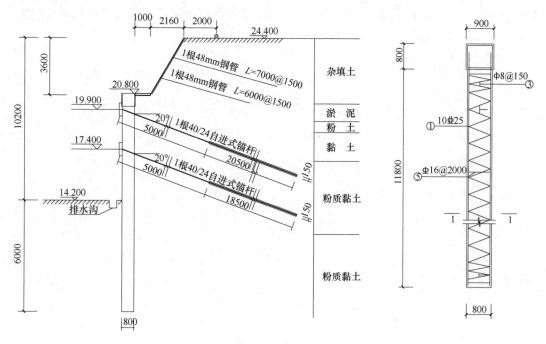

图 2.9 典型桩锚＋土钉墙支护剖面图

2.4 基坑监测

本基坑进行了基坑坡顶沉降、坡顶水平位移及深层水平位移测量；周围建筑的沉降测量；锚索拉力监测。

Ⅱ-1 地块基坑深度 3.5m 以上地层以填土为主，开挖深度小于该深度时，基坑变形正常，揭露②-1 层淤泥和③层黏土后基坑位移迅速发展，直至坍塌。

采用变更支护方案以后，经监测发现，基坑及周边环境变形、锚索内力均在预计范围内，说明支护方案可行，支护效果良好。

2.5 结束语

（1）场地②-1 层淤泥和③层黏土物理力学性质较差，同类地层于小清河流域、大明湖附近都有分布，应通过拉拔试验确定其 q_{sk}。

（2）在此类软土场地，当基坑深度大于 5m 时，应慎用单一的土钉墙支护方案。可以采用重力式水泥土墙或桩对软弱地层进行超前支护，增加基坑边坡坡脚的稳定性。

（3）在土方开挖过程中应注意保护支护结构和降水设施，特别是锚头、钢腰梁。

（4）从本工程来看，淤泥和软黏土中的水泥土搅拌桩宜形成桩周硬、中间软的"糖心"现象，主要是水泥浆在软黏土中不能与土体拌和，软黏土被扰动后重塑蠕变，将水泥浆挤出等原因造成，建议通过多次复搅来改善其拌和效果，并增加试验以判断成桩可能性。

（5）本工程重力式水泥土墙虽然存在"糖心"现象，强度较低，但墙体变形仍然较小，更没有坍塌破坏，综合分析应是墙顶和墙面的喷射混凝土面层起到了积极作用，能有效加强其整体性，保证了基坑安全。建议在类似过程中重视面层设置，并加强面层配筋，以及面层与墙体的连接。

3 新城领寓项目深基坑支护设计与施工

3.1 基坑概况、周边环境和场地工程地质条件

项目位于济南市经十路与拖机道交口西南角，建筑物设计要素见表 3.1。

表 3.1 建筑物设计要素

建筑物名称	结构类型	地上层数	地下层数	±0.00 标高（m）	基础形式
1号~4号公寓楼	框架剪力墙	30~31	2	31.60	桩基
商业	框架结构	2	2	31.60	桩基
地下车库	框架结构	—	2	—	桩基

3.1.1 基坑概况

基坑大致呈矩形，东西长约 105m，南北宽约 172m，基坑支护总长度约 552m。基坑周边地面绝对高程 30.76~31.37m，相对高差 0.6m。基坑开挖深度约 10m（图 3.1）。

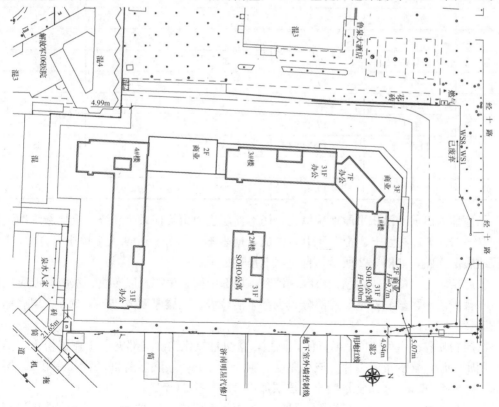

图 3.1 周边环境平面图（上为西）

设计：叶胜林、胡蒙蒙、马连仲；施工：姜福伟、宋家栋、李满利、张翼。

3.1.2　周边环境条件

（1）北侧：地下室外墙距围墙23.5m，距经十路南侧人行道边线33.7m；距中水及天然气管线分别为32.0m和33.6m；东北角有通往场地的污水及天然气管线，现已废弃；

（2）东侧：地下室外墙距围墙（红线）均为5.0m，北段围墙外为一汽丰田特约店办公楼，2层，砖混结构，天然地基，基础埋深约1.0m；中段围墙外为明星汽修厂单层厂房，排架结构；南段围墙外为泉水人家院内空地；

（3）南侧：地下室外墙距围墙（红线）5.0m，围墙外为单层民房，砖结构，天然地基，埋深小于1m；

（4）西侧：地下室外墙距红线5.0m。南段红线为围墙，围墙外为106医院办公楼，4层砖混结构，天然地基，基础埋深约2m；中段红线距围墙2.2～2.7m，围墙外为鲁泉大酒店2层办公楼，砖混结构，天然地基，基础埋深约1.5m；北段红线距围墙1.1～2.5m，围墙外为鲁泉大酒店院内道路，紧邻围墙西侧有架空天然气管线。

3.1.3　场地工程地质条件及基坑支护设计岩土参数（表3.2）

表3.2　基坑支护设计岩土参数

层序	土层名称	γ (kN/m³)	c_k (kPa)	φ_k (°)	锚杆 q_{sk} (kPa)
①	杂填土	(17.0)	(5)	(10.0)	30
②	粉质黏土	19.4	32	9.9	50
②-1	粉土	19.3	17	25.2	55
③	粉质黏土	19.4	33	12.3	55
③-1	粉土	19.2	24	22.9	55
④	粉质黏土	19.3	25	9.7	55
④-1	粉土	19.4	24	20.7	55
⑤	粉质黏土	19.3	30	12.9	65
⑤-1	中砂	(20.0)	(5)	(30.0)	65
⑥	粉质黏土	19.3	34	13.9	70

场地地处山前冲洪积平原地貌单元，场地地层主要由第四系全新统～上更新统冲洪积（Q_4^{al+pl}～Q_3^{al+pl}）黏性土、粉土及中砂构成，地表不均匀分布近期人工填土（Q^{ml}）典型工程地质剖面图，如图3.2所示。自上而下描述如下：

①层杂填土（Q^{ml}）：杂色，松散～稍密，局部中密，稍湿，以砖块、灰渣、混凝土块为主，含少量～多量黏性土，局部分布少量生活垃圾。该层厚度2.20～4.00m，层底标高27.25～29.04m。

②层粉质黏土（Q_4^{al+pl}）：褐黄色，可塑，含少量氧化铁。局部夹②-1亚层粉土，褐黄色，稍密，湿，含少量云母片。该层厚度0.40～2.40m，层底标高26.22～28.41m，层底埋深3.10～5.00m。②-1亚层粉土，该层厚度0.80～1.20m。

③层粉质黏土：灰黑～灰褐色，可塑，含少量有机质，局部相变为黏土。该层局部夹③-1亚层粉土，厚度0.30～0.90m，灰褐色，稍密，湿，含少量云母片。该层厚度1.30～3.90m，层底标高24.18～25.46m，层底埋深6.00～7.10m。

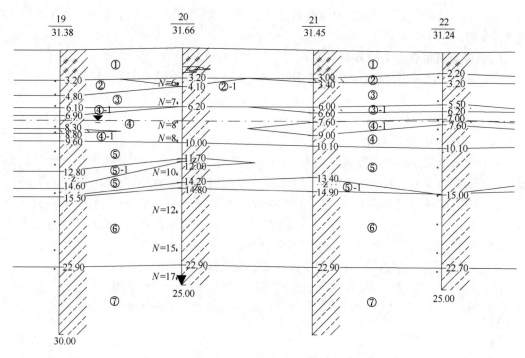

图 3.2 典型工程地质剖面图

④层粉质黏土：黄褐色，局部灰褐色，可塑，含少量氧化铁，偶见小姜石。该层夹④-1 亚层粉土，褐黄色，稍密～中密，湿～很湿，含少量云母片。该层厚度 3.20～4.80，层底标高 20.07～21.78，层底埋深 9.60～11.00m。

⑤层粉质黏土：褐黄～黄褐色，可塑，含少量氧化铁，局部夹粉土薄层，该层顶部含姜石 20%～40%，粒径 2～6cm。该层普遍夹⑤-1 亚层中砂，厚度 0.20～1.80m，灰褐色，中密，饱和，混较多黏性土，偶见卵石。该层厚度 3.40～5.90，层底标高 15.59～17.31，层底埋深 14.20～15.50m。

⑥层粉质黏土（Q_3^{al+pl}）：浅棕红色，局部褐黄色，可塑为主，局部硬塑～坚硬，含少量铁锰结核，偶见 1～6cm 姜石，该层局部相变为黏土。该层厚度 7.30～8.60，层底标高 7.87～8.98，层底埋深 22.20～23.20m。

⑦层粉质黏土：棕黄～浅棕红色，可塑为主，局部硬塑～坚硬，含少量铁锰结核，偶见姜石，该层局部相变为黏土。该层厚度 7.40～7.80，层底标高 0.60～1.11，层底埋深 30.00～30.40m。

3.1.4 场地地下水

场地地下水属第四系孔隙潜水，主要补给来源于大气降水及南侧腊山河侧向补给，主要排泄途径为人工开采及地表蒸发。勘察期间，钻孔内测得地下水静止水位埋深 6.90～7.80m，水位标高为 23.95～24.04m。

3.2 基坑支护及地下水控制方案

3.2.1 基坑支护方案

根据基坑开挖深度、工程地质条件、水文地质条件、周边环境及基坑边荷载分布的特点，基坑支护共 7 个支护剖面，基坑南部采用桩撑，或桩撑与桩锚联合支护。其他部位采用桩锚支护。

1. 桩撑与桩锚联合支护方案（图 3.3）

（1）基坑南部采用排桩＋内支撑支护方案，上部 0.8m 采用 1∶1.0 放坡。

（2）排桩为钻孔灌注桩，桩间距 1.5m，局部加强段为 1.20m，桩径 800mm，嵌固深度 7.5～8.0m，有效桩长 16.9～17.4m，桩身混凝土强度为 C30，支护桩顶锚入冠梁长度 50mm，支护桩主筋锚入冠梁 750mm。

（3）设 2 道支撑，轴线标高分别为 29.80m 和 25.20m，第一道支撑设于冠梁层，混凝土冠梁横截面为 1100mm×800mm，第二道支撑围檩横截面为 1100mm×800mm。

（4）内支撑采用钢筋混凝土梁，主梁横截面为 650mm×800mm，连系梁横截面为 600mm×700mm、500mm×600mm，主梁跨距约 8m，连系梁跨距 8～12m。混凝土梁交叉点设置钢格构立柱，立柱插入立柱桩不小于 1m。

钻孔灌注桩冠梁、腰梁、支撑梁及连系梁混凝土强度为 C30。

（5）支护桩加密区，腰梁或围檩也相应加强，腰梁局部设置抗剪蹬。

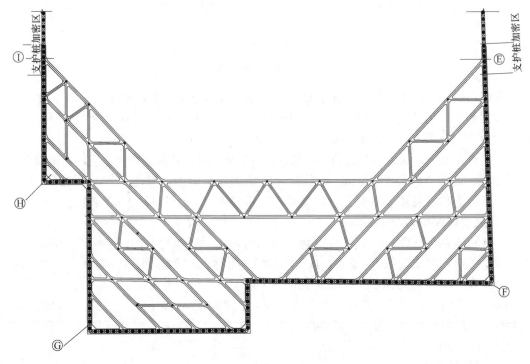

图 3.3　支撑结构平面布置图

2. 桩锚支护方案（图 3.4）

（1）基坑北部采用桩锚支护，支护桩构造同桩撑方案，桩间距 1.5m；

（2）设 2～3 道锚索，一桩一锚，间距均为 1.5m，锚索长度 19.0～25.0m，锚固段长度 14.0～17.0m，锚索孔直径 150mm，采用二次注浆体强度等级 M20；腰梁为 2 根 22b 槽钢组合；

（3）坡顶放坡、坡顶护面、桩间面层挂钢筋网均采用 Φ6.5@200mm×200mm，喷面混凝土强度等级为 C20，喷面厚度均为 60mm。

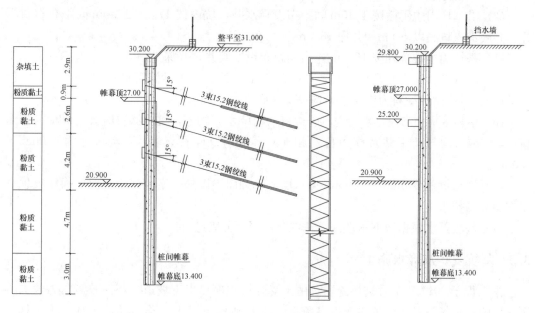

图 3.4　支护剖面图

3. 复合土钉墙支护

施工临时坡道侧面采用复合土钉墙支护，最大支护深度 9.30m，采用 5 道土钉 1 道锚索，坡面挂网采用 Φ6.5@200mm×200mm，喷面混凝土强度等级为 C20，喷面厚度为 80mm（图 3.5）。

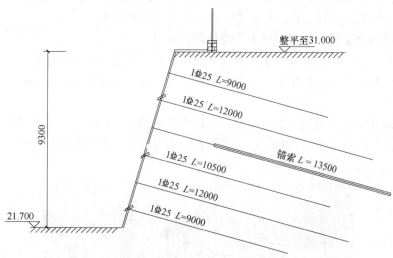

图 3.5　复合土钉墙支护剖面图

3.2.2　基坑地下水控制

基坑采用周边悬挂式止水帷幕，坑内降水、疏干结合盲沟排水的地下水控制方案。

（1）基坑周边设置二重管高压旋喷桩与支护桩搭接止水帷幕，支护桩间插入 2 根高压旋喷桩，高压旋喷桩桩径 800mm，桩间搭接 300mm，桩间距为 500mm。桩顶标高

27.0m，帷幕底标高为 13.5m，进入坑底以下 7.5～8.3m，水泥用量为 350kg/m。

（2）沿基坑周边肥槽按 13.0m 间距布设降水井，坑内按 17.5～19.0m 间距布设疏干井，井底进入坑底以下 6m，井深 16.0m。

（3）基坑周边帷幕外按 13.0m 左右间距布设回灌井，井深 11.0m。

（4）降水井、疏干井及普通回灌井成孔直径 700mm，无砂滤管直径 400mm，管外包缠双层 60 目滤网，滤料为中粗砂，均设置井底。

（5）沿坑底周边布设排水盲沟，周边盲沟与降水井相连，坑内必要时设置纵横向排水盲沟，坑内盲沟与疏干井及周边盲沟相连，盲沟内以碎石充填，盲沟尺寸为 400mm×400mm。

（6）坡顶设置 240mm×300mm 挡水墙，上翻面层以外一定范围应硬化，确保坡顶有组织地顺畅排水。

（7）基坑降水根据地下水埋深、基坑开挖深度分级进行。

3.3　基坑支护及降水施工

本工程于 2017 年 7 月进场施工，由于受开挖顺序、出土坡道、环保政策压力较大等因素影响，现场设备、劳务多次进出场施工，于 2019 年 7 月才全部验收完成。本工程经历了两个冬季采暖季施工。

3.3.1　工程地质条件对本工程的影响

（1）场地上部普遍存在杂填土，松散，主要成分为砖块、混凝土块等，易坍塌，对支护桩成孔及高压旋喷桩成桩造成困难。

（2）支护桩桩顶标高较高，处于地面下约 0.8m，对桩头质量影响较大。

（3）由于帷幕顶标高较低，回灌井回灌对杂填土影响较大。

针对上述因素，我公司采用以下几种处理方式：

（1）支护桩施工区域对杂填土进行局部换填处理，塌孔严重处采用长护筒进行护筒跟进施工，尽量减小护筒直径超出支护桩桩径的尺寸，缩短交接施工的周期。个别高压喷旋无法成孔，采用引孔工艺施工。

（2）换填及埋设护筒做到周边夯实，灌注完成护筒尽量轻提，且应避免坍塌。

（3）回灌井的顶部杂填土处采用黏性土进行封井充填，严格控制回灌量。

内支撑完工照片如图 3.6 所示。

图 3.6　内支撑完工照片

3.3.2 场地狭小、工序多，给施工组织带来的影响

（1）现场支护桩（368 根）、高喷桩（736 根）、锚索（约 20000m）、腰梁（1212m）、冠梁（552m）、降水井（87 眼）、工程桩（636 根）、抗拔桩（631 根）、内支撑（双层）等诸多施工工序繁杂且大部分交叉作业，现场施工机械设备众多，这对施工质量，尤其是施工安全，是最为严峻的考验。

（2）多种工序交叉施工。土方单位在 2 号楼桩基施工完成后就进场开挖，总包单位在场地中间位置开始施工，坡道多次转换，多工序、多单位、多工种交叉给己方带来了很大的施工难度。施工工作面不足，水泥、砂石料、钢筋笼等没有场地放置，施工道路狭窄等问题都增加了施工难度。

（3）双层内支撑施工难度大。双层内支撑位于基坑南侧，南侧主楼桩、车库桩、立柱桩施工时钻头频繁交换。场地狭小，第一道内支撑采用汽车泵浇筑，第二道内支撑采用地泵浇筑。

3.4 结束语

（1）本场地上部地层较差，基坑南部周边环境较复杂，因而选用了桩撑支护体系，但场地狭窄，工序多，工期延宕。

（2）相对于桩锚支护，桩撑支护体系稳定性要高得多。

4 连云港御景龙湾Ⅲ期深基坑支护设计与施工

4.1 基坑概况、周边环境及场地工程地质条件

项目位于连云港市新浦区巨龙路以东、运河路以西、海宁东路以北、建设路以南。地下室周长约 2000m，呈不规则 L 形。

建筑物分为商业和住宅两大部分，商业±0.00 为黄海高程 4.50m，住宅±0.00 为黄海高程 5.60m。场地地面黄海高程约 4.20m。

4.1.1 基坑概况

场地西北为商业部分，地下 2 层，地下 2 层室内标高约为－5.35m，底板厚度约 1.4m，坑底标高按－6.75～－7.35m，基坑深度为 10.95～11.55m（图 4.1）。

图 4.1 场地位置

场地南部及东部为住宅部分，住宅楼地上 9～33F，地下 1 层，楼间为地下车库，地下 1 层，车库室内地坪有 2 个标高：非机械停车区为－1.05m，机械停车区为－2.05m，

设计：叶胜林、赵庆亮、武登辉；施工：靳庆军、岳耀政。

住宅楼及车库均采用管桩基础，车库承台高度约为0.8m，防水板厚0.45m，坑底标高分别为-1.85m和-2.75m，住宅楼多距基坑周边较远，仅C1号楼距基坑较近，其筏板厚1.5m，基底标高为-3.45m。基坑深度分别为6.05m、6.95m和7.65m。

住宅部分与商业部分基底标高相差4.0m和4.9m，需进行支护。

4.1.2　基坑周边环境条件（图4.2）

（1）北侧：商业部分地下室外墙距建设路红线（围墙）13.7～27.4m，住宅部分地下车库外墙距建设路红线（围墙）11.8～12.0m。围墙内分布电力管线和热力管线，其中热力管线管径720mm，底标高1.96～2.25m，埋深1.95～2.24m，距商业地下室外墙9.3～11.3m，距住宅地下室外墙7.9～10.9，电力管线位于围墙与热力管线之间，距围墙约0.5m，埋深约1.2m。

（2）东侧：地下室外墙距运河路红线（围墙）4.7～6.9m，围墙外0.5～1.0m分布有电信光缆，埋深约1.0m。

（3）南侧：东段地下车库外墙距海宁东路红线（围墙）40.7～84.9m。中、西段地下室外墙距本小区已建一期和二期住宅及会所等建筑物19.3～27.7m，其中住宅楼5～22层，设半层地下室，基础埋深约2.0m，目前已入住；会所3层，均采用桩基。

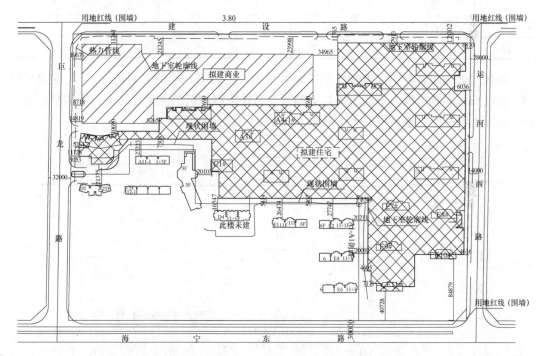

图4.2　场地周边环境图

地下室外墙距未建D4楼16.6m，也设半层地下室，管桩基础。已建小区已设置围墙，其中地下室外墙距E2、E4、E6楼东侧围墙3.6～6.0m、距E1、E2楼北侧围墙5.4～6.8m、A11-1楼北侧围墙7.0～7.3m；会所北侧、A11-1楼东侧、D1楼北侧围墙已进入本项目范围，需拆除。

（4）西侧：住宅地下室外墙距巨龙路红线（围墙）约11.1m，商业地下室外墙距围墙13.3～14.8m；围墙内分布有热力管线，管径720mm，管线埋深1.9～2.2m，距住宅地下室外墙 5.3m，距商业地下室外墙 8.8～11.7m。

4.1.3　场地工程地质条件

1. 场地地层埋藏条件及基坑支护设计岩土参数（表 4.1）

表 4.1　基坑支护设计岩土参数

层号	土层名称	γ （kN/m³）	c （kPa）	φ （°）	锚杆 q_{sk} （kPa）
①	素填土	17.5	15	5	15
②-1	黏土	18.0	26.0	5.6	15
②-2	淤泥	16.2	8.0	2.4	15
③-1	混砂姜石黏土	19.4	48.2	11.6	45
③-2	黏土	19.5	52.1	12.6	50
③-3	黏土	19.5	52.9	12.9	50
④-1	黏土	19.4	53.1	13.1	50
④-2	黏土	19.3	53.2	12.6	50
⑤-1	黏土	19.4	55.0	13.1	55
⑤-2	混砂黏土	19.6	55.5	13.7	55
⑤-3	粉质黏土		40.1	9.4	

场地地处山间海积平原地貌单元，原为鱼塘，已填平，堆填时间约 15 年，现地形平坦，基坑开挖影响范围内土层主要为第四系全新统滨海相沉积淤泥和黏土、第四系上更新统冲积黏土和砂层，表层分布人工填土（图 4.3）。描述如下：

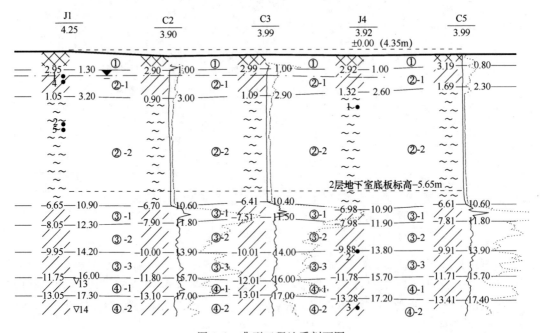

图 4.3　典型工程地质剖面图

①层素填土（Q_4^{ml}）：灰色、灰黄色，湿，松散，主要为黏性土，局部混有碎石、碎砖、塘淤和植物根须等。该层厚度 0.50～3.80m。

②-1 层黏土（Q_4^{al}）：灰黄～褐黄色，软塑～可塑，土质较均匀，含少量氧化铁。该层厚度 0.50～2.40，层底深度 1.70～4.40m。

②-2 层淤泥（Q_4^m）：灰色，饱和，流塑，味微臭，具水平层理。该层厚度 7.10～9.00m，平均该层厚度 8.07，层底深度 9.70～12.40m，平均深度 10.62m。

③-1 层含姜石黏土（Q_3^{al}）：黄褐～灰褐色，硬塑～可塑，土质不均匀，含钙质结核较多，含量 10%～25%，粒径 5～30mm。该层厚度 0.50～2.60m，层底深度 10.60～14.00m。

③-2 层黏土：棕黄～褐黄色，硬塑～可塑，具层理，土质不均匀，局部夹薄层粉细砂及小钙质结核。该层厚度 0.50～3.20m，层底深度 11.40～16.10m。

③-3 层黏土：黄褐～棕黄色，硬塑～可塑，土质欠均匀，含铁锰结核 3%～10%，粒径 2～8mm，含少量钙质结核。该层厚度 0.50～3.20m，层底深度 12.80～17.00m。

④-1 层黏土：棕黄色，硬塑～可塑，土质较均匀，具层理，局部夹薄层粉细砂。该层厚度 0.60～3.80m，层底深度 14.40～19.30m。

④-2 层黏土：黄褐～棕黄色，硬塑～可塑，土质较均匀，局部夹极薄层粉细砂。该层厚度 0.50～3.10m，层底深度 16.40～20.60m。

④-3 层混黏性土砂：灰黄色，饱和，中密～密实，以长石砂、石英砂为主，含贝壳碎片，黏粒含量高，局部为夹 10～30mm 厚的黏土层。该层局部分布，厚度 0.30～1.30m，层底深度 18.00～20.80m。

⑤-1 层黏土：棕黄色，硬塑～可塑，土质欠均匀，局部夹薄层中细砂，含少量铁锰结核。该层厚度 0.50～3.10m，层底深度 17.60～22.60m。

⑤-2 层混砂黏土：黄褐～灰黄色，可塑，土质欠均匀，含中细砂，局部夹极薄层砂层，下部含铁锰结核，粒径 1～5mm，含量约 10%。该层局部缺失，厚度 0.50～3.10m，层底深度 19.10～25.10m。

⑤-3 层粉质黏土：棕黄色，可塑，土质较均匀，局部夹极薄层粉细砂。该层局部分布，厚度 0.50～3.00m，层底深度 20.30～25.70m。

2. 地下水情况

场地地下水为第四系孔隙潜水，场地地层为弱透水层或不透水层，水量小，稳定地下水位埋深 0.35～2.56m，水位标高 2.28～3.44m。年变化幅度 0.50m 左右，近 3～5 年最高潜水位可按整平场地埋深 0.50m 考虑。

4.2 基坑支护及地下水控制方案

4.2.1 基坑支护方案

基坑支护设计共 24 个支护单元，分别采用桩锚支护、重力式水泥土墙、双排桩、桩＋角支撑方案（图 4.4）。

1. 桩锚支护方案

(1) 大部分区段采用桩锚支护，基坑深度 6.05～11.5m。

(2) 支护桩采用钻孔灌注桩，桩径 800mm，桩间距 1.00～1.30m，桩嵌固深度 6.0～

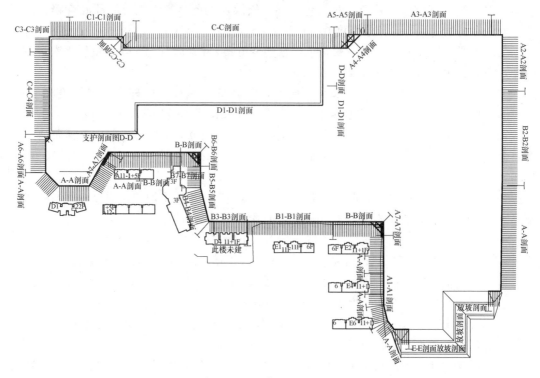

图 4.4 基坑支护平面布置图

8.5m，主筋采用分段配筋，桩身混凝土强度为 C30，桩顶锚入冠梁长度 50mm，主筋锚入冠梁长度 600mm。

（3）桩顶钢筋混凝土冠梁 1000mm×600mm，混凝土强度为 C30。

（4）设 1～2 道锚索，两桩一锚，间距 2.0～2.6m，锚索为高压旋喷锚索，有效直径 500mm，水泥用量 120kg/m，锚索与水平面夹角为 35°和 40°，杆体材料为 3～4 束Φ^{s}15.2 钢绞线。

（5）第一道锚索锁于冠梁，第二道锚索采用混凝土梁腰，混凝土强度为 C30。

（6）桩间土、桩顶平台、平台以上坡面、坡顶以外不小于 1.5m 宽度范围内均挂网喷护，面层钢筋网为Φ6.5@250mm×250mm，混凝土强度为 C20，喷面厚度为 50mm。

典型桩锚支护剖面图如图 4.5 所示。

2. 重力式水泥土墙支护

（1）商业基坑与住宅基坑之间存在 3.55m 和 2.55m 高差，采用重力式水泥土墙支护；基坑西南角基坑深度 6.05m，具有较大放坡空间，因分布深厚淤泥层，为了防止形成深层滑动，设置重力式水泥土墙抗滑（图 4.6 和图 4.7）。

（2）重力式水泥土墙采用直径 700mm 双轴搅拌桩，纵横搭接 200mm，水泥用量 115kg/m。

（3）墙面、墙顶、墙后坡面、坡顶不小于 1.5m 宽度范围内均采取挂网喷护措施，面层钢筋网为Φ6.5@250mm×250mm，喷面混凝土强度为 C20，喷面厚度为 50mm。

3. 双排桩支护（图 4.8 和图 4.9）

（1）基坑南侧有 3 处阳角，为避免锚索交叉，采用双排桩支护，基坑深度分别为

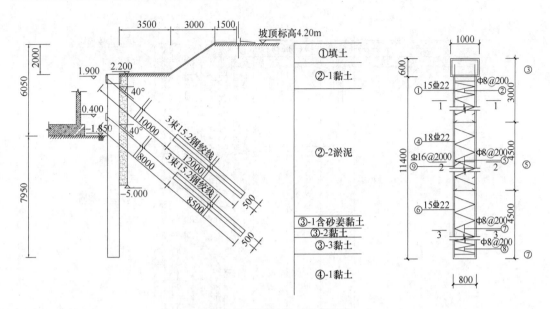

图 4.5 典型桩锚支护剖面图

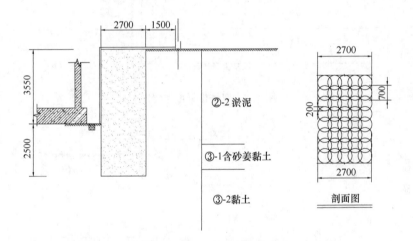

图 4.6 住宅基坑与商业基坑之间重力式水泥土墙支护图

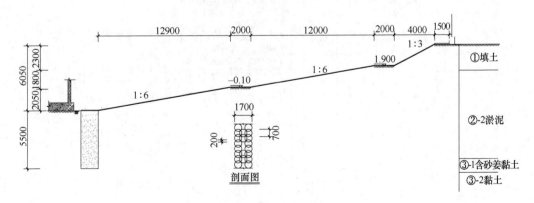

图 4.7 坡底防滑水泥土墙剖面图

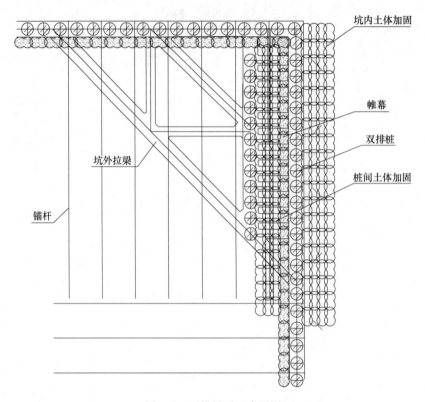

图 4.8 双排桩平面布置图

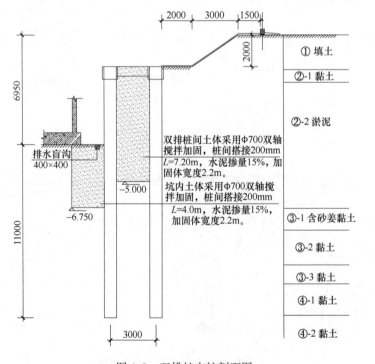

图 4.9 双排桩支护剖面图

6.05m 和 6.95m，冠梁顶标高 2.20m，桩顶以上按 1：1.5 放坡。

（2）支护桩采用钻孔灌注桩，桩径 800mm，排距 3.0m，桩间距 1.0m，桩嵌固深度 11.0m。桩身混凝土强度为 C30，桩顶锚入冠梁长度 50mm，主筋锚入冠梁长度 600mm。

（3）钢筋混凝土冠梁 1000mm×600mm，排间钢筋混凝土连梁 600mm×600mm，混凝土强度均为 C30。

（4）双排桩间宽 2.2m 及坑内宽 2.7m 土体采用水泥土搅拌桩进行加固，搅拌桩桩径 700mm，搭接 200mm，水泥掺入量 15%，约 115kg/m。双排桩间水泥搅拌桩顶标高 2.2m，桩底标高 −5.0mm；坑内加固深度 4.0m 和 5.0m。

（5）桩侧、桩顶以上坡面、坡顶不小于 1.5m 宽度范围内挂网喷护，坡顶每隔 2.0m 砸入 1C16L 的钢筋用以挂网，桩侧按 2.6×2m 间距在支护桩上植筋挂网，面层钢筋网为 Φ6.5@250mm×250mm，混凝土强度 C20，喷面厚度为 50mm。

（6）坑外桩顶处设混凝土拉梁。

4. 桩角撑支护（图 4.10 和图 4.11）

（1）基坑北侧存在阴角、阳角转换处，基坑深度 10.95m，为避免锚索交叉，基坑深采用桩＋角支撑支护。

（2）设 800mm×600mm 的混凝土支撑梁，混凝土强度为 C30。

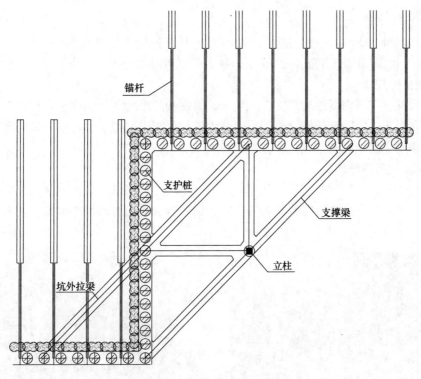

图 4.10　桩角撑平面布置图

4.2.2　地下水控制方案

场地地层透水性较差，基坑采用周边封闭式止水帷幕，结合坑内盲沟排水的地下水控制方案。

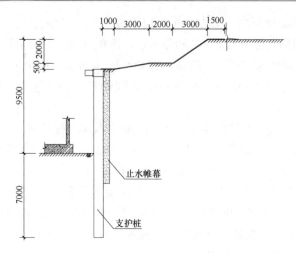

图 4.11 桩角撑支护剖面图

（1）基坑周边设置双轴搅拌桩搭接止水帷幕，桩径 700mm，搭接 200mm，桩底标高 —5.25m 和 —7.80m，桩长 7.2～10.0m，水泥用量约 115kg/m。

（2）坡顶设置 240mm×300mm 挡水墙，坑底周边设置排水盲沟。

4.3 基坑支护施工

住宅基坑自 2014 年 8 月开挖，至 2015 年 4 月开挖到底，商业基坑自 2015 年 5 月开挖，至 2015 年 12 月开挖到底，2016 年 8 月全部顺利回填。

4.3.1 支护桩施工

支护桩深度范围内场地地层为人工填土、淤泥和硬塑为主的黏性土，初期采用长螺旋钻机压灌混凝土、后插钢筋笼成桩，出土量大进尺困难，淤泥层中扩径严重，后改为潜水钻机成孔、水下灌注混凝土成桩。

4.3.2 高压旋喷锚杆施工

锚杆施工初期，连续施工，导致周边道路变形较大，路沿石处出现明显裂缝，后改为间隔施工、降低锚杆自由段喷浆压力等措施，锚杆施工对周边环境影响减弱，未造成道路及管线的破坏（图 4.12 和图 4.13）。

图 4.12 住宅基坑开挖完成时照片

图 4.13 商业基坑开挖完成时照片

锚杆基本试验 4 组，试验发现高压旋喷锚杆抗拔承载力较高，其中锚固段 11m 长的锚杆抗拔承载力远超设计要求，且部分试验因杆体拉断而终止。试验结果见表 4.2。

表 4.2　高压旋喷锚杆基本试验

序号	锚杆直径 (mm)	锚固段 (m)	锚固段地层	杆体配置	设计 R_k (kN)	试验 R_k (kN)
1	500	11	4m 淤泥，7m 黏性土		751.2	936
2	500	11	4m 淤泥，7m 黏性土	4 束 15.2mm 钢绞线	751.2	1068
3	500	11	4m 淤泥，7m 黏性土		751.2	1030
4	500	14	5.5m 淤泥，8.5m 黏性土		936.1	954

4.3.3　基坑排水

基坑深度范围内除表层为不同厚度的填土外，均为淤泥，渗透性很低，基坑四周设置止水帷幕后基坑涌水量极小，基坑开挖及使用过程中基本不需采取地下水排水措施，仅需设置少量集水坑和明沟汇排雨水（图 4.14）。

图 4.14　基坑地下水控制效果照片

4.4　基坑监测

基坑监测数据显示，本基坑水平位移 28～61mm（报警值为 60mm），其中商业基坑处 ZH111 监测点累计位移达到 61mm，超报警值，但支护结构、周边管线及道路未见破坏；其他项目监测结果均在报警值以内。

4.5　结束语

（1）建设场地淤泥层深厚，当选用桩锚支护结构时，桩端、锚杆锚固段应进入淤泥以下稳定地层一定深度，锚杆宜适当增加入射角度。

（2）连云港地区采用桩锚支护时，基坑变形相对较大，在不破坏周边环境的前提下，（当地行业允许）边坡水平变形量可控制至 60mm。

（3）高压旋喷锚杆抗拔承载力高，施工简单，质量可靠，值得推广应用。但在淤泥中施工锚杆时，因对地层的扰动会造成周边有较大变形，对周边环境有较大影响，应控制施工强度，可采取间隔施工等措施降低对周边环境的影响。

（4）连云港地区淤泥渗透性极低，可视为不透水层，上部透水层主要为填土层，基坑排水可采用明排措施，甚至不需采取排水措施。

（5）当支护桩配筋较多时，可采取分段配筋、应用 HRB500 钢筋等措施降低用钢量，以降低造价。

5 东胜大厦项目深基坑支护设计与施工

5.1 基坑概况、周边环境和场地工程地质条件

项目（原胜利油田东胜精攻石油公司综合楼）位于东营市东营区西四路以东，济南路以北，原胜利油田第一招待所院内。建筑面积约7.0万 m²。主楼地上26层，高89.20m，局部104.3m，框筒结构，平面尺寸为33.6m×33.6m，地下2层，桩筏基础，基底标高－9.45m；裙楼分布于主楼北侧、西侧和南侧，地上3层，高16.0m，框架结构，基础埋深1.50m，桩基础。

5.1.1 基坑概况

基坑呈正方形，边长40.10m。场地地面平坦，地面标高整平至5.65m，基底标高－1.95m，基坑深度7.60m（图5.1）。

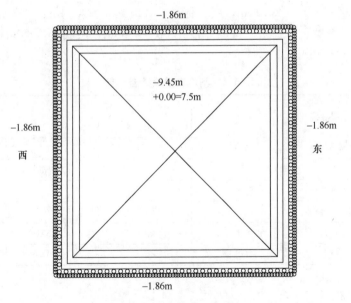

图 5.1 基坑支护平面图

5.1.2 基坑周边环境条件

（1）北侧：为空地。

（2）东侧：地下室外墙距胜利油田餐厅约20m，餐厅为3层砖混结构，天然地基条形基础，埋深约1.5m。

（3）南侧：地下室外墙距胜利油田医院大楼约40m，医院大楼为3层砖混结构，天然

设计：孙松、宋存才、叶枝顺；施工：张立臣、陈勇。

地基条形基础，基础埋深 1.5m。

（4）西侧：地下室外墙距胜利油田招待所登记室 4m，招待所为 1 层砖混结构，天然地基条形基础，埋深约 1.0m。

5.1.3　场地工程地质条件

1. 场地地层埋藏条件及基坑支护设计岩土参数（表 5.1）

场地地处黄河冲积平原地貌单元，地形平坦。基坑支护影响深度范围内为第四系全新统冲积地层（Q_4^{al}），表部有少量填土（Q_4^{ml}），自上而下描述如下：

①层素填土（Q_4^{ml}），杂色，稍密，成分以黏性土为主。层底深度 0.30～1.00m，层底标高 5.06～4.35m。

②层粉土（Q_4^{al}），灰黄～灰褐色，稍密，很湿。该层厚度 2.80～3.70m，层底深度 3.50～4.00m，层底标高 1.92～1.367m。

③层粉质黏土，灰黑～褐黄色，软塑。该层厚度 2.10～2.90m，层底深度 6.00～6.70m，层底标高 −0.64～−1.34m。

④层粉土～粉砂，灰黄～灰褐色，稍密～中密，很湿～饱和。该层厚度 9.20～10.70m，层底深度 15.20～17.20m，层底标高 −9.84～−11.84m。

⑤层粉质黏土，灰褐～灰黄色，可塑，局部软塑，夹粉土薄层。该层厚度 1.20～3.40m，层底深度 18.10～20.10m，层底标高 −12.74～−14.74m。

⑥层粉土：灰黄色，中密。该层厚度 1.00～2.80m，层底深度 20.90～21.50m，层底标高 −15.54～−16.15。

表 5.1　基坑支护设计岩土参数

层号	土层名称	γ (kN/m³)	c (kPa)	φ (°)	锚杆 q_{sik} (kPa)
①	素填土	17.5	8	8.0	15
②	粉土	19.3	8	28.5	35
③	粉质黏土	19.8	10	10.0	35
④	粉土～粉砂	19.9	6	34.0	50
⑤	粉质黏土	20.1	20*	10.0*	45
⑥	粉土	20.1	8*	30.0*	55

注：带 * 的为经验估值。

2. 地下水情况

场地地下水为第四系孔隙潜水，勘察期间地下水埋深为 0.60～0.70m，相应标高为 4.75～4.63m，主要由大气降水补给。

5.2　基坑支护及地下水控制方案

基坑四周均采用桩锚支护方案，采用四周封闭式止水帷幕＋坑内管井降水的地下水控制方案。

5.2.1　支护设计方案

本项目原设计为悬臂桩支护方案。采用钻孔灌注桩，桩径 700mm，桩间距 1200mm，混凝土强度 C30，上部 2500mm 均匀配筋 16 Φ 22，下部不均匀配筋（7＋3）Φ 22＋构造 2 Φ 22。

5.2.2　基坑地下水控制方案

（1）采用单排水泥土搅拌桩搭接止水帷幕，搅拌桩桩长 17m，ϕ700mm，搭接 200mm，上部 10m 水泥用量为 110kg/m，下部 7m 水泥用量为 80kg/m。

（2）在基坑周边肥槽内设置降水管井，间距约 20m，基坑内设置疏干管井。管井井深 17m，井径 700mm，无砂水泥滤管外径 500mm，内径 400mm，外包 80 目过滤网，中砂滤料。

（3）沿基坑肥槽布设排水盲沟及集水坑。

5.3　基坑支护及降水施工

支护桩施工起止于 2000 年 4 月 26 日—5 月 26 日，降水井施工起止于 2000 年 4 月 26 日—5 月 12 日，止水帷幕施工起止于 2000 年 5 月 1 日—5 月 30 日。

上述工作完成以后，开始降水和基坑开挖，发现桩顶位移大，基坑存在较大的安全隐患，遂对支护结构增设了 1 道锚杆。将悬臂桩支护变更为桩锚支护。在基坑外侧设置部分降水井，用于降低地下水位，减少水土侧压力，降低桩身内力，以满足桩身实际配筋现状（图 5.2）。

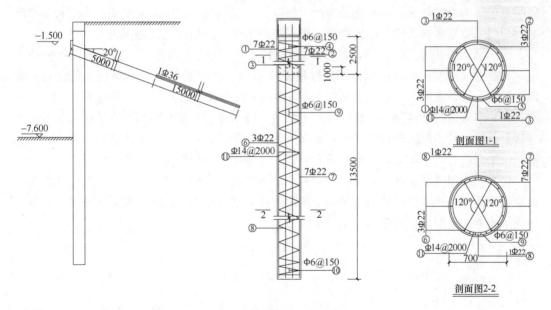

图 5.2　桩锚支护剖面图

考虑地层较软，锚杆在成孔过程中极易出现塌孔现象，也会造成周边地层水土流失，锚杆采用自钻式一次成锚工艺，直径 130mm，锚索倾角为 20°，自由段 5m，锚固段 15m。杆体材料为 ϕ51mm×8mm 钢管，前端 600mm 焊接螺旋页片，注水灰比为 1∶1.5 水泥浆。抗拔力为 172kN，张拉锁定值为 103kN，腰梁为 2 根 18a 槽钢。

锚杆施工起止于 2000 年 7 月 15 日—8 月 8 日，2000 年 8 月 18 日验收完毕。基坑于 2000 年 7 月开挖，8 月底完成。

　　总体效果和基坑位移符合要求，周边地面因降水造成沉降量较大，但未收集到具体的监测数据。

5.4　结束语

　　（1）本项目的岩土工程勘察、深基坑支护设计与施工、桩基础施工均由我公司完成，是省内早期岩土工程一体化典型案例。基坑开挖深度7.60m，在东营、软土地区均属于首例，经过我公司技术人员的全过程动态设计、动态施工，基坑开挖如期完成。在整个过程中对设计方案、施工方法进行数次变更，积累了较为丰富的经验，为我公司的专业化发展奠定了基础。

　　（2）该基坑支护设计过度考虑了经济因素。分段不均匀配筋悬臂桩支护方案，其本意是避免在软土、流砂层中施工锚杆，减少钢筋用量。基坑开挖时发现变形比较大，经设计复核确认支护方案安全性不满足规范要求，增设1道锚杆，支护形式变更为桩锚支护，支护结构整体稳定性和抗倾覆稳定性得到提高，但锚杆的增加导致桩内侧弯矩增大，原有配筋严重不足。为解决此问题，对部分位置采取坑外降水措施，以降低坑外土水压力，减小支护桩弯矩，基本保证了基坑安全。

　　（3）东营地区第四系地层深厚，20m深度以内地层沉积时间都较短，压缩性高。由于基坑帷幕外局部采取了降水措施，导致周边地下水位下降，土体产生附加压力，附加沉降明显，影响范围较大，邻近建筑物产生沉降并出现裂缝。在类似地质条件下进行基坑降水，一般采取止水帷幕结合回灌措施，确保坑外水位下降值在允许范围内。

　　（4）早期的基坑支护方案，以概念性设计为主，结构内力计算、整体稳定性分析不足，也是造成本项目整体稳定性、抗倾覆安全系数、桩配筋等方面不满足规范要求的原因。另外，计算表明，支护桩上部2.5m以内增加配筋没有必要。

　　（5）东营市西城区地层以粉（砂）土为主，降水井质量差时会出现含砂量大、不出水等现象。前者易出现流砂现象，引起地基土密实度降低、地表塌陷、大面积沉降等，施工期间应注意检查施工质量，特别是成孔直径、反滤层厚度与质量、出水含砂量等。

　　（6）在类似地层条件下，锚杆施工易出现塌孔现象，严重情况下会因坑外土体大量流失造成地面塌陷。本项目在山东区域首次引进并成功应用了自进式一次成锚工艺，较好地解决了此类工程问题，消除了安全质量隐患。

6 景典杰座项目深基坑支护设计与施工

6.1 基坑概况、周边环境及场地工程地质条件

项目位于东营市西城济南路北侧，西二路东侧。该项目包括3栋主楼及辅助商业楼。1号、2号主楼以8～9层为主，局部19层，带1层地下车库，框架结构，钻孔灌注桩基础；3号楼高10层，无地下室，框架结构，钻孔灌注桩基础。±0.00=5.80m。

6.1.1 基坑概况

现状地面绝对标高约为5.30m，1号、2号楼及车库基础底标高为0.3m，3号楼为3.55m，基坑开挖深度分别为5.00m和1.75m。本案例为1号、2号楼及车库部分（图6.1）。

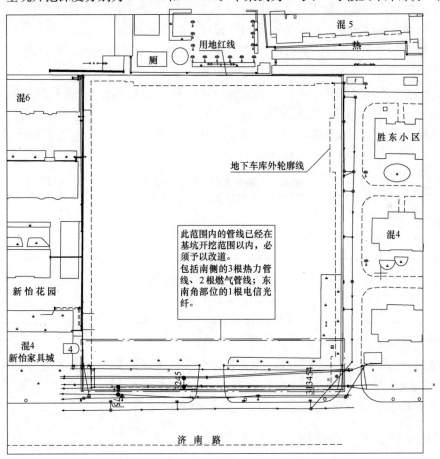

图 6.1 基坑平面布置以及周边环境图

设计：赵庆亮、马连仲、叶枝顺；施工：马群。

6.1.2 基坑周边环境情况

（1）北侧：基坑开挖底边线距拟建 3 号楼场地 6m，拟建 3 号楼采用桩基础，待本基坑回填后建设。距围墙 30m，围墙外约 11.80m 有 1 栋 5 层建筑物；

（2）东侧：开挖底边线距围墙约 5.0m，围墙外 10m 处为已建 4 层居民楼，天然地基筏板基础，埋深约 1.50m；

（3）南侧：开挖底边线距济南路沿石 13.50m；路北侧管线较多，主要为直埋燃气、热力等管线，最近管线距基坑开挖底边线约 6.0 m，埋置深度一般为 0.70～2.30m；西段坡顶设置施工道路；

（4）西侧：开挖底边线距围墙约 6.0m，围墙外已有建筑 5～6 层，框架结构片筏基础，基础埋深 1.50m，距围墙最近约 2.0m。坡顶设置进出场道路。

6.1.3 场地工程地质条件

1. 场地地层埋藏条件及基坑支护设计岩土参数（表 6.1）

场地地处黄河冲积地貌单元，场地地层为第四系全新统冲积层，表层为素填土，自上而下描述如下。

①层素填土：黄褐～灰褐色，上部 0.50m 以杂填土为主，含大量建筑垃圾，下部以粉土为主，夹粉质黏土团块，土质不均匀。该层厚度为 1.00～2.70m。

②层粉土（Q_4^{al}）：黄褐～灰褐色，湿，稍密～中密，土质较均匀，含铁质条斑。该层厚度为 1.10～2.90m，层顶埋深为 1.00～2.70m。

③层粉质黏土：灰褐色，软塑，土质较均匀，夹粉土薄层，含少量有机质斑点。该层厚度为 2.90～5.50m，层顶埋深为 3.00～4.30m。

④层粉土：灰褐～浅灰色，湿，中密～密实，夹粉质黏土薄层。该层厚度为 4.40～6.20m，层顶埋深为 7.10～8.60m。

表 6.1 基坑支护设计岩土参数

层序	土层名称	γ (kN/m³)	c (kPa)	φ (°)	锚杆 q_{sk} (kPa)
①	素填土	18	10	10	20
②	粉土	18.7	12.6	24.7	35
③	粉质黏土	18.7	16.8	4.4	28
④	粉土	18.3	12.4	27.7	45

2. 地下水情况

场地地下水属第四系孔隙潜水，主要靠大气降水补给，以蒸发方式排泄。2009 年 8 月 11 日测得稳定水位埋深为 1.55～1.85m，相应标高为 3.29～3.41m，年变化幅度为 2m，历年最高水位按 0.50m 考虑。

6.2 基坑支护及地下水控制方案

基坑安全等级为二级。基坑支护设计使用年限为 12 个月。

6.2.1 基坑支护设计方案

基坑按 6 个支护单元进行支护设计，基坑深度按 5m 考虑。

（1）基坑东侧和南侧东段采用 SMW 工法支护方案，设深层搅拌桩 ϕ700mm 2 排，桩距、排距 550mm，桩顶标高 4.8m，桩长 10.50m，水泥用量为 85kg/m。内排插钢管，型号为 ϕ89mm×6mm，长度为 9.00m，钢管顶标高 3.80m。设 2 道锚杆，间距为 2.00m，长度为 14.50m。水泥土墙内侧及坡顶外 1.50m 范围内采用挂网喷护（图 6.2）。

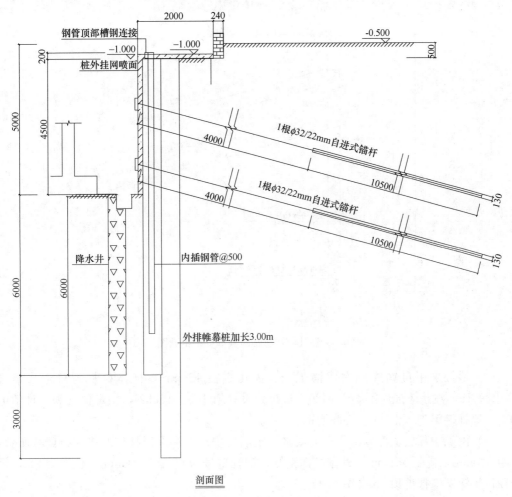

剖面图

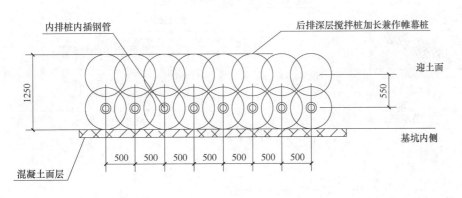

平面布置大样图

图 6.2 SMW 工法支护剖面图

（2）基坑南侧西段、西侧采用钻孔灌注桩锚支护方案，桩径 600mm，桩间距 1.00m，嵌固深度 5.00m，下部增加 4.50m 素混凝土桩作止水帷幕。设 2 道锚杆，间距 2.00m，长度 17.50～18.00m（图 6.3）。

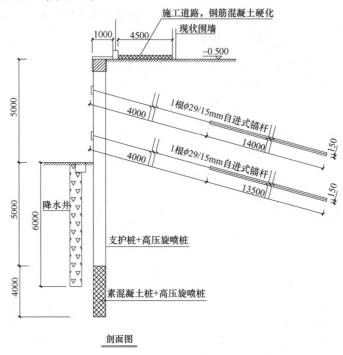

图 6.3　钻孔灌注桩锚拉典型支护剖面图

（3）锚杆采用自钻式一次成锚工艺。锚孔直径 150mm，杆体材料为自进式锚杆 KML29/15，注浆体强度不小于 M20，抗拉力设计值 105～160kN，锁定值均为设计值的 70%。锚杆腰梁为 2 根 14a、18a 槽钢。

（4）南侧中部坡道部分采用重力式水泥土墙支护；设深层搅拌桩 5 排，格栅状布置，桩距 500mm，排距 550mm。外排桩插钢管，钢管型号为 ϕ89mm×6mm，长度为 9m，钢管顶低于深层搅拌桩顶 1m（图 6.4）。

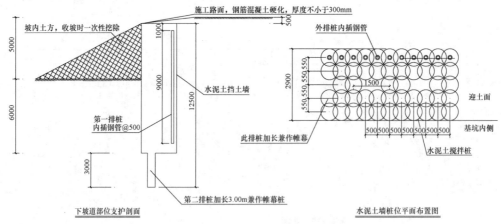

图 6.4　重力式水泥土墙支护剖面图

（5）基坑北侧采用土钉墙支护，坡面按 1∶0.8 放坡，设 3 道土钉，土钉横向间距一般为 1.5m，局部为避开 3 号楼基桩，水平位置适当调整为 0.2～0.3m。面层混凝土强度为 C20，厚度 80mm。

6.2.2　基坑地下水控制方案

场地地下水埋深按 0.50m 考虑，基坑周围设置封闭的悬挂式止水帷幕，结合基坑内管井降水、帷幕外管井回灌进行地下水控制。考虑车库北侧降水井有一定的辐射作用，3 号楼部位水位降深较小（1m 左右），采用明沟排水。

（1）利用桩间高压旋喷桩与支护桩搭接 200mm、加长 SMW 工法桩、重力式水泥土墙第二排深层搅拌桩等形成周边闭合的悬挂式止水帷幕，帷幕顶标高为自然地面以下 4.8m，帷幕入土深度 14m，有效高度 13.5m。

（2）基坑水位降深 5.50m，采用管井降水，在基坑周边肥槽内布设降水井，间距 15m；基坑内布设疏干井，间距 20～22m，坑底周边设置排水盲沟和集水坑。

（3）管井成孔直径 700mm，井深 11m，全孔段均安装滤水管，滤水管采用内径 400mm 的无砂水泥滤管，滤料采用粗砂，滤水管外包 60 目滤水网。

（4）基坑东、西、南三侧的止水帷幕外侧设置回灌井，回灌井井深 9.00m，结构同降水井，水位下降超过 1m 时即进行回灌。另布置观测井以监测回灌效果。

（5）基坑外侧至围墙间地面全部硬化，坡顶挡水墙 240mm×250mm。

6.3　基坑支护及降水施工

3 号楼管桩距坡顶很近，为避免管桩施工对支护结构、止水帷幕造成破坏，基坑开挖前完成南侧 2 排管桩的施工。土钉位置避让 3 号楼管桩基础。

6.4　基坑监测

自 2011 年 5 月 5 日至 2011 年 12 月 10 日共完成 51 次观测。监测数据未达到报警值，基坑、周边环境安全。最大累计沉降量为 24.70mm，最大沉降速率为 0.13mm/d。

6.5　结束语

（1）重视对周边环境的调查，如对东、西两侧已有建筑物情况的详细调查和现状取证，为后续监测、动态设计和施工控制措施提供了准确的依据；经现场踏勘，沿济南路城市管线复杂，同时，东营市的石油输送管线时间久，埋设资料不全。在此情况下，要求建设单位对基坑周边管线进行探测，建设单位对此也比较重视。经探测，新发现了 3 条重要的直埋管线，并采取了保护或迁移等相应措施，为后续基坑的正常安全开挖奠定了基础。

（2）设计采用自进式一次成锚锚杆工艺，解决了在黄河冲积层软土地区锚孔流水涌土（砂），进而危及已有建（构）筑物的安全问题；与常规在类似地层成锚时采取的跟管工艺成锚方案，减少了施工周期和难度，降低了施工成本。

（3）利用支护结构形成止水帷幕，解决了场地狭窄等问题，同时节约工程造价，取得了良好的经济效益和社会效益。

（4）软弱土场地，基底高差较大时，应充分考虑地基基础施工的互相影响，并采取有效的保护措施。

（5）在出土坡道部位采用重力式水泥土墙方案，减少了后期坡道挖除时引起的工作面小、工序变换频繁、工期紧张、工作量小、造价高等各种麻烦。

（6）根据沉降监测结果，基坑开挖和降水对周边建筑物的影响均在预定控制范围内，达到了预期效果。

7 长安大厦项目深基坑支护设计与施工

7.1 基坑概况、周边环境及场地工程地质条件

项目位于东营市西四路（泰山路）东侧，商河路南侧，建筑包括 1 栋 34 层酒店公寓、3 栋 28 层公寓以及 5 层商业，整体设 2 层地下室。本工程±0.00 为绝对标高＋7.15m。自 2010 年 3 月开始建设，至 2013 年 3 月建成，历时 3 年。

7.1.1 基坑概况

基坑大致呈不规则矩形，周长约 487m，基坑面积约 14272m²。基坑周边地面标高为 5.65～6.15m，基坑开挖深度为 12.05～12.95m。

7.1.2 基坑周边环境情况

基坑工程周边环境如图 7.1 所示。

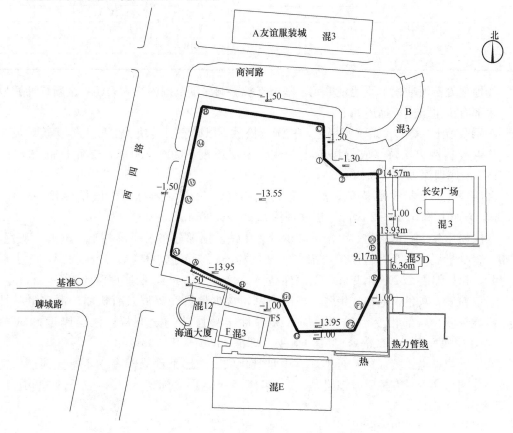

图 7.1 基坑周边环境及平面布置图

设计：马连仲、赵庆亮、叶枝顺。

（1）北侧：基坑边线距友谊大厦约45m，中间为商河路步行街；东北角12.5～20.5m外为东方巴黎B楼，3层，天然地基，基础埋深2.5m。

（2）东侧：基坑边线距长安广场大楼约14m，该楼采用桩基础，桩长20m，地下室埋深4.5m；距长安大厦南侧5层楼约6.5m，天然地基筏形基础，埋深2m；东南角，建筑红线外有1条架空热力管道。

（3）南侧：基坑边线距12层海通大厦为6.9～11.9m，海通大厦采用灌注桩基础，桩长23m，基础埋深2.5m；距海通大厦东侧3层楼约14.8m，该楼无地下室，天然地基条形基础，埋深约2m；距南侧天然地基单层建筑约18.5m，天然地基。

（4）西侧：基坑边线距西四路约12.5m，路边市政管网埋深均为2～3m。

7.1.3　场地工程地质条件

1. 场地地层埋藏条件及基坑支护设计岩土参数（表7.1）

表7.1　基坑支护设计岩土参数

土层编号	土层名称	γ (kN/m³)	c (kPa)	φ (°)	k_v (cm/s)	锚杆 q_{sk} (kPa)
①	杂填土	—	—	—	—	20
②	粉土	19.5	20.0	18.0	4.64E-05	45
③	粉质黏土	19.7	35	15	6.39E-06	55
④	粉砂	19.4	5	22	1.7E-04	60
⑤	粉质黏土	19.7	29	14	3.95E-05	53
⑥-1	粉土～粉砂	19.5	22	19	—	65
⑦	粉砂	20.0	5	32	—	65

场地地处黄河冲积平原地貌单元，基坑支护影响深度范围内均为第四系全新统冲积地层，表部有少量填土，描述如下：

①层杂填土（Q_4^{ml}）：杂～黄褐色，稍湿，松散，以碎石、砖块、混凝土等建筑垃圾为主，含少量黏性土，局部成分以粉土为主。该层厚度1.40～3.00m，层底标高2.82～4.37m，层底埋深1.40～3.00m。

②层粉土（Q_4^{al}）：褐黄色，湿～很湿，稍密，含少量云母片。该层厚度0.80～2.80m，层底标高1.13～2.88m，层底埋深2.90～4.90m。

③层粉质黏土：黄灰色，可塑，含少量氧化铁。顶部分布③-1层黏土，黄褐～灰色，可塑，含少量氧化铁及有机质。局部夹③-2层粉土，灰黄色，稍密，湿～很湿，含少量云母片。该层厚度2.20～4.90m，层底标高−2.83～−0.06m，层底埋深5.40～8.60m。

④层粉砂：灰色，饱和，稍密，局部中密，含少量贝壳碎屑及有机质，混多量黏性土，级配较差，局部相变为粉土，局部夹黏性土薄层或与之互层。该层厚度6.50～10.60m，层底标高−11.28～−8.16m，层底埋深14.10～17.10m。

⑤层粉质黏土：黄灰色，可塑，含少量氧化铁。该层上部局部夹⑤-1黏土薄层，褐灰色，可塑，含少量有机质。该层厚度1.00～5.50m，层底标高−14.14～−11.69m，层底埋深16.80～20.10m。

⑥层粉土～粉砂与粉质黏土互层。

⑥-1层粉土～粉砂：黄褐～灰黄色，中密，湿～饱和，含少量云母片，粉砂成分以石英、长石为主，含少量黏性土。

⑥-2层粉质黏土：浅灰色～黄灰色，可塑，含少量氧化铁，偶见小姜石。该层厚度1.80～5.10m，层底标高－18.06～－15.27m，层底埋深20.90～23.90m。

⑦层粉砂：褐黄色，中密，饱和，成分以石英，长石为主，分选好，含贝壳碎屑，局部相变为粉土，局部夹细薄层黏性土。偶夹⑦-1层粉质黏土，褐黄色，可塑，含少量氧化铁。该层厚度2.00～5.40m，层底标高－22.64～－19.41m，层底埋深25.20～28.10m。

2. 地下水情况

勘察范围内，场地地下水属第四系孔隙潜水。勘察期间，从钻孔内测得地下水静止水位埋深1.60～3.50m，水位标高为2.68～3.18m，该地下水位年变化幅度不大，丰水期水位标高可按4.00m考虑。本设计地下水位埋深按2.5m考虑。

7.2　基坑支护及地下水控制方案

本场地为拆迁场地，场地周边环境复杂。采用桩锚支护方案、深层搅拌桩搭接止水帷幕＋管井降水的地下水控制方案。在施工过程中，支护方案历经数次变更和加强。

7.2.1　基坑支护设计方案

根据基坑周边环境，主要是考虑周围建筑物桩基础的影响，将基坑按5个支护单元进行设计，分别采用桩锚支护和双排桩锚支护。局部高出桩顶以上1.50m左右按1∶1.0放坡。

基坑开挖深度10.55～11.75m。基坑安全等级为一级，施工操作面按1.50m考虑。

1. 基坑北侧、东侧、南侧东段及西侧桩锚支护结构（图7.2）

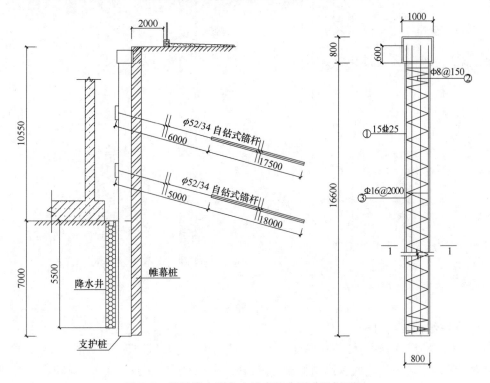

图7.2　单排桩＋预应力锚索的典型支护剖面图

（1）支护桩采用钻孔灌注桩，直径 800mm，间距 1.50m，通长钢筋为 15 根直径 25mm 的 HRB400 钢筋，桩身混凝土等级为 C30。

（2）桩顶钢筋混凝土冠梁为 1000mm×600mm，桩顶锚入冠梁不小于 50mm。冠梁主筋为 HRB400 钢筋，混凝土强度等级为 C30。

（3）锚杆采用自钻式一次成锚锚杆，杆体材料采用外径 42mm 成品锚杆杆体，入射角为 15°，成孔直径 180mm。锚杆注浆材料采用纯水泥浆，水泥强度等级不小于 32.5，注浆体强度 M20。预加力均为设计值的 60%，在注浆体强度到达 15MPa 时施加。

（4）桩间土、冠梁以上放坡、坡顶以上护坡宽度不小于 1.5m 范围均挂网喷面，钢筋网采用 1×5mm 成品钢丝网，喷面厚度 50～60mm。喷面混凝土强度为 C20。

2. 基坑南侧西段双排桩支护结构（图 7.3）

（1）支护桩间距 1.50m，排间距 4.00m，嵌固深度 16.50m，桩径 1000mm，设计桩长 25.60m，通长钢筋为 15 根直径 25mm 的 HRB400 钢筋，混凝土强度等级为 C30。

（2）桩顶钢筋混凝土冠梁为 1000mm×800mm，桩锚入冠梁不小于 50mm。两排桩间横向设置 1000mm×800mm 的连梁。混凝土强度等级为 C25。

（3）桩间土采用挂网喷护，钢筋网采用成品 1mm×50mm 钢丝网，喷护面层厚度 50mm。

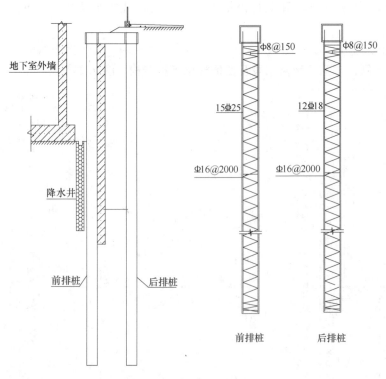

图 7.3 双排桩支护剖面图

3. 支护结构变更（一）

2010 年 3 月，明确主楼筏板厚度为 2.00m，基坑支护设计 C1 段（基坑东侧北段）和 GH 段（南侧中段）基坑底标高由原设计的 −12.70m 变更为 −14.00m，基坑深度分别加深至 11.85m 和 12.80m，基坑支护设计相应变更如下：

（1）C1 段支护变更如下：

1）支护桩嵌固深度不变，桩长相应加长，配筋均不变；

2）在原设计第二道锚杆以下 2.50m 增加 1 道锚杆，适当调整原锚杆长度和杆体直径。

（2）GH 段支护变更如下：

1）支护桩在本次变更之前未施工，支护桩嵌固深度变更为 8.50m、总桩长变更为 19.30m，桩身配筋主筋变更为 17 根直径为 25mm 的 HRB400 钢筋；

2）锚杆仍为 3 道，适当调整锚杆长度和杆体直径。

4. 支护结构变更（二）

2010 年 8 月，在基坑西侧南段坡顶增建售楼处，单层轻钢结构，高 7.50m，采用钢筋混凝土独立基础，基础尺寸 1.00m×1.00m，基础埋深约 1.00m，要求地基承载力特征值 85kPa。售楼处宽度 5.40m，总长度 51.00m。售楼处东侧基础坐落于支护桩顶。

此部分基坑支护设计变更如下：

1）支护桩已经施工完毕，不再调整。

2）在原设计桩顶冠梁以下 0.50m 处增加 1 道锚杆，总长度 18m，锚固段长度为 12m，入射角为 15°，抗拉承载力设计值为 200kN，杆体材料为 1 根 32/20 成品锚杆。

3）腰梁为 2 根 18a 槽钢。

4）其余参数同原设计锚杆。

5）该部位以下原设计的 2 道锚杆竖向位置均下移 0.50m。

6）新增售楼处室内荷载不超过 10kPa。并应确保售楼处内排水系统不渗漏，室外地面应全部硬化，并做好排水系统，不致因排水对基坑支护结构造成影响。

5. 支护结构变更（三）

2011 年 3 月设计变更：建筑物±0.00 由绝对高程 7.15m 提高至 7.60m；裙楼基底标高由原来的−5.55m 调整为−5.95m，基坑深度增加了 0.40m，主楼基坑深度减少了 0.45m。此时支护桩及冠梁已施工完毕。

裙楼部分基坑支护设计变更如下：

（1）支护Ⅰ区：深度由原设计 10.55m 变更为 10.95m。

1）锚杆竖向位置调整：第一层为 1.00m，第二层为−3.20m。

2）锚杆内力设计值均调整为 450kN。

（2）支护Ⅱ区：深度由原设计 11.75m 变更为 12.15m。锚杆竖向位置调整：第三道、第四道锚杆位置均下移 0.50m，标高分别为−3.05m 和−3.55m。

（3）支护Ⅲ区：深度由原设计 10.55m 变更为 10.95m。此处原设计采用双排桩支护，嵌固深度由于基坑深度增加相应减少 0.40m。

1）清除冠梁顶部以上土体，降低地面标高至 3.25m。

2）严禁在此部位坡顶上产生任何堆载，坡顶荷载为 0kPa。

3）坡底需采取坑内土体加固措施，在基坑开挖至−4.40m 时，在此支护范围基坑内侧，采用高压旋喷对基坑内侧 2.00m 宽度范围内土体加固，加固深度为 5.00m。

（4）支护Ⅳ区：深度由原设计 11.75m 变更为 12.15m。锚杆竖向位置调整：第二、三道锚杆位置均下移 0.50m，标高分别为−0.85m 和−3.85m。

（5）支护Ⅴ区：深度由原设计 10.55m 变更为 10.95m。

1）锚杆竖向位置调整：第一道、第二道锚杆位置均下移 0.50m，标高分别为 0.50m 和－3.00m。

2）第一道锚杆锚固段长度调整为 19.00m，锚杆拉力设计值调整为 450kN。

（6）坑内疏干井宜适当增加或增加盲沟明排措施，其余部位及参数按照原设计要求进行。

7.2.2　基坑地下水控制方案

该场地地下水位按 4.00m（绝对标高）考虑，渗透系数取 0.5m/d，水位降深为 10.0m。采用基坑周边设置止水帷幕，结合坑内降水坑外回灌的地下水控制方案。

1. 截水方案

（1）基坑水位降深较大，工程降水对周边建（构）筑物会造成附加沉降，为确保降水施工期间周边建筑物的安全，沿基坑四周设置止水帷幕。

（2）采用双轴深层搅拌桩搭接止水帷幕，桩径 600mm，桩顶标高至自然地面，有效桩长 17.50m，桩端进入第五层不小于 2m，止水帷幕桩设置在支护桩外侧（双排桩部位在前排桩外侧），桩身固化剂为 32.5 级水泥，掺入量 85kg/m，全桩复搅。

2. 降水方案

（1）根据类似工程经验，基坑内采用管井降水。降水井间距 12m，设置在帷幕内侧的预留操作面内；疏干井间距 25m 左右，并结合土建结构设计情况，布置在有利于封井的部位。井深自然地面算起 16m。共布置降水井 39 眼，疏干井 15 眼。

（2）降水井、疏干井母孔直径 600mm，井管采用外径 400mm 的无砂水泥滤水管，滤料采用粒径为 5～10mm 的级配碎石。

（3）在基坑坡底设置 300mm×300mm 排水盲沟，每间隔 30m 左右设置 1 个集水坑，集水坑比排水沟深 500mm。

（4）基坑周边坡顶硬化，构筑排水沟和挡水墙，做好地面积水有组织排放。挡水墙 200mm×240mm。

3. 回灌方案

回灌井位于止水帷幕外侧，间距 12.00m，深度 12.00m，结构同降水井。

7.3　基坑支护施工及加固

7.3.1　基坑开挖支护及加强措施

支护施工单位于 2010 年 3 月进场施工，2011 年 3 月完成支护桩、降水井、止水帷幕的施工。地面工作完成后，2011 年 3 月开始降水、土方开挖。至 2011 年 5 月 23 日，已暴露不少施工质量问题。

1. 止水帷幕施工质量问题

经降水施工发现，基坑内外水位几乎没有高差，证明帷幕无任何作用。初期观测井内水位达 9.00m 左右，与降水井内水位几乎一致。后基坑开挖至 5～6m 深度时，发现桩间土体在深度 1.5m 范围内未见水泥浆液痕迹，施工实际水泥掺入量远未达到设计水泥用量，有的甚至未施工。

造成基坑周边地面、道路和南侧 3 层天然地基建筑物出现较大沉降，至 2011 年 8 月，最大沉降量达到 17cm，且沉降差较大，达 13cm。如此大的沉降和差异沉降，帷幕质量差是主要原因，初期未进行回灌是次要原因。因帷幕质量问题，即使回灌也不可能起到预定效果。

另外，降水井施工质量也存在较大问题：部分降水井出水量不大，井周边的水都不能很好地疏干；部分井内存在出水含砂量大的问题。究其原因，主要是成井直径不满足设计要求的 700mm，反滤层效果太差。

2. 支护结构施工质量问题

腰梁加工安装不规范，开挖至第二道锚杆位置时，支护桩位移量偏大，腰梁出现扭曲现象。2011 年 4 月 22 日至 5 月 17 日，监测点 K2 最大变化量为 70mm，锚杆抗拔承载力检测值不合格。

3. 加强措施

2011 年 4 月 27 日，陆续发现以上质量问题，并且已经对周边建筑物、道路有了不同程度的影响，逐渐引起了建设各方的重视，遂采取了系列的补强和监督监测措施。

（1）基坑支护方面的措施：

1）土方开挖分层分段进行，分段长度不大于 20m，分层厚度不大于 2m；

2）腰梁在安装前按设计大样图进行加工，腰梁支架按设计文件实施。已出现变形的腰梁马上更换；

3）锚杆锁定按照规范要求进行；

4）对基坑东南侧第一道锚杆出现腰梁变形和锁定值损失现象，且无法全部再张拉至锁定值，采取增加设置锚拉桩措施予以补强；

5）加强基坑位移监测，按照设计要求加强监测，并每天反馈监测数据。

（2）地下水控制方面的措施：

1）所有回灌井均已连续回灌，确保井内水位高于正常地下水位，并在基坑南侧增设 5 眼回灌井，包括压力回灌井；

2）加强监测，争取每天监测 2 次；

3）止水帷幕有多处较为严重渗漏点，先坑内反压，然后补强止水帷幕。增加高压旋喷桩与支护桩搭接方案，即在每支护桩间增加 1 高压旋喷桩。

4. 加强后效果

自 2011 年 4 月底至 5 月初，经重新补打止水帷幕，加强回灌措施，局部增加压力回灌，观测井内水位基本在 3.00m 左右，水位下降 2.00m 左右。建筑物沉降速率逐渐降低，3 个月内重点部位（3 层海通大厦副楼）沉降值最大增加 20mm，最小增加 10mm。

7.3.2 基坑支护方案修改（加固）

随着基坑深度增加至 8m 左右时，由于土质松散，水头高，锚孔出现大量流土（砂）现象，造成支护桩外侧地面产生较大程度的沉降，影响已有建筑物的安全。2011 年 10 月，基坑支护方案再次修正，采用直径 500mm 的加劲桩（高压旋喷锚索）工艺替代剩余锚杆（图 7.4）。

基于灌注桩施工质量满足设计要求的条件下，修正方案采用旋喷搅拌加劲桩进行支护，对于漏点将进行外截内堵方案处理。

旋喷搅拌加劲桩（高压旋喷锚索）施工基本要求：

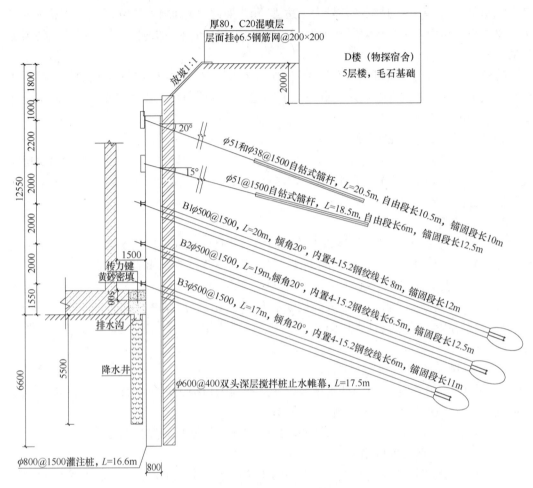

图 7.4　加劲锚杆方案

（1）旋喷搅拌加劲桩采用 P·O42.5 级水泥，水泥掺入量为 20%，水灰比为 0.7；旋喷搅拌的压力应为 20~25MPa。水泥浆应拌和均匀，随拌随用，一次拌和的水泥浆均在初凝前用完。

（2）锚索进入旋喷桩底，待旋喷桩养护 7d 后施加张拉力锁定。

（3）分段分层开挖，分层厚度必须与施工工况相结合且不大于 2m。下层土开挖时，上层的斜锚桩必须有 7d 以上的养护时间并已张拉锁定。

（4）钻孔前按施工图放线确定位置，做上标记；钻孔定位误差小于 50mm，孔斜误差小于 3°。

（5）加劲桩桩径偏差不超过 2cm，并严格按照设计桩长施工。

（6）钢绞线插入定位误差不超过 30mm，底部标高误差不大于 20cm。筋体应放在桩体的中心上，待旋喷搅拌桩体养护 7d 以后，在钢绞线上施加预张力后锁定，使筋体与腰梁、锚具连接牢固。

（7）锚头用冷挤压法与锚盘进行固定，钢绞线采用一次性牵引入孔，同时旋喷成桩；旋喷桩开孔直径为 110mm，钻头钻穿帷幕到达桩后，采用速凝材料对帷幕体与钻杆间隙进行封堵，方可进行牵引入孔。

（8）旋喷搅拌加劲桩及压顶梁强度达到 70％后方可进行张拉锁定。

（9）锚具采用 QVM 系列，锚具和夹具应符合《预应力筋用锚具、夹具和连接器应用技术规程》（JGJ 85—2002）。

（10）采用高压油泵和 100t 穿心千斤顶进行张拉锁定。正式张拉前先用 20％锁定荷载预张拉一次，再以 50％、100％的锁定荷载分级张拉，然后超张拉至 110％锁定荷载，在超张拉荷载下保持 5min，观测锚头无位移现象后再按锁定荷载锁定。若达不到要求，应在旁边补桩。

（11）加劲桩施工前须按照相关规范做基本试验（至少 3 根）。

7.4 基坑监测

此方案经数次调整，陆续出现了周边因基坑降水、开挖、锚杆施工等原因造成的沉降与变形。

（1）施工期间，长安广场（B 楼）自 2011 年 3～4 月出现较大沉降变形，最大达 40mm，此后，在此部位西侧采取注浆加固后，沉降速率有所降低，至 2011 年 9 月最后监测数据显示，4～9 月最大沉降 33mm。9～11 月沉降基本平稳，期间沉降 3mm。沉降曲线如图 7.5 所示。

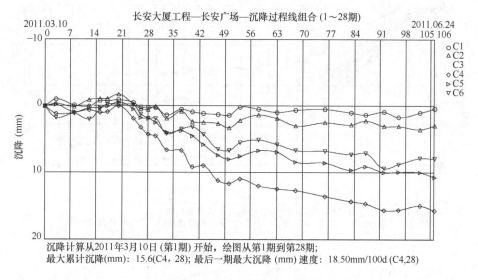

图 7.5 长安广场沉降监测曲线

（2）至 2013 年 3 月全部回填完成，海通大厦东侧 3 层副楼总计沉降量达 36cm。沉降曲线如图 7.6 所示。

（3）长安广场南侧 5 层砖混宿舍楼也发生了较大沉降，近坑两点沉降 26～27cm，远处两点沉降达 11cm 左右。

长安广场布置沉降监测点 6 个，物探院仓库监测结果如图 7.7 所示。

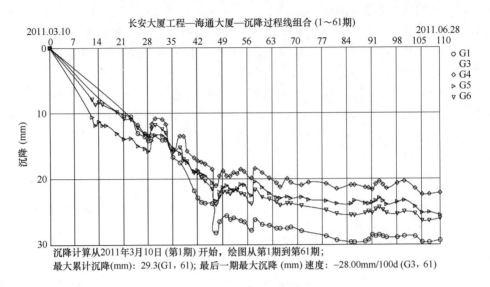

图 7.6 海通大厦监测曲线

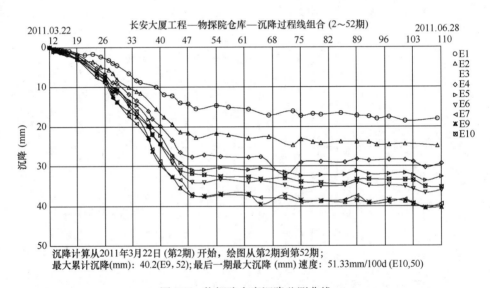

图 7.7 物探院仓库沉降监测曲线

7.5 结束语

（1）东营地区深大基坑经验不足（之前主要完成了东胜综合楼深基坑支护，前面已有叙述，过程充满曲折，不算成功），主要是对黄河新近冲积层岩土体性质没有深入分析，仅凭经验，但经验偏少。

（2）建设单位对基坑工程投入偏低，诱使施工单位以低价投标中标，我公司在中标价格框架内对基坑支护方案完善，增强了支护强度，但止水帷幕由 2 排搅拌桩变为 1 排，整体方案安全度维持在极低水平，不能抵抗任何风险。后期的加强和加固措施投入了大量的资金，工期一再拖延，值得深思。

（3）单排止水帷幕，加之施工质量不好，有的部位帷幕内外水位同起同落，降水影响范围和程度大大增加，附近道路、管线、天然地基的建筑物全部出现较大沉降，后期在支护桩间插打高压旋喷桩，并与支护桩搭接，形成又一道止水帷幕，帷幕外采取了压力回灌、注浆加固等措施，才逐渐降低了沉降速率，但其后果已经极为严重。

（4）对于粉（砂）土地层在高水头情况下，施工锚杆经验不足，锚孔出现严重的涌水涌砂现象，造成了基坑外水土流失，从而加剧了外侧沉降，甚至局部出现了空洞（后采取注浆处理）。

（5）修正方案采用一次成锚的高压旋喷扩大头锚索，此工艺首次在山东区域应用，在规范操作情况下（确保孔口不出现大量返浆，做好孔口封堵措施，间隔施工，降低施工速率），对保持孔内地层稳定起到了预期效果。但此工艺后续在东营另外一个项目中应用时，高压旋喷锚索施工对地层扰动较大，造成地面及附近已有建筑物出现沉降破坏现象；同样，此工艺在其他软土地区，如烟台海滨地区、连云港淤泥质土层内，出现施工造成的附加沉降现象；此工艺对地层扰动很大，特别是全长扩大头，或者扩大头长度大，地层相对敏感的区域，建议有试验或施工经验时方可采用。

8 烟台天马中心项目深基坑支护设计与施工

8.1 基坑概况、周边环境及场地工程地质条件

项目位于烟台市经济技术开发区，长江路与香山路交汇路口的东南侧，烟台开发区天地广场东侧，占地面积约 27521m²，主体建筑为 42 层 167.7m 办公楼 1 栋，40 层 126.6m 公寓楼 2 栋，框筒结构，桩筏基础；3～4 层商业裙房，框架结构；地下车库为 2 层。总建筑面积 74632.5m²。

8.1.1 基坑概况

基坑平面形状大致呈梯形，周长约 600m。基坑周边现状地面标高为 5.20～5.70m，主楼基础垫层底标高－5.80m、裙楼及地下车库基础垫层底标高－3.80m、设备间基础垫层底标高－5.30m。裙楼及地下车库基坑深度为 9.4m，西侧局部加深至 10.9m；主体建筑基坑深度为 11.30m，塔楼核心筒电梯基坑深度加深至 15.6m。

8.1.2 基坑周边环境（图 8.1）

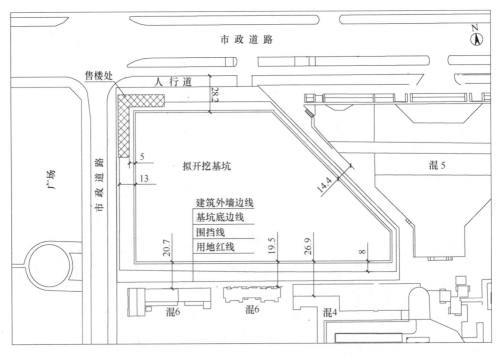

图 8.1 基坑平面及周边环境图

设计：武登辉、叶胜林、赵庆亮；施工：靳庆军、张波。

（1）北侧：地下室外墙距长江路南侧路沿石约 28.2m；距地下室外墙约 13m 外分布有强电和弱电（埋深约 1.5m，电缆）、自来水（埋深约 1.65m，20cm 钢管）、雨水及污水管线（埋深约 1.0m，混凝土管）。

（2）东侧：地下室外墙距围墙约 6m，距 5 层新东方名人大厦最近处约 14.40m，该大厦为框架结构，半地下室，基础埋深约 2.0m，采用碎石桩复合地基独立基础。东侧北段距地下室外墙约 7.0m 分布有污水管线（埋深 1.5～1.7m，30cm 混凝土管）。

（3）南侧：地下室外墙距围墙 7.0～8.0m，围墙外为道路，东段距烟台开发区第一小学约 27m；中段、西段距 6～8 层办公及住宅楼最近处约 19.5m，办公楼为框架结构，住宅楼为砖混结构，均为天然地基筏形基础，基础埋深约 1.50m。住宅楼北侧分布有热力管线（埋深约 1.0m，20cm 钢管）、污水管线（埋深约 1.0m，30cm 混凝土管）。

（4）西侧：地下室外墙距香山路路沿石约 21.2m，香山路人行道下分布有强电（埋深 1.0～2.0m，电缆）、弱电（埋深约 1.0m，电缆）、污水（埋深约 2.0m，混凝土管）及自来水管线（埋深约 1.3m，钢管）。

北侧西段及西侧北段建有售楼处，地上 2 层钢结构，采用天然地基条形基础，基础埋深约 2.8m，地下室外墙西距售楼处约 5.0m、北距售楼处约 4.5m。

西侧售楼处以南为临设，临设在坡顶线 2.0m 以外。

8.1.3 场地工程地质条件

1. 场地地层埋藏条件及基坑支护设计岩土参数（图 8.2 和表 8.1）

场地地处滨海沉积平原地貌单元。场地地层主要为第四系全新统滨海相地层或滨海与冲积交互相地层和第四系更新统冲洪积层，表层有少量的素填土，下伏粉子山群岗嵛组云母片岩。自上而下分述如下：

①层素填土（Q_4^{ml}）：杂色，湿～饱和，松散，该层主要以黏性土混砂、角砾为主，表层 0.3～0.5m 含少量建筑垃圾及植物根须等，成分不均匀，固结程度差。原有旧建筑的场地拆迁后有部分建筑垃圾重新填埋。该层厚度 0.60～4.30m，层底标高 1.50～5.27m。

②层粉细砂（Q_4^m）：黄褐～灰色，饱和，松散～稍密。该层局部夹 2T 层细砂，黄褐～灰色，饱和，稍密～中密，可能因天马大厦或附近工程施工等外界原因密实度增加。该层厚度 0.60～5.60m，层底标高 −0.61～2.85m，层底埋深 2.70～6.30m。

③层粉土：灰黑色，湿～很湿，稍密，含云母碎片、贝壳碎屑，具有腥臭味。该层局部相变为淤泥质粉土，属高压缩性土，为新近沉积软弱层。该层局部相变为 3T 细砂，灰～深灰色，饱和，松散～稍密。该层厚度 0.60～6.30m，层底标高 −5.32～1.00m，层底埋深 4.50～10.60m。

④层细砂：灰～深灰色，饱和，松散～稍密，层底黏粒含量较高，见少量风化的海生贝壳。局部夹 4T 层粉土，深灰色，中密，湿，含云母碎片、贝壳碎屑，具有腥臭味。该层厚度 0.90～7.50m，层底标高 −7.62～−3.11m，层底埋深 7.80～13.00m。

⑤层淤泥质粉质黏土（Q_4^{m+l}）：灰黑色，流塑～软塑，见风化的海生贝壳碎屑，具有腥臭味，局部夹 20～30cm 的细砂薄层。该层属高压缩性土。局部夹 5T 层粉土，灰黑色，中密，湿，含云母碎片、贝壳碎屑，具有腥臭味，为新近沉积软弱层。该层厚度 0.70～7.40m，层底标高 −12.32～−6.57m，层底埋深 12.00～17.70m。

⑥层细砂（Q_4^m）：浅灰色，饱和，松散，局部稍密，黏粒含量较高。该层厚度 0.40～

4.80m，层底标高-12.32～-9.30m，层底埋深14.50～18.00m。

⑦层粉质黏土（Q_4^{m+al}）：黄褐色，可塑，土质均匀性一般，混少量粗砾砂颗粒及角砾，局部夹粉土或粉砂薄层。夹7T-1细砂透镜体和7T-2中粗砂透镜体，黄～黄褐色，中密～密实，饱和。该层厚度0.70～6.50m，层底标高-17.44～-12.22m，层底埋深17.50～22.70m。

⑧层粉土（Q_3^{al+pl}）：黄褐色，湿，中密～密实，该层土质均匀性一般，见褐色铁锰质结核及细砂薄层。该层厚度0.70～6.00m，层底标高-19.16～-14.80m，层底埋深20.50～24.70m。

⑨层中粗砂：黄褐色，饱和，中密～密实，$C_u=5.74$，$C_c=6.52$，级配不良，分选性一般，磨圆度较差，局部含少量圆砾和碎石。该层厚度0.60～6.20m，层底标高-21.60～-16.75m，层底埋深22.00～27.00m。

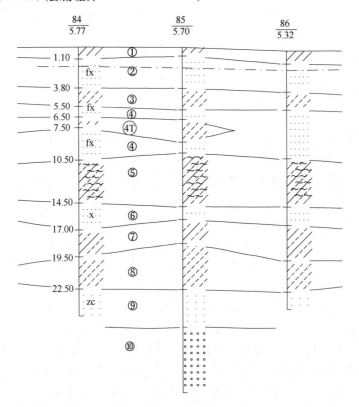

图8.2 典型工程地质剖面图

表8.1 基坑支护设计岩土参数

土层编号及名称	层厚 (m)	γ (kN/m³)	c (kPa)	φ (°)	E_s (MPa)	k_v (m/d)	锚杆 q_{sik} (kPa)
①素填土	0.8	17.0	8	12.0	3.0	6.0	25
②粉细砂	3.0	20.0	2	23.0	10.0	6.0	30
②T 细砂	2.8	20.0	2	26.0	18.0	6.0	30

续表

土层编号及名称	层厚 (m)	γ (kN/m³)	c (kPa)	φ (°)	E_s (MPa)	k_v (m/d)	锚杆 q_{sik} (kPa)
③粉土	2.0	19.4	15	25.9	7.22	1.0	30
③T 细砂	1.1	20.0	2	26.0	10.0	6.0	30
④粉细砂	1.9	20.0	2	25.0	10.0	6.0	40
④T 粉土	2.1	19.4	8	18.6	6.09	1.0	35
⑤淤泥质粉质黏土	5.0	18.1	15	6.3	3.60	0.01	18
⑤T 粉土	1.7	19.7	6.3	25.4	6.21	1.0	40
⑥细砂	1.2	20.1	2	25.0	8.0	6.0	35
⑦粉质黏土	2.2	18.8	27.9	16.1	7.17	0.1	40
⑦T-1 粉细砂	1.0	20.0	2	29.0	20.0	5.0	55
⑦T-2 中粗砂	1.1	20.5	2	35.0	25.0	40.0	70
⑧粉土	4.3	18.8	27.9	16.1	7.15	0.5	45
⑨中粗砂	3.5	20.5	2	35.0	30.0	65.0	140

2. 场地地下水埋藏条件及各层土的渗透系数

场地地下水类型为第四系孔隙潜水及弱承压水。

第四系孔隙潜水，主要赋存于②层细砂、③层粉土、④层粉细砂、⑥层粉砂之中。地下水流向为自南至北，以北部黄海为最终排泄口。该层地下水水位随季节的变化而变化，变化幅度为 0.5～1.0m。稳定水位标高平均值 3.68m。

第四系弱承压水，分布于⑨层中粗砂、⑩层角砾、⑪层碎石中，水量较大。地下水主要由相邻含水层侧向径流补给，并以地下径流等方式排泄。该层地下水水位随季节的变化不大，变化幅度为 1～2m。勘察期间测得承压水平均水头标高为 -5.83m。

场地东距浃河约 2.8km。

8.2 基坑支护及地下水控制方案

8.2.1 工程特点分析

场地用地较紧张，主要有以下几个特点：

(1) 基坑开挖范围内主要为海相沉积的松散粉土、粉细砂以及淤泥质土，物理力学性质极差，且基底以下仍有一定厚度的淤泥质粉质黏土。②层粉细砂、③层粉土厚度较大，透水性强，易发生流砂、流土问题；⑤层淤泥质土压缩性高，强度低，且位于基底附近，对支护结构影响大。本场地为轻微～中等液化场地，施工所产生的扰动易造成地表附加沉降。

(2) 主楼电梯坑开挖深度较深，受承压水影响，抗突涌安全系数不满足规范规定，极易出现突涌事故。

（3）基坑周边建筑物距离都比较近，南侧建筑采用天然地基筏形基础，其地基中粉细砂层为可液化土层，液化等级属于轻微～中等液化，极易受降水、锚杆等施工扰动影响产生地面沉降和不均匀沉降。

8.2.2　支护方案

基坑周边均采用桩锚支护方案。

（1）支护桩桩径 800mm，嵌固深度 9.50～12.50m，桩间距 1.50m，桩身混凝土强度等级为 C30，冠梁顶标高为场地稳定水位标高，冠梁以上按 1∶0.4 放坡。支护桩较长，根据桩身弯矩分布情况采取分段配筋方式，以节省造价。

（2）设 2～3 道锚索，一桩一锚，间距 1.50m，锚索杆体为 2Φ^{s}15.2 钢绞线，锚固体设计直径 500～550mm，采用一次高压旋喷成锚工艺，自由段、锚固段水泥用量分别为 50kg/m、140～170kg/m。

（3）由于淤泥质土不适宜锚固，锚索锚固段应尽量避让，故调整锚索入射角度，第一、二道锚索为 10°，锚固段主要分布在第三层粉土和第四层粉细砂中，腰梁为双拼 28a 槽钢；第三道锚索角度为 35°，锚固段为淤泥质土下方的细砂—粉质黏土—粉土层，采用钢筋混凝土腰梁（图 8.3）。

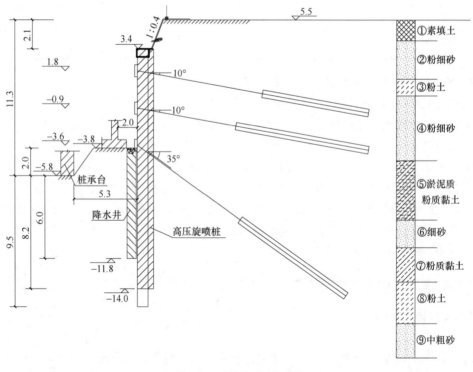

图 8.3　基坑支护剖面图

8.2.3　地下水控制方案

基坑采用周边封闭式止水帷幕，结合坑内管井降水、疏干的地下水控制方案。

（1）基坑周边采用高压旋喷桩与支护桩搭接止水帷幕，有利于保护桩间土，防止出现类似图 8.4 桩间土脱落坍塌的情况。帷幕顶标高同支护桩，帷幕底进入基底以下 8.2m，底标高为 $-12.00 \sim -14.00$m，帷幕高度为 $15.40 \sim 17.40$m。高压旋喷桩直径为 1200mm，与支护桩搭接宽度为 250mm，水泥用量约 500kg/m。

图 8.4 类似地层中采用桩后帷幕的工程案例

（2）办公楼电梯井为坑中坑，开挖深度大，坑底抗突涌稳定系数不满足要求，且坑底处为淤泥质土。采用高压旋喷桩对坑底、坑壁进行加固处理，基底以下加固厚度为 5m。加固后，满足抗突涌稳定性、坑内地下水疏干以及放坡开挖的要求。

设计高压旋喷桩直径 1200mm，间距 950mm，桩间搭接 250mm，水泥用量约 500kg/m。加固区域剖面图及平面图如图 8.5 和图 8.6 所示。

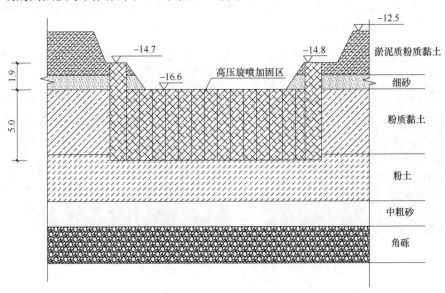

图 8.5 办公楼电梯井基底加固剖面图

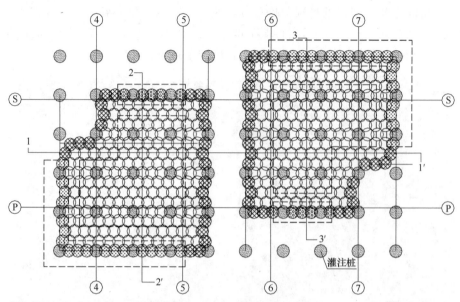

旋喷桩桩顶标高为−12.50m，有效桩长9.1m，约50根　　旋喷桩桩顶标高为−14.50m，有效桩长6.9m，约10根

旋喷桩桩顶标高为−14.60m，有效桩长6.8m，约34根　○旋喷桩桩顶标高为−16.60m，有效桩长5.0m，约364根

图 8.6　办公楼核心筒基底加固平面图

8.3　基坑支护与降水施工

8.3.1　支护桩施工

支护桩桩身范围内为淤泥质土层及砂层，施工时极易发生桩身扩径或缩径情况（图8.7），综合考虑施工功效及成本，采用了长螺旋钻机成孔压扩灌注混凝土后插钢筋笼的工艺，经开挖验证，成桩质量优于泥浆护壁钻孔灌注桩（图8.8）。

图 8.7　类似工程采用泥浆护壁工艺钻孔灌注桩

图 8.8　本工程长螺旋工艺钻孔灌注桩

8.3.2　土方开挖

基坑采用岛式开挖，即先开挖基坑周边土方，为冠梁及锚索施工提供条件，工地出口设置于工地南侧中部，故土方运输的主要通道位于基坑南侧。自2014年2月初开始表层

土方开挖，4～5月为基坑土方开挖量最大的时期，至2014年6月土方基本开挖完毕，仅预留南侧临时施工坡道土方。

8.3.3 止水帷幕施工（图8.9～图8.11）

止水帷幕需穿越粉土、粉细砂、淤泥质土、粉质黏土等土层，土层性质差别大，本项目高压旋喷桩施工采用三重管施工工艺，经开挖验证，在细砂层内成桩质量理想，桩身直径大于设计值，但在粉砂、粉土层内成桩质量略差，桩体外侧水泥掺入量偏低，强度较小，开挖过程中出现剥落现象。

基坑开挖过程中，安排专门的班组巡视基坑，发现帷幕漏水点立即采取堵漏措施。针对基坑侧壁出现的局部漏水情况，分别采取了在基坑内施工高角度高压旋喷桩和聚亚胺胶脂双组分材料注浆堵漏措施，堵漏效果良好。

图8.9 三重管高压旋喷桩在不同土层内的成桩质量

图8.10 粉砂层内帷幕漏水点照片

图8.11 帷幕漏点封堵后的基坑侧壁照片

8.3.4 锚杆施工

本工程锚杆采用高压旋喷施工工艺，锚杆锚固体直径大，抗拔承载力高，施工质量可靠。但高喷锚杆施工时对地层扰动较大，同时普通高压旋喷钻机施工时，孔口如不采取有效的止浆措施，钻机穿透止水帷幕后，孔口会出现流（粉）土流（粉细）砂现象，造成支护桩处土体松散。在施工第一道高压旋喷锚索时，监测就反馈周边地面及建筑物变形很大，其主要原因是锚索穿过松散粉细砂、淤泥质土等，前者可能产生了局部液化，后者产生了触变和蠕变。因此，在后续的施工中，针对以上情况，施工时采取了以下措施，得到了很大的改善：

（1）间隔成孔的施工顺序，锚杆隔五打一。

（2）高喷钻机钻杆提至孔口附近1m左右时，注浆处理孔口处松散土体。

（3）施工完毕后封堵孔口。

虽然也尝试了自钻式锚杆、跟管式锚杆，施工效果也没有显著改善。

8.3.5　场地第四系承压水漏点处理

本场地为拆迁场地，场地内存在一些未知的地下构筑物。基坑开挖至基底标高时，挖出1眼未封堵的废弃管井，该管井采用钢筋混凝土井管，井深约30m，深入下部承压水层内，地下水从井内大量涌出，基坑存在被淹风险（图8.12）。对此突发事件，采取如下处理措施：

图8.12　基坑内废弃管井承压水涌水点照片

（1）引流：涌出的地下水引流至附近电梯集水坑。

（2）填充：采取向井内抛袋装水泥、沙袋等措施，以减少涌水量。

（3）预埋注浆管：埋设深度约12m的注浆钢管，并在井口处采取塞棉毡、方木等临时堵水措施。

（4）反压：覆土反压约2m，此时井内承压水仅从埋设的注浆管内涌出。

（5）注浆：随后搅拌水泥浆，采取压力注浆措施，水泥用量约5t。

注浆完成后封堵注浆管，休止一周后开挖，无涌水情况。

8.3.6　塔楼电梯坑开挖

除办公楼电梯井外，其他两处电梯井没有采取坑底加固措施，在施工中，淤泥质土坑壁难以成形，坍塌及蠕变、徐变严重，坑底出现较为明显的土体隆起。施工方采取了增加垫层厚度、局部超挖换填等措施。

8.4　基坑监测

基坑地面工作于2014年2月初施工完毕，随后进行降水及土方开挖，基坑监测工作自2014年2月7日开始，2014年6月基坑开挖至基底标高，7月局部地下结构施工完毕，基坑部分回填，监测工作持续至2014年10月29日结束。

8.4.1　基坑南侧桩顶水平位移

支护桩顶最大水平位移发生在南侧，为48.6mm，其中约84%的移位量发生在基坑开挖支护期间。该处计算水平位移为30.39mm，实测水平位移大于理正深基坑软件计算值（图8.13）。

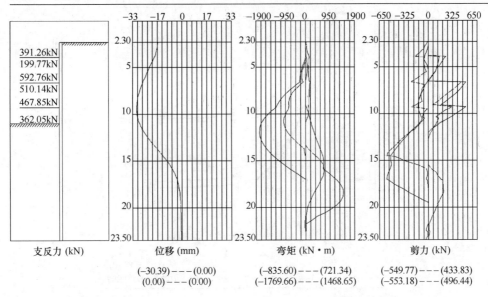

图 8.13 基坑南侧桩顶水平位移曲线

8.4.2 基坑周边建筑物沉降

建筑物的沉降主要发生在基坑开挖期间，土方开挖完成并撤场后，建筑物发生的最大沉降量约15mm。最大沉降量出现在南侧中段的办公楼。

南侧办公楼：北侧最大沉降量约74mm，南侧最大沉降量约46mm，南北两侧最大差异沉降量为30.5mm，最大倾斜度为0.00192，建筑物未出现新裂缝。其中基坑开挖前期，开挖深度约3.4m，第一道高压旋喷锚索施工期间，建筑物发生较大沉降，约20mm（图8.14）。

南侧住宅楼：变形量略小于办公楼，沉降量在21～55mm，南北两侧最大差异沉降量为33.18mm，最大倾斜度为0.00157，建筑物未出现任何新裂缝（图8.15）。

东侧东方大厦：沉降量最小，最大沉降量仅约20mm（图8.16）。

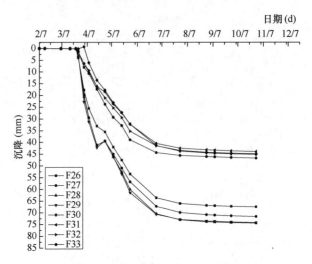

图 8.14　基坑南侧办公楼沉降曲线

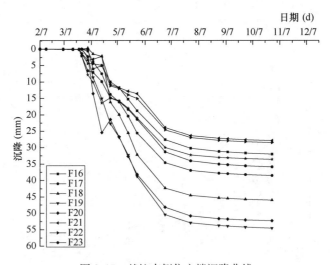

图 8.15　基坑南侧住宅楼沉降曲线

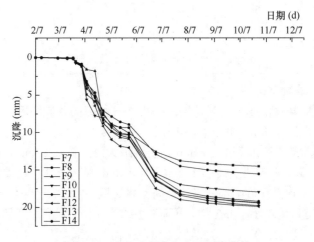

图 8.16　基坑东侧东方大厦沉降曲线

东侧东方大厦距基坑近，但沉降量小于南侧办公楼、住宅楼，综合分析，主要原因有两个：

第一，东方大厦采用碎石桩复合地基处理，改善了地基的变形特性，消除了地基土的液化可能性。

第二，土方开挖期间，施工车辆从工地南门出入，支护结构受车辆振动影响较大，支护结构、包括锚杆影响范围内的地基土产生了结构损伤，加剧了坑外土体的沉降变形。

8.4.3 水位观测

基坑开挖及使用期间，外侧地下水位采取了比较系统的回灌措施，未见明显的下降。

8.5 结束语

（1）在烟台经济技术开发区松散粉细砂、淤泥质土场地的建筑基坑，若采用桩锚支护体系，基坑开挖对周边环境的影响范围大，约3倍基坑开挖深度范围内地表变形明显，预计最大影响范围约5倍基坑深度。

（2）高压旋喷锚索锚固段在松散粉细中时，抗拔承载力较大，施工质量可靠。但松散粉细砂、淤泥质土易受施工扰动，施工引起的地面沉降不容忽视。

（3）采用高压旋喷桩与支护桩搭接止水帷幕，结合坑内管井降水的地下水控制方案是可行的。

（4）场地下部承压水对基坑的影响不可忽视，当基坑开挖深度大，承压水头高于基坑底时，应验算承压水作用下的坑底突涌稳定性，必要时采取加固措施。

（5）基坑第一、二道锚索采用钢腰梁，第三道锚索采用混凝土腰梁。在基坑开挖过程中，南侧由于坡顶经常有施工扰动荷载出现，造成锚索内力反复变化，同时受钢支座以及钢腰梁施工精度的影响，使得支护结构发生变形时，钢绞线与钢腰梁之间可能产生相对滑动，导致异响和摩擦火花出现。下部采用混凝土腰梁的锚索相对效果较好。如设计锚索内力较大，特别是类似软土地区，则建议优先采用混凝土腰梁。

（6）基坑支护及开挖成败的因素中，有一些比较明确，能在设计时考虑进去，但仍有一些因素较为复杂，存在着很大的不确定性，只能在施工过程中根据基坑监测数据，通过动态调整设计来解决。

9 烟台阳光 100 城市广场二期工程基坑支护设计与施工

9.1 基坑概况、场地工程地质条件、周边环境条件

项目位于烟台市芝罘区海港路北段，北马路南侧；西邻西来巷、北邻北马路、南邻北大西街、东临光国巷。二期包括 S3、S4、S5、S6、S7 共 5 栋高层、超高层建筑及地下车库，建设用地面积约 26881m²，总建筑面积约 327250m²，其中地下建筑面积约 64750m²。S3、S4 塔楼，地上 45 层，剪力墙结构；S5 塔楼，地上 47 层，框筒结构；S6 塔楼，地上 42 层，剪力墙结构；S7 塔楼，地上 18 层，框剪结构。裙房，地上 4 层，框架结构。地下均为 3 层，塔楼为桩筏基础，裙房及地下车库为独立基础。

9.1.1 基坑概况

基坑呈不规则四边形，东西宽 105～131.5m，南北长 173～218m。支护设计时开挖深度按 16.67～19.17m 考虑。除北侧未完成拆迁区段，支护桩及帷幕施工完毕时，建筑方案调整，地下室增加 1 层，基坑开挖深度增加 0.8m。

9.1.2 周边环境

(1) 北侧：地下室外墙距北马路路沿石约 15m，北马路下分布有给水（铸铁）、通信（光纤）、雨水（混凝土）、污水（混凝土）、供电（铜）、路灯（铜）等管线，管线埋深 0.5～4.2m。

(2) 东侧：地下室外墙距光国巷路沿石 5.3～8.2m，距光国巷东侧 (4～7) 层砖混结构建筑物 13.2～18.8m，该建筑物采用天然地基条形基础，基础埋深约 1.5m。光国巷路面以下分布有给水（铸铁）、雨水（混凝土）、污水（混凝土）、通信（光纤）、供电（铜）、热水（钢）等管线，其埋深 0.4～1.4m。

(3) 南侧：地下室外墙距红线（北大西街南侧路沿石）为 5m。东段地下室外墙距 7 层砖混结构建筑物约 25.3m，该建筑采用天然地基条形基础，埋深约 1.5m。西段地下室外墙距宏宝大厦支护桩最近处约 6.1m，宏宝大厦基坑已完成支护桩及止水帷幕施工，尚未开挖。北大西街路面以下分布有路灯（铜）、雨水（混凝土）、通信（光纤）、热水（钢）、给水（铸铁）等管线，其埋深 0.3～1.9m。

(4) 西侧：南段为项目一期地下室，二期与一期地下室将挖通且基底标高一致。北段地下室外墙距中国检验检疫 4 层大楼约 21.7m，距 20 层大楼约 37m，两建筑物均设 2 层地下室，基础埋深约 8m，4、5 层建筑采用天然地基，20 层建筑采用桩基础（图 9.1）。

9.1.3 场地工程地质条件

1. 地层埋藏条件及基坑支护设计岩土参数（表 9.1）

场地地处滨海相沉积地貌单元，除填土外，主要为第四系全新统滨海相沉积地层、第

设计：武登辉、叶胜林、赵庆亮；施工：卢兵兵、李秀祥。

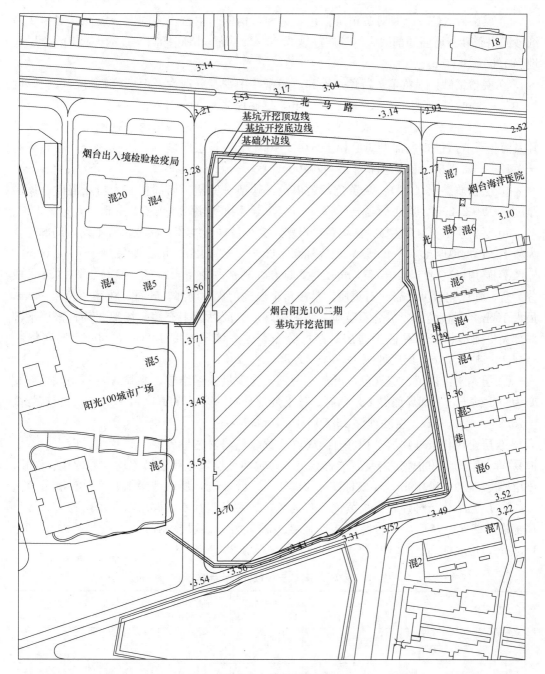

图 9.1 周边环境图

四系上更新统冲洪积地层，基底为下元古界粉子山群岗嵛组云母片岩，描述如下：

① 层杂填土（Q_4^{ml}）：黄褐、灰褐色，成分为砂砾石混黏性土，含大量砖块、灰渣等建筑垃圾。该层大部分地段表层 0.5m 为混凝土毛石地面或原建筑物基础，成分混杂，结构松散，性质不均。为钻探施工局部地段开挖缺失，局部地段分布厚度较大（达 4.2m），为原建筑基础所致。该层厚度 0.50～4.20m，层底标高 -1.20～2.40m，层底埋深 0.50～4.20m。

② 层中砂（Q_4^m）：呈褐黄至黄白色，饱和，稍密～中密，磨圆度一般，局部相变为细砂或粗砾砂。该层局部缺失。该层厚度 0.50～3.40m，层底标高 -1.84～1.00m，层底埋深 1.60～4.70m。

③ 层粉细砂：褐黄至灰黄色，饱和，稍密～中密，分选性及磨圆度良好。该层厚度 1.30～4.20m，层底标高 -4.25～-2.00m，层底埋深 4.60～7.20m。

④ 层粉砂：呈灰黄色、灰黑色，饱和，自上而下呈中密～稍密～松散，含大量云母片及海生贝壳残骸，局部夹薄层粉土（0.2～0.4）m。该层厚度 0.80～3.80m，层底标高 -6.77～-3.57m，层底埋深 5.80～10.00m。

⑤ 层粉质黏土（Q_4^{al}）：灰黄色，黄褐色，软塑～流塑，局部相变为粉土混砂。该层厚度 0.90～2.20m，层底标高 -7.97～-4.85m，层底埋深 8.00～11.40m。

⑥ 层粉质黏土（Q_{4+3}^{al+pl}）：黄褐色，可塑，含少量铁锰结核，黏粒含量不均，局部相变为粉土。该层厚度 1.40～4.60m，层底标高 -11.24～-7.42m，层底埋深 10.60～14.00m。

⑦ 层角砾（Q_3^{al+pl}）：褐黄，黄褐色，饱和，稍密～中密，粒径一般 0.5～1.0cm，成分为全、强风化云母片岩、石英质，呈棱角至次棱角状，局部含碎石，粒径一般 2～4cm，最大 10cm，呈棱角状，成分石英质，级配较好，局部黏性土充填。场地北部，该层下部局部夹呈硬塑状态的黏性土薄层。该层分布普遍。该层厚度 1.20～5.60m，层底标高 -14.90～-9.29m，层底埋深 12.60～17.80m。

⑧ 层黏土：褐黄、棕红色，可塑～硬塑，含少量铁锰结核，黏粒含量不均，局部相变为粉质黏土，下部局部混多量角砾。该层局部分布。该层厚度 1.30～3.20m，层底标高 -15.86～-12.82m，层底埋深 16.50～19.70m。

⑨ 层全风化云母片岩（Pt_1fg）：灰黄～黄绿色，岩芯呈碎屑、碎片状、砂土状，手捏易碎，由于后期的煌斑岩及石英岩脉侵入，致使该层风化程度极不均，易软化、泥化。该层厚度 3.20～11.80m，层底标高 -24.29～-14.47m，层底埋深 18.20～26.80m。

⑩ 层强风化云母片岩：灰黄色～灰褐色，岩芯呈碎片状、碎块状，手可捏碎。该层局部被后期煌斑岩及石英岩脉侵入，强度差异较大。该层普遍分布。该层厚度 3.40～14.60m，层底标高 -33.79～-20.57m，层底埋深 24.30～36.00m。

表9.1 基坑支护设计岩土参数

土层名称	γ (kN/m³)	c_{cq} (kPa)	φ_{cq} (°)	锚杆 q_{sik} (kPa)	高喷锚杆 q_{sik} (kPa)	k_v (m/d)
①杂填土	18.5 *	5.0 *	12.0 *		18	5.2 *
②中砂	19.6 *	0.5 *	32.0 *		60	20.0 *
③粉细砂	19.5 *	0.5 *	30.0 *		38	5.0 *
④粉砂	19.3 *	0.5 *	26.0 *		19	1.0 *
⑤粉质黏土	19.5	19.8	19.4		32	0.6 *
⑥粉质黏土	20.0 *	20.9	18.8		45	0.1 *
⑦角砾	21.0 *	1.0 *	32.0 *	160	120	105.36
⑧黏土	19.1	34.6	18.0	75	60	0.05 *
⑨全风化云母片岩	19.5 *	15.0 *	25.0 *	120	90	2.8 *
⑩强风化云母片岩	21.0 *	28.0 *	30.0 *	200	160	1.5 *

注：带 * 的为经验估值。

2. 地下水情况

场地地下水类型为第四系孔隙潜水和弱承压水、基岩裂隙水。

（1）孔隙潜水

场地浅部孔隙潜水，主要赋存于①层杂填土、②层中砂、③粉细砂及④层粉砂之中。地下水流向为自南至北，以北部黄海为最终排泄口，年变化幅度 1.0～2.0m。据 2004 年 10 月阳光 100 一期工程勘察资料，场地稳定水位标高 1.29～2.04m。

2013 年初勘，稳定水位埋深 2.50～4.20m，稳定水位标高 −0.57～1.24m；本次详勘，由于拆迁场地地下自来水管线遭损坏，多处漏水，致使地下水位较高，稳定水位埋深 0.30～2.90m，稳定水位标高 −0.82～1.83m。抽水试验综合渗透系数建议为 15.47m/d。

（2）承压水

场地深部承压水，分布于⑦层角砾中，出水量较大。2013 年初勘稳定水位埋深 3.2m，稳定水位标高 0.64m，详勘稳定水位埋深 3.0～3.2m、稳定水位标高 0.56～0.78m。

承压水主要接受地下径流、越流补给，并以地下径流、人工开采为主要排泄方式，该层地下水水位随季节的变化不大。

（3）基岩裂隙水

基岩裂隙水赋存于全风化云母片岩及强风化云母片岩中。场地粉质黏土分布范围较小，且向南厚度变小，没有形成稳定的隔水顶板，使得第四系孔隙水与基岩裂隙水有水力联系。场地南侧约 700m 的剥蚀残丘（毓璜顶公园），海拔高度最高约 100m，为场地地下水侧向径流汇集补给区的主要来源。

基岩裂隙水极不均匀，虽然整体富水性较差，但云母片岩中常夹有石英岩脉、变粒岩等硬质岩石，极易形成基岩富水带，致使局部涌水量大。

9.2 基坑支护及降水设计方案

9.2.1 基坑支护设计方案

基坑分 6 个支护单元进行支护设计，均采用桩锚支护（图 9.2）。

（1）支护桩采用钻孔灌注桩，桩间距 1.1～1.2m，桩径 900～1000mm，嵌固深度 7.00m，桩身配筋采用分段配筋，主筋为 HRB400，桩身混凝土强度为 C30，桩顶锚入冠梁长度 50mm，主筋锚入冠梁长度 600mm。

（2）桩顶钢筋混凝土冠梁 1100mm×600mm，混凝土强度 C30，配筋主筋为 HRB400。

（3）设 4～5 道锚索，一桩一锚，间距 1.1～1.2m。锚索采用 3 种工艺：①旋喷锚索，锚固体直径 500mm，采用高压旋喷成锚工艺，BCDE 段锚索倾角为 28°和 33°，其余区段锚索倾角为 18°和 23°，相邻锚索角度错开，杆体材料为 4 束 15.2 钢绞线，锚固体设计直径 500mm，锚固段水泥用量 120kg/m，自由段水泥用量 50kg/m。②普通锚索，锚固体直径 180mm，采用二次注浆工艺，BCDE 段锚索倾角为 28°和 33°，其余区段锚索倾角为 18°和 23°，相邻锚索角度错开，杆体材料为 4 束 15.2 钢绞线，锚孔注浆材料为纯水泥浆，水灰比为 0.5，注浆体强度不小于 M20，采用二次压力注浆工艺，第二次注浆压力 2.5MPa 左右。锚索横向设混凝土腰梁，腰梁混凝土强度 C30。③自钻式锚杆，锚杆杆体型号为

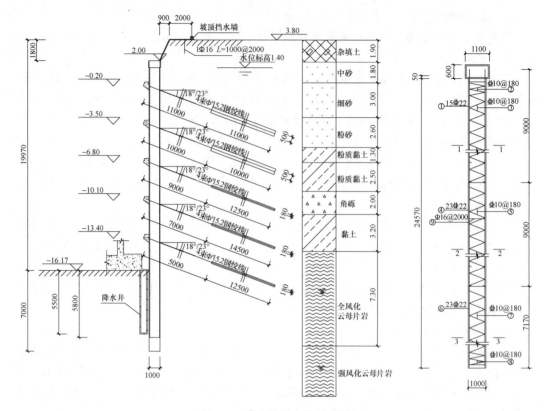

图 9.2 典型桩锚支护剖面图

52/34，拉力极限值 500kN，锚固体直径 180mm，锚孔注浆体强度不小于 M20。

（4）冠梁以上土体采用天然放坡支护，坡面坡率为 1：0.5，坡顶护坡宽度不小于 2.0m 或至工地围挡。

（5）冠梁以上边坡采用挂网喷射混凝土保护，采用 Φ6.5@200mm×200mm 钢筋网，面层厚度不小于 60mm。喷面混凝土强度 C20。由于桩间距较小，桩间高压旋喷桩能够对桩间土体起到有效防护作用，桩身立面不设混凝土面层。

9.2.2 基坑地下水控制方案

场地稳定水位标高 1.4m，基坑底标高 −13.57～−16.07m，水位降至坑底以下 0.5m，水位降深 15.5～18.0m。设计了周边闭合的止水帷幕＋坑内管井降水，结合局部坑外管井回灌的地下水控制方案。

（1）基坑周边设置二重管高压旋喷桩与支护桩搭接止水帷幕。高压旋喷桩桩径 900mm，与支护桩搭接 350mm，桩顶标高 1.4m，帷幕底进入坑底以下 5.8m，帷幕高度为 20.07～22.57m，水泥用量为 335kg/m。

（2）基坑内沿周边肥槽按 15.0m 左右间距布设降水管井，坑内按 25m 间距布设疏干管井。管井井底进入基坑底部不少于 5.5m，井深 22.2～24.7m。电梯集水坑、消防电梯集水坑处疏干管井加深 3.0～4.5m。

（3）沿帷幕外侧按 10～15m 间距布设回灌管井，回灌后的地下水位不应高于降水前的水位。回灌井井底进入基底深度以下 2.0m，井深 18.7～21.2m。

（4）管井直径为 700mm，井管为 400mm，反滤层采用粒径为 5～10mm 碎石，厚度不小于 100mm，井管外包 60 目滤网。

（5）沿坑底周边布设排水盲沟，坑内设置纵横向排水盲沟，盲沟内以碎石充填，盲沟尺寸为 400mm×400mm。坡顶设置挡水墙 240mm×300mm。

（6）基坑降水宜根据地下水埋深、基坑开挖深度分级进行，降水终止时间根据抗浮设计要求及基坑回填情况确定。

9.3　基坑支护及降水施工

9.3.1　基坑开挖过程

本项目自 2017 年 4 月初开始进行支护桩以及止水帷幕施工，于 2017 年 5 月末开始土方开挖，至 2018 年 5 月，基坑南半部开挖至深度 17.2m 处，接近设计坑底标高；北侧场地一直未完成拆迁工作，止水帷幕无法闭合。直到 2019 年 8 月下旬北侧场地才具备支护桩及止水帷幕施工条件，工程施工进度恢复正常，至 2020 年 4 月，基坑南半部开挖到基底标高，工程桩验收完毕；基坑北半部除出土坡道外基本开挖到底，正在进行工程桩施工（图 9.3～图 9.6）。

工程桩验收完毕，基坑开挖到基底标高。

图 9.3　基坑南侧开挖情况（2018.5）

图 9.4　场地北侧未拆除建筑（2018.10）

图 9.5　基坑北侧开挖至基底（2020.5）

图 9.6　基坑南侧开挖至基底（2020.5）

9.3.2　止水帷幕施工情况

本场地地下水位高，砂砾层占比高，采用高压旋喷桩与支护桩搭接止水帷幕。基于场地的地层情况，缩小了支护桩间距（支护桩间净空 0.2m），增大了高压旋喷桩引孔直径（130mm），并在角砾层内采取复喷工艺。高压旋喷桩施工前，在场地内进行试喷，经开挖验证，砂层内成桩质量良好。

帷幕施工前完成了 3 组高压旋喷试桩，图 9.7 中，1、2、3 号试桩，采用双管高压旋喷工艺，浆压 36MPa，气压 0.8MPa，提升速度分别为 12cm/min、15cm/min、20cm/min，实测直径分别为 1200mm、1100mm、1000mm，试喷桩径在砂层内大于设计直径。1 号试桩桩底埋深 12m，进入粉质黏土层内，后续土方开挖时发现在粉质黏土层中成桩直径较砂层内小约 200mm。

帷幕桩施工过程中，对已完成施工的帷幕桩进行了部分取芯验证，成桩质量良好，在角砾层内可见水泥含量较高的固结体，芯样情况如图 9.8 所示。由于角砾层内岩块粒径不一，局部粒径可达 20cm 以上，基坑开挖至角砾层时局部出现帷幕漏水情况，采取引流以及临时堵漏措施后，砌筑砖墙并在支护桩上植筋对漏点进行加强（图 9.9）。

图 9.7　砂层内高压旋喷桩试喷开挖情况

图 9.8　角砾层内帷幕取芯情况

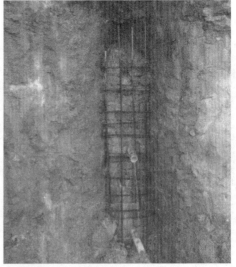

图 9.9　角砾层内帷幕局部渗漏及封堵情况

9.3.3 锚索施工情况

锚索施工过程中对帷幕外侧邻近的回灌井进行临时抽水,降低施工区域内的水位,使施工过程穿透帷幕时的水压降低,尽量减少锚孔涌水,提高锚杆施工质量。

施工前,对高压旋喷锚杆施工工艺进行了试喷,如图 9.7 所示的 4 号、5 号、6 号试桩,采用单管高喷工艺,其中试桩提速 20cm/min、25cm/min 和 28cm/min,浆压 26MPa、28MPa 和 28MPa,水泥用量约 150kg/m、140kg/m 和 135kg/m,实测直径均可达 900mm,锚固体试喷直径在砂层内明显大于设计值。实际施工时,由于基坑内外存在较大的水头差,锚索开孔后局部涌水量较大,对锚固体的质量形成不利影响,采用了水泥＋水玻璃双液注浆,两种浆液在进入钻机钻杆前通过三通装置混合,有效保证了锚索质量(图 9.10 和图 9.11)。

图 9.10 角砾层内部分锚孔涌水情况   图 9.11 一、二期工程交界处地下水涌出情况

普通锚索采用套管护壁成孔、二次注浆工艺。锚索一次注浆完成后对锚孔进行封堵处理,具体操作流程如下:

(1) 将锚孔孔口清理干净,然后孔里打入 1 根 ϕ48 引流钢管,一端套丝,并装上 2 对球阀,使其穿透旋桩墙体进入桩墙背土体内,由此将水从该管内引出,钢管四周用双快水泥进行快速封堵。

(2) 48h 后将配置好的水泥-水玻璃双浆用注浆机注入漏水孔内进行封堵,待 2~3min 后,水泥-水玻璃双浆达到强度要求后,看是否还有渗水,如果还有细部渗水,则用高压枪对细部裂缝进行注浆。

(3) 待漏水口已无渗水后,用双浆把引流钢管口封堵。

(4) 个别涌水量大的锚孔,采用亲水性单组分 PU 注浆液进行了注浆封堵。

9.3.4 基坑底部基岩裂隙水处理方案

本项目基底处为全风化云母片岩,地下水赋存形式为基岩裂隙水,分布不均匀,单纯采用管井降水效果不理想,增加明排辅助降水措施。

在裙房下卧柱墩、集水坑内,根据现场条件,沿柱墩四周设置排水盲沟(盲沟深 100mm、宽 50mm),柱墩角点处设集水坑,深 400mm,内设 2 根排水管,排水管铺设于垫层以下,接至主基坑周边施工操作面或坑内疏干井处后接自吸泵将水排出。

在西侧南段与一期工程连接,本期基坑开挖深度略深于一期项目,在一、二期交界处地下水沿一期基底流入二期基坑内，水量丰富，在该处设置盲沟以及集水井，盲沟深600mm、宽600mm，集水井深2m、间距约20m，井内设无砂滤管，采用潜水泵抽水，按原设计疏干井方式进行封井。

盲沟、集水坑、排水垫层均以碎石密实充填，碎石粒径1～2cm，碎石顶部应设置塑料薄膜或其他隔水措施，避免混凝土垫层施工时水泥浆淤塞排水通道。

9.3.5　基坑耐久性方面的一些问题

基坑桩锚支护常采用槽钢或工字钢腰梁，施工速度快，安装便捷，造价经济，但整体性差，存在安装偏差，基坑开挖过程中随着支护结构受力增加，易发生二次变形，造成锚索应力松弛。本项目基坑深度大，锚索内力高，采用了混凝土腰梁。在施工过程中，混凝土腰梁的采用不仅增加了支护结构的整体性，提高了腰梁的刚度，同时在锚孔堵水以及张拉段钢绞线防腐方面也发挥了重要的作用。基坑设计使用年限为20个月，未设计防腐措施，由于种种原因，本基坑的使用周期远远超出了设计使用期限，部分锚索外露钢绞线锈蚀严重，幸好采用了混凝土腰梁，锚具至锚固体间的钢绞线得到了有效保护，有效杆体强度并未明显降低，保证了基坑安全。如采用槽钢腰梁，锚具至锚固体之间钢绞线暴露在外，钢绞线锈蚀将极大影响其承载能力，很可能危及基坑安全（图9.12）。因此，建议深度大、使用周期长以及滨海腐蚀性水土地区的基坑工程中采用混凝土腰梁，并采取一定的防腐措施。

图9.12　部分钢绞线锈蚀情况

9.4　基坑监测

基坑监测工作自2017年6月开始，期间受建设方项目开发进度及合同监测周期的影响，2018年10月至2019年8月未进行现场监测，2020年1月恢复部分项目的正常监测。截止到2020年10月，各项监测数据均在设计允许范围内，基坑南侧局部已开始回填。

南侧基坑于2018年5月开挖至深度17.2m处，至2020年4月开挖至设计基底标高，基坑开挖期间，桩顶水平位移量不大，最大水平位移仅11.5mm，基坑整体变形趋于稳定

（图 9.13）。基坑东南侧建筑物在基坑开挖期间沉降量不大，最大沉降 7.5mm（图 9.14）。

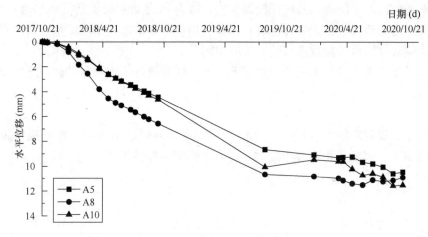

图 9.13　南侧基坑水平位移

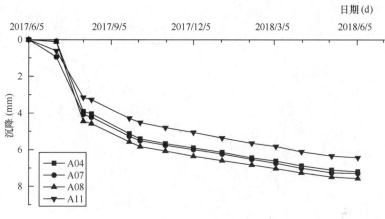

图 9.14　基坑东南侧建筑物沉降

9.5　结束语

（1）场地地下水与海水联系密切，对暴露在地下水环境中的钢构件具有极强的腐蚀性，设计时应充分考虑基坑的使用年限，采取一定的防腐措施。

（2）场地角砾层渗透性好，水量丰富，止水帷幕在该层中的施工质量是项目成败与否的关键。本工程中支护桩间距小（净距 20cm），高压旋喷桩引孔直径大，双重管高压旋喷桩施工采用双高压工艺，并在角砾层内采用复喷措施，经取芯及开挖验证，高喷桩止水效果良好。

（3）锚杆施工穿透帷幕后，部分锚孔涌水量较大，尤其是穿越角砾层时，施工难度较大。本项目采用了全套管护壁成孔工艺，注浆完毕后进行了封孔以及多次注浆封堵，同时锚索施工时，临时抽取外侧回灌井内地下水，降低临近基坑侧水头高度。

（4）本场地上部 2 道锚索采用了高压旋喷施工工艺，经现场试喷开挖验证，锚固段成桩质量好，锚索施工期间周边地表未见显著沉降，锚索抗拔承载力可靠，在该地层中适宜性较好。

（5）本场地地下水位高，基坑开挖深度大，帷幕出现局部漏水点是必然遇到的问题，施工时应做好堵漏预案，在土方开挖时安排专员检查帷幕情况，出现漏水点及时采取临时堵漏措施，临时封堵后对漏点进行进一步的加固。

（6）全风化云母片岩在未扰动的情况下，力学性能较好，本项目勘察报告提供的抗剪强度指标偏低，计算时将该层土按水土合算考虑，并采取了分段配筋的方式，降低了支护桩的配筋率。

（7）本项目锚索间距小（1.1～1.2m），为了尽量减轻群锚效应，相邻锚索施工角度相差5°交错施工，锚索采用混凝土腰梁，提高了腰梁的整体刚度。

10 威海亚都大酒店深基坑支护设计与施工

10.1 基坑概况、周边环境和工程地质条件

项目位于威海市山东大学威海分校以西，文化西路以北。地上 23 层，地下 2 层，框剪结构，桩筏基础，主楼周边有地下车库，也为地下 2 层。

10.1.1 基坑概况

建筑物±0.000 为 4.55m，坑底标高为-5.25m，场地现状标高 3.36～4.15m，整平后场地标高按 3.90m 和 3.50m 考虑，基坑深度分别为 8.75m 和 9.15m。基坑南北长约 82m，宽约 60m（图 10.1）。

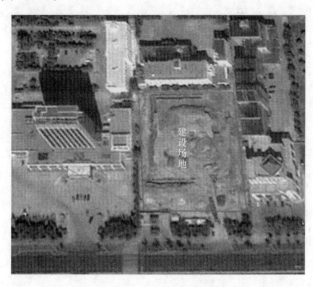

图 10.1　扩建门诊楼场地

10.1.2 周边环境条件（图 10.2）

（1）北侧：地下车库外墙线距东海大酒店 10.5m，该建筑地上 4 层，采用强夯法处理地基，独立基础，基础埋深 3.0m。

（2）东侧：地下车库外墙线距亚东综合楼为 13.7～10.6m，该建筑地上 6 层，采用碎石桩处理地基，独立基础，埋深 3m。

（3）南侧：地下车库外墙线距红线 25.5m，距文化西路路沿石 34.1m。

（4）西侧：地下车库外墙线距中国工商银行威海分行 2 层混凝土结构办公楼 9.9～13.3m，该建筑采用天然地基独立基础，基础埋深 2.3m。

设计：叶胜林、赵庆亮、马连仲；施工：靳庆军、郑兴铭、岳耀政。

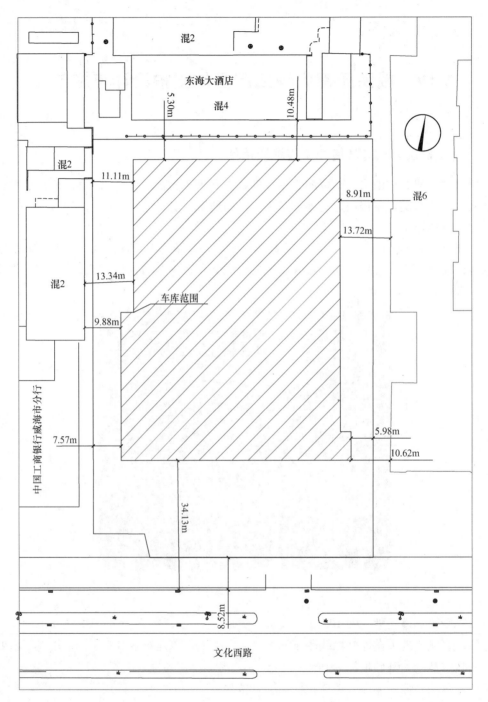

图 10.2　周边环境图

（5）基坑周边无需保护管线，施工塔式起重机设置在基坑内。

10.1.3　场地工程地质条件

1. 场地地层埋藏条件及基坑支护设计岩土参数（图 10.3 和表 10.1）

场地地处丘陵与滨海相交互地带，基坑支护影响深度内，地层自上而下分 4 层，简述如下：

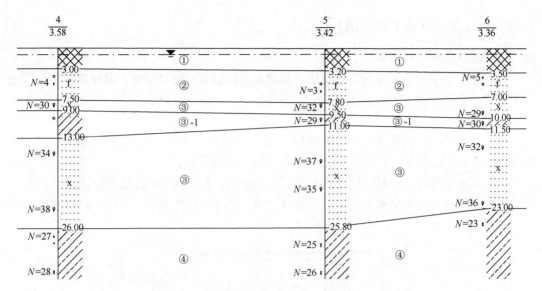

图10.3　典型工程地质剖面图

表10.1　基坑支护设计岩土参数

地层	土类名称	γ (kN/m³)	c (kPa)	φ (°)	锚杆 q_{sk} (kPa)
①	素填土	18.0	5	10.0	15
②	粉砂	18.0	2	25.0	18
③	细砂	23.0	2	29.0	③-1以上45，以下55
③-1	粉质黏土混砂	20.0	5	29.0	60

①层素填土：褐色～黄褐色，松散状态，干～稍湿。表层主要为混凝土面，厚约0.5m，下部成分主要为砂土、黏性土，局部混少量角砾及碎石。该层厚度2.40～3.50m，层底标高−0.14～1.45m。

②层粉砂：灰黑色，松散，饱和，混贝壳碎屑和淤泥质土，淤泥质土含量约20%，局部较多，分布无规律。该层厚度2.50～4.60m，层底标高−4.38～−1.65m，层底埋深5.80～7.80m。

③层细砂：黄褐～黄色，饱和，中密～密实。该层厚度14.50～28.70m，层底标高−32.65～−19.64m，层底埋深23.00～36.50m。上部夹粉质黏土混砂层，该层厚度1.50～4.30m，层底标高−9.42～−5.15m，层底埋深9.00～13.00m。

④层粉质黏土：黄褐～青灰色，硬塑，局部混少量角砾，揭露该层厚度5.50～14.00m。

2. 地下水情况

场地地下水类型为潜水，主要赋存于①填土～③粉细砂中，稳定水位埋深为0.78～1.35m，相应标高2.58～2.80m。

10.2 基坑支护及地下水控制方案

10.2.1 基坑支护设计方案

基坑分5个支护单元进行支护设计，分别采用桩锚支护、双排桩＋锚杆支护和双排桩支护。

1. 桩锚支护

（1）支护桩采用钻孔灌注桩，桩径600mm，桩间距1.50m，桩嵌固深度6m，冠梁顶面外设置1.0m宽平台，平台以上按1∶0.5放坡（图10.4）。

（2）设2道锚杆，一桩一锚，间距1.5m，锚索杆体为40/25自钻式锚杆，锚孔直径180mm，锚孔注浆材料为纯水泥浆，注浆体强度不小于M20，注浆压力0.5MPa左右。

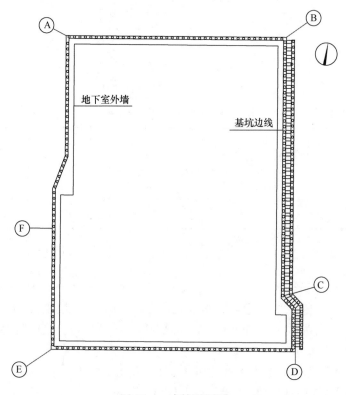

图10.4 支护平面图

（3）坡顶1.5m范围及桩间土挂网喷混凝土防护，喷面厚度为60mm（图10.5）。

2. 双排桩＋锚杆支护（图10.6）

基坑东侧亚东综合楼采用碎石桩处理地基，北段碎石桩距基坑边12.2m，采用双排桩＋锚杆支护，为了保证锚杆施工不破坏碎石桩，锚杆设置长度较短。

（1）支护桩采用钻孔灌注桩，前后排桩间距均为1.50m，排间距2.2m。前排桩直径为700mm，桩嵌固深度为7m；后排桩径为600mm，桩嵌固深度为3.85m。

（2）设2道锚杆，一桩一锚，间距1.5m，杆体为25/15自钻式锚杆，锚孔直径180mm，锚孔注浆材料为纯水泥浆，注浆体强度不小于M20，注浆压力0.5MPa左右。

（3）坡顶1.5m范围及桩间土挂网喷混凝土防护，喷面厚度为60mm。

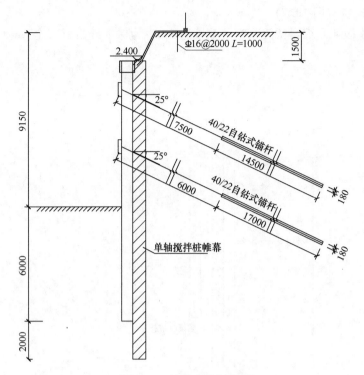

图 10.5   桩锚支护剖面图

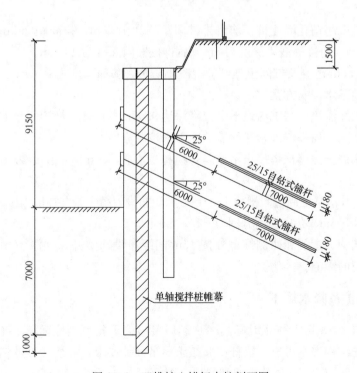

图 10.6   双排桩＋锚杆支护剖面图

3. 双排桩支护（图 10.7）

基坑东侧南段亚东综合楼碎石桩距基坑边 9m，为保证碎石桩安全，未设置锚杆，采用双排桩支护。

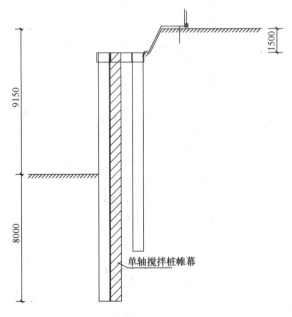

图 10.7　双排桩支护剖面图

（1）支护桩采用钻孔灌注桩，前后排桩间距均为 1.20m，排间距 2.2m。前、后排桩直径均为 700mm，前排桩嵌固深度为 8m，后排桩嵌固深度为 4.85m。

（2）坡顶 1.5m 范围及桩间土挂网喷混凝土防护，喷面厚度为 60mm。

10.2.2　基坑地下水控制方案

场地地下水埋深浅，基坑内地下水位降深达 9.95m。设计了周边闭合的悬挂式止水帷幕＋坑内管井降水、局部坑外管井回灌的地下水控制方案。

（1）采用水泥土搅拌桩搭接止水帷幕，搅拌桩直径 600mm，搭接 200mm，水泥用量 85kg/m。

（2）降水管井沿基坑周边肥槽按 15~16m 间距布设，疏干管井在坑内按 25m 间距布设，井底进入坑底以下 6m，井底标高分别为 −11.75m 和 −13.05m，井深 15.15~16.95m。

（3）基坑北侧、东侧和西侧帷幕外按 15m 间距布设回灌井，井深 10m，以减少基坑降水对周边环境的影响。

10.3　基坑支护及降水施工

基坑支护自 2013 年 7 月开始施工，于 2014 年 3 月开挖至基底标高。在基坑开挖及使用过程中，支护结构安全可靠，锚杆试验结果满足设计要求；基坑变形及锚杆内力变化均在正常范围内，2014 年 10 月基坑顺利回填（图 10.8）。

（1）支护桩采用了长螺旋钻孔压灌工艺。

（2）③层细砂密实度很高，单轴水泥土深层搅拌桩进尺困难，局部帷幕深度施工未达

图 10.8 基坑支护效果照片

到设计深度。

（3）③层细砂在当地俗成"铁板砂"，密实度高，其渗透系数相当于一般黏性土。

（4）勘探钻孔未进行封孔，成为涌水通道，增加了该工程降水难度。

（5）6.2m×5.0m 电梯井范围加深 4.15m，揭露了③层细砂，东侧层顶局部出水量大，采用了强力轻型井点降水，井管直径 48mm，插入深度 6.0m，下部 3.0m 设进水孔包滤网，间距 1m 左右，每 10 个井点为 1 组，每组采用 1 台 15kW 离心泵进行抽水，效果较好，保证了后续施工的顺利进行。

10.4 基坑监测

基坑开挖及使用期间对坡顶水平及垂直位移、周边建筑物沉降及基坑外地下水位进行了监测。基坑水平位移、坡顶沉降及周边建筑物沉降均较小，其中，累计基坑水平位移量为 0.6～3.2mm，坡顶累计沉降量为 0.4～2.3mm，周边建筑物累计沉降量为 -1.6～14.4mm。基坑周边水位最大变幅为 114.5cm，基坑帷幕止水作用良好。

10.5 结束语

（1）本基坑采用了桩锚支护、双排桩＋锚杆支护和双排桩悬臂支护，深层搅拌止水帷幕和管井降水，基坑位移较小，周边环境保护良好。

（2）锚杆采用自钻式一次成锚工艺，有效防止了锚孔塌孔、涌砂现象的出现，保证了成锚质量。

（3）采用双排桩支护时，可适当减小后排桩直径和桩长，以有效降低工程造价。

（4）②层粉砂混淤泥质土在威海广泛分布，支护工程按粉砂、水土分算对待，可能夸大了水压力作用，这可能是造成支护结构位移实际值较计算值小的原因。

11 德州市人民医院门诊楼扩建工程
深基坑支护设计与施工

11.1 基坑概况、周边环境和场地工程地质条件及原有支护降水方案

项目位于德州市东方红西路北侧，德州市人民医院院内。门诊楼扩建工程地上 7 层，地下 2 层，局部为地下车库，框架结构，采用预应力混凝土管桩基础，基础外伸 0.05～1.5m。本工程±0.000 与原有门诊楼相同，室外标高为−0.30m。

11.1.1 基坑概况

场地地面标高为−1.39～−2.28m，整平标高按−1.77m 考虑，二层地下室坑底标高为−12.07～−14.47m，基坑深度 10.30～12.70m；一层地下室坑底标高为−6.40m，基坑深度 4.63m。

11.1.2 周边环境条件（图 11.1）

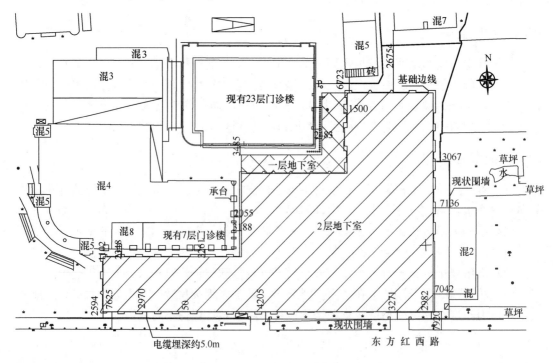

图 11.1 周边环境图

（1）北侧：东段地下室外墙距 1～5 层新病房楼附属工程最近为 6.7m，该附属工程无

设计：叶胜林、胡蒙蒙、马连仲。

地下室，宽度约为14m，筏板基础，基础埋深约2.0m，采用机械打砖柱地基处理；新病房楼附属工程以东为新建换热站，该换热站采用独立柱基，深度约为2m；换热站以北有1栋7层居民楼，距地下室外墙约26.8m，为砖混结构，天然地基筏形基础，埋深约为2.0m。

（2）东侧：北段地下室外墙距围墙3.1～7.1m，基础埋深约0.5m，墙高约3.0m，围墙外为空地；南段地下室外墙距2层建筑约7.0m，无地下室，天然地基，宽度约为39m。

（3）南侧：地下室外墙距围墙2.6～3.3m，施工时围墙将拆除；距东方红西路北侧路沿石7.6～7.9m。距人行道下电缆3.0～3.3m，埋深约5.0m，为顶管施工，管径约0.6m；主路下有雨水、污水管线，埋深约2.0m。

（4）西侧北段：地下室外墙距23层新病房楼外墙为2.0～3.1m；该楼地下1层，采用预制管桩筏形基础，基础外伸约0.52m，埋深约6.9m。该楼原支护桩直径500mm，间距约900mm，桩长自地面以下约12m；止水帷幕为单轴搅拌桩，直径500mm，搭接100mm，顶标高约－3.5m，深度约14m。靠近新病房楼有电缆、消防栓，基坑施工时根据需要移除。

（5）西侧南段：为空地。西北侧地下室外墙距7层门诊楼基础承台2.1～2.9m，距其外墙3.2～3.4m；门诊楼南侧地下1层，埋深为5.6m，北侧无地下室，埋深为1.9m，采用预制方桩基础，桩长18m。

（6）施工塔式起重机设置在基坑内。

11.1.3 场地工程地质条件

1. 场地地层埋藏条件及基坑支护设计岩土参数（表11.1）

表11.1 基坑支护设计岩土参数

地层层序		重度 γ (kN/m³)	c_q (kPa)	φ_q (°)	锚杆 q_{sk} (kPa)
①	杂填土	18.0	7.0	15.0	20
②	素填土	18.0	8.5	18.5	20
③	粉土	19.1	10.2	25.6	38
③-1	粉质黏土	19.3	25	8.6	
④	粉质黏土	18.7	25	7.9	35
⑤	粉土	19.4	9.7	26.7	38
⑥	粉质黏土	19.3	29.0 28	10.0 9.9	35
⑥-1	粉土	19.5	6.8	27.9	40
⑦	粉土	19.5	9.5	27.2	45
⑧	粉砂	20.0	2.0	30.0	45

场地地处黄河冲积平原地貌单元。场地地层主要为第四系全新统黄河冲积层及湖沼相沉积层，表部为人工填土，影响基坑支护及降水的地层有8层，自上而下分层叙述如下：

①层杂填土（Q_4^{ml}）：杂色，稍湿，稍密，含碎石块及砖块，为新近回填。该层厚度0.40～3.50m，层底标高－4.99～－2.03m。

②层素填土（Q_4^{ml}）：棕褐色，以粉土为主，湿，稍密，含锈斑。该层厚度0.50～2.90m，层底标高−5.42～−4.26m，层底埋深2.10～4.00m。

③层粉土（Q_4^{al}）：棕黄色，湿，中密～密实，含锈斑及云母碎片，局部夹③-1亚层粉质黏土。该层厚度1.20～2.00m，层底标高−4.03～−2.96m，层底埋深2.70～4.50m。

④层粉质黏土：棕褐色，可塑，含锈斑。该层厚度1.60～3.60m，层底标高−13.03～−10.98m，层底埋深9.10～11.60m。

⑤层粉土：棕黄色，中密～密实，湿，含锈斑及云母碎片，局部夹⑤-1层粉质黏土。该层厚度2.90～6.60m，层底标高−18.64～−15.64m，层底埋深14.00～16.50m。

⑥层粉质黏土：棕褐色，可塑～硬塑，含锈斑，局部夹⑥-1亚层粉土。该层厚度0.60～3.70m，层底标高−21.58～−18.87m，层底埋深16.90～19.50m。

⑦层粉土：棕黄色，中密～密实，湿，含锈斑及云母碎片，局部夹⑦-1亚层粉质黏土。该层厚度2.00～5.00m，层底标高−26.85～−21.69m，层底埋深19.90～25.00m。

⑧层粉砂：棕灰色，密实，饱和，以石英、长石、云母为主，级配差，分选性好，磨圆度高。该层厚度6.30～15.60m，层底标高−38.98～−31.77m，层底埋深30.00～37.10m。

2. 地下水情况

场地地下水为第四系浅层潜水～微承压水，勘察期间地下水位埋深约2.50m（2014年9月19日），水位标高约−4.42m，地下水位变幅约2.0m。

基坑降水影响深度范围内综合渗透系数按1.0m/d考虑。

11.1.4　原有支护降水方案

我公司参与之前，该基坑已有支护与地下水控制方案。

（1）基坑东侧北段、北侧、西侧及南侧西段采用桩撑支护，支护桩采用钻孔灌注桩，桩径1000mm，间距1.5m，嵌固深度12.0m，冠梁1100mm×1000mm，设2道支撑，腰梁1200mm×1000mm，支撑梁1000mm×1000mm，坑内深6000mm、宽6000mm土体采用水泥土搅拌加固；东侧南段及南侧东段采用桩锚支护，桩径1000mm，间距1.5m，嵌固深度12.0m，冠梁1100mm×1000mm，设3道锚索，1桩1锚，间距1.5m，锚索为高压旋喷锚索，锚固体直径400mm，坑内深6000mm、宽6000mm土体采用水泥土搅拌桩加固。

（2）采用桩间高压旋喷桩止水帷幕、结合坑内大口井管井降水的地下水控制方案。

因造价高，建设单位希望对支护降水方案进行优化。

11.2　基坑支护及地下水控制方案

我公司充分研究了原有支护降水方案、基坑周边条件和工程地质条件，在确保基坑安全的前提下，保留和优化了桩撑和桩锚支护方案、高压旋喷桩搭接支护桩止水帷幕和坑内管井降水的地下水控制方案；同时，取消了坑内土体加固，减小了支护桩和支撑梁截面，增设了悬臂桩支护。

11.2.1　基坑支护设计方案

基坑支护方案以桩撑支护、桩锚支护为主，局部采用悬臂桩支护，分7个支护剖面（图11.2）。

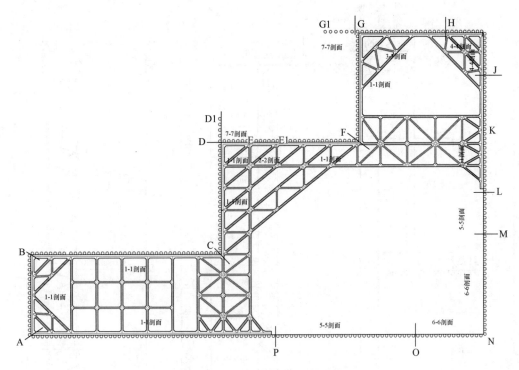

图 11.2 基坑支护平面布置图

1. 桩撑支护方案

（1）基坑北侧、东侧北段、南侧西段和西侧，深度为 10.30m、11.90m 和 12.70m，坡顶整平标高不大于 −1.77m，冠梁顶标高 −2.57m，冠梁以上按 1∶1.0 放坡。

（2）支护桩采用钻孔灌注桩，桩径为 900mm，桩嵌固深度为 9.5m 和 10.0m，桩长为 18.25～21.15m，桩间距分别为 1.50m 和 1.4m。桩身混凝土强度为 C30，桩顶锚入冠梁长度 50mm，主筋锚入冠梁长度 750mm。

（3）钢筋混凝土冠梁 1000mm×800mm，混凝土强度为 C30。

（4）内撑以角撑、对撑为主，均采用钢筋混凝土支撑梁及围檩。设置 2 道支撑，轴线标高分别为 −4.27m 和 −8.27m，围檩截面尺寸为 1100mm×800mm，第一道支撑梁截面尺寸为 650mm×750mm，连系梁截面尺寸为 500mm×600mm；第二道支撑梁截面尺寸为 800mm×800mm，连系梁截面尺寸为 600mm×650mm，八字撑截面尺寸为 650×750mm。支撑梁及围檩混凝土强度为 C30（图 11.3）。

2. 悬臂桩支护

（1）基坑北部西侧局部，深度为 4.63m，坡顶整平标高不大于 −1.77m，冠梁顶标高 −2.57m，桩顶以上按 1∶1.0 放坡。

（2）支护桩采用钻孔灌注桩，桩径 900mm，桩间距为 1.8m。桩身混凝土强度为 C30，桩顶锚入冠梁长度 50mm，主筋锚入冠梁长度 750mm。

3. 桩锚支护方案（图 11.4）

（1）基坑东侧南段、南侧东段，基坑深度为 10.30m 和 10.85m，坡顶整平标高不大

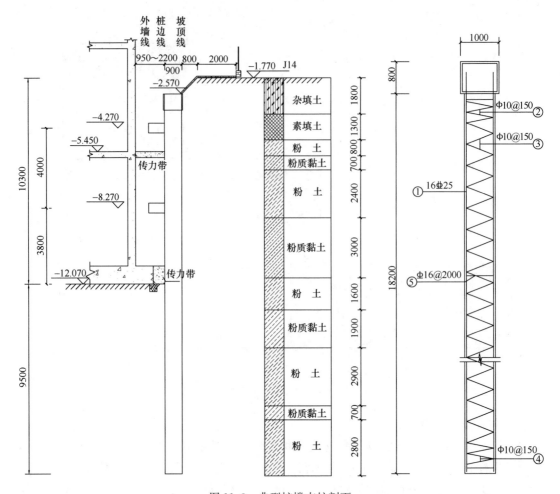

图 11.3　典型桩撑支护剖面

于－1.77m，冠梁顶标高－2.57m，桩顶以上按 1∶1.0 放坡。

（2）支护桩采用钻孔灌注桩，桩径 900mm，桩嵌固深度 9.5m，桩间距 1.5m。桩身混凝土强度为 C30，桩顶锚入冠梁长度 50mm，主筋伸入冠梁长度 750mm。

（3）桩顶钢筋混凝土冠梁 1000mm×800mm，混凝土强度为 C30。

（4）设 3 道锚索，3 桩 2 锚，间距分别为 1.8m 和 2.7m，平均间距 2.25m，上下道之间按梅花状布置。锚索为高压旋喷锚索，有效直径 400mm，水泥用量 100kg/m，杆体材料为 Φ^s15.2 钢绞线。采用钢筋混凝土腰梁，混凝土强度为 C30。

（5）钢筋混凝土冠梁 1000mm×800mm，混凝土强度为 C30。

4. 钢筋混凝土喷护

坡面、坡顶不小于 2.0m 宽度范围内挂网喷护，内支撑段坡面竖向按 2m 间距在支护桩上植入 15cm 长 1Φ16 钢筋用以挂网，挂网筋采用 1Φ14 水平向加强连接，面层钢筋网为 50mm×50mm×3mm 成品钢丝网，喷面混凝土强度 C20，喷面厚度为 50mm。

11.2.2　基坑地下水控制方案

基坑周边采用封闭式止水帷幕，结合坑内管井降水、疏干及坑外回灌的地下水控制

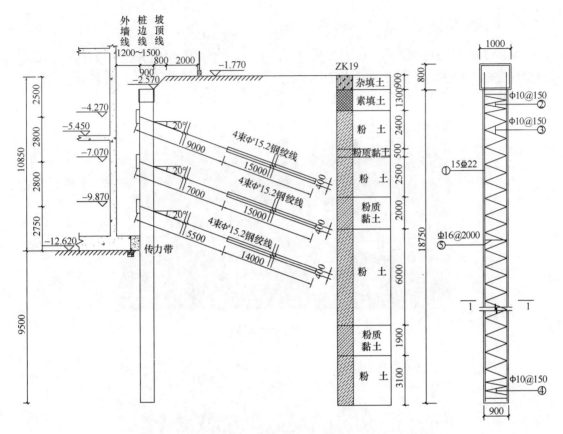

图 11.4 典型桩锚支护剖面

方案。

（1）基坑周边设置止水帷幕，与现病房楼相邻区段采用高压旋喷桩搭接止水帷幕，桩径 700mm，间距 450mm，轴线搭接 250mm，与病房楼基础搭接 200mm，桩顶至病房楼基础顶面以上 0.5m，标高为−4.63m，帷幕桩底进入坑底以下 7.5m，桩长 9.3m；其余部位采用高压旋喷桩与支护桩搭接止水帷幕，桩径 700mm，与支护桩搭接 250mm。旋喷桩采用双重管设备施工工艺，水泥用量 220kg/m。

（2）沿基坑周边肥槽按 13m 左右间距布设降水管井，二层地下室基坑内按 16～21m 间距布设疏干管井，疏干井位置应尽量避让基础承台、内支撑立柱。井底位于坑底以下 5m、6.0m，井深分别为 9.6m 和 16.3～18.7m。

（3）帷幕外回灌井间距 8～13m，井深 13.0m。二层地下室基坑开挖时，部分降水井兼作回灌井。

（4）降水井及回灌井成孔直径 700mm，无砂水泥滤管内径 400mm，管外包缠双层 60 目滤网，滤料为中粗砂，均设置井底。

（5）开挖至基坑底标高，沿周边设置排水盲沟，依据疏干情况，在坑内设置盲沟协助排水，盲沟间距依降水效果确定，并与降水井连接。

11.3 基坑支护施工（图11.5和图11.6）

基坑支护自2015年10月10日开始施工，于2016年6月20日开挖至设计基底标高，并验收完毕。在基坑开挖及使用过程中，支护结构安全可靠，锚杆试验结果满足设计要求；基坑变形及锚杆、支撑内力变化均在正常范围内，于2017年5月顺利回填。

图11.5 桩＋撑支护图

图11.6 桩＋锚支护图

11.3.1 施工顺序

工程桩（预应力管桩）施工：场地平整→施工放线→支护桩、立柱桩施工→止水帷幕施工→冠梁及第一层支撑梁施工→第一层土方开挖→第一道锚索、腰梁、张拉锁定索→第二层土方开挖→第二道锚索、腰梁、张拉锁定→第三层土方开挖→第二层支撑、第三道锚索、腰梁、张拉锁定→第四层土方开挖→底板施工→－11.250标高换撑→拆除第二道支撑→负二层地下室外墙、柱、顶板施工→负二层防水施工及基坑回填→－5.450标高换撑→拆除第一道支撑→负一层基坑土方开挖→截除D-E-E1-F-G段标高－6.4m以上支护桩。

11.3.2 传力带设置

底板浇筑完成后拆除第二道支撑之前、负二层楼板施工后第一层支撑拆除之前均应设置传力带；基础底板设有后浇带，为了将支护挡土结构（桩）所受土压力通过底板传递到基坑对侧，在底板后浇带处设置型钢传力带，传力带做法如图 11.7～图 11.9 所示。

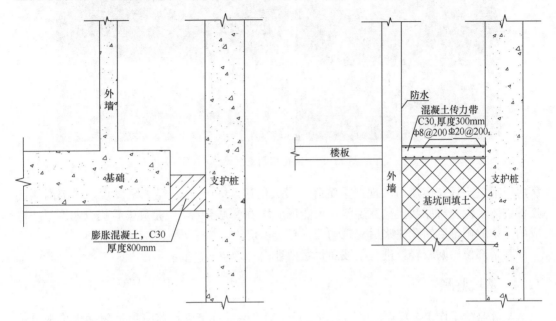

图 11.7　底板外围传力带示意图　　　　　图 11.8　负二层顶板处传力带示意图

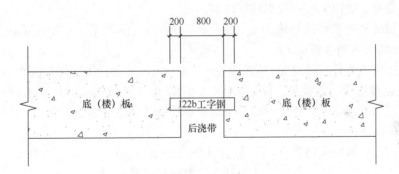

图 11.9　后浇带处传力带示意图

11.3.3　支撑梁拆除

支撑梁的拆除工艺一般有爆破拆除法、机械拆除法、人工拆除法和静力切割拆除法。为确保不对临时支撑体系、建筑结构工程及周边的建筑物以及地下设施造成不利的影响，严格控制支撑体系拆除后基坑的变形，考虑安全、质量、工期等因素，本工程采用了静力切割拆除法，主要使用混凝土切割绳锯机施工，水钻、风镐等工具配合施工。

在内撑梁下方搭设满堂架，采用绳锯机将内撑梁分割成块，每块质量约 2.5t，落至满堂架上，使用叉车将内撑梁块倒运至指定地点（施工方便、经过的楼板通过验算），后采用汽车起重机集中调运至吊装口清运出场（图 11.10）。

11.3.4　帷幕渗漏问题

在开挖支护施工过程中，基坑北侧、东侧帷幕都出现过漏水、涌砂等事故，导致北侧

图 11.10　链锯切割支撑梁照片

病房楼附属工程和换热站出现严重沉降，最大值达 95.68mm。经观察发现，局部高压旋喷桩桩体水泥土与原状土呈互层状，未能形成均质水泥土体，应是旋喷管提升速度过快造成的。采取帷幕后钻孔注浆后建筑物变形趋于稳定。

其余部位渗漏较轻，进行了坡面封堵处理。

11.4　基坑监测

基坑监测工作自 2015 年 10 月开始，至 2017 年 5 月结束。监测项目包括桩顶水平位移、支护结构后土体沉降监测、周边建（构）筑物沉降、周边管线、锚索内力、深层水平位移、立柱位移、支撑梁轴力及水位等内容。

（1）桩顶的竖向累计位移值为 22.59～－4.06mm；桩顶累计水平位移值为 12.41～－2.00mm，均未达到报警值。

（2）周边管线累计沉降值为－62.10～－1.62mm，其中管线沉降监测点 GX4、GX5、GX7 累计变化量均达到报警值。GX4、GX5、GX7 位于基坑南侧，该侧基坑止水帷幕渗漏严重，使基坑外地下水位严重下降。采取帷幕外钻孔注浆处理后管线变形趋于稳定，注浆活动有附加沉降产生。

（3）周边建（构）筑物累计沉降值为－95.68mm（J37 点）至－5.53mm（J31 点），其中 J37、J38、J43～J48、J50～J52 累计变化量达到报警值。

J37、J38 位于基坑北侧 5 层建筑，J43～J48 位于基坑北侧的换热站，J50～J52 位于基坑东侧南段的 2 层建筑，这些部位的基坑止水帷幕渗漏严重，使基坑外地下水位严重下降。经采取帷幕外钻孔注浆处理后变形趋于稳定。注浆活动有附加沉降产生。鉴于该处个别监测点（J37、J38、J43）沉降值已超出报警值的 3 倍，注浆由注水泥浆改为双液注浆。

（4）立柱累计竖向位移值为 27.34～4.28mm。

（5）累计深层水平位移值为－24.15～－6.11mm（CX1 点），各监测点数据正常，未达到报警值。

（6）支撑轴力变化累计最大值为 352.63kN［102856（ZC19）点］；累计最小值为－3.54kN［226597（ZC12）点］。

11.5　结束语

（1）我公司通过对基坑支护与降水原方案的优化和完善，取消了坑内土体加固；桩撑支护桩桩径由 1000mm 减小至 900mm，嵌固深度由 12.0m 减小至 9.5m 和 10.0m；冠梁截面由 1100mm×1000mm 调整为 1000mm×900mm，腰梁截面由 1200mm×1000mm 调整为 1100mm×800mm，支撑梁截面由 1000mm×1000mm 调整为 800mm×800mm、650mm×750mm、600mm×65mm 和 500m×600m 4 种；锚杆由 1 桩 1 锚、间距 1.5m 优化为 3 桩 2 锚、平均间距 2.25m；西侧北段负一层地下室区段增设了悬臂桩支护。通过优化有效降低了工程造价，支护降水总造价由 4400 余万元降至 2400 余万元，降幅达 45%，深获参建各方好评。

（2）采用支护桩＋撑支护区段，坡顶位移、坡顶沉降及基坑深层位移均较小，说明该支护体系结构刚度大，挡土及控制基坑变形能力强，在深度大、地质条件差、周边环境复杂的基坑中可优先考虑。

（3）锚杆采用高压旋喷工艺，当锚固段长 14m、直径 400mm 时，抗拔承载力极限值可达 700kN，可有效缩短锚杆长度，降低锚杆密度。采用间隔施工，可减小施工对周边环境的影响。

（4）现场局部高压旋喷桩桩体水泥土与原状土呈互层状，未能形成均质水泥土体，导致帷幕漏水，应是旋喷管提升速度过快造成的。为保证帷幕质量，在施工时应严格控制旋喷管提升速度。

（5）含流砂的软弱土基坑渗漏严重，特别是涌砂，将严重危害基坑及周边环境的安全。一经发生，应及时封堵，必要时先进行堆土反压。

12 德州红星美凯龙一期南地块深基坑支护设计与施工

12.1 基坑概况、周边环境及场地工程地质条件

场地位于德州市经济开发区东风路北侧，广川大道西侧，东方红路南侧，长河小学东侧。项目主要包括红星美凯龙家居广场、2座办公塔楼、商业街和地下车库，均为地下3层，于2012年12月开始建设。

12.1.1 基坑概况

基坑呈梯形，东西方向长198.3～260.3m，南北方向长180.0～191.0m。南地块场地地面标高在22.22～22.94m，基底标高12.70m，基坑深度10m左右（图12.1）。

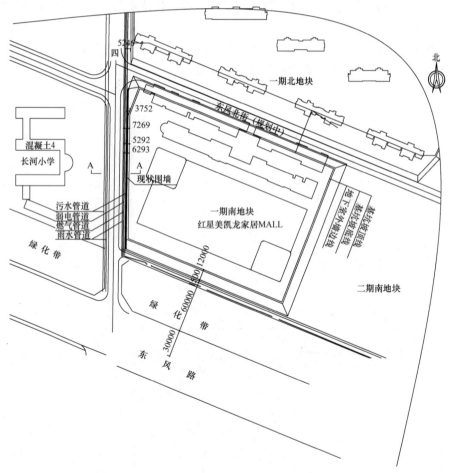

图 12.1 基坑周边环境及支护平面图

设计：李启伦、陈燕福；施工：毛耀辉。

102

12.1.2 周边环境条件

（1）北侧：地下结构外墙距一期北地块地下结构外墙约 30m，与本基坑同期施工。

（2）东侧：地下结构外墙距用地红线约 9m，红线外为待建二期场地，支护结构可以突破红线。

（3）南侧：地下结构外墙距用地红线最近处为 13.5m，红线外为东风路城市绿化带，宽 60m。

（4）西侧：地下车库外墙线距围墙 3.5m，围墙外为市政道路四号线绿化带，绿化带下埋设有雨水、污水、通信、燃气管线，均为直埋铺设，埋深均小于 2.0m。地下车库外墙线距污水管线最近处约 3.75m，该管线直径 1000mm，直埋铺设，管底标高 17.60～17.64m；距弱电管道最近处约 5.28m；距燃气管道最近处约 6.29m，该管道材料规格为 PE315mm，直埋铺设，管底标高 17.28～17.44m。四号线以西为长河小学。地下车库外墙线距教学楼和办公楼最近处约 64.3m，均为地上 4 层建筑，天然地基条形基础。

12.1.3 工程地质条件

1. 场地地层埋藏条件及基坑支护设计岩土参数（图 12.2 和表 12.1）

场地地处黄河冲积平原地貌单元。场地地层以第四系全新统冲积层为主，表部分布一定厚度的填土，基坑支护影响深度范围内地层描述如下：

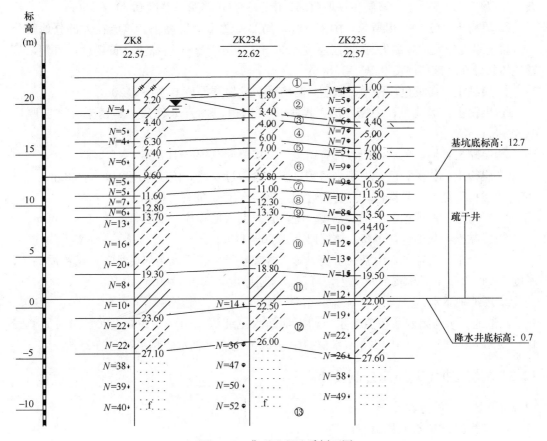

图 12.2 典型工程地质剖面图

表 12.1　基坑支护设计岩土参数

层号	岩土名称	γ (kN/m³)	c (kPa)	φ (°)	k_v (m/d)	锚杆 q_{sk} (kPa)
①	杂填土	17.0	10.0	12.0		20
②	粉土	18.6	10.3	25.3	1.5	40
③	黏土	18.1	18.8	11.8		40
④	粉土	19.0	10.6	26.3		42
⑤	黏土	18.6	28.0	8.7		42
⑥	粉土	19.1	9.20	26.7		45
⑦	粉质黏土	19.0	28.0	12.1	0.3	45
⑧	粉土	19.3	10.5	27.1		48
⑨	黏土	18.6	28.1	9.1		53
⑩	粉土	19.3	9.5	27.6		55

① 层素填土（Q_4^{ml}）：杂色，松散，稍湿，以粉土和粉质黏土为主，土质不均匀，回填年限小于 5 年。该层在场地大部分地段有分布，厚度 0.60～3.70m。①-1 层杂填土：杂色，以建筑垃圾为主。该层在场地西部、南部分布较普遍，厚度 0.60～4.00m。

② 层粉土（Q_4^{al}）：褐黄色，中密，湿，局部夹②-1 亚层黏土。该层在大部分地段分布（填土厚度较大地段缺失）。该层厚度 0.30～3.40m。②-1 层黏土，黄褐色，可塑，呈透镜体状分布。该层厚度 0.90～1.80m。

③ 层黏土：褐黄色，可塑～软塑，含有锈斑。该层厚度 0.40～2.20m。

④ 层粉土：褐黄色，中密，湿，摇振反应迅速，含云母碎片，具锈染。该层厚度 0.90～3.60m。

⑤ 层黏土：褐黄色，可塑，含有锈斑。该层厚度 0.50～1.70m。

⑥ 层粉土：黄褐黄色，中密～密实，湿，含云母碎片。该层厚度 0.90～2.80m。

⑦ 层粉质黏土：灰褐色，软塑～可塑。该层厚度 1.00～3.00m。

⑧ 层粉土：灰黄色，中密～密实，湿，含大量云母碎片。该层厚度 0.60～2.00m。

⑨ 层黏土：灰褐色，可塑。该层厚度 0.50～1.90m。

⑩ 层粉土：褐黄色，中密～密实，湿，含大量云母碎片，局部夹⑩-1 亚层粉质黏土，厚度 0.50～2.20m，棕褐～灰褐色，可塑。该层厚度 3.50～7.00m。

2. 场地地下水

场地地下水为第四系孔隙潜水，勘察期间水位埋深 3.40～3.60m（2011 年 10 月 23 日），水位标高 18.90～19.22m，水位变幅 2.00m 左右。抽水影响半径 20～25m。

12.2　基坑支护与地下水控制设计

12.2.1　基坑支护方案

1. 天然放坡方案（图 12.3）

北侧、东侧和南侧，基坑深度为 10.0～11.0m，采用二级天然放坡支护方案，坡面坡率 1∶1、坡面及坡顶挂网喷射混凝土防护，平台位于地面以下 5m，宽 1.5m；坡顶地面附加荷载按坡顶外 2～1 倍坑深范围内按条形均布 20kPa 考虑。

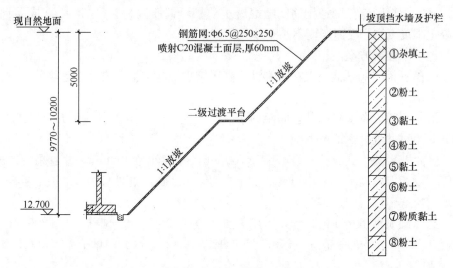

图 12.3 天然放坡支护方案图

2. 桩锚支护方案（图 12.4）

（1）基坑西侧深 10.00～11.00m，采用桩锚支护方案。

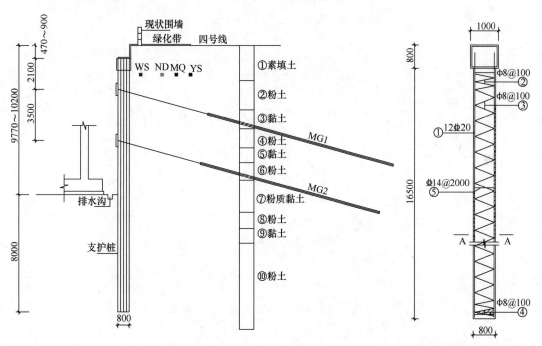

图 12.4 桩锚支护方案图

（2）支护桩采用钻孔灌注桩，直径 800mm，间距 1.50m，顶标高 22.00m，嵌固深度 8.00m，有效桩长 16.5m，冠梁 1000mm×800mm，桩顶锚入冠梁 50mm，桩主筋锚入冠梁 700mm。

（3）设 2 道锚索，长度 20.0～25.0m，锚孔直径 150mm，杆体材料 Φ^s15.2，采用二

次压力注浆工艺。二次注浆压力为 2.5～5.0MPa。腰梁为 2 根 20a 槽钢。

（4）冠梁顶至围墙范围挂钢筋网喷混凝土防护，钢筋网为 Φ2@50×50 成品钢丝网，喷面混凝土强度 C20，喷面厚度不小于 60mm。

12.2.2　地下水控制方案

基坑未设置封闭式帷幕，仅在西侧设置高压旋喷桩与支护桩搭接止水帷幕；坑内采用管井降水和疏干。

（1）沿基坑四周布置降水井，间距约 15m，深度 16m；坑内设疏干井，间距约 30m，井深 16m，电梯井处井深 20m。

（2）降水井、疏干井成孔直径不小于 700mm，井管外径 400mm，井管采用混凝土无砂滤水管，反滤层厚度不小于 100mm，外包 2 层 60 目尼龙滤网，滤料采用中粗砂。坑顶设挡水墙，坑底辅以盲沟排水。

（3）高压旋喷桩桩径 1100mm，采用三重管施工工艺，与支护桩咬合 200mm，桩顶标高控制在 20.70m，桩底标高 4.70m，有效桩长 16.0m，水泥用量不小于 400kg/m。

12.3　基坑支护及降水施工

施工过程中，集水坑邻近的边坡变更为土钉墙支护方案，如图 12.5 所示。就施工而言，本基坑支护工程难度不大，但还是出现了两次滑塌险情和一次降水井事故。

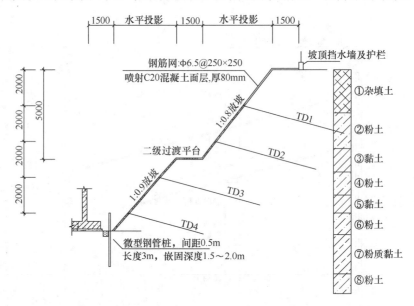

图 12.5　集水坑处土钉墙支护方案

12.3.1　边坡滑塌

（1）土方队伍不按设计要求施工，造成边坡坡度变陡、喷护不及时，北侧、东侧、南侧局部都出现过滑塌。

（2）入夏第一场暴雨，雨水沿东风路汇入总包办公区，办公区大量积水，总包方破除基坑东侧挡水墙，将积水排入基坑，冲塌局部坡面。

采用砂袋护坡及土钉墙支护方案进行了加固（图 12.6）。

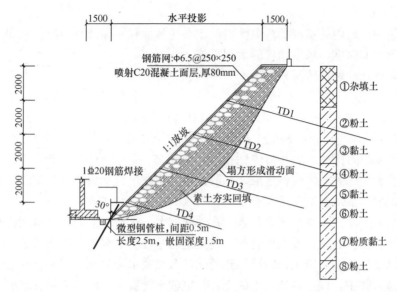

图 12.6　东侧土钉墙加固方案

12.3.2　降水井事故

1. 事故过程及原因分析

A 座办公楼电梯井北侧的 1 眼疏干井，由于在成井、控制降水和封堵过程中犯了诸多错误，抽水带走大量粉（砂）土，该井周围及北侧垫层大面积沉降、开裂，北侧沿缝隙有地下水流出。受影响区域，桩承载力受损，坑底地基承载力降低，垫层无法正常使用。位置见平面布置图。

经调查，该井成孔时用错钻头，成孔直径只有 480mm，几乎填不进滤料，成为废井，但没有作为废井处置，滤网设置也不合理。开始抽水后，含砂量一直比较高，而出水量越来越大，潜水泵由 1.5kW 换成 2.2kW 再换成 3.5kW，到后来是 2.2kW＋3.5kW 两个潜水泵。及至井管四周塌陷，才决定封井。由于地层中有微承压水，停止抽水，水就从井口自流，普通的封堵注浆措施已然无法实施。遂换 7.5kW 潜水泵进行强降水，泵上浇灌混凝土进行封堵。但在混凝土浇灌完成后没有及时停泵，又强降水约 6h，抽上更多粉土（砂）。

很明显这是降水井质量引发的工程事故。地层在降水时产生土颗粒流失，必须具备两个因素：一是地层中具粉土、粉细砂层，颗粒细，且颗粒间粘结力低；二是土体颗粒能进入井中被抽出。该场地降水井深度范围内分布有多层粉土，在渗流作用下粉粒有流动的可能。施工人员责任心不强，使该井成孔直径远小于设计要求，反滤层厚度偏小，且滤网设置不合设计要求，导致粉土颗粒能够顺利进入井中，随井水一起抽排流失，土颗粒的流失导致土体结构破坏，土层渗透性增强，降水影响半径扩展，地下水流速增加，携砂能力更强，单井出水量也就越来越大，抽取地基土颗粒更多，引起地基沉陷。当井四周出现小范围沉陷时，并未引起足够重视，反而采取了更加错误的方法，大泵强抽地下水，使土粒流失速度更快，沉陷范围进一步发展。即使在灌注混凝土封堵后，也未及时停泵，还采用了更大功率的水泵进行强降水，致使地层中更多粉土颗粒流失，由井边塌陷的小事故演变成大面积坑底地基土沉陷的大事故。

2. 事故治理

该事故影响区域内的基桩承载力受损，坑底地基承载力降低。为消除影响，需查清被扰动地层的范围和深度，采取相应的治理措施。

（1）确定被扰动地层范围和深度

以事故井为中心，在直径 5m、15m、25m、35m 的圆上分别均布 4 个、9 个、15 个、20 个双桥静力触探原位测试点，勘探深度基坑底以下 20m。

勘探结果：①在直径 5m 圆周上的探点，扰动深度最大，第⑩、⑫层粉土扰动严重，第⑬层粉砂上部轻微扰动。②井南侧钻孔灌注桩区域，除直径 5m 圆周上的点受扰动外，其他点未受扰动。③井北侧管桩区域，30m 以内，第⑩层扰动较严重，第⑫层由内向外扰动程度逐渐减弱。扰动范围见平面布置图。

结果分析：井附近土颗粒流失严重、扰动深度大，这是正常的。井南侧扰动范围小且轻，北侧扰动范围大且重，看似不合理，其实这与基础类型有关。南侧为后压浆钻孔灌注桩基础，经高压注浆后，粉土粉砂层得到固化，孔隙被水泥浆充填，水流通道被破坏，水不能从该向进入井中，该方向地层中的土颗粒也就不能流失。北侧是管桩基础，管桩对周围地层虽有挤密作用，但影响范围小，大部分区域仍保持原地层性质，水流通道完好，该方向的土颗粒便随水流入井中。开始是井附近的土颗粒流失，然后逐渐向通道纵向横向发展，使通道越来越大、越来越长，这就是北侧扰动范围大且重的原因，因此勘察结果是准确的。

（2）治理方案

因土颗粒流失，在地层中产生新的孔洞，破坏了原地层结构，造成桩及地基承载力降低。要恢复地层的力学性能，所采用的治理方法必须能填充新孔洞，同时对扰动地层有压密作用。高压注浆处理就同时具有这两方面的作用。根据勘察结果，对第⑩、⑫层粉土分别进行高压注浆处理（见注浆孔剖面图），具体方案如下：

注浆材料采用 P.O42.5 水泥，水灰比 0.7。注浆孔直径 100mm，注浆管直径 50mm（厚 4mm 普通焊管）。注浆压力控制在 2～8MPa，孔口冒水泥浆时停止注浆。

第⑩层：注浆孔深 9m，间距 3～4m，正方形布置，可根据场地桩的位置进行适当调整；注浆管长 9.3m，下端封死，下端 3.6m 范围内沿垂直轴线对称设置 ϕ6mm 出浆孔，孔间距 300mm，梅花形布置。

第⑫层：注浆孔深 16m，布置在第⑩层注浆孔的正中心，布置原则同第⑩层；注浆管长 16.3m，下端 4.5m 范围内打出浆孔，布置间距、方式同第⑩层。

（3）注浆施工

注浆孔成孔后，将注浆管的出浆孔用透明胶带封好，再在出浆孔上部缠上适量海带并固定好，然后放到孔内，再将海带以上部位灌水泥浆封死，7d 后开始高压注浆。注浆顺序为：先注第⑩层，再注第⑫层；每层注浆，先外围后中央。高压注浆用时 7d，根据注浆记录，各个注浆孔的水泥用量差别非常大，注浆量最多的孔水泥用量 30t，注浆量最少的孔水泥用量不足 50kg。这更说明土颗粒流失在地层中不是均匀的，而是沿水流通道发展的，位于通道上的注浆孔注水泥量就多，否则就少。整个场地注浆用水泥总计 150t，耽误工期 3 个月，经济损失 80 万元，教训非常深刻（图 12.7 和图 12.8）。

（4）注浆检验

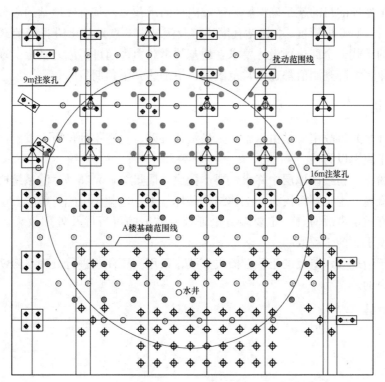

图 12.7 影响范围

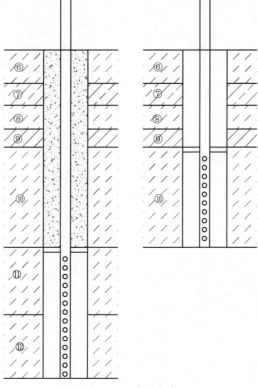

图 12.8 治理方案

　　高压注浆处理的目的就是确保影响区域内桩的承载力及基坑底地基的承载力，因此注浆完成 28d 后，对 6 根管桩、3 根钻孔灌注桩及区域内 6 点地基土进行静荷载试验。其试验结果：桩的承载力全部达到设计要求，地基的承载力也超过了原地基土。现该工程主体竣工已满两年，沉降观测值都在正常范围内，治理达到了预期目的。

12.4　结束语

　　（1）该降水井事故主要是由于施工人员责任心差、管理不到位所引发的，此教训在以后类似工程中应引以为戒。

　　（2）在粉土、粉细砂地层中降水，要严把成井质量关，尤其是过滤系统必须达到过滤要求，否则就易产生土颗粒流失，土体结构破坏，引发地基土沉陷等破坏。

　　（3）处理质量事故时，一定要多方论证处理方案的可行性及处理效果，不要盲目实施，避免引发更大的工程事故。

　　（4）对于治理降水造成的土颗粒流失事故，采用高压注浆进行处理是经济可行的，能够达到治理目的。

13 临邑县人民医院综合楼深基坑支护设计与施工

13.1 基坑概况、周边环境及场地工程地质条件

项目位于临邑县城，瑞园路以西，广场大街以北，临邑县人民医院院内。综合楼地上22～23层，地下1层，长76.20m，宽27.0m，桩筏基础。

13.1.1 基坑概况

场地地面标高18m，基坑开挖深度约7.00m，局部集水坑（电梯坑）处开挖深度7.80～9.40m。

13.1.2 基坑周边环境情况（图13.1）

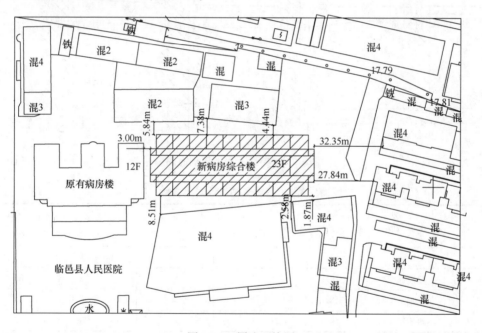

图13.1 周边环境图

（1）北侧：地下室外墙距3层传染科楼和2层楼基础边线为6.00～3.40m，两楼均采用天然地基条形基础，基础外伸1.00m，埋深0.80m。

（2）东侧：地下室外墙距4层住宅楼27.8～32.4m，该楼为砖混结构，天然地基条形基础，埋深约1.5m。

（3）南侧：地下室外墙距4层门诊楼基础边线为1.80～8.50m，该楼采用天然地基，基础外伸1.20m，埋深约0.80m。

设计：叶胜林、赵庆亮、马连伸；施工：张力卡。

（4）西侧：地下室外墙距 12 层病房楼基础边线约 3.3m。该楼采用桩基础，基础埋深约 3.0m。

13.1.3 场地工程地质条件

1. 场地地层埋藏条件及基坑支护设计岩土参数（图 13.2 和表 13.1）

场地地层主要由第四系全新统～上更新统冲积黏性土、粉土和砂土组成，地表分布有人工填土。场地地层分布较稳定。详述如下：

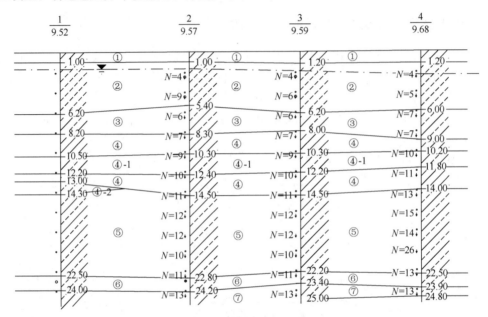

图 13.2 典型工程地质剖面图

表 13.1 基坑支护设计岩土参数

层号	土层名称	γ (kN/m³)	c (kPa)	φ (°)	k_v (cm/s)	土钉、锚杆 q_{sk} (kPa)
②	粉土	19.4	15	18	4.0E-05	15
③	粉质黏土	19.2	25	14	5.0E-06	35
④	黏土	18.6	30	16	8.0E-07	40
④-1	粉质黏土	19.7	25	14	5.0E-06	45

①层杂填土（Q^{ml}）：杂色，松散，稍湿，以砖块和灰渣等建筑垃圾为主，混黏性土。层底深度 1.00～1.30m，层底标高 8.39～8.72m。

②层粉土（Q_4^{al}）：黄褐色，湿～很湿，稍密，含氧化铁及云母片。该层厚度 4.00～5.70m，层底深度 5.00～6.70m，层底标高 2.96～4.53m。

③层粉质黏土：黄褐色，可塑，局部软塑，含氧化铁，见姜石，粒径 0.50～2.00cm，含量<5%。该层厚度 4.00～5.70m，层底深度 8.00～9.00m，层底标高 2.96～4.53m。

④层黏土（Q_{3+4}^{al}）：黄褐～褐灰色，可塑，含氧化铁，见少量姜石，粒径 0.5～2.5cm。夹④-1 亚层粉质黏土。该层厚度 5.00～6.20m，层底深度 13.50～15.00m，层底标高 -3.81～-5.28m。

⑤层粉质黏土：黄褐～灰褐色，可塑～硬塑，局部坚硬，含铁锰氧化物，见姜石，粒径0.5～3.0cm，含量<5%，夹薄层粉土。该层厚度7.00～8.50m，层底深度22.00～22.80m，层底标高-13.23～-12.28m。

⑥层粉土（Q_3^{al}）：黄褐色，湿，密实，含云母片。该层厚度1.20～1.70m，层底深度23.20～24.20m，层底标高-14.63～-13.51m。

2. 地下水情况

场地地下水属第四系孔隙潜水。勘察期间，钻孔内测得地下水静止水位埋深1.70～2.50m，水位标高为7.16～7.87m。

13.2 基坑支护及地下水控制方案

基坑采用桩锚、悬臂桩、土钉墙及复合土钉墙等支护方案，采用周边封闭的悬挂式止水帷幕和坑内管井降水、疏干的地下水控制方案。

13.2.1 基坑支护方案

按8个支护单元进行了支护设计（图13.3）。

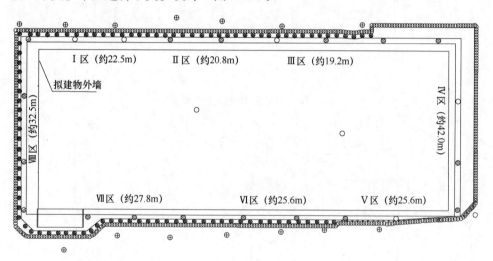

图13.3 支护平面布置图

1. 桩锚支护（图13.4）

（1）基坑北侧西段、南侧西段采用桩锚支护方案。

（2）支护桩采用钻孔灌注桩，桩径600mm，桩间距1.60m，桩长12.00～14.00m，嵌固深度5.00～7.00m。

（3）桩顶钢筋混凝土冠梁700mm×600mm，混凝土强度为C25；冠梁主筋为HRB335，冠梁箍筋为HPB235。

（4）设1道预应力锚索，1桩1锚。锚索成孔直径150mm，腰梁为2根18b槽钢，锚杆杆体材料为钢绞线；

（5）桩间土挂网喷护面层厚度50mm，钢筋网采用成品1mm×50mm钢丝网。

2. 悬臂桩支护方案（图13.5）

（1）基坑西侧采用悬臂桩支护方案。

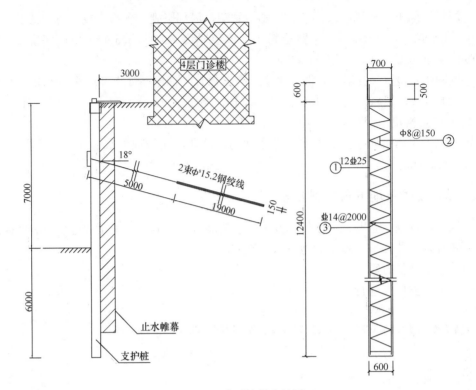

图 13.4　典型桩锚支护图

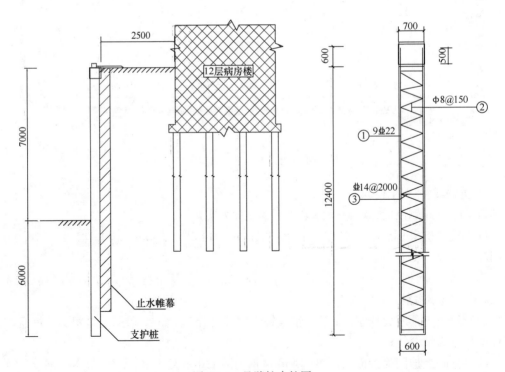

图 13.5　悬臂桩支护图

（2）支护桩采用钻孔灌注桩，桩径 600mm，桩间距 1.60m，桩长 12.50m，嵌固深度 6.00m；

（3）桩间土采用挂网喷护，钢筋网为 1mm×50mm 成品钢丝网，喷射混凝土厚度 50mm，强度为 C20。

3. 土钉墙支护方案（图 13.6）

（1）基坑北侧东段、东侧及南侧东段 1 采用土钉墙支护方案。

（2）坡面坡度为 70°，采用挂网喷射细石混凝土面层，厚度不小于 80mm，强度相当于 C20。

（3）坡顶面层上翻宽度不小于 2.00m。

（4）土钉孔直径 130mm，倾角 15°，杆体采用 HRB400 钢筋，注浆体强度 M20。

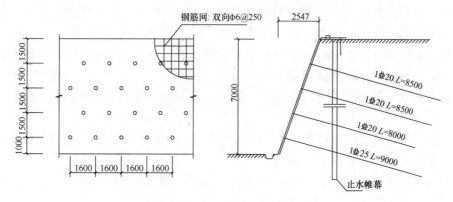

图 13.6　土钉墙支护图

4. 复合土钉墙支护方案（图 13.7）

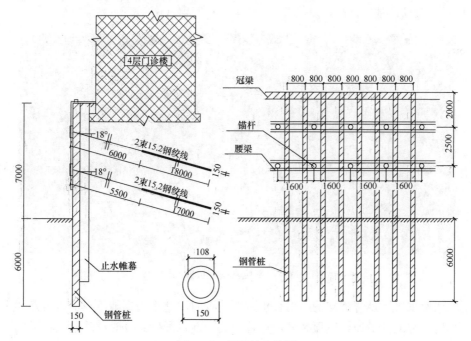

图 13.7　钢管桩支护图

（1）南侧东段 2 微型钢管桩复合土钉墙支护方案。

（2）钢管桩间距 0.80m，桩径 150mm，桩长 13.00m，嵌固深度 6.00m，钢管直径 108mm，壁厚 6mm。

（3）桩顶冠梁为 1 根 18b 槽钢；

（4）设 2 道预应力锚索，2 桩 1 锚，锚杆腰梁为 2 根 18b 槽钢；

（5）坡面挂网喷射细石混凝土面层，厚度不小于 60mm，强度相当于 C20。

13.2.2 基坑地下水控制方案

采用基坑周边止水帷幕，结合坑内管井降水、疏干，盲沟排水的地下水控制方案。

（1）帷幕深度一般为 11.50m，加深降水井两侧各 10m 范围内的帷幕加深至 14.50m。Ⅳ区设在坡顶距基坑底边线 2.50m 处，Ⅴ区止水帷幕局部与支护桩重合，其余区设在支护桩外侧。止水帷幕采用深层搅拌桩，搅拌桩桩径 600mm，全桩复搅，Ⅴ区桩间咬合 300mm，其余各区桩间咬合 200mm，采用 32.5 级水泥，水泥用量为 80kg/m。

（2）沿基坑周边肥槽按间距 10m 左右布置降水管井，井深 10m，电梯坑附近降水井加深至 11.50m。基坑中部电梯坑附近布置 2 眼疏干井。

（3）在基坑底边线设置宽 300mm、深 300mm 的排水沟，按间隔 30m 左右设置集水坑。

（4）在基坑周边止水帷幕外和已有建筑物之间设置水位观测井，井结构同降水管井。场地狭窄部分，观测井井径 150mm。

（5）基坑周边坡顶设置 200mm×240mm 挡水墙，以防雨水进入基坑。

13.3 基坑支护及降水施工

2008 年 12 月 25 日基坑支护桩开始施工，2009 年 2 月 20 日开始土方开挖，2009 年 4 月 10 日开挖至设计基底标高，基坑于 2009 年 7 月回填（图 13.8）。

图 13.8 基坑开挖完成效果图

基坑西侧采用了悬臂桩支护，工程桩桩头清理时，起重机支腿落在支护桩冠梁上，导致支护结构位移急剧增加，坡顶裂缝，帷幕断裂，漏水涌砂。及时移除起重机后漏水涌砂现象减弱，支护结构变形逐渐收敛，后期位移有一定幅度恢复和减小。

13.4 基坑监测

2009 年 2 月 18 日—7 月 2 日进行了基坑的水平位移观测和周边建筑物沉降观测，各监测项目数据分析评述如下：

（1）基坑北侧、东侧及南侧坡顶的水平位移累计值为 12.40～4.10mm，平均值 9.07mm，各监测点数据正常，均未达到报警值（图 13.9）。

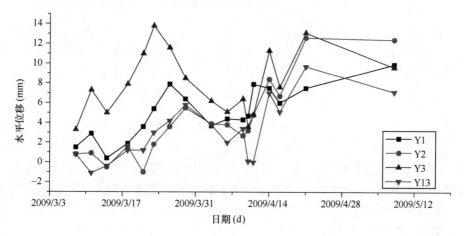

图 13.9 北坡坡顶位移与时间关系曲线

（2）西坡坡顶水平位移在 2009 年 4 月 14 日以前累计值为 15.40～0.80mm，2009 年 4 月 14 日位移量突然增大 55.50～32.10mm，累计值为 56.30～26.20mm，平均值为 41.13mm，超报警值。分析原因是由于该区域有起重机吊桩头时动荷载所致，后期位移恢复至 43.30～14.40mm，平均 29.03mm（图 13.10）。

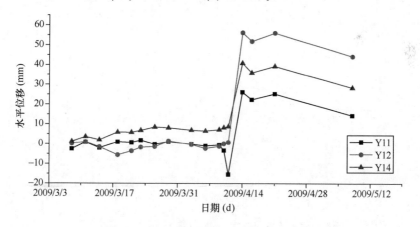

图 13.10 西坡坡顶位移与时间关系曲线

（3）基坑周边建（构）筑物沉降累计值为 18.40～−3.60mm，平均值为 8.06mm，各监测点数据正常，均未达到报警值（图 13.11）。

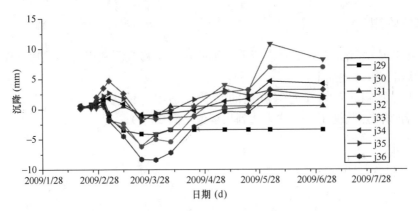

图 13.11 5 号楼沉降与时间关系曲线

13.5 结束语

（1）在黄河冲积地貌单元，当基坑紧邻 2～4 层建筑物、深度 7～9m 时，桩锚支护仍是可行的支护方案。在适当增加锚索的前提下，微型钢管桩复合地基也能保证基坑安全。

（2）当基坑距离地下建筑结构较近时，地下建筑结构与基坑之间的土体可按有限土体进行支护结构的土压力计算。

（3）在黄河冲积成因的粉土层中施工普通锚杆，若水头较小（小于 5m），可采用水泥浆护壁，且锚固力有保证。

（4）周边地面荷载对基坑安全影响显著，特别是停靠基坑边缘的起重机、泵车及挖掘机等引起的动荷载，影响更甚，基坑开挖或使用期间应尽量避免。

14 聊城祥生地产·金麟府开发项目深基坑支护设计与施工

14.1 基坑概况、周边环境及场地工程地质条件

项目位于聊城市花园南路东侧，皋东街北侧，萃园小区西侧，五岳电机有限公司宿舍楼南侧。项目包括4栋32层高层建筑、4栋6层电梯洋房、商务会所、文化活动中心，以及之间的地下2层车库。高层建筑采用剪力墙结构、桩筏基础；洋房、商务会所以及文化活动中心采用筏板基础、剪力墙结构；地库采用独立基础＋防水板、框架结构。

基坑设计方案由聊城正恒工程勘察设计有限公司设计，我公司进行了优化设计。

14.1.1 基坑概况

基坑平面形状为不规则菜刀形，东西长57.5～200m，南北长108～191m，支护段总长度约900m，基坑开挖深度在6.20～6.90m（不含电梯井局部加深部分），如图14.1所示。

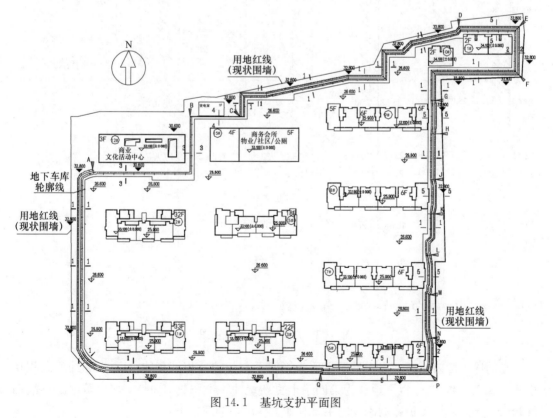

图 14.1 基坑支护平面图

设计：李启伦、陈燕福。

14.1.2　周边环境条件

（1）北侧：地下室轮廓线距围墙为 6.36～7.28m，围墙北侧紧邻管道，管道北侧为五岳电机有限公司宿舍楼。新建的 12 号配套商业活动中心，框架结构、天然地基独立基础。

（2）东侧：地下室轮廓线距最近围墙 5.50m，围墙外为萃园小区，多为 4F～6F 的老楼房，砖混结构，条形基础，基础埋深约 1.50m。

（3）南侧：地下室轮廓线距围墙 7.50m，围墙南侧紧邻皋东街，道路下埋设有污水、电力等管线。

（4）西侧：地下室轮廓线距围墙 6.70m，围墙西侧紧邻花园南路，道路下埋设有污水、电力、燃气、给水等管线。

场地西北角存在一配电室，距地下室轮廓线 1.58～2.35m，砖混结构条形基础，基础埋深 1.0m，长 15.0m，宽 8.0m。

14.1.3　场地工程地质条件

1. 场地地层埋藏条件及基坑支护设计岩土参数（图 14.2 和表 14.1）

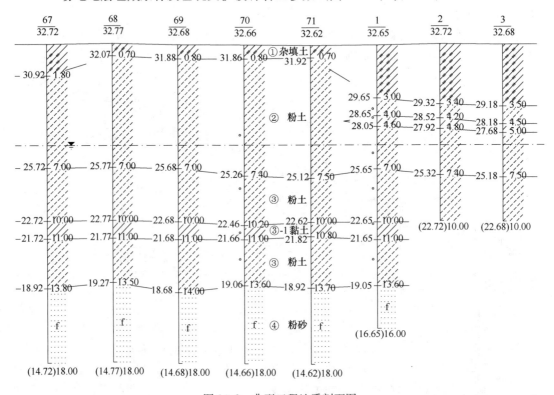

图 14.2　典型工程地质剖面图

在勘探深度内，28m 以上地层主要为第四系全新统冲积堆积物（Q_4^{al}）和冲积湖积相堆积物（Q_4^{al+1}），28m 以下地层为第四系上更新统冲积堆积物（Q_3^{al}），均为黄河游移滚动堆积的土层。基坑支护影响深度内主要有如下 5 层，描述如下：

①层杂填土：杂～黄褐色，湿，松散，上层主要成分为砖块、瓦片、混凝土硬化路面，下层主要成分为粉土、灰土等，含黏土块及少量碎屑物。1 号楼位置分布有原建筑物混凝土基础及桩基础。该层厚度 0.20～3.60m，层底标高 29.06～32.70m，层底埋深

0.20～3.60m。

表 14.1 基坑支护设计岩土参数

土层编号	土层岩性	γ (kN/m³)	c (kPa)	φ (°)	二次压力注浆 q_{sk} (kPa)	一次常压注浆 q_{sk} (kPa)
①	杂填土	17.5	10	10	30	20
②	粉土	18.5	8.3	24.5	60	45
②-1	黏土	18.3	22.2	12.5	60	45
②-2	粉质黏土	18.8	20.2	10.8	60	45
②-3	黏土	18.9	21.7	11.4	60	45
③	粉土	20	8.9	27.9	60	45
③-1	黏土	18.9	22.0	12.0	60	45

②层粉土（Q_4^{al}）：黄褐～浅灰色，湿，中密～密实，具微层理，土质不均匀，间夹黏性土片层及薄层，局部夹②-1层、②-2层和②-3层黏性土透镜体，厚度 0.40～1.90m，褐黄～灰褐色，可塑，局部软塑。该层厚度 4.00～7.00m，层底标高 24.95～25.12m，层底埋深 7.00～7.50m。

③层粉土：褐黄色，湿，稍密～中密，土质均匀，黏粒含量不均，局部相变为粉砂，夹③-1层黏土层，厚度 0.40～1.20m，褐黄～灰褐色，可塑。该层厚度 2.50～6.00m，平均 4.64，层底标高 18.68～22.90m，层底埋深 10.00～14.00m。

④层粉砂：褐黄～浅灰色，饱和，中密，土质不均匀，局部夹黏性土透镜体薄层。该层厚度 2.40～17.00m，层底标高 3.95～16.72m，层底埋深 16.00～28.00m。

⑤粉质黏土：红褐～黄褐色，可塑，土质不均匀，间夹粉土薄层，见青灰纹理及裂隙，局部富含姜石，粒径 20mm，层理清晰。该层厚度 2.40～6.20m，层底标高 -2.05～1.95m，层底埋深 30.00～34.00m。

2. 场地地下水

场地地下水为第四系孔隙潜水。勘察期间稳定水位埋深为 4.94～6.20m，平均5.52m；稳定水位标高为 27.00m。地下水位年变化幅值一般为 2.0～3.0m。

14.2 基坑支护及地下水控制方案

本项目原基坑支护及地下水控制设计方案已通过专家论证审查。原设计方案为：邻近市政道路部分采用土钉墙支护，邻近建筑物部分采用桩锚支护；地下水控制采用落底封闭式止水帷幕，配合大口径深井坑内降水。支护方案施工造价 680 万元。

受工艺流程制约，若正常施工止水帷幕，工程施工进度将无法满足项目开盘节点要求，建设单位委托我公司对该项目基坑支护设计方案进行优化。

14.2.1 基坑支护方案优化

基坑开挖时间为 2018 年 4 月，地下水位处于低水位/枯水期，现场开挖探坑 3 处，对地下水位和上部地层有了直观的认识。

采用二级放坡土钉墙支护；邻近已有建筑物的地段，采用二级放坡微型钢管桩复合土钉墙支护。平台位于现地面下 3m，宽 1m，该平台主要作用为设置轻型井点和放置真空泵，便于进行地下水控制（图 14.3～图 14.6）。

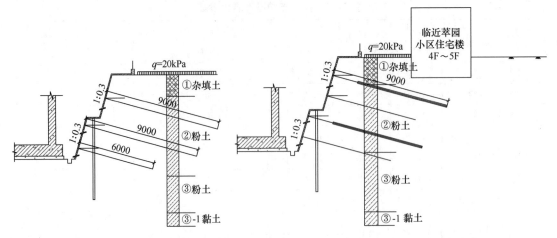

图 14.3　典型土钉墙支护方案　　　　　　图 14.4　典型复合土钉墙支护方案

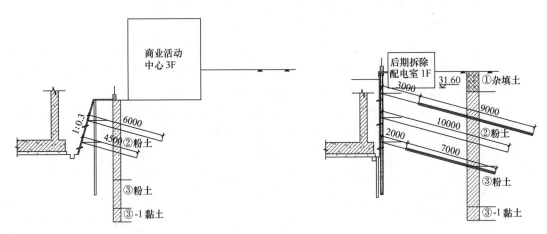

图 14.5　典型复合土钉墙支护方案　　　　图 14.6　典型复合土钉墙支护方案

14.2.2　地下水控制设计

　　采用轻型井点降水、取消周边落底封闭式止水帷幕。轻型井点的设计，充分利用③-1层黏土层的隔水层作用，以疏干②层粉土层中的孔隙水为控制目标。

　　周边轻型井点沿基坑二级平台设置，按照 2m 间距布置井点，入坑底以下 3m；井管采用直径 48mmPVC 管，底部 2.0m 范围内设置渗水孔，滤料回填至地面以下 1m，黏土封孔；基坑内部设置疏干轻型井点，结合各个主楼位置情况，排距按照 15～25m、井点间距 3m，入坑底以下 3m。同时考虑基坑雨期运行，坑内井点要求设置在基础垫层下，外部预留抽水口。

14.3　基坑支护及降水施工

　　优化方案通过评审后，我方设计人员到现场进行了技术指导，方案得以顺利实施。该方案工程造价约为 350 万元，较原方案节约 250 万元。2018 年 8 月 19 日，聊城市区普降暴雨，西侧和南侧市政主干道上积水最大深度近400mm，基坑西南角甚至出现雨水倒灌的情况，基坑经受住了考验。

14.4 结束语

（1）场地地下水位略高于基底，基坑水位降深较小，影响范围也较小，因此，可直接采取降水措施而无须设置止水帷幕。即使有影响，也可采取回灌措施，确保周围环境安全。此项目通过优化基坑降水方案，取消了止水帷幕，降低了建设造价，同时避免了管井降水降幅大、影响范围广的问题。

（2）场地地层中的软黏土层，透水性差，能起到明显的隔水作用，不利于管井降水漏斗的形成，降低了管井的适用性。此时，轻型井点降水有优势。

15 菏泽电力生产楼深基坑支护设计与施工

15.1 基坑概况、周边环境和场地工程地质条件

项目位于菏泽市曹州路以北，人民路以东，地上 20 层，地下 2 层，采用框筒结构，桩筏基础。

15.1.1 基坑概况

基坑大致呈矩形，东西向长约 70m，南北向宽约 30m。地形平坦，地面标高 55m，基坑开挖深度 9.25m。

15.1.2 周边环境条件

（1）北侧、西侧：较为开阔，北侧为菜地，西侧为待建场地。

（2）东侧：为住宅建筑用地，建筑物采用天然地基筏形基础，基础埋深约 2m，正在开挖基槽。

（3）南侧：为施工材料堆场，中部坡底设置有塔式起重机，东段设有出土坡道。

基坑周边无重要建筑物和管线分布。

15.1.3 场地工程地质条件

1. 场地地层埋藏条件及基坑支护设计岩土参数（表 15.1）

场地地处黄河冲积平原地貌单元。基坑支护影响范围内的地层均为第四系全新统冲积地层，以稍密～中密粉土为主，夹有可塑～软塑的粉质黏土，自上而下分述如下：

①层粉土：褐黄色，湿，中密，含氧化铁及云母片。该层厚度 2.00m。

②层粉土：褐黄色，稍密～中密，湿，含氧化铁及云母片。该层厚度 2.50m。

③层粉土：褐黄色，稍密～中密，湿，含氧化铁及云母片。该层厚度 3.50m。

④层粉质黏土：黄褐色，可塑，含少量氧化铁。该层厚度 4.00m。

表 15.1 基坑支护设计岩土参数

层号	土层名称	γ (kN/m³)	c (kPa)	φ (°)	土钉 q_{sik} (kPa)
①	粉土	17.9	20	27.6	45
②	粉土	18.9	11.3	22.2	40
③	粉土	19.1	10.9	21.6	40
④	粉质黏土	18.4	21.8	8.5	40

2. 地下水情况

场地地下水为第四系孔隙潜水，勘察期间地下水位埋深 2.50m，主要补给来源为大气降水。

设计：马连仲、叶枝顺；施工：马群、张训江。

15.2　基坑支护及地下水控制方案

场地南侧塔式起重机基础段采用土钉墙支护方案，其余均采用天然放坡挂网喷护方案；地下水控制采用基坑周边及坑内管井降水方案。

15.2.1　基坑支护设计方案

（1）天然放坡支护方案

采用二级放坡，第一级坡高7.25m，坡率1：0.7；第二级坡高2m，坡率1：0.7，台宽1m，坡面上翻1.50m，挂φ6.5@250mm×250mm，喷射细石混凝土面层80～100mm(图15.1)。

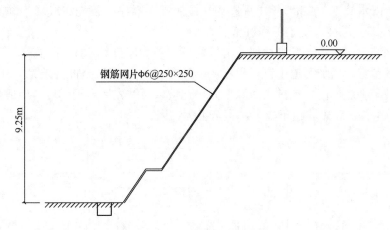

图15.1　天然放坡支护方案

（2）土钉墙支护方案

塔式起重机处采用土钉墙支护方案，坡面坡率1：0.175，设置6道土钉，土钉孔径130mm，坡顶上翻不小于8m，并按2m间距击入1根φ22钢筋，长度不小于6.0m。采用φ6.5@250mm×250mm细石混凝土面层厚度80～100mm，如图15.2所示。

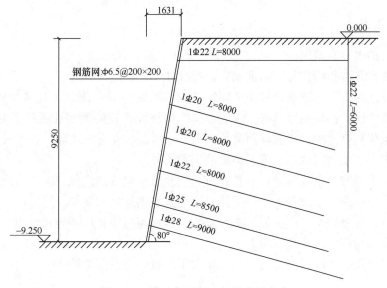

图15.2　塔式起重机土钉墙支护方案

15.2.2 基坑地下水控制方案

场地地层主要含水层为粉土层，采用管井降水。降水管井按 15m 间距沿基坑周边布设；疏干管井按 20m 间距在坑内布设。管井直径 700mm、井管为 500mm，反滤层采用粗砾砂，厚度不小于 100mm，井底进入基坑底以下 5m。

沿坑底周边布设 600mm×300mm 排水盲沟，盲沟与降水井相连；坑内设置纵横向排水盲沟，与疏干井及周边盲沟相连。盲沟内充填碎石。

15.3 基坑支护及降水施工

基坑支护降水施工于 2005 年 4 月进场，按照施工顺序，首先完成降水井施工，随后顺利施工至 7.25m 深度，开始工程桩施工。

桩施工期间，东坡中部发生滑塌。滑坡体坡顶最大厚度约 1m，在清除上部部分滑坡体后趋于基本稳定，增加 2 道土钉，长度 3m 和 4.5m，加固后至桩基础完工（图 15.3）。

二级放坡至基底标高，在桩头凿除期间，北坡、西坡先后出现滑塌，经适当削坡（坡顶外放 1.5m 左右）后边坡趋于稳定，直至工程结束。

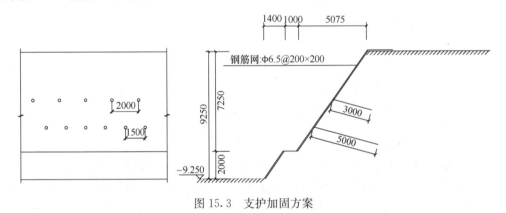

图 15.3　支护加固方案

15.4 基坑塌方

15.4.1 塌方的过程及原因

基坑东坡、北坡和西坡先后出现塌方，过程如下：

（1）第一次塌方：东坡坡顶有 1 个建筑基坑，深约 2.5m，暴雨后坑内出现大量积水，直接补给东坡坡体，在坡面后形成较高的水头，而坡面设置的泄水孔无法及时消散水头，同时，坡面土体完全饱和，造成坡面失稳；另外，从泄水孔有泥水流出，造成面层下坡体出现空洞，破坏了土体结构，加剧了边坡的失稳塌方。

（2）第二次塌方：东坡塌方，危及北坡，使北坡东段坡顶出现裂缝。为此，对该坡段采取了一些加固措施，如设置 1 排轻型井点、加大坡顶外翻宽度等。但随后的一场暴雨来临时，雨水自裂缝及轻型井点孔处下渗，水沟里客水侧漏渗补给，导致坡面土体饱和，水压力增加，北坡与东坡一样产生塌方。

（3）第三次塌方：同样的情况，也出现在了西坡，导致西坡塌方。

15.4.2 塌方的其他原因

（1）场地地层以粉土和粉质黏土为主，渗透性较差，且分布有黏土隔水薄层，管井降水效果差，泄水孔作用也差，5m以下坡体含水率一直较高，坡面湿润，甚至饱和，粉土层易形成流砂，导致基坑失稳。

（2）边坡施工时未能对边坡周边环境状况予以足够关注，特别是东侧坡顶基坑，在暴雨时满槽积水，直接侧渗补给基坑边坡，壅高边坡后水位。

（3）在第1次出现塌方后，采取的加强措施不到位，仅部分实施了要求增设的水泥土止水帷幕和加深泄水孔。

（4）降雨集中，雨水过大。

15.5 结束语

（1）在菏泽等黄河冲积地层，当基坑较深且采用放坡支护开挖时，应采取较缓坡率，并加强降、排、止水措施。

（2）本项目的经验教训主要有以下几点：

1）设计安全系数偏低。根据本基坑深度较大及地层软弱的特点，按1:0.7的坡率放坡开挖，整体安全系数偏低，应增加超前支护措施，不能简单地放坡，或应加大放坡坡度。自然放坡坡面防护混凝土面层设计不宜过厚，本项目设计80~100mm，自重大，现场观察发现面层有脱离坡面向下滑动的迹向，不利于基坑整体稳定。

2）对场地东侧坑中可能集水以及造成的风险没有充分认识，致使坡后面产生高水头时，无法及时排解。

3）未重视隔水层对降水及边坡稳定性的不良影响。场地地层中存在黏土夹层和软弱夹层，起到了隔水作用，以致不能形成有效的降水漏斗，地下水疏干效果差。

4）对于因边坡体含水率高引起的强度降低和土流失重视不足，未能采取有效措施。

5）泄水管安放质量不高，反滤层不满足要求。

6）塌方后采取的加固措施不够有力，实施也不到位。

16 巨野东方·新天地四地块深基坑支护设计与施工

16.1 基坑概况、周边环境和场地工程地质条件

项目位于菏泽市巨野县古城街以南，人民路以北，永丰街以西，新华路以东。建筑物设计要素见表 16.1。

表 16.1 建筑物设计要素

建筑物名称	结构类型	地上层数	地下层数	±0.00 标高 (m)	基础形式	设计坑底标高 (m)
酒店	框架-剪力墙	19	2	42.60	桩筏	26.20
百货商超	框架	4～5	2			
1号～5号住宅楼	框架-剪力墙	23～24	2			
裙楼	框架	4～5	2	42.60	筏板	26.20
地下车库	框架	—	2		筏板	22.40

16.1.1 拟建物概况

地表绝对高程为 41.22～43.89m，相对高差 2.07m。基坑形状呈不规则矩形，东西长约 240m，南北宽约 120m，整体大开挖，基坑深度按 11.0m 计，基坑底标高约 32.4m，基础肥槽按 2.0m 考虑。

16.1.2 基坑周边环境情况（图 16.1）

（1）北侧：基坑开挖底边线距文庙街路沿石 11.3～16.5m。

（2）东侧：基坑开挖底边线距永丰街路沿石 19.2～26.8m，近处分布有路灯电缆，埋深约 0.8m，距基坑开挖底边线最近处约 18.5m。

（3）东南角：基坑开挖底边线距网通公司办公楼最近处约 9.5m，该楼高 2 层，砖混结构，基础埋深约 1.0m；基坑开挖底边线距移动公司办公楼最近处约 20.2m，该楼高 4 层，砖混结构，基础埋深约 1.5m。

（4）南侧：基坑开挖底边线距人民路 18.2～28.8m；近处分布有路灯电缆、网通电缆、雨水管道，埋深 0.8～1.0m，距基坑开挖底边线最近处约 16.2m。

（5）西侧：原有建筑物已拆除，无道路及其他管线设施，现为空地。

16.1.3 场地地层及地下水

1. 场地地层及基坑支护设计岩土参数（表 16.2）

设计：成志刚、黄文龙、马连伸。

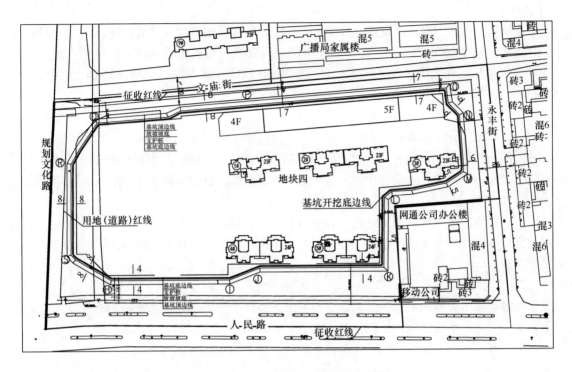

图 16.1　基坑平面布置以及周边环境图

表 16.2　基坑支护设计岩土参数

层序	土名	γ (kN/m³)	c_k (kPa)	φ_k (度)	锚杆 q_{sik} (kPa)	土钉 q_{sik} (kPa)
①	素填土	19.0	10.0	20.0	35	28
①-1	杂填土	17.5	5.0	12.0	30	15
②	素填土	18.0	18.0	8.0	35	26
③	粉质黏土	19.5	35.0	14.0	60	35
③-1	粉土	19.6	18.0	24.0	65	45
④	粉土	19.6	17.0	26.0	70	50
⑤	粉质黏土	19.5	35.0	14.5	75	40

　　场地地处冲积平原地貌单元，地形较平坦。场地地层主要由第四系全新统～上更新统冲积黏性土、粉土及砂组成，地表分布有近期人工填土。场地地层详述如下：

　　①层素填土（Q^{ml}）：黄褐色，稍湿，稍密～中密，主要成分为粉土，局部为粉质黏土，含少量灰渣及建筑垃圾。该层厚度 4.20～8.90m，层底标高 34.161～37.851m，层底埋深 4.20～8.90m。①-1 层杂填土，杂色，稍湿，稍密，以碎砖块、混凝土及碎石为主，混少量黏性土。

　　②层素填土：灰褐色，稍湿～湿，稍密～中密，主要成分为粉质黏土，局部为粉土，含少量青砖瓦片。该层厚度 2.30～5.00m，层底标高 30.431～35.341m，层底埋深 6.90～

12.80m。

③层粉质黏土（Q_4^{al}）：黄褐～褐黄色，可塑，局部硬塑，含少量氧化铁，约5%姜石，局部富集，粒径0.5～2.0cm，局部相变为黏土。夹③-1层粉土透镜体，褐黄色，湿，中密，含云母片、氧化铁。该层厚度1.50～7.20m，层底标高26.911～30.861m，层底埋深11.30～16.10m。

④层粉土：褐黄色，湿，中密，含云母片、氧化铁，局部夹粉质黏土薄层。该层厚度0.90～6.10m，层底标高22.561～28.691m，层底埋深14.10～19.80m。

⑤层粉质黏土：黄褐色，可塑，局部硬塑，含铁锰氧化物，局部相变为黏土。夹⑤-1层粉土透镜体，褐黄色，湿，中密，含云母片、氧化铁。该层厚度1.10～8.40m，层底标高17.991～25.551m，层底埋深17.10～25.00m。

⑥层粉土：褐黄色，湿，中密，含云母片、氧化铁，混少量砂粒，局部夹粉质黏土薄层。夹⑥-1层粉砂透镜体，褐黄色，饱和，中密。该层厚度0.80～6.00m，平均3.04，层底标高14.891～22.741m，层底埋深19.70～28.30m。

2. 场地地下水

场地地下水为第四系孔隙潜水，主要补给来源于大气降水，排泄途径为蒸发及人工抽取地下水。地下水稳定水位埋深10.19～12.12m，水位标高为31.35～32.10m，水位年变化幅度3.0～5.0m。施工期间，在基坑开挖深度范围内未出现地下水。

16.2 基坑支护及地下水控制方案

16.2.1 基坑支护设计方案

基坑支护按5个支护单元进行设计，均采取桩锚支护方案，上部3.0m天然放坡，放坡比例1：1；或上部5.0m采用土钉墙支护，放坡比例1：0.6（图16.2和图16.3）。

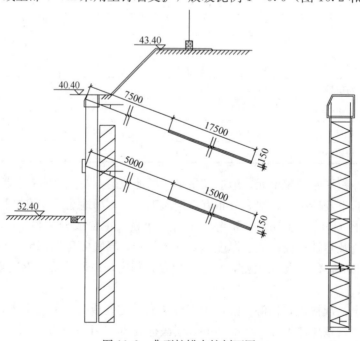

图16.2 典型桩锚支护剖面图

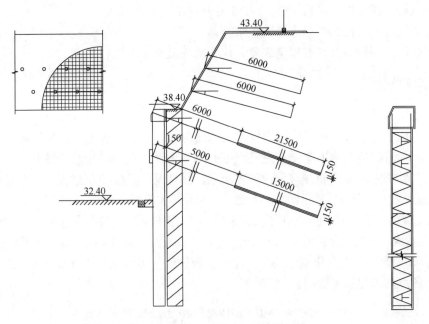

图 16.3 基坑西侧桩锚支护剖面图

（1）支护桩采用钻孔灌注桩，桩径 800mm，桩间距 1.50m，桩身配筋主筋为 HRB400，桩身混凝土强度为 C30，桩顶锚入冠梁长度 50mm。

（2）桩顶钢筋混凝土冠梁 1000mm×600mm，混凝土强度 C30，主筋为 HRB400。

（3）锚索与水平夹角为 20°，锚杆孔直径 150mm，水平间距 1.50m，注浆体强度 M20，采用二次压力注浆，二次注浆终止压力不应小于 1.5MPa，腰梁为 2 根 20b 槽钢。

（4）土钉孔直径 110mm，杆体材料为 HRB400 钢筋，入射角为 15°，注浆体强度为 M20。土钉在横向上采用 1Φ16 钢筋连接，面层钢筋网采用 Φ6.5@200mm×200mm，喷面混凝土强度 C20，喷面厚度不小于 80mm。

（5）坡顶护坡宽度不小于 2.0m，坡顶及天然放坡区采用挂网喷射混凝土保护，钢丝网采用 2×50×50mm 成品钢丝网，喷面混凝土强度 C20，喷面厚度不小于 50mm。

（6）桩间土采用喷射钢筋混凝土面层防护，采用钢筋网 Φ6.5@250mm×250mm，喷面混凝土强度 C20，喷面厚度不小于 50mm。

16.2.2 地下水控制方案

丰水期水位高出基底标高，故基坑采用降水井配合坑内疏干井进行降水。

（1）沿基坑周边肥槽按 15m 间距设置降水井，井深 18.0m，井底控制在基坑底以下 7.0m。

（2）坑内按 30m 间距布置疏干井，井深 18.0m，井底控制在基坑底以下 7.0m。

（3）坑底周边设置 300mm×300mm 排水盲沟，坡顶设置挡水墙 240mm×300mm。

16.3 基坑支护施工

基坑采用分层分段整体开挖。2014 年 6 月基坑整体开挖至 3.6m 深度处，支护桩桩顶冠梁施工完毕。2014 年 7 月开挖 1 号～4 号住宅楼所在的基坑中部区域，然后开挖基坑西部即商场及公寓楼区域；最后于 2015 年 3 月开挖基坑东部区域。

针对基坑地下水控制，局部设置止水帷幕。

局部桩间土保护不好，有塌空现象，部分锚杆没有及时施打。

16.4　基坑监测

16.4.1　基坑的竖向位移

随着坑内土体的开挖而形成坑内外水土的压力差，引起坑底土体回弹隆起，支护桩也随之上升，随着底板及地下室浇筑完成产生的附加沉降，支护桩开始缓慢下沉。

基坑周边共设置 34 个桩顶竖向位移监测点，都出现了隆起-下沉过程，各点隆起速率较大，下沉速率较小。从曲线图（图 16.4）看出，桩顶的大部分隆起量是从基坑开挖到底板浇筑这段时间完成的。Y1～Y8 处只施工了 1 道锚索，对支护桩的竖向约束作用较小，因此 Y3、Y6 及 Y8 隆起较大，最大值分别为−15.82mm、−17.18mm 及−16.40mm，超过了报警值。

靠近阳角处 Y18 点变化累计最大值超过了报警值（报警值为 15mm）。

其余各点均未超过报警值。

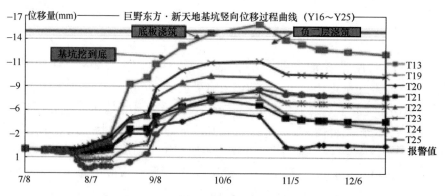

图 16.4　典型桩顶竖向位移监测曲线

16.4.2　基坑的水平位移

综合各点位移曲线图（图 16.5）看出，桩顶的大部分水平位移量是从基坑开挖到底板浇筑完毕这段时间发生的。

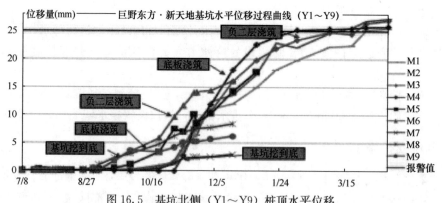

图 16.5　基坑北侧（Y1～Y9）桩顶水平位移

随着基坑开挖深度的加深，各点逐渐向坑内移动，地下室负二层浇筑完成后，各点水平位移趋于稳定。

Y1~Y6处北侧紧邻工地主要道路，经常有大型机械设备及土方运输车作业，造成该处地面动载较大；Y1~Y4处基坑坡顶地面长期堆载了大量的钢筋（图 16.6）；Y1~Y8处只设置了 1 道锚索（设计安装 3 道），对支护桩的支撑较小；因坡顶护坡及支护桩表面未按设计施工钢筋混凝土保护层，Y1~Y4处桩间土受渗水冲刷大量脱落（图 16.7）。由于上原因 Y1~Y4 各点水平位移较大，超过了报警值，分别为 27.2mm、25.5mm、26.9mm、25.8mm。报警后对此段基坑及时进行了回填，确保了基坑支护结构的安全。

图 16.6　Y1~Y4坡顶北侧钢筋堆载图片　　　图 16.7　Y1~Y4处桩间土流失图片

其他部位均按照支护设计方案施工，基坑水平位移未超过报警值。但有以下特征点值得关注：

（1）主楼 3 号及 4 号楼的 CFG 桩群距支护桩较近，对基坑土体的加固作用明显。

（2）位于基坑阳角处的 Y17 点，水平位移较大。

（3）Y33~Y34 点部位基坑边沿钢筋堆载较大，位移较大。

16.4.3　锚索内力监测

锚索张拉初期有一定的内力损失，之后大部分内力值呈波动状态浮动，后期内力值变化逐渐减小，趋于稳定，至基坑回填各点内力值均未达到报警值。M2-2 位于第二道锚索处。

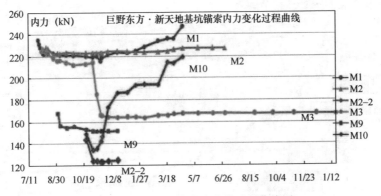

图 16.8　基坑锚索内力变化过程曲线图

从图 16.8 可以看出，基坑西北角的 M10、M1 号锚索因支护桩持续快速地向基坑内位移，内力值持续增大，至基坑回填，增大值分别为 70.46kN、12.51kN。基坑东南角的 M3 号锚索所在的支护桩因雨水渗流使冠梁、支护桩与止水帷幕之间土体以及支护桩间土体严重流失，2014 年 11 月 4 日至 19 日桩顶向基坑外侧显著移动，M3 的内力值随之快速衰减（图 16.9）。

图 16.9　M3 处桩间土流失图片及 M7-2 锚索腰梁变形图片

16.4.4　周边建筑物沉降

基坑东南侧的 3 栋网通公司办公楼，砖混结构，基础埋深较浅（1.0m、1.5m），地基土层较软弱。受 1983 年地震灾害影响局部结构存在裂缝、开裂现象。从已开挖的基坑发现深约 6m 处存在含上层滞水的流砂层，可推断办公楼下土层也含上层滞水。

2014 年 7 月，基坑内 CFG 桩基施工，邻近网通办公楼产生较大沉降；基坑回填以后，邻近路面用作道路，载重车辆的振动对路基土体作用时间长，影响也较大。距基坑越近，土体受到的影响越大，点的沉降量也越大。

从图 16.10 可以看出，北侧办公楼的 C1 及 C6 累计沉降较大，分别为 30.38mm、

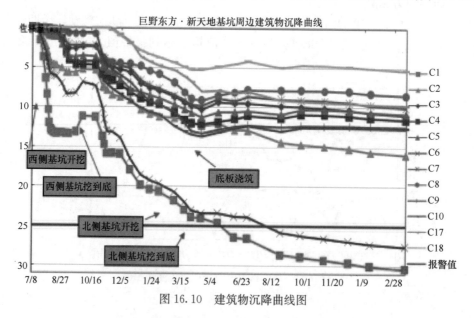

图 16.10　建筑物沉降曲线图

27.58mm，超过了报警值，其余各点及东侧办公楼各点沉降量不大，后期各点沉降趋于稳定。观测过程中，北侧办公楼南侧 C4 及 C5 点 2 楼部位部分墙体裂缝明显，2014 年 11 月 11 日新设置观测点 C18，至工程结束，C4、C18 及 C5 累计沉降分别为 11.53mm、5.27mm、10.79mm，说明此处裂缝主要为历史形成。在主要裂缝下地基附近有东西向的排水沟，地基承载力不均匀（图 16.11 和图 10.12）。

图 16.11 C18 点基础下排水沟图片　　　　　图 16.12 2 楼结构开裂图片

　　紧邻施工通道的西侧办公楼的各点沉降较大，C11 及 C16 累计沉降分别为 26.81mm、25.51mm，超过了报警值，后期各点沉降趋于稳定。

16.5　结束语

　　（1）基坑支护桩在基坑开挖、底板及地下室浇筑过程中产生隆起-沉降的竖向位移过程，有 4 个监测点竖向位移累计值曾达到报警值。

　　（2）受基坑坡顶超载及锚索支护不到位的影响，基坑西北侧桩顶 4 个监测点水平位移超过报警值。报警之后甲方提前回填了基坑，确保了基坑支护结构和周边环境的安全。

　　（3）由于地基土层较软弱，基坑东南侧的网通办公楼有 4 个点沉降量超过了报警值，因历史原因存在裂缝的部分墙体的裂缝有加剧现象，报警后危险房间不再使用，监测后期办公楼沉降日趋稳定，无持续发展现象。

　　（4）网通办公楼西侧基坑于 2014 年 7 月进行 CFG 桩基施工，振动使软弱的地基产生扰动现象，地基承载力下降，办公楼开始下沉。

　　（5）受 1983 年地震灾害影响局部结构存在裂缝、开裂现象。

　　（6）没有按设计要求进行施工，基坑位移明显加大。

　　从已开挖的基坑发现深约 6m 处存在含上层滞水的流砂层，可推断办公楼下土层也含上层滞水。

第三篇　硬土深基坑支护设计与施工

本书所谓的硬土基坑，是指组成基坑侧壁的土层以第四系上更新统或以前的冲积、冲洪积、坡洪积等地层为主，顶部或有少量的填土、软土，下部有少量的残积土、全风化、强风化岩石地层。或者残积土、全风化、强风化岩也占较大的比例。基坑降水对环境影响小或地下水位于基坑底以下。

由于工程地质条件好，供选择的基坑支护形式较多，周边环境条件可简单地选择较为经济的天然放坡、土钉墙、复合土钉墙等方案，周边环境条件复杂的可采用排桩、桩锚等方案，有的基坑按桩的构造配筋（0.65%）即满足要求，因而成本也相对较低。当地下水位埋藏浅，必须采用止水帷幕时，锚杆道数及长度也比软土基坑少许多，且基坑位移小，安全系数高。

地层中的砂层、碎石层可以为锚杆提供较高的侧阻力，也对锚杆的施工增加了难度。若帷幕内外水位高差较大，水位以下的砂层容易塌孔、锚孔流砂，对工程的影响很大，此时止水帷幕可能起到相反的作用，成了对工程不利的因素。

对于硬土，岩土工程勘察报告提供的岩土参数往往较低，设计人员在进行设计时，根据设计准则，也选择相对较弱的地质条件进行单元设计，使得基坑支护设计方案看起来比较保守，造价也会相对较高。由于承担安全责任的只有设计人员和设计单位，故设计人员也不会愿意承担提高参数的风险，值得反思。

本篇选择了我公司完成的 24 个深基坑支护项目，多采用传统的桩锚支护方案和复合土钉墙方案，个别案例涉及双排桩支护、悬臂桩支护。复合土钉墙支护深度较《建筑基坑支护技术规程》（JGJ 120—2012）规定有所突破，但仍在《建筑岩土工程勘察设计规范》（DB 37/5052—2015）规定范围，其中烟台万达 17.3m，济南军区联勤部综合楼西北侧支护剖面 16.60m，济南万达 15.80m。

我公司早期完成的基坑项目也以硬土基坑居多，2001 年前后完成了山东省邮电管理局电信技术大楼和张店饭店基坑支护设计与施工，基坑深度 6～7m，均采用了悬臂桩支护。东环国际广场、滕州市中心人民医院外系大楼、寿光市中心人民医院综合楼项目都是我公司早期完成的项目，是我公司推行岩土工程一体化成功的案例。

济南军区联勤部综合楼，位于济南八一立交桥西南约 300m，基坑深 16.6m，采用复合土钉墙支护方案，造价较桩锚支护节约 50% 左右。坡面坡率 1:0.2，设 2 道锚杆，水平间距 1.5m，长度 20m（锚固段分别为 14m 和 15m）；设 6 道土钉，水平间距 1.4m，竖向间距 1.6m，长度 14.2～19m，杆体直径 2ϕ（22、25、28）。下部分土钉杆体用钢绞线替代，端部增设了腰梁。钢绞线替代钢筋，可节约 35% 左右。

济南万达广场、烟台万达广场 BCDE 地块基坑多采用复合土钉墙支护方案，坡面坡率 1:0.3 或 1:0.4，设 1～2 道锚杆，水平间距 1.5～2.0m，长度 20m（锚固段分别为 14m 和 15m）；设 6 道土钉，水平间距 1.4m，竖向间距 1.6m，长度 14.2～19m，杆体直径 2ϕ（22、25、28）。后部分土钉杆体用钢绞线替代，端部增设了腰梁。其造价较桩锚支护节约 45%左右。

潍坊市中医院基坑某支护单元深 13.7m，属硬土基坑；泺口服装国际会展中心基坑某支护单元深 13.5m，属软土基坑。均采用 ϕ800 钻孔灌注桩，前者未设置止水帷幕，后者设置落底式止水帷幕，桩配筋差不多（18×ϕ22 和 14×ϕ25），前者钢绞线用量少 27.3%。

创意山东·城市文化综合体项目，②层黏土、③-1 层黏土都是老黏土，硬塑，抗剪强度 c、φ 分别是 35kPa、13.4°和 40kPa、13.8°；锚杆二次压力注浆 q_{sk} 分别为 55kPa 和 60kPa，低于软可塑土。③层碎石为中密～密实，锚杆二次压力注浆 q_{sk} 为 120kPa，相当于稍密的粗砂，由于土层参数取值较低，桩的配筋量和锚杆长度均比较大，如西侧某桩锚支护单元，基坑深度 15.5m，桩径 800mm，配 3 道锚杆，锚杆总长度 69m，主筋 15ϕ25。当然。实际安全度比较高。

1 嘉恒商务广场项目深基坑支护设计与施工

1.1 基坑概况、周边环境和场地工程地质条件

项目（现东环国际广场）位于济南市历下区二环东路东侧，山大南路北侧。东侧南北向依次排列主楼 4 座，地上 24 层，地下 3 层；主楼间为裙楼，地下 2 层；西侧为地下车库，地下 2 层。总建筑面积 14 万 m²。

1.1.1 基坑概况

基坑呈矩形，南北向长约 209m，东西向宽约 77m。地面标高 52.67～55.50m，东南高西北低。±0.00＝56.30m，南、北主楼基底标高 38.38m，中间两主楼基底标高 41.18m，裙楼及地下车库基底标高 43.90m。基坑深度 9.30～16.95m（图 1.1）。

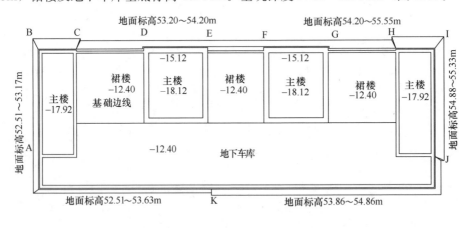

图 1.1 基坑平面布置以及周边环境图（上为东）

1.1.2 基坑周边环境条件
（1）北侧：地下室外墙距用地红线 18m。
（2）东侧：地下室外墙距用地红线 8m，红线外为空地。
（3）南侧：地下室外墙距用地红线 22m。
（4）西侧：地下室外墙距用地红线 20m，红线外为二环东路，路面下有污水等管线。

1.1.3 场地工程地质条件
1. 场地地层埋藏条件及基坑支护设计岩土参数（表 1.1）
场地地处山前冲洪积倾斜平原地貌单元，基坑支护影响范围内主要为第四系全新统～

设计：宋存才、马连仲、叶枝顺；施工：张民、陈勇。

上更新统山前冲洪积地层，上覆人工填土，下伏白垩纪侵入岩，自上而下可分为如下 6 大层，分述如下：

①层杂填土：杂色，松散，成分主要为碎砖、石灰渣等建筑垃圾，少量黏性土，层底深度 0.20～1.60m，层底标高 51.31～55.20m。

②层黄土状粉质黏土（Q_{4+3}^{al+pl}）：褐黄色，硬塑，局部可塑或坚硬，偶见姜石直径 1～2cm，夹②-1 碎石混黄土状粉质黏土镜体状，灰色，稍湿，稍密，碎石成分为石灰岩，含量 60%～70%，粒径 0.5～5cm，呈次棱角状，局部呈孔隙式胶结。该层厚度 7.50～8.40m，层底深度 8.60～8.80m，层底标高 44.29～44.37m。③层粉质黏土（Q_3^{al+pl}）：褐黄色，可塑，局部硬塑，含少量铁锰氧化物及其结核，该层厚度 0.50～3.00m，层底深度 8.40～11.1m，层底标高 42.67～46.63m。

④层粉质黏土：浅棕红色，硬塑～坚硬，含少量铁锰氧化物及其结核，场地南部局部混卵石。该层厚度 0.80～5.80m，层底深度 9.40～14.80m，层底标高 38.55～44.63m。

⑤层残积土（Q^{el}）：棕黄～灰绿色，中密，硬塑，呈砂土状，偶见风化岩残核。该层厚度 0.40～3.3.m，层底深度 13.10～16.20m，层底标高 36.85～42.01m。

⑥-1 全风化辉长岩（K）：灰绿色，岩芯呈砂状。该层厚度 1.60～6.70m，层底深度 16.50～21.40m，层底标高 31.11～38.63m。

⑥-2 强风化辉长岩：灰绿色，岩芯呈砂状、块状，偶见短柱状。该层厚度 1.80～14.30m，层底深度 20.30～32.80m，层底标高 21.77～33.45m。

表 1.1　基坑支护设计岩土参数

层号	土层名称	γ (kN/m³)	c (kPa)	φ (°)	土钉 q_{sk} (kPa)
①	杂填土	18.0	10.0	10.0	20
②	黄土状粉质黏土	18.4	36.6	18.3	45
②-1	碎石	20.0	10	38.0	
③	粉质黏土	19.1	31.8	18.3	50
④	粉质黏土	19.6	38.6	15.3	65
⑤	残积土	19.1	66.5	22.5	100
⑥	全风化岩	20.5	80.0	30.0	120

2. 地下水情况

场地地下水主要为第四系孔隙潜水及基岩风化裂隙水，水位埋深 8.60～9.20m，标高 43.80～44.32m，由南向北排泄。

1.2　基坑支护及地下水控制方案

1.2.1　基坑支护方案（图 1.2～图 1.4）

（1）北侧：ABC 段，基坑深度约 14.80m。

（2）东侧：GH 段，基坑深度 11.1m；FG 段，基坑深度 13.00m；EF 段，基坑深度 10.10m；DE 段，基坑深度 12.80m；CD 段，基坑深度 9.30m。

（3）南侧：HIJ 段，基坑深度 16.95m。

（4）西侧北段：JK段，基坑深度10.5m；KA段，基坑深度9.7m。

采用土钉墙支护方案，坡面坡度为75°，西坡局部为80°。土钉成孔直径130mm，水平间距2.00m，竖向间距1.40～2.00m，杆体直径25mm或28mm。

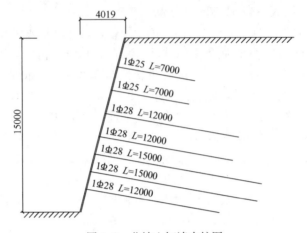

图1.2　北坡土钉墙支护图

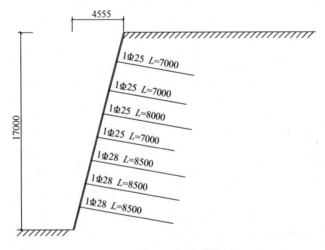

图1.3　南坡土钉墙支护图

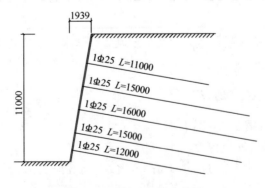

图1.4　西坡土钉墙支护图

1.2.2　基坑地下水控制方案

基坑地下水位降深约 9.50m，由于基坑周边地质条件良好，降水不会引起周边产生大的沉降和不均匀沉降，因此采用了开放式管井降水方式。

降水管井井深 25m，成井直径 700mm，无砂水泥滤管外径 500mm，内径 400mm，外缠滤网 60 目，滤料为小石子。

坡面泄水孔按 3m×3m 间距布置。

沿坑底周边布设排水盲沟及集水坑，坑内设置排水盲沟。

1.3　基坑支护及降水施工

降水井施工起止于 2002 年 12 月 13 日—2003 年 1 月 2 日，基坑降水于 2003 年 2 月 25 日开始。支护施工起止于 2003 年 1 月 7 日—2003 年 4 月 9 日。基坑南北两部分由两家单位完成，南侧边坡在施工期间出现局部坍塌，主要原因是由超挖引起的。

1.4　基坑监测

所测基坑最大水平位移为 16.3mm，最大竖向位移为 16.7mm，周边管线最大沉降值为 5.83mm，深层水平位移最大值为 8.19mm。基坑开挖及使用期间，监测值变化速率较小、平稳，未超过设计报警值。

1.5　结束语

（1）我公司完成了本项目岩土工程勘察、基坑支护设计与北半部基坑支护与降水施工，是推行岩土工程一体化较成功的项目之一。

（2）本项目岩土工程勘察对辉长岩残积土进行了现场大型直剪试验，提供的抗剪强度指标较高，经设计及施工实践证明，符合实际，可供类似项目借鉴。

（3）本项目采用开放式降水，出水量不大，基本符合设计准则，一定程度上降低了支护工程风险。

（4）基坑支护必须遵循边开挖边支护的原则，避免超挖。

2 济南万达广场商业综合体和酒店基坑支护设计与施工

2.1 基坑概况、周边环境和工程地质条件

项目位于济南市顺河街以西，经四路以北，北邻济南万达广场美食街，建筑高度控制线100m，总建筑面积约35.2万 m²，其中商业综合体地上8.6万 m²，地下2层设备用房及停车场6.5万 m²，酒店地上4.1万 m²，地下2层设备用房及停车场1万 m²。

2.1.1 基坑概况

商业综合体：基坑面积约33000m²，周长约847m，基坑深度9.5~15.8m；

酒店：基坑面积约6376.7m²，周长约357.3m，基坑深度12.0~14.9m。

2.1.2 基坑周边环境条件

1. 商业综合体基坑周边环境条件

（1）北侧：为空地，规划为万达广场美食街，平坦开阔；

（2）东侧：地下室外墙距人民商场最小距离约20m；

（3）南侧：西段地下室外墙距规划红线15~16m，红线外分布有管线和下水道，距人防工程和经四路最小距离20.7m；东段地下室外墙距规划红线4~5m，红线外为人行道，分布有管线和下水道，距人防工程最小距离8.5m；

（4）西侧：北段与酒店基坑为邻，间距7m；南段地下室外墙分别距6层砖混办公楼和鲁能大厦7m、10.8m。6层办公楼采用天然地基条形基础，埋深约1.5m；鲁能大厦13层，采用桩基，底板埋深约3.6m。

2. 酒店基坑周边环境条件（图2.1）

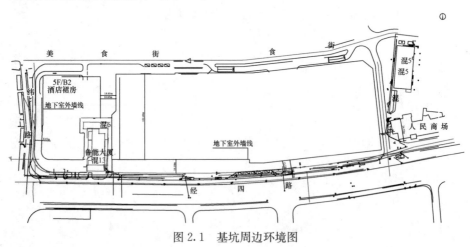

图 2.1 基坑周边环境图

设计：叶胜林、赵庆亮、马连伸。

（1）北侧：同商业综合体；

（2）东侧：北段与商业综合体为邻，间距7m；南段地下室外墙分别距6层砖混办公楼和鲁能大厦为2.8m和13.2m；

（3）南侧：地下室外墙距规划红线17～18m，红线外为经四路人行道，分布有管线和下水道；

（4）西侧：地下室外墙距规划红线8～10m，红线外为纬一路人行道，分布有管线和下水道。

2.1.3 场地工程地质条件

1. 场地地层埋藏条件及基坑支护设计岩土参数（图2.2和表2.1）

场地地处山前倾斜平原地貌单元，场地地层上部为第四系冲洪积黏性土、碎石，下伏白垩系闪长岩，地表分布有大量近期人工填土。由于分期出具勘察报告，其数据有差异。分述如下：

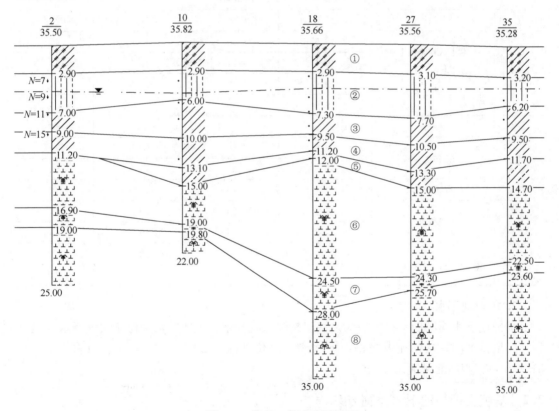

图2.2　典型工程地质剖面图

①层填土（Q_4^{ml}）：杂色，松散～稍密，稍湿，主要成分为砖块、瓦片、混凝土块等建筑垃圾。

②层黄土状粉质黏土（Q_4^{al+pl}）：黄褐色，可塑，很湿～饱和，大孔结构，含少量氧化铁。局部夹②-1碎石层，灰色，湿，稍密，碎石成分为石灰岩，一般粒径为1～4cm，最大大于10cm，呈次棱角状，混20%～30%黄土状粉质黏土。

③层粉质黏土（Q_3^{al+pl}）：棕黄色，可塑～硬塑，含铁锰氧化物，见少量姜石及角砾。

143

局部夹③-1碎石层，灰色，饱和，稍密～中密，局部胶结，碎石成分为石灰岩，一般粒径为2～5cm，最大大于10cm，呈次棱角状，混20%～30%棕黄色硬塑状态黏性土。

④层黏土：棕红色，硬塑，含铁锰氧化物及其结核，混少量砾石。局部夹④-1碎石层，为灰色，中密，饱和，局部胶结，碎石成分为石灰岩，一般粒径为2～6cm，最大大于10cm，呈次棱角状，混20%～30%棕红色硬塑状态黏性土。

⑤层残积土（Q^{el}）：灰绿色，湿，稍密，具可塑性，岩芯成土状、少许砂状。

⑥层全风化闪长岩（K）：灰绿色，岩芯呈砂状。

⑦层强风化闪长岩：灰绿色，岩芯多呈砂状、碎块状，局部短柱状。

⑧层中风化闪长岩：灰绿色，岩芯呈短柱状、柱状。

表 2.1 基坑支护设计岩土参数

层号	土层名称	γ (kN/m³)	c (kPa)	φ (°)	土钉、锚杆 q_{sk} (kPa)
①	杂填土	17.5	10	15.0	20
②	黄土状粉质黏土	18.5	30	16.0	45
		19.6	21	18.0	45
③	粉质黏土	19.0	42	17.0	65
		19.6	60	15.0	65
③-1	碎石	20	5	32.0	90
④	黏土	19.8	50	20.0	80
		19.8	65	15.5	80
④-1	碎石胶结	20	20	40.0	100
5	残积土	17.8	20	20.0	65
		17.8	18	16.0	65
⑥	全风化闪长岩	20.0	18	32.0	120
		20.0	45	55.0	100

2. 场地地下水

场地地下水属第四系孔隙潜水及基岩裂隙水混合水，主要补给来源于大气降水及地下径流。勘察期间，从钻孔内测得地下水静止水位埋深4.20～5.30m，水位标高30.52～31.31m，由南向北排泄。

2.2 基坑支护与地下水控制方案

2.2.1 基坑支护方案

本基坑按17个支护单元进行支护设计，其中鲁能大厦周边采用桩锚支护方案，其他区段均采用土钉墙或复合土钉墙支护方案（图2.3）。

1）土钉墙、复合土钉墙支护（图2.4）

（1）基坑深度8.70～15.80m，坡面坡度1：0.4或1：0.3；

（2）设4～6道土钉，水平间距1.5～2.0m，竖向间距1.5～2m，长度4～13m，孔径130mm，杆体为直径18～28mm的HRB400钢筋；

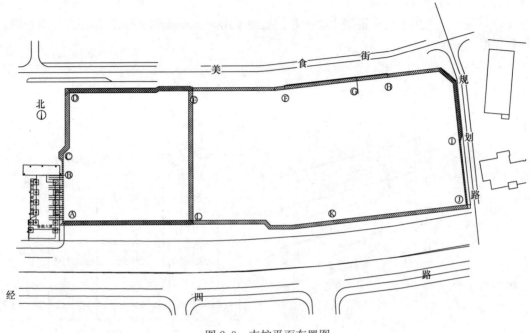

图 2.3 支护平面布置图

（3）设锚杆 1～2 道，长 12～15m，预加力为 40kN，腰梁为 1 根 18b 槽钢；

（4）钢筋网为 φ6mm@250mm×250mm，喷面厚度 80mm。

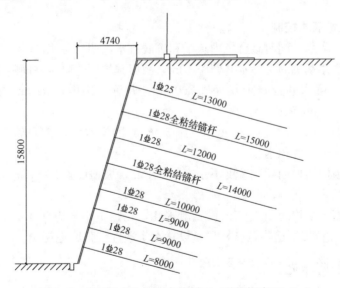

图 2.4 典型复合土钉墙支护剖面（基坑深度 15.8m）

2）桩锚支护结构（图 2.5）

（1）基坑深度 12～14m，支护桩采用钻孔灌注桩，桩径 800mm，桩间距 1.60m；

（2）设 3～4 道锚索，为了避让鲁能大厦工程桩，采用 1 桩 1 锚或 3 桩 1 锚，间距 1.60m 或 4.80m，锚孔直径 150mm，采用二次压力注浆，杆体为 ϕ^s 12.7～15.2 钢绞线，腰梁为 2 根 18b 槽钢；

（3）桩间土采用钢筋网混凝土喷护，钢筋网采用Φ 1mm@50mm×50mm 成品钢丝网，面层厚度 50mm。

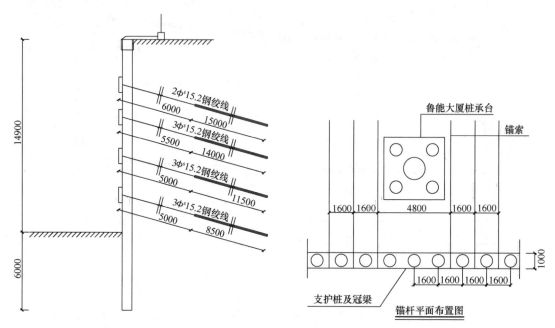

图 2.5　典型桩锚支护剖面图

2.2.2　地下水及地表水控制

基坑采用管井降水，同时结合坑内疏干和坑底排水沟明排降水。

（1）商业综合体基坑周边降水井间距 13m，酒店基坑周边降水井间距 12m，坑内疏干井间距 25m 左右。降水井及疏干井直径 700mm，井管采用内径 400mm 的水泥滤水管，滤料采用直径 5～10mm 的石子。

（2）沿基坑周边底线设置宽 300mm、深 300mm 的排水沟，按间隔 30m 左右设置集水坑，以便迅速排出坑内积水。

（3）基坑坡顶周边地面硬化宽度不小于 1500mm，坡顶设置 200mm×240mm 挡水墙，以防雨水流入基坑。

（4）竖向、横向平均间距 3～5m 设置泄水孔，孔径不小于 100mm，深入面层下不小于 500mm。泄水孔位置可适当调整，尽量设置在渗透性较强的地层中。

2.3　基坑支护及降水施工

基坑工程自 2009 年 7 月开始施工，至 2010 年 4 月开挖完成。2010 年 10 月开始分段回填，至 2011 年 1 月回填完成。

2.3.1　坑底地下水疏排

基坑坑底揭露闪长岩残积土，渗透性差，且受原岩裂隙控制，管井降水效果不理想，坑底土体含水量高，出现多处竖向涌水点，影响垫层和防水层施工。后按 15m 左右间距增设 400mm×500mm 盲沟，盲沟内回填砂石并与疏干井相连，涌水点较多区域直接下挖

200mm换填砂石垫层，以协助疏排地下水，保证后续施工。

2.3.2 坡壁防空洞加固处理

基坑南侧有平行基坑走向的防空洞，距基坑坡面0～3m，与原设计第二层全粘结锚杆位置冲突，结合防空洞实际位置，重新调整了土钉（全粘结锚杆）位置，并设置了反拉锚，保证了基坑安全（图2.6）。

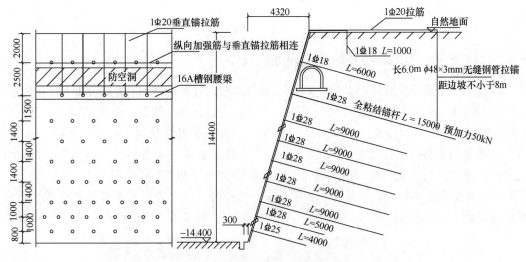

图2.6 坡面防空洞加固剖面图

2.4 基坑监测

基坑进行了基坑坡顶及深层水平位移测量、周围建筑物沉降测量、场地西侧及南侧的道路及管线沉降测量、水位监测（观测井内水位）、支护桩内力监测和锚索轴力监测。监测值均小于报警值，巡视检查也未发现基坑及周边环境危险状况，说明支护方案是可靠的。

2.5 结束语

（1）本基坑部分区段采用了复合土钉墙支护方案，最大基坑深度15.8m，坡面坡率1∶0.3，土钉长度为（0.3～0.8）倍基坑深度，锚杆长度约为1.0倍基坑深度，坡顶位移较小。说明此类工程地质条件，即使基坑深度大于15m，也可采用复合土钉墙，且土钉和锚杆不必过长。

（2）鲁能大厦西侧锚杆为了避让既有工程桩，按4.8m和1.6m间隔布置，锚杆内力及支护桩变形也均在正常范围内，说明采用桩锚支护时，在腰梁刚度满足要求的前提下，即使锚杆间距相差较大也可有效协调支护桩受力，保证基坑安全。

（3）闪长岩残积土渗透性差，且不是均质渗透体，仅靠管井降水通常难以满足施工要求，必须结合盲沟或设置砂石垫层进行疏排。

（4）本项目地下水埋深5m左右，基坑水位最大降深大于10m，在未采取止水帷幕的条件下，周边地面附加沉降均小于20mm。说明硬土环境因地下水抽排引起的地面附加沉降相对较小，在基坑周边环境对变形不敏感时，可不采取截水措施。

（5）本项目锚杆q_{sk}按土钉q_{sk}采用，桩锚支护结构更加安全，有优化的空间。

3 绿地·济南普利中心项目裙楼及地下通道深基坑支护设计与施工

3.1 基坑概况、周边环境及场地工程地质条件

项目位于济南市共青团路北侧，顺河高架路以东，普利街南侧，是济南重要的标志性建筑。因济南电信局枢纽楼及外引光缆保留，建筑物被分为三部分，西南部主楼、西北部1号裙楼和东部2号裙楼及地下车库。主楼地上63层，塔楼主体高249m，主体以上设有51m高的皇冠造型，合计高300m，地下3层，主楼的下部2/3为办公，上部1/3为酒店式公寓，钢筋混凝土核心筒、剪力墙与周边复合钢框架结构。1号裙楼地上2层，地下1层；2号裙楼地上4层，地下2层。主楼和1号裙楼通过地上2层通道连接，主楼和2号裙楼通过地下通道连接。±0.00绝对高程为33.00m。施工前现场照片，如图3.1所示。

图3.1 施工前现场照片

3.1.1 基坑概况

主楼基坑深度18.0～23.0m，采用地下连续墙＋锚杆支护为主，局部地下连续墙＋内支撑支护，与建筑同步设计。

我公司完成了裙楼及地下通道基坑支护设计。1号裙楼基坑为不规则六边形，周长约165m，坑底标高为27.50m，基坑深度为3.10～4.50m；2号裙楼基坑近似梯形，北侧长约153m，东侧约39m，南侧长约163m，西侧长约98m，坑底标高为21m，基坑深度为

设计：叶胜林、赵庆亮、马连仲。

9.30～11.00m；通道基坑东西长约 23.2m，宽 9.1m，顶板顶标高 27.20m，底板底标高约 22.0m，基坑深度约 9.7m。基坑周边环境图，如图 3.2 所示。

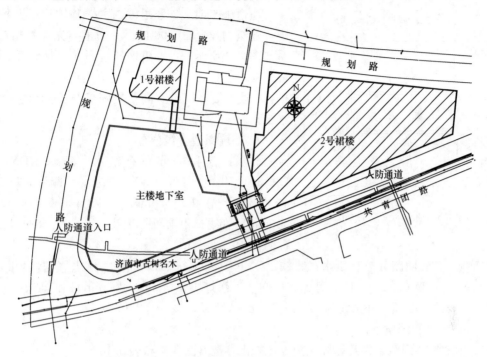

图 3.2　基坑周边环境图

3.1.2　基坑周边环境条件

1. 1 号裙楼周边环境

（1）北侧：地下室外墙距普利街路沿石 24.3～25.3m，距管线最近为 20.4m。

（2）东侧：地下室外墙距围墙约 5m，围墙外 8.3m 为济南电信局枢纽楼，地上 5～6 层，框架结构，天然地基条形基础，基础埋设−4.2m（标高 28.30m）。

（3）南侧：地下室外墙距光缆最近为 3.6m，距主楼外墙约 20m。

（4）西侧：地下室外墙距顺河东街路沿石最近为 15.6m，距管线最近约 20m。顺河东街以西为顺河高架路，高架路下为贯穿济南市南北的顺河，石砌直岸，棚盖，河内有水流。该河主要接受雨水及污水排放补给，局部有泉水流入。

2. 2 号裙楼周边环境

（1）北侧：同 2 号裙楼。

（2）东侧：较为开阔，距道路及管线均较远。

（3）南侧：地下室外墙距共青团路路沿石 21.4m，距管线最近为 12.9m。中西段距地下室外墙 9.3～11.8m 处分布有人防通道，该通道埋深约 4.50m，高约 2.6m，宽约 2.0m。

（4）西侧：地下室外墙距围墙 5.5m。南段围墙外 4.9～9.1m 为军用光缆；北段围墙外 9.2m 为济南电信局枢纽楼。

3. 地下通道周边环境

通道上方有南北向两束光缆通过，地面整平后标高不高于 31.70m，光缆标高30.85～

31.42m，检查井底标高 29.75 和 30.36m。因光缆埋设时间久远，光缆主权单位要求不得揭露、扰动及挪移光缆，变形应控制在 10mm 以内。

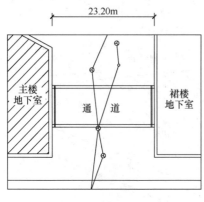

图 3.3　通道与光缆关系图

通道施工时，2 号裙楼、主楼基坑均已开挖完毕，建筑物建至±0.00 以上。通道与光缆的相对关系如图 3.3 所示。2 号裙楼邻近通道口区域采用了桩角支撑支护，主楼采用了地下连续墙＋角支撑支护，2 号裙楼基坑设有高压旋喷桩与支护桩搭接止水帷幕。

4. 基坑周边管线分布

北侧：普利街分布有给水（铸铁，DX100、DX350）、供电（铜，10kV）、污水（陶瓷，D300）和电信（光纤，600mm × 400mm、600mm × 500mm）管线，距项目外边线为 20.4～28.4m，埋深为 0.49～1.17m。

南侧：共青团路分布有给水（铸铁，DX100、DX200、DX500）、供电（铜，10kV）、污水（陶瓷，D300）、雨水（陶瓷，D300）、路灯（300mm × 200mm）和煤气（PE，DN300）管线，距项目外边线为 12.9～22.5m，埋深 0.32～1.98m。

3.1.3　场地工程地质条件

1. 场地地层埋藏条件及基坑支护设计岩土参数（图 3.4 和表 3.1）

场地地貌单元属山前冲洪积倾斜平原。在勘察深度范围内，场地地层由第四系人工堆积层填土、第四系全新统～上更新统冲洪积层、第四系残积层、白垩系闪长岩风化带组

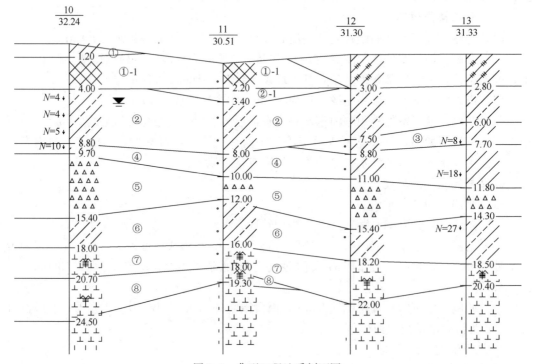

图 3.4　典型工程地质剖面图

成。影响基坑支护及降水的地层有 8 层，分述如下：

表 3.1 基坑支护设计岩土参数

土层名称	γ (kN/m³)	c_q (kPa)	φ_q (°)	土钉 q_{sk} (kPa)	锚杆 q_{sk} (kPa)
①杂填土	18.3	8	15.0		20
①-1 素填土	18.5	8	12.0		20
②粉质黏土	19.3	21.5	12.3		40
③黏土	18.8	44	18.0		55
④黏土	18.7	55	15.5		75
⑤碎石	19.0	10	35.0		120
⑥残积土	18.5	22	25.0		80
⑦全风化闪长岩	22.0	35	30.0		140
⑧强风化闪长岩	24.5	40	35.0		160
⑨中风化闪长岩	24.5	700	45.0		280

①层杂填土（Q^{ml}）：杂色，稍湿，松散~稍密，主要由碎砖块、碎石等建筑垃圾组成，含少量~多量黏性土。该层厚度 0.50~6.60m，层底标高 24.18~31.97m，层底埋深 0.50~6.60m。

①-1 层素填土：黄褐色，软塑~可塑，稍密，成分主要为黏性土，偶见或含少量碎砖、灰渣等建筑垃圾。该层厚度 0.60~7.20m，层底标高 23.13~30.15m，层底埋深 1.00~7.70m。

②层粉质黏土（Q_4^{al+pl}）：黄褐色，可塑，局部软塑，偶见姜石或碎石。夹②-1 层碎石透镜体。该层厚度 1.10~7.10m，层底标高 21.05~26.53m，层底埋深 5.50~9.80m。

③层黏土（Q_3^{al+pl}）：褐黄色，浅棕黄色，硬塑，局部可塑或坚硬，含少量铁锰氧化物及结核，偶见姜石，该层局部相变为粉质黏土。夹③-1 层碎石透镜体。该层厚度 0.80~3.50m，层底标高 19.97~23.22m，层底埋深7.30~11.30m。

④层黏土（Q_{3+2}^{al+pl}）：棕黄色~棕红色，硬塑，局部坚硬或可塑，含少量铁锰结核，混少量碎石或姜石。该层厚度 0.40~6.80m，层底标高 14.74~22.84m，层底埋深 7.50~17.60m。

⑤层碎石：灰色，饱和，受碎石间充填黏性土含量的变化，多为中密~密实，有些为稍密，碎石主要成分为石灰岩，含量 50%~70%，次棱角、亚圆状，粒径 2~6cm，最大大于 10cm，胶结主要为钙质胶结，多为不连续胶结，充填黏性土，棕红色，可塑。该层厚度 0.80~7.90m，层底标高 13.29~19.79m，层底埋深 10.60~18.20m。

⑥层残积土（Q^{el}）：灰绿色，可塑，稍密~中密，岩芯多呈土状、砂状，为砂质黏性土，局部见风化残核。该层厚度 1.30~10.00m，层底标高 7.58~16.24m，层底埋深 14.50~25.20m。

⑦层全风化闪长岩（K）：灰绿色，湿，较密实，岩芯呈粗砂状、偶见碎块状。本层球状风化发育，局部夹有⑦-1 中风化闪长岩，岩芯呈柱状、碎块状。该层厚度 1.20~11.60m，层底标高 -0.13~15.62m，层底埋深 14.70~30.40m。

⑧层强风化闪长岩（K）：灰绿色，密实，岩芯多呈粗粒状和碎石状，局部短柱状。本层内球状风化发育，局部夹有⑧-1中风化闪长岩，岩芯呈柱状。该层厚度0.60～9.00m，层底标高-2.98～12.62m，层底埋深19.00～33.00m。

2. 地下水情况

场地地下水为第四系孔隙潜水及基岩风化裂隙水，其中闪长岩风化裂隙水也为潜水，大理岩风化裂隙水为承压水，潜水水位标高与承压水水头标高基本相当，两者联系微弱。

场地主要含水层为埋深约10m以下碎石层、闪长岩风化层和深埋的大理岩岩溶裂隙水，地层整体渗透性较强，水量较为丰富，主要补给来源于南部山区地表补给。场地地下水流向大致自南向北。

场地位于济南泉水的核心区，场地深层地下水通过大理岩-灰岩裂隙与泉水有较强水力联系。场地距五龙潭泉群约260m，距趵突泉泉群约680m，距黑虎泉泉群约1900m，距珍珠泉泉群约1250m。四大泉群与场区的位置关系如图3.5所示。

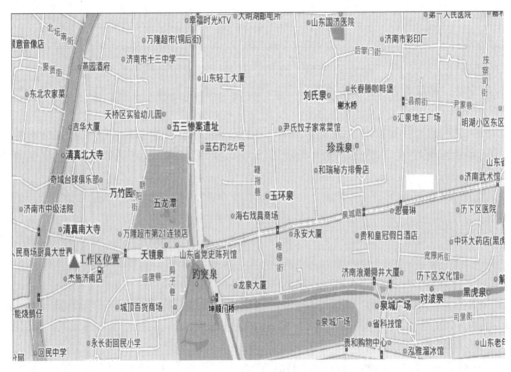

图3.5　四大泉群与场区的位置图

勘察期间，测得场地潜水位埋深为3.45～5.04m，标高为27.20～28.57m。场地临近顺河部位，地下水位变化幅度受河流水位变化影响较大，3～5m，丰水期水位可按31.00m考虑。

3.2　基坑支护及地下水控制方案

3.2.1　基坑特点

（1）基坑支护影响范围内的地基土主要由第四系人工堆积层填土、第四系全新统～上更新统冲洪积层、第四系残积层和白垩系闪长岩风化带组成。填土较厚，工程性质差，对基坑开挖边坡稳定性不利；⑤层碎石分布广泛，在其中成桩孔、锚孔较为困难；下部各风化层厚度及均匀性差别均较大，施工难度也较大。

（2）场地地层渗透性较强，如果不采取止水措施基坑涌水量将较大；场地距周边泉群较近，大量抽取地下水对泉群也有影响。

（3）工程处于闹市区，基坑四周被市政道路包围，路下埋设了较多的市政管线，北侧电信楼需保留，要求基坑开挖时确保基坑自身安全及周边环境位移较小。

地下通道顶部有2道光缆通过，埋深1.34～1.95m，保护要求高，不得揭露、迁移和破坏，需暗挖土方，难度很大。

3.2.2 基坑支护及降水设计

通过比较分析，确定1号裙楼基坑采用土钉墙支护；2号裙楼基坑西南角采用支护桩结合混凝土角撑支护（图3.6），其他区段均采用桩锚支护；通道基坑采用支护桩＋内支撑支护，光缆附近约3.0m厚土体采用管幕支托，管幕两端搭接在支撑梁上，管幕以下土体采用混凝土挡墙支护。

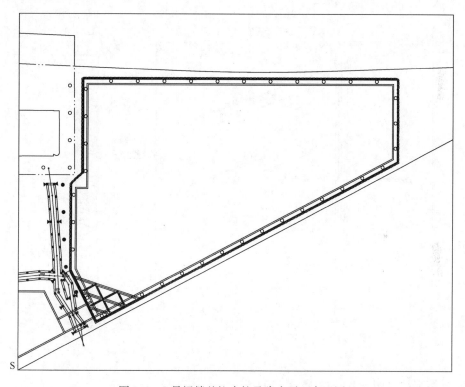

图3.6　2号裙楼基坑支护及降水平面布置图

结合地区经验，1号裙楼基坑采用明沟排水；2号裙楼及通道基坑采用管井降水，为了降低降水难度，并减轻降水对周边泉群的影响，周边采用高压旋喷桩与支护桩搭接止水帷幕。

3.2.3 支护方案

根据基坑开挖深度、场地地质条件及周边环境，按11个支护单元进行设计。

1. 土钉墙支护

（1）1号裙楼基坑采用土钉墙支护，基坑深度为3.10～4.50m。放坡坡率1：0.4，土钉孔直径130mm，杆体材料采用HRB400钢材，注浆材料采用水泥浆，纵横向上采用1Φ16加强钢筋连接。

（2）喷面混凝土厚度不小于80mm，坡顶护坡宽度不小于1.5m。

2. 桩锚支护（图3.7）

（1）2号裙楼基坑除新西南角外采用桩锚支护，基坑深度为9.30～11.00m。支护桩采用钻孔灌注桩，桩径800mm，桩间距1.80m，桩顶位于地面以下0～2.20m，桩底进入中风化岩1.0m。桩顶锚入冠梁50mm，主筋锚入冠梁700mm。

（2）设2～4道锚索，1桩1锚或3桩2锚，锚索横向间距1.80m及2.70m。部分区段第1道锚索锁在冠梁上，腰梁为2根22b槽钢。锚索采用Φ$_s$15.2钢绞线，成孔直径不小于150mm，锚孔注浆采用二次压力注浆。

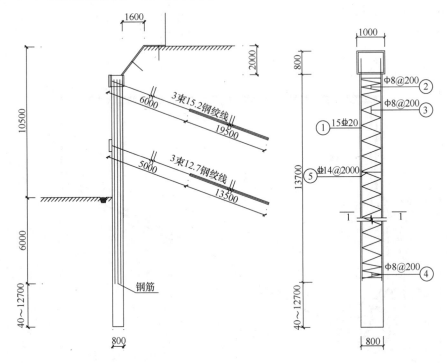

图3.7　桩锚支护图

3. 桩撑支护（图3.8）

（1）2号裙楼基坑西南角采用桩撑支护，支护桩采用钻孔灌注桩，桩径800mm，桩间距1.80m，混凝土强度为C30，以桩端进入中风化岩1.0m控制，桩顶锚入冠梁50mm，桩主筋锚入冠梁700mm。

（2）竖向设置2层角撑，每层角撑由3排钢筋混凝土格构梁组成，节点处设置竖向钢构立柱。钢构立柱伸入基坑底面以下立柱桩长度不小于2.0m，顶部进入第一道支撑长度不小于0.5m。立柱桩采用直径800mm的钻孔灌注桩。

（3）采用钢筋混凝土围檩。

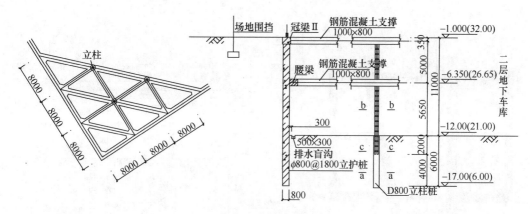

图 3.8　桩撑支护图

（4）腋角部位均增加斜筋。凡与辐射撑相交处，在冠梁和腰梁内，支撑两侧箍筋均加强到各 10Φ8@100 四肢箍筋，其他部位均为 Φ8@150 四肢箍筋。

（5）冠梁以上坡面设钢筋混凝土面层，钢筋网为 50mm×50mm×3mm 成品钢丝网，喷射混凝土面层厚度不小于 60mm。坡顶上翻不小于 1.5m，每隔 2.0m 砸入 1Φ18 钢筋用以挂网。

4. 桩撑＋管幕支托支护

（1）通道基坑采用支护桩＋内支撑支护，光缆附近约 3.0m 厚土体采用管幕支托，管幕两端搭接在支撑梁上，管幕以下土体采用混凝土挡墙支护（图 3.9～图 3.11）。

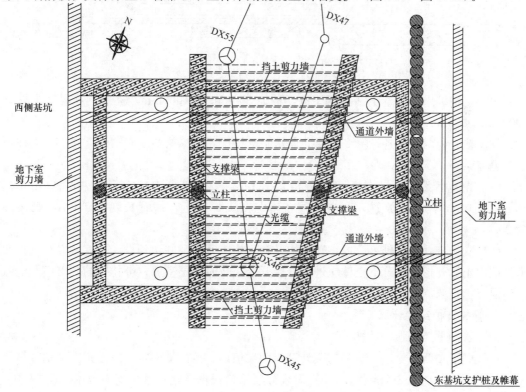

图 3.9　通道基坑支护平面布置图

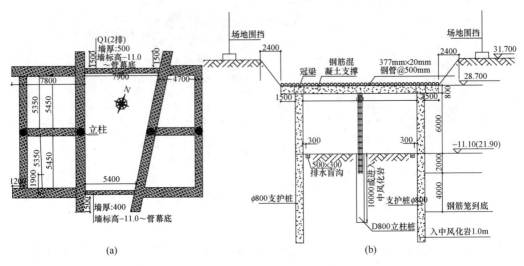

图 3.10　桩＋撑＋管幕支托支护图

(a) 支撑平面图；(b) 支撑剖面图

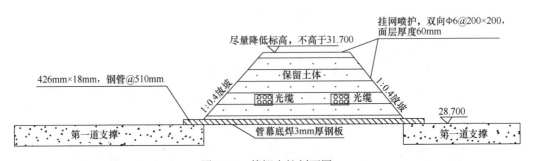

图 3.11　管棚支护剖面图

（2）支护桩采用混凝土钻孔灌注桩，桩径 800mm 和 1000mm，桩顶钢筋混凝土冠梁 1000mm×800mm。

（3）在光缆两侧，各设置 2 道南北向水平支撑梁，支撑梁中间有钢构立柱，两立柱顶有 1 道连梁。

（4）光缆管线附近土体保留，厚度约 3.0m，采用管幕支托，管幕采用 426mm×18mm@510mm，东西放置，两端搁置在南北向支撑梁上，搁置长度为 1.0m，底标高为 28.7m。

（5）支护桩、止水帷幕、内支撑结构及管幕施工完毕，并达到设计强度后方可进行通道基坑内土体开挖，管幕下土体应进行分层开挖，及时分层植筋、绑扎钢筋、支模并浇筑两侧混凝土挡墙。

5. 管棚支护结构计算

（1）管棚下挡墙强度计算

将管棚下东西两侧挡墙按单向板计算，两端植筋，按两端固定考虑。长度分别计算至两端桩中心，分别为 8.7m 及 6.2m。荷载分项系数根据《建筑基坑支护技术规程》（JGJ 120—2012）取 1.25。

① 北侧墙厚 500mm，计算长度 8.7m，挡墙在支座处弯矩最大，其支座处（即迎土面）最大配筋为 $\Phi 25@110$，迎坑面最大配筋为 $\Phi 20@150$。

② 南侧墙厚 400mm，计算长度 6.2m，其支座处（即迎土面）最大配筋为 $\Phi 20@110$，迎坑面最大配筋为 $\Phi 16@150$。

（2）管棚钢管验算

管棚钢管间距 0.51m，采用 426mm×18mm 无缝钢管，$I=481014724mm^4$，$W=2258285mm^3$，质量 180kg/m。

（3）管棚挠度计算（取上半幅平均长度，$l=8000$）

跨中挠度 $v=5G_kl^4/384EI$

$$=5\times(0.51\times3.0\times20+1.76)\times8000^4/(384\times2.06\times10^5\times481014724)$$

$$=17.4mm<20mm$$

管棚挠度满足要求。

（4）钢管强度验算（取上半幅中间长度，$l=8000$）

$\sigma=M/\gamma W=1.25[(0.51\times3\times20+1.76)\times8000^2/8]\div(1.15\times2258285)$

$=124.7(N/mm^2)<f=205(N/mm^2)$

$V=1.25[(0.51\times3.0\times20+0.51\times5)\times8.0/2]=162.0kN$

$S=[22582.8\div2]\times[2\times(426^3-390^3)]/[3\times3.14\times(426^2-390^2)]=1468114.7mm^3$

$I=481014500mm^4$

$t_v=18mm$

$\tau=VS/It_w=27.2(N/mm^2)<f_v=120(N/mm^2)$

钢管强度满足要求。

（5）钢管焊缝强度验算（透焊对接焊缝）

$\sigma=M/\gamma W=1.25[(0.51\times3\times20+1.79)\times(8000)^2/8]\div(1.15\times2258284)$

$=124.5(N/mm^2)<f_{tw}=175(N/mm^2)$

$\tau=VS/It_w=27.2(N/mm^2)<f_{vw}=120(N/mm^2)$

钢管焊缝强度满足要求。

（6）管棚边桩竖向压力验算

管棚周边支护桩竖向压力标准值：管棚周边 4 根支护桩承担管棚以上土体及中间支撑梁质量的 1/2，即每根桩承担管棚以上土体及中间支撑梁质量的 1/8，管棚上土体宽度按 7.9m（最大宽度）考虑：

每棵桩竖向压力标准值 $N_桩$＝（管棚及土体质量＋支撑梁质量＋附加荷载）/8

$=[11.7\times7.9\times3.0\times20+(11.7\times2\times0.8\times1.0+5.6\times2\times0.8\times0.8)\times25+11.7\times7.9\times5]/8=831.9kN$

嵌固深度为 6.0m，其竖向极限承载力标准值（q_{sik} 按 80kPa，q_{pk} 按 3000kPa 考虑）：

$Q_{uk}=u\sum q_{sik}l_i+q_{pk}A_p$

$=1.0\times3.14\times80\times6+3000\times0.785=3862.2kN$，特征值为 1931kN＞桩受压荷载标准值，满足要求。

3.2.4 地下水和大气降水控制

1 号裙楼基坑较浅，采用明沟排水法地下水控制方案。2 号裙楼采用周边封闭止水帷幕，结合坑内管井降水、疏干，坑底明沟辅助降水，帷幕外侧局部回灌的地下水控制方案。

（1）2号裙楼基坑周围设置双排止水帷幕，内排为双重管高压旋喷桩与支护桩搭接止水帷幕，支护桩间内插2根高喷桩，外排为高压旋喷桩搭接止水帷幕；通道基坑设置双排高压旋喷桩搭接止水帷幕，管幕下方自东西两侧成斜桩搭接成幕。

高压旋喷桩直径800mm，水泥用量450kg/m，高压旋喷桩之间、与支护桩之间、排桩之间搭接均不小于200mm，旋喷桩桩顶至冠梁底面，桩端进入中风化1.0m。当支护桩兼作帷幕时采用素混凝土加深至中风化1.0m。

（2）降水管井均布置在基坑肥槽内，2号裙楼基坑南侧间距为11m左右，北侧、西侧为13m左右，东侧为12m左右，坑内疏干井按25m间距布设；通道基坑在肥槽内按13m左右间距布设。降水管井及疏干管井深度为基底以下6.5m。

（3）为确保周边建筑物安全，在济南电信楼及光缆周边布设观测回灌管井，井深15.0m，间距13.0m左右。

（4）管井直径700mm，井管采用内径400mm的水泥滤水管，滤料采用直径5～10mm的级配碎石。

3.3 基坑支护及降水施工

3.3.1 基坑开挖过程（图3.12和图3.13）

（1）2号裙楼基坑支护施工起止于2010年5月～2010年11月，2011年7月基坑回填；通道基坑支护施工起止于2012年4月～2012年12月，2013年4月回填。

图3.12 2号裙楼基坑开挖现场照片　　　　图3.13 2号裙楼角支撑照片

（2）2号裙楼基坑支护施工顺序：场地平整→施工放线→支护桩、立柱桩施工→止水帷幕、降水井施工→冠梁、支撑梁施工→第一层土方开挖→第一道锚索施工→第二层土方开挖→第二道锚索施工、围檩及支撑梁施工→第三层土方开挖→底板施工→底板标高换撑（桩撑支护区段）→拆除第二道支撑（桩撑支护区段）→第二层地下室外墙、柱、顶板施工→负二层防水施工及基坑回填（桩撑支护区段）→负二层标高换撑（桩撑支护区段）→拆除第一道支撑（桩撑支护区段）→地下一层地下室外墙、柱、顶板施工→基坑回填。

（3）通道基坑施工顺序：场地平整→施工放线→立柱桩、支护桩施工→止水帷幕、降水井施工→第一层土方开挖→支撑梁及冠梁施工→管幕施工→土方开挖与通道两侧现浇混凝土挡墙交替施工至坑底→通道外墙、顶板施工→通道防水施工→基坑回填。

3.3.2　管幕施工 (图3.14~图3.16)

管幕施工顺序：测量放线→放样复核→机械就位→（泥浆制备）引孔→排运弃土→出洞及钢管预拉（钢管顶进及纠偏）→下管及钢管拼接→进洞→复核测量→下节。

图3.14　通道管幕施工照片

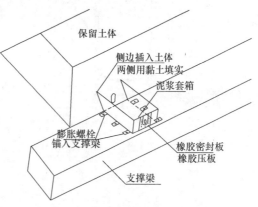

图3.15　接收井套箱俯视图

1. 引孔

（1）先采用水平钻机成孔，钻头直径330mm，入土角保证在0°。钻进时要保持低速，减小对上部土体及管线的扰动。

（2）初成孔时钻速按50r/min，钻压10~20kPa、钻进速度0.1m/min，并根据监测数据合理控制钻进参数。

（3）成孔中及时补充泥浆，并将带出的土体及时排除。

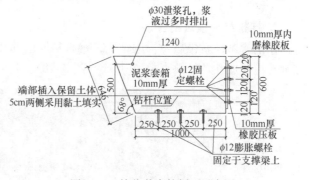

图3.16　接收井套箱剖面示意图

（4）导向孔完成后，根据钻孔轨迹和数据记录，确定此导向孔是否可用。轴线左右偏离控制在5cm，深度偏差控制在5cm内。

（5）在黏性土层中，泥浆密度控制在1.35左右。输入泥浆密度≤1.25。

（6）成孔过程中孔内泥浆保证措施：考虑管幕引孔阶段及回扩阶段泥浆有部分损失，可能导致孔壁变形，故设置泥浆套箱，保证孔内泥浆液面始终位于孔位之上，保证孔壁稳定。

2. 钢管拼接

钢管拼接采用内套管连接，ϕ426钢管对接处采用单边V形坡口焊，35°，焊缝宽度9mm，2mm钝边，下设垫板，周边满焊。

内套管采用ϕ390mm×10mm钢管，与管幕钢管采用在钢管上开80mm×20mm槽，与内套管塞焊的方式，增强钢管连接处强度。

相邻钢管接缝错开距离不小于1m。拼接处节点如图3.17所示：

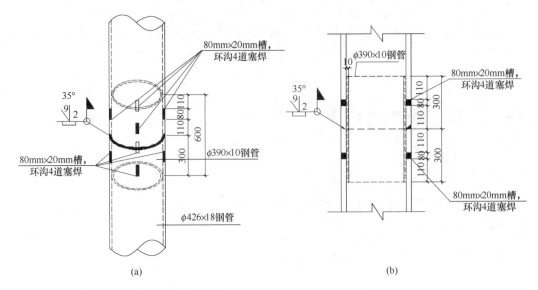

(a)　　　　　　　　　　　　　(b)

图 3.17　钢管拼接详图及剖面示意图

（a）钢管拼接详图；（b）钢管拼接剖面图

3. 推拉结合顶进钢管

在钢管吊装就位后，采用钻机将钢管从原引孔孔位回拖至设定位置，回拖采用分级反拉旋转扩孔成孔，扩孔直径 430mm（图 3.18）。具体措施如下：

图 3.18　管幕回拖照片

（1）引孔后拆下导向钻头和探棒，装上扩孔器，试泥浆，确定扩孔器没有堵塞的水眼，扩孔并回拖钢管，钢管端部焊接封闭接头及拉索，防止土体进入钢管内部。钻头和钻杆必须确保连接到位牢固后才可回扩，以防止回扩过程中发生脱扣事故。

（2）回扩过程中必须根据不同地层地质情况以及现场出浆状况确定回扩速度和泥浆压力，确保成孔质量。过程中应及时处理排出土体，在回拉过程中尽可能放慢速率，以便顺利进入原导向孔内。

（3）为防止扩孔器在扩孔过程中刀头磨掉和扩孔器桶体磨穿孔而造成扩孔器失效，扩孔器为进口钻机配套产品，扩孔器桶体表面堆焊上耐磨合金，提高整个扩孔器的强度和耐磨性。确保扩孔器能够完成扩孔作业。

（4）记录回拖中的扭矩、拖力、泥浆流量、回拖速度等值，出现异常立即报告；设专人观察沿线是否有漏浆现象，如有异常及时报告。

（5）在拖拉过程中，若遇阻力过大时，在钢管后部设置千斤顶，辅助钢管拖拉。

4. 管幕内注浆措施（图 3.19）

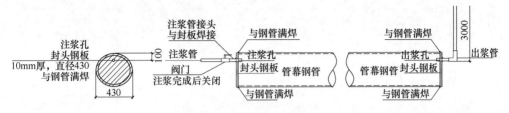

图 3.19　管幕内注浆示意图

在通道结构完成后，管幕内部需进行注浆填充。具体采用管幕钢管两端设置 ϕ430 圆形钢板，钢板厚度 10mm，与钢管进行满焊，钢板上部设置注浆孔。孔位设置在钢管顶下部 10cm。注浆侧设置注浆管接头，并设置阀门，另外一侧设置 3m 高出浆管，利用"U形管"原理，在出浆管出现浆液后，钢管内部浆液即密实（图 3.20）。

钢板封闭完成后，对一侧注浆管内进行注浆，待另外一侧注浆管内浆液溢出时，停止注浆，保证钢管内部浆液充满整个钢管。

图 3.20　通道暗挖施工完毕照片

注浆完成后，关闭阀门，两端进行封堵。

3.3.3　基坑涌水处理

在基坑开挖过程中，2 号裙楼基坑局部出现大量涌水，施工单位采取了大量增加降水井的排水措施仍难见效，工程咨询单位认为是深层岩溶裂隙水突涌所致，制定了高压注浆封底的止水措施，我单位组织相关专业技术人员，仔细分析了地质资料和前期施工情况，认为很可能因前期施工留下了透水通道导致坑底涌水，经过仔细排查，最后查明为前期保泉抽水试验井未封堵严实，对该试验井采取封堵措施后解决了基坑涌水问题，为建设单位节约了 1000 余万元。

3.3.4　锚孔涌水注浆处理

2 号裙楼基坑南侧分布既有人防巷道，巷道已充水，锚杆自人防下通过，成孔时个别锚孔大量涌水，涌水量可达 100m³/h，常规注浆难以形成锚杆锚固体，通过多次调试，采用了一定比例的水泥、水玻璃双液注浆，浆液能够快速凝固，通过试验验证，锚杆抗拔承载力能够满足设计要求。

3.4　基坑监测

2 号裙楼及地下通道按规范规定进行了监测，基坑最大坡顶位移为 16mm，深层最大位移量为 6.4mm；通道基坑最大位移为 11mm。在基坑开挖及使用过程中均进行了环境变形监测，其中裙楼基坑西侧电信楼最大沉降量为 2.79mm，管线最大沉降量为 8.0mm；通道顶部电信光缆最大沉降量为 12.36mm，监测结果均在正常范围内，且变形量较小，周边建（构）筑物均无破坏迹象，确保了其安全（图 3.21）。

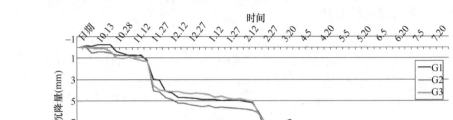

图 3.21　光缆时间-沉降曲线

3.5　结束语

（1）济南普利门区域距趵突泉泉群较近，但地面下 40m 深度范围内，地下水为第四系孔隙潜水和基岩裂隙潜水，与济南泉水联系弱，抽降该部分地下水对趵突泉喷涌影响较小，但其中碎石层，水量丰富。

（2）济南地区山前冲洪层地层分布广泛，采用桩撑、桩锚支护形式，均能有效控制基坑及周边环境变形，保护其安全。

（3）管幕支托可解决基坑顶部建构物保护的难题，但施工较为困难，造价较高，在必要时可以采用。

（4）本场地深部大理岩，岩溶较发育，岩溶水具承压性，水量丰富，同济南泉水水力联系强，降水难度大，且影响济南泉群的喷涌，降水井不应进入该层，进入该层的钻孔、试验井应严密封堵。

（5）水泥、水玻璃双液注浆可解决涌水锚孔成锚难题。

4 创意山东 · 城市文化综合体项目深基坑支护设计与施工

4.1 基坑概况、周边环境及场地工程地质条件

项目位于济南市历下区文化西路南侧，山东大学南校区北门东侧，千佛山路西侧，占地面积约 1.4 公顷（21 亩）。由 1 栋商务综合楼和 1 栋酒店组成，满布 2 层地下室。该基坑工程于 2012 年 4 月开工，2013 年 2 月全部完工。建筑物概况一览表，见表 4.1。

表 4.1 建筑物概况一览表

建筑物		长 (m)	宽 (m)	地上层数	地下层数	结构类型	基础形式
商务综合楼	主楼	105.6	58.5	16	2	框架	筏基
	东侧附楼			9		框架	筏基
	西侧附楼			3~4		框架	筏基
酒店		36.6	21.6	12	2	框架	条基或独立基础
地下车库					2	框架	条基或独立基础

4.1.1 基坑概况

场地地形东高西低，地面标高 44.19～49.70m，商务综合楼基坑底标高为 31.90m，酒店基坑底标高为 37.40m，基坑开挖深度 10～15.5m。基坑周长约 574.4m。

4.1.2 周边环境条件（图 4.1）

（1）北侧：距泄洪沟 6.28～6.72m，沟深约 3.0m，泄洪沟道北侧为文化西路。

（2）东侧：基坑边缘距千佛山路人行道边最近处 4.26m。

（3）南侧：西段距山东大学 9 号、10 号教职工宿舍楼 2.80～8.67m，宿舍楼地上 4～5 层，天然地基条形基础，基础埋深 2.5m。东段支护桩轴线距山东大学第三幼儿园教学楼约 8.42m，该楼地上 3 层，天然地基条形基础，基础埋深 2.0m。

（4）西侧：南段为山东大学北门道路，北段距济南大舜培训学校大楼最近处约 8.50m，该建筑为地上 20 层，地下 2 层，桩基础，桩顶标高 37.1m（临近场地标高约 44.2m），桩长 22m。

4.1.3 场地工程地质条件

1. 场地地层埋藏条件及基坑支护设计岩土参数（图 4.2 和表 4.2）

场地地处山前倾斜平原地貌单元，场地地层主要为第四系上更新统黏性土、碎石，下伏白垩纪闪长岩侵入体和奥陶纪石灰岩，表部有一定厚度的人工填土，分述如下：

设计：李启伦、陈燕福、马连仲；施工：朗雷亮、王庆东。

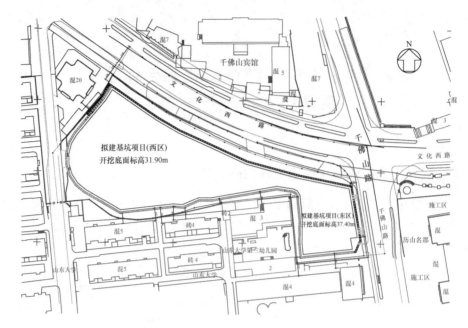

图 4.1 基坑周边环境及支护平面图

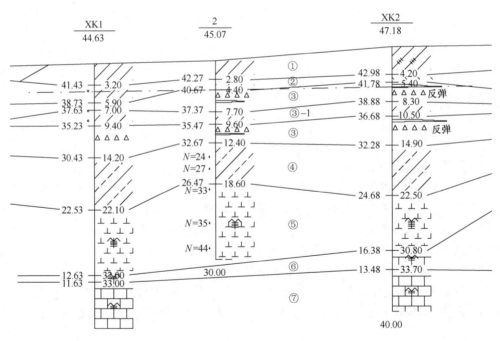

图 4.2 场地地层剖面图

第①层：杂填土（Q_4^{ml}）：杂色，稍湿，松散，主要为砖块、碎石、石灰渣等建筑垃圾，含少量黏性土，堆积时间约 4 年。上部局部分布①-1 层素填土，该层厚度 1.00～2.40m，主要成分为粉质黏土，黄褐色，可塑，含少量碎石块等建筑垃圾。该层厚度1.30～5.00m，层底标高 41.42～47.86m。

第②层黏土（Q_3^{dl+pl}）：微棕红色，硬塑，局部可塑，局部含有较多量碎石，含量约10%，粒径2cm左右，可见较多铁锰氧化物及其结核，局部夹粉质黏土薄层。该层厚度1.20~7.80m，层底标高36.66~42.06m。

第③层碎石（Q_3^{dl+pl}）：杂色，湿，中密，局部密实，灰岩质，粒径2~8cm，含量70%左右，棕红色黏性土充填，局部呈胶结或半胶结状态。局部夹③-1黏土透镜体，微棕红色，硬塑，混灰岩质碎石，含量约10%，粒径2~7cm，可见较多铁锰氧化物及其结核。该层厚度2.50~10.80m，层底标高27.20~38.15m。

第④层残积土（Q^{el}）：浅灰黄色，岩芯以砂土状为主。该层在部分钻孔中被揭露，该层厚度2.70~17.50m，层底标高16.99~31.97m。

第⑤层全风化闪长岩（δ_5^3）：浅灰绿色，岩芯以砂土状及碎块状为主。该层在部分钻孔中被揭露，该层厚度2.10~14.30m，层底标高6.52~29.87m。

第⑥层中风化灰岩（O）：浅灰色，灰黄色，局部为闪长岩侵入蚀变，节理裂隙很发育，见灰黄色泥钙质浸染及方解石脉充填，局部见较多溶孔发育，岩芯呈短柱状及碎块状，节长10cm左右，岩芯采取率80%，RQD为65左右。该层场区较该层厚度0.80~18.00m，平均该层厚度7.54m，层底标高4.80~32.20m，平均18.15m。

第⑥-1层岩溶裂隙充填物为棕红色，硬塑状黏土，混灰岩质碎石，粒径1~5cm，次棱角状，含量5%~8%，充填程度为全充填。仅在部分钻孔中被揭露，该层厚度2.00~5.00m，平均该层厚度3.83m，层底标高27.70~28.99m，平均28.42m。

第⑦层中风化灰岩（O）：青灰色，层状构造，节理裂隙很发育，沿裂隙面见灰黄色泥钙质浸染及方解石脉充填，溶蚀现象发育明显，见较多溶孔发育，岩芯呈短柱状及碎块状，节长15cm左右，岩芯采取率80%，RQD为70左右，锤击不易碎。该层场区最大揭露厚度12.30m。

表4.2 基坑支护设计岩土参数

地层		γ (kN/m³)	c (kPa)	φ (°)	锚杆 q_{sik} (kPa)
①	杂填土	18.0	5	20.0	18
①-1	素填土	18.5	10	12.0	20
②	黏土	19.3	35	13.4	55
③	碎石	20.0	12	40.0	120
③-1	黏土	18.1	40	13.8	60
④	残积土	18.5	15	25.0	85
⑤	全风化闪长岩	22.0	25	35.0	190
⑥	中风化灰岩	24.0	35	60.0	260

2. 场地地下水

场地地下水主要为第四系孔隙水、闪长岩风化裂隙水和石灰岩岩溶裂隙水。

（1）第四系孔隙潜水

主要含水层为黏土混碎石或碎石土及上部填土。水位埋深3.10~7.20m，水位标高40.19~44.30m。该层抽水试验水位降深0.50~6.64m，涌水量12.00~37.88m³/d，渗透系数 0.42～20.95m/d。径流方向为自场区南侧向北侧径流,以补给闪长岩裂隙水及蒸发的方式排泄。

(2) 闪长岩风化裂隙水

主要赋存于闪长岩残积层、全～强风化闪长岩裂隙中,富水性与裂隙发育程度关系密切,水位埋深 4.96～5.04m,标高 40.65～40.72m。该层抽水试验水位降深 5.01～14.08m,渗透系数 0.26～0.61m/d,涌水量 21.36～38.80m³/d。其径流、排泄途径与第四系基本一致,径流方向为自南向北,以补给下部岩溶水的方式排泄。

(3) 石灰岩岩溶裂隙水

裂隙水主要赋存于奥陶系石灰岩岩溶裂隙中,为承压水,水位埋深 19.84～20.11m,标高 28.75～28.98m。单井涌水量受石灰岩岩溶及裂隙影响极大。其来源为南部山区地下岩溶水,径流方向为自南侧向北侧低洼处径流,以泉水或人工开采方式排泄。

根据抽水试验资料分析,闪长岩裂隙水与岩溶裂隙存在水力联系,但联系较弱;孔隙水与裂隙水水力联系密切,但表现为"一抽就干,富水性差,渗透性低"。西区孔隙水与岩溶水水力联系较弱;东区孔隙水下渗补给裂隙岩溶水,岩溶水对孔隙水没有影响。同时由于闪长岩具有一定隔水作用,减弱了与四大泉群的水力联系。综合以上各种因素,工程建设对四大泉群的影响较弱。

4.2 基坑支护及地下水控制方案

该项目周边环境和场地地质条件复杂,场地作业空间十分狭小,且该项目地处济南市节水保泉重点区域,对基坑降水有特殊要求,因此设计、施工难度高。

针对该基坑工程的特点与难点,在设计、施工上采取了以下有效措施:

(1) 首先在设计思路上进行创新,在兼顾安全与经济的前提下,除西侧采用双排桩支护外,细化桩锚支护单元,通过对不同的锚杆位置和入射角度进行计算,优化锚杆长度、支护桩配筋。

(2) 针对不同的周边环境和支护形式,提出了不同的控制标准,如南侧的桩位偏差、垂直度要高于其他三侧,支护结构变形小于其他三侧。

(3) 针对不同的地层、周边环境,设计了可行的施工方案、施工顺序、工艺要求,为本工程施工的安全、质量提供了保障。如南侧既有建筑物下方的锚索施工,为减少掏土施工对现有建筑物的影响,锚索施工要求隔二打一、成孔一个注浆一个,不留空洞。同时支护桩的施工也采用跳打的方式进行。

(4) 南侧阳角处,通过调整锚索的入射角和方向,成功解决了锚索交叉的问题。

(5) 该场地位于节水保泉的重点区域,针对周边建筑物对地下水变动的敏感程度及地下水的流向,设计了不同的地下水控制形式,最大程度地降低工程造价。场地地下水流向由南向北,坡度较大,而基坑上部为不含水层或不透水层,地下水主要集中在下部残积土和风化岩中,为此仅在基坑东、南和西三面设置止水帷幕,采用高压旋喷桩与支护桩搭接形成,北侧不设置止水帷幕。这样既控制了基坑内的地下水,又减少了帷幕造价。

4.2.1 基坑支护方案 (图 4.3 和图 4.4)

(1) 支护桩采用钻孔灌注桩,直径 800mm,桩间距 1200mm 或 1800mm,双排桩排距为 1.80m,桩长 15.8～19.3m,排桩嵌固深度 6.0～7.0m,双排桩嵌固深度不小于

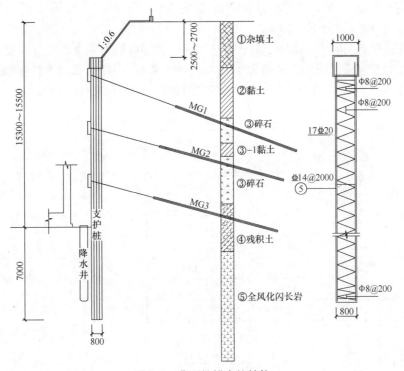

图 4.3　典型桩锚支护结构

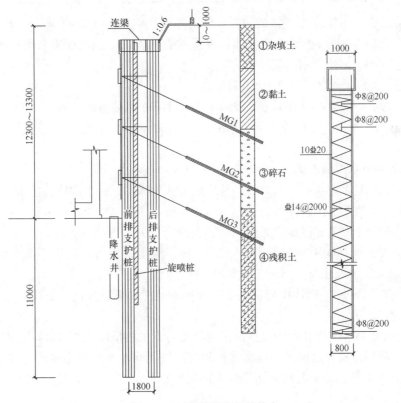

图 4.4　双排桩锚支护结构

11.0m；桩身混凝土强度为 C30；支护桩主筋为 HRB400，其数量见表 4.3，箍筋为 HPB300，桩身加强筋为 HRB335。

（2）桩顶钢筋混凝土冠梁 1000mm×800mm，双排桩设钢筋混凝土连系梁 1000mm×800mm，冠梁及连系梁顶标高分别为 44.20m 和 47.2m，桩顶锚入冠梁长度 50mm，桩主筋锚入冠梁 700mm。主筋为 HRB335，箍筋为 HPB300。混凝土强度均为 C30。

表 4.3 支护桩配筋及锚索数量

剖面	桩主筋		锚索数量（m）	备注
	数量（根）	直径（mm）		
1	11	20	18、13	商务综合楼基坑北侧
2	17	20	15、18、16	
3	12	20	18、11	酒店基坑北侧
4	13	20	19、13	酒店基坑东侧
5	12	20	19、12.5	酒店基坑南侧、西侧，两桩一锚
6	10	20	20、12.5	
7	15	25	15、23、17	商务综合楼基坑南侧
8	14	25	20.5、21.5、21	
9	13	25	17、17	
10	10	20	10、10、10	商务综合楼西侧，双排桩

（3）锚索 2～3 道，1 桩 1 锚或两桩 1 锚，锚索横向间距 1.80m 或 2.40m，锚索长度见表 4.3，杆体材料采用 ϕ_s 15.2 钢绞线，成孔直径 150mm，锚索注浆采用二次压力注浆，注浆体强度 M20。采用型钢腰梁。

（4）冠梁顶以上土体按照 1：0.6 放坡。

（5）桩间土、冠梁顶放坡部分和坡顶不小于 1.5m 宽度范围，每隔 2.0m 砸入 1 ϕ 16 钢筋用以挂网，钢筋网为 ϕ 6.5@300mm×300mm，喷面混凝土强度 C20，喷面厚度 60mm。

4.2.2 基坑地下水控制方案

场地地下水埋深为 3.10～7.20m，基坑采用管井降水、疏干和坑底排水沟排水、局部设置止水帷幕的地下水控制方案。

（1）降水管井均布置在基坑肥槽内，商务综合楼井间距为 15m 左右，酒店井间距为 20m 左右。疏干管井间距一般为 24～27m。管井深度分别为基底以下 5.50m 和 6.50m（酒店进入第⑥层中风化灰岩不少于 0.5m）。

（2）管井孔径 600mm，井管采用外径 400mm 的水泥滤水管，滤料采用直径 0.5～10mm 的碎石。

（3）基坑东侧、南侧和西侧设置高压旋喷桩与支护桩搭接止水帷幕，旋喷桩直径不小于 800mm，高压旋喷桩之间及高压旋喷桩和支护桩之间相互搭接宽度均为 200mm。桩顶标高 44.00m，基坑东部桩底进入第⑥层中风化灰岩不少于 0.5m，基坑西部桩底位于基底以下 6.0m。高压旋喷桩水泥用量 330～380kg/m。

（4）在止水帷幕外侧按 20m 左右间距布设观测回灌井，井深 15m（东区回灌井与邻近降水井等深）。

（5）在基坑坡顶砌筑 240mm×300mm 挡水墙。在基坑坑底周边设置 300mm×300mm 排水盲沟，盲沟与降水井相连。

4.3 基坑支护及降水施工

开挖完成后的基坑照片，图 4.5。

4.3.1 支护桩的施工

因东部、南部黏土层较厚，入岩较少，桩位偏差、垂直度控制标准高，采用旋挖钻成孔；西部、北部有碎石层及碎石胶结层，入岩深度大，采用冲击钻成孔；管井采用旋挖钻成孔；锚索采用锚杆钻机成孔，泥浆护壁工艺。

4.3.2 锚索施工

锚索首先自南侧和西侧进行施工。第一道锚索施工完成后，进行抗拔承载力试验，试验结果为大部分锚索抗拔承载力达

图 4.5 开挖完成后的基坑照片

不到设计值，最小的仅为 10kN，大部分破坏是将钢绞线拔出。于是停工检查。经调查，锚索采用泥浆护壁成孔，施工初期，供水不足，用水紧张，锚索成孔后没有换浆，在泥浆很稠的情况下，就将钢绞线下到孔内，而且没有按设计要求注水泥浆，钢绞线在孔内放置两三天后，才完成注水泥浆。由于第一道锚索位于地下水位以上，护壁泥浆中的水分外渗损失较快，泥浆中粘粒成分附着在钢绞线和孔壁上形成泥皮，造成钢绞线与锚固体之间、锚固体与孔壁之间黏聚力显剧下降，致使锚索的抗拔承载力达不到设计值。找到原因后，南侧、西侧第一排锚索，将锚索位置下移 30cm 全部重打。重打后的锚索检测合格。

4.3.3 检测

本工程支护桩的各项检测指标均满足设计和规范要求，低应变检测桩身质量均达到Ⅱ类桩以上标准；重新施工的锚索，抗拔承载力检测均达到设计值；降水井施工一次通过验收，降水效果非常好，基坑开挖到底未见明水；基坑开挖后观感良好；基坑支护结构变形监测值，周边建筑物沉降监测值，均满足设计控制要求，整个基坑在开挖和使用期间运转良好，未出现异常情况。

4.4 基坑监测

从整个监测资料分析，周边道路沉降观测点累计最大沉降量的点为 C34，累计沉降值为 −9.39mm，变化速率 −0.06mm/d，周边管线观测点累计最大沉降量的点为 GX1，累计沉降值为 −14.87mm（<20mm），变化速率为 −0.2mm/d，周边建筑物沉降观测点的最大沉降点为 C7，累计沉降值为 7.98mm（<10mm），变化速率为 −0.04mm/d，小于沉降观测的限差。从监测分析可知，基坑开挖对周边地表的影响均在沉降变化的警戒范围内，随着基坑施工到 ±0.00 和地下水的回灌，各观测点的沉降变化趋向稳定（小于0.4mm/d）。

（1）基坑周边沉降观测点的沉降量和沉降速率相对于周边地表沉降观测点要大，沉降最大点是 W1，累计最大沉降量为 10.09mm，沉降速率为 0.01mm/d，但也小于沉降观测的限差（$\leqslant 0.2\% H = 22$mm）。这说明，随着基坑施工的完成并进行及时的回填后，沉降监测点处于稳定的状态。

（2）基坑支护结构水平位移，水平位移累计变化最大点为 W18，累计值为 38mm（$\leqslant 0.3\% H = 0.3\% \times 14 = 42$mm），最终变化速率为 0.46mm/d，在基坑开挖初期变形比较小，随着基坑开挖深度的增加变形逐渐变大，随着地下结构的完成和回填及地下水的回灌，基坑水平位移逐渐趋向稳定。

（3）基坑地下水位监测，主要监测和控制地下水位的变化情况，有效保证了基坑施工过程中地下水的控制，通过监测地下水位与基坑开挖的深度，来合理确定降水速度。

（4）基坑锚索内力和支护桩内力监测在整个监测过程中，没有超过设计报警值，有效地承受了土体的侧压力，基坑在受到土体侧压力过程中，没有发生突发性塌滑。有效延迟了塑性变形的发展，明显减少了渐进性变形和开裂。

（5）基坑深层水平位移监测，根据监测数据，在开挖初期变形不明显，但是随着开挖深度的增加，变形量逐渐增大，随着基坑施工的完成、回填和地下水的回灌，逐渐达到了稳定状态。

（6）根据本工程各项监测数据的分析，基坑支护及地下水控制工程有效地控制了外侧土体的变形，对周边建筑物、道路及地下管线设施没有产生不利的影响，基坑本身变形也满足规范要求。

4.5　结束语

（1）该基坑设计方案针对不同的周边环境、工程地质条件，细化支护设计单元，通过精确控制锚杆位置，达到了优化支护桩配筋、锚杆道数和长度的目的。

图 4.6　建筑物效果图

（2）在地下水控制方面，根据地下水流向、落差和富存地层，在东南西三侧设止水帷幕，北侧不设止水帷幕，事实证明是可行的，为建设单位降低了工程造价，缩短了工期。

（3）初期的锚索施工没有按设计和规范要求进行，造成锚索抗拔承载力严重不足，但及时纠正了，没有造成严重后果，这是教训，施工方应引以为戒。

建筑效果如图 4.6 所示。

5 连城国际 A 地块项目深基坑支护设计与施工

5.1 基坑概况、周边环境和场地工程地质条件

项目位于济南市经七路与纬十二路交汇处东南角，包括主楼、裙楼以及地下车库，具体设计参数见表 5.1 及基坑周边环境图，如图 5.1 所示。

表 5.1 建筑物概况一览表

建筑物名称	结构类型	地基基础形式	地上层数	地下层数	室内坪标高 (m)	开挖面标高 (m)
主楼	框架-核心筒	筏形基础	25	3+1	44.65	24.35
裙楼	框架	天然地基	4	3	44.65	26.65
车库	框架	天然地基		3	—	26.65

5.1.1 基坑概况

本基坑平面上近似矩形，周长约 225m。场地地形较平坦，地面绝对标高为 44.39～44.97m。基坑北侧和西侧场地较为开阔，为配合后期小区地下管线、管沟布设，建设单位要求进行卸载处理，地面整平处理至标高 38.15m。基坑东侧和东南角邻近兴盛小区 1 号住宅楼、地下车库及小区配电室，基础埋深较大，地面卸载整平至标高 39.55m 和标高 39.95m，暴露出部分地下室。主楼以第⑤层碎石层为天然地基持力层，局部需超挖换，结合场地北侧和西侧整平处理、东侧部分土体挖除，本基坑开挖深度 12.90～21.25m。

5.1.2 基坑周边环境

（1）北侧：地下室外墙距经七路约 17.72m，距自来水管线和天然气管线分别为 25.2m 和 27.0m，管线埋深均小于 1.5m；

（2）东侧：地下室外墙距围墙 1.9m，距围墙外兴盛小区 1 号住宅楼、地下车库约 3.5m，住宅楼基底标高 38.35m，地上 25 层、地下 1 层、剪力墙结构、钻孔灌注桩基础，桩径 800mm，桩长 22.0m，桩中心距 2.45m；车库基底标高 39.05m，为地下 1 层、框架结构、独立基础；

（3）东南侧：地下室外墙距配电室外墙 1.5m，距配电室地下室外墙 1.0m；配电室基底标高 39.35m，为地上 1 层、地下 1 层、框架结构、独立基础；

（4）南侧：地下室外墙距现有围墙 1.21m，围墙外为拆迁空地；

（5）西侧：地下室外墙距纬十二路约 17.71m，距自来水管线 37.0m，管线埋深小于 1.5m。

设计：李启伦、陈燕福、马连仲。

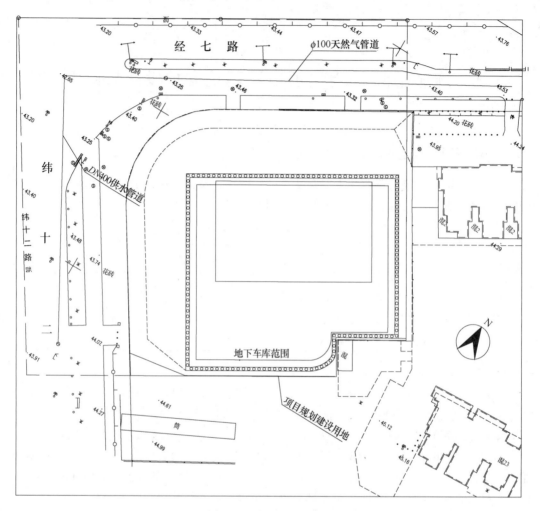

图 5.1　基坑周边环境图

5.1.3　场地工程地质条件

1. 场地地层埋藏条件及基坑支护设计岩土参数（表 5.2）

场地地处山前冲洪积平原地貌单元，场地地层以第四系全新统黄土状粉质黏土～上更新统黏性土、碎石层为主，下伏辉长岩，表部有少量人工填土。基坑支护影响范围内地层简述如下：

①层杂填土（Q_4^{ml}）：杂色，稍湿，稍密，以建筑垃圾为主。该层厚度 0.50～3.70m，层底标高 41.03～44.46m，层底埋深 0.50～3.70m。

②层黄土状粉质黏土（Q_4^{al+pl}）：褐黄色，可塑～硬塑，含铁锰氧化物，见白色钙质条纹，具虫孔及针状大孔，含少量姜石，粒径 1～4cm。夹②-1 亚层碎石透镜体，厚度 1.50～5.00m，灰色～浅灰色，中密、局部稍密，很湿～饱和，碎石成分为石灰岩，直径 2～6cm，大的可至 8cm 以上，混 10％～20％黏性土，局部钙质胶结。

下部相变为②-2 亚层黄土状粉土，厚度 2.20～5.20m，褐黄色，局部棕黄色，湿，中密，含铁锰氧化物，见白色钙质条纹，具虫孔及针状大孔，偶见姜石。

该层厚度 10.60～11.10m，层底埋深 10.80～14.20m，层底标高 30.43～33.91m。

③层粉质黏土（Q_3^{al+pl}）：浅棕红色，可塑～硬塑，含铁锰氧化物。夹第③-1 碎石透镜体，厚度 2.20m，灰色，密实，局部中密，饱和，碎石成分为石灰岩，棱角～次棱角状，直径 2～5cm，大的可至 8cm 以上，混 25%～35%黏性土，局部钙质胶结。该层厚度 2.20～5.20m，层底埋深 10.80～14.20m，层底标高 30.43～33.91m。

④层黏土：棕红色，可塑～硬塑，局部坚硬，含铁锰结核及少量姜石，粒径 1～3cm。该层厚度 3.80～9.10m，层底埋深 15.90～21.50m，层底标高 22.98～28.62m。

⑤层碎石：灰色，饱和，中密～密实，碎石成分为石灰岩，粒径 2～10cm，大的可至 10cm 以上，局部呈钙质胶结状，充填 20%～40%黏性土。该厚度 5.40～11.20m，层底埋深 26.30～29.80m，层底标高 15.09～18.31m。

⑥层全风化闪长岩（K）：灰黄～灰绿色，密实，饱和，岩芯呈砂土状，局部呈球状风化，可取出短柱状岩芯。夹第⑥-1 层强风化闪长岩球状风化体，厚度 3.90m，灰绿色，岩芯呈块状。该层厚度 10.00～18.60m，层底埋深 38.70～44.90m，层底标高 −0.29～6.05m。

表 5.2　基坑支护设计岩土参数

层序	土层名称	γ (kN/m³)	c (kPa)	φ (°)	锚杆 q_{sk} (kPa)
①	杂填土	18.0	10.0	12.0	20
②	黄土状粉质黏土	19.1	25.8	12.9	45
②-1	碎石	20.0	10.0	40.0	90
②-2	黄土状粉土	18.2	23.7	18.0	45
③	粉质黏土	19.3	32.4	14.6	60
④	黏土	19.4	44.3	14.6	65
⑤	碎石	20.0	10.0	45.0	90
⑥	全风化闪长岩	22.0	25.0	35.0	80

2. 场地地下水概况

场地地下水主要为第四系孔隙潜水及基岩裂隙水。钻孔内测得地下水静止水位埋深 9.27～9.67m，相应标高为 35.05～35.35m。地下水位的变化受季节影响较大，年变化幅度一般在 1.50～3.50m，常年最高水位标高可按 38.0m 考虑。

5.2 基坑支护及地下水控制方案

5.2.1 基坑支护方案（图 5.2～图 5.5）

基坑四周均采用桩锚支护方案，因周边环境有所不同，冠梁以上分别采取了卸载、天然放坡、土钉墙支护等措施，按 8 个支护单元进行了支护设计。各支护单元桩锚设计参数，见表 5.3。

（1）支护桩采用钻孔灌注桩，桩径 800mm，间距为 1.5m，东侧局部为 1.2m，桩身通长配置 ϕ25mm 的 HRP400 钢筋，桩身锚入冠梁 100mm，桩主筋锚入冠梁 600mm。

（2）钢筋混凝土冠梁，截面尺寸为 1000mm×600mm。

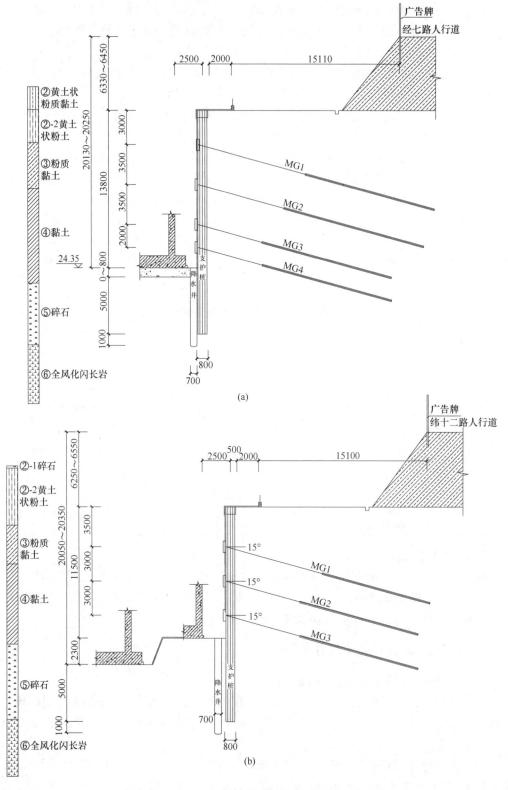

图 5.2　北侧、西侧典型桩锚支护剖面图

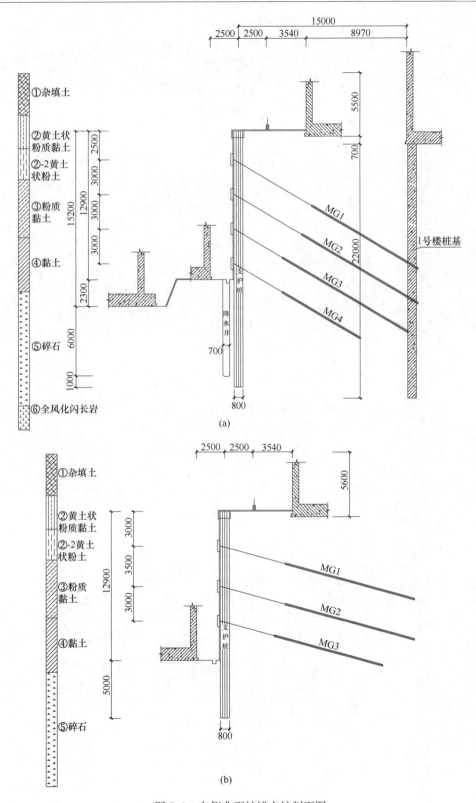

图 5.3 东侧典型桩锚支护剖面图

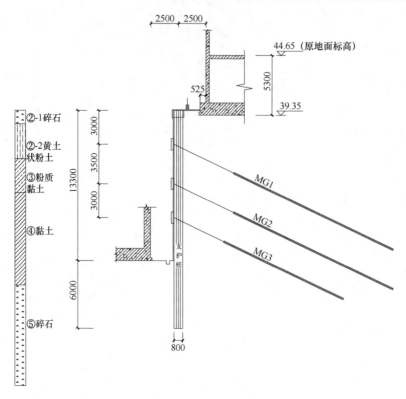

图 5.4　东南角典型桩锚支护剖面图

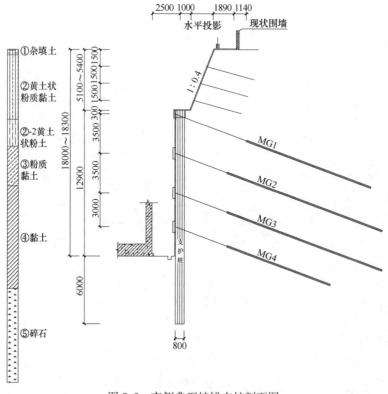

图 5.5　南侧典型桩锚支护剖面图

表 5.3　各支护单元桩锚设计参数

位置	基坑深度 （m）	桩长 （m）	配筋 （根）	锚杆长度 （m）	备注
北侧西段	13.80 （最大换填厚度 800mm）	19m	18	19、21、14、14	由标高 44.39～44.60m 卸载至 38.15m，卸载宽度 15m
北侧东段	13.80	18.2	18	21、22、18	
东侧	15.2	21.6	15	20、23、18、14	卸载至标高 39.55m，卸载宽度 6m
	12.90	17.3	10	17、17、13	
配电室处	13.30	18.7	16	23、21、15	卸载至标高 39.55m，卸载宽度 2.5m
南侧	18.0～18.30	18.3	20	24、22、30、19	桩顶以上土钉墙支护高度 5.1～5.4m
西侧	11.5	15.9	10	19、17	由标高 44.40～44.90m 卸载至 38.15m，卸载宽度 15m
西侧北段	11.5（邻近主楼加深 2.3m）	18.2	14	19、19、15	

（3）预应力锚索长度 13～30m，锚孔直径 150mm，杆体材料 Φ^s15.2（钢绞线），采用二次压力注浆工艺，锚孔注浆体强度不小于 M20。锚索通过基本试验确定承载力设计值。

（4）腰梁为 2 根 22a 或 2 根 25a 槽钢，腰梁采用钢肩梁施工工艺。

（5）土钉长度 4.5m，钻孔直径 130mm，杆体材料 1Φ18 HRB335。

（6）坑中坑按 1∶0.6 放坡、坡面挂网喷混凝土防护。

（7）北侧、西侧卸载边坡高度 6.25～6.75m，按照 1∶0.8 放坡、坡面挂网喷混凝土防护（图 5.2）。

（8）土钉墙面层钢筋网按 Φ6.5@250mm×250mm 布置，强度 C20，厚度 80mm；其余混凝土喷射面层均采用 Φ2@100mm×100mm 成品钢丝网布置，强度 C20，厚度 60mm。

5.2.2　基坑地下水控制方案

场地地下水潜水位埋深较大，达 9.27～9.67m，且位于硬土中，水位下降对周边环境影响较小，基坑四周未设置帷幕。采用大口径管井降水，降水井及疏干井深度分别为基底以下 6.0m 和 7.0m。疏干井均布置在后浇带等有利于封井的部位。

（1）沿基坑周边肥槽布置降水管井，间距 12.0m 左右。管井直径 700mm，井管采用外径 400mm 的水泥滤水管，滤料采用直径 0.5～10mm 的碎石。

（2）沿基坑外围布设观测回灌井，井深 25.00m，井深及间距与邻近降水井相同，间距不小于 6.0m。

（3）在基坑坡顶砌筑挡水墙、坡底设置排水沟、周边设置集水井。

（4）必要时可增加坑内排水盲沟加强排水。

（5）回灌井内水位低于 10m（标高 34.00m）时，应及时进行回灌，回灌水位控制标高 34.00m，主要针对第③、④、⑤层进行回灌。

5.3　基坑监测

基坑支护及降水施工顺利，监测数据表明，基坑位移小于 10mm，深层水平位移小于 20mm，锚杆内力小，未达到报警值。符合设计要求。

5.4　结束语

（1）场地地下水主要为第四系孔隙潜水，含水层压缩性低，水位下降引起的地基沉降量小且出水量不高，不设置封闭式止水帷幕是可行的方案。

（2）当周边环境条件允许时，通过卸载等方式，可有效降低支护难度。

（3）当进行换填处理时，可根据换填前、后基坑深度分别进行基坑支护设计，前者安全系数可取小值。

（4）当周边既有建筑物采用桩基础时，桩锚支护设计应充分考虑锚杆实施对既有建筑物地基的影响，否则应选择更加稳妥的支护方案。

（5）以监测数据偏低来看，该方案安全度是很高的，一方面原因是基坑支护设计岩土参数 c、φ、q_{sk} 等取值偏低；另一方面是支护单元的安全度本身也比较高，有优化的空间。

6 济南市第五人民医院综合楼深基坑支护设计与施工

6.1 基坑概况、周边环境和场地工程地质条件

项目位于济南市槐荫区，营市街以东，经十路北侧，济南市第五人民医院院区西南部，总建筑面积约 4.9 万 m²，框架剪力墙结构，地上 11～18 层，局部 2 层；地下 2 层。北侧中段在地下室外墙以外 1.8m，同时建设污水处理站，宽度 5.0～6.0m，地下 1 层。

6.1.1 基坑概况

±0.000 相当于绝对标高 36.00m，场地现状平均标高 35.5m，基坑底标高 24.35m 和 22.95m，平均开挖深度 11.15m 和 12.55m。基坑支护及降水平面布置图，如图 6.1 所示。

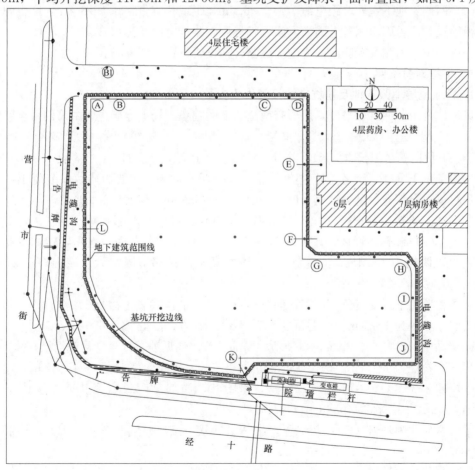

图 6.1 基坑支护及降水平面布置图

设计：叶胜林、赵庆亮、马连仲；施工：马振、林华夏。

6.1.2 基坑周边环境条件

（1）北侧：地下室外墙距围墙 10.9～10.1m，围墙外 3.9m 处有 4 层住宅楼，砖混结构，天然地基条形基础，埋深约 1.5m。中部污水处理站距围墙 2.0～3.5m，处理站西段与围墙间设有架空热力管线，宽度约 1.0m。

（2）东侧：北段地下室外墙距 4 层药房、办公楼约 9.8m，药房、办公楼为天然地基条形基础，埋深约 1.5m；中段地下室外墙距 6～7 层病房楼西墙 4.8～6.4m、南墙 10.5m，病房楼为砖混结构，天然地基条形基础，埋深约 1.5m；南段地下室外墙距电缆沟 2.8m，沟深约 1.0m，距现门诊楼约 53m，门诊楼为地上 2 层，地下 1 层，天然地基。

（3）南侧：地下室外墙距现状院墙 4.2～12.5m，围墙外有宽度约 4m 的经十路绿化带，绿化带外为宽度约 4m 的人行路，人行道下分布有污水管线及路灯电缆，人行道外为经十路辅路，下有电力管线通过；中段院墙内有 2 个变电箱，地下室外墙距变电箱 4.8～6.5m；西段围墙内有现状广告牌，宽度约 0.8m，高度约 5m，广告牌北侧为电缆沟，沟宽约 1.0m，埋深约 1.0m，距地下室外墙约 0.5m，施工前需移除。

（4）西侧：地下室外墙距电缆沟 4.9～6.5m，距现状广告牌 6.1～8.8m，广告牌外为营市街辅道，广告牌内侧有电缆沟，广告牌外侧有路灯电缆及污水管线。

基坑西侧、南侧及东侧南段为施工道路、临设或设置材料堆场。

6.1.3 工程地质条件

1. 场地地层埋藏条件及基坑支护设计岩土参数（表 6.1）

场地地处山前冲洪积平原，地形有南高北低的趋势。场地地层主要由第四系全新统～上更新统冲洪积层（Q_3^{al+pl}）、残积层（Q^{el}）组成，上覆第四系全新统人工堆积层（Q_4^{ml}），下伏白垩系闪长岩（K），共分为 8 层，自上而下分述如下：

①层杂填土（Q_4^{ml}）：杂色，稍密，稍湿，土质不均匀，主要由砖块、混凝土块等建筑垃圾组成，局部含少量黏性土。该层厚度 1.00～5.80m，层底标高 29.40～33.85m。

②层黄土状粉质黏土（Q_4^{al+pl}）：黄褐～褐黄色，可塑，局部软塑，饱和，含少量氧化铁。夹②-1 层碎石透镜体，厚度 0.50～2.10m，青灰色，稍密，饱和，碎石主要成分为石灰岩，块径为 1～4cm，充填黄土状粉质黏土，局部呈胶结状。该层厚度 1.90～5.40m，层底标高 26.68～28.90m。

③层粉质黏土：褐黄色，可塑，偶见姜石，含少量铁锰氧化物及 5% 左右碎石，碎石呈棱角状，粒径为 1～3cm。该层厚度 5.70～8.40m，层底标高 19.65～21.75m。

④层黏土（Q_3^{al+pl}）：棕黄色，硬塑、局部可塑，偶见姜石，含少量铁锰结核及 5% 左右的碎石，粒径为 1～3cm。该层厚度 3.50～6.80m，层底标高 13.84～16.85m。

⑤层残积土（Q^{el}）：棕红色，可塑，呈土状，局部见闪长岩风化残核。该层厚度 1.00～4.50m，层底标高 10.40～14.71m。

⑥层全风化闪长岩（K）：灰绿色，岩芯呈砂状。该层厚度 5.20～9.10m，层底标高 4.38～6.37m。

⑦层强风化闪长岩（K）：灰绿色，岩芯呈碎块状及短柱状，一般节长为 4～9cm，块径为 3～8cm，采取率为 75%。球状风化较发育。该层厚度 4.10～5.60m，层底标高 －0.10～1.10m。

⑧层中风化闪长岩：灰绿色，岩芯呈柱状及短柱状，一般节长为 8～25cm，最大节长 40cm，采取率为 75%～88%，RQD 为 45%～65%。该层未揭穿，最大揭露厚度 5.90m。

表 6.1 基坑支护设计岩土参数

层号	土层名称	γ (kN/m³)	c_q (kPa)	φ_q (°)	k_v (cm/s)	锚杆 q_{sik} (kPa)
①	杂填土	18.0	10	12.0	2.3×10^{-3}	35
②	黄土	18.1	28	14.7	4.5×10^{-5}	50
②-1	碎石土	20.0	8	30.0		90
③	粉质黏土	18.6	29.2	12.9	8.0×10^{-7}	65
④	黏土	18.9	33.8	14.5	9.0×10^{-7}	70
⑤	闪长岩残积土	18.1	20	20.0	3.5×10^{-3}	70
⑥	全风化闪长岩	20.0	22	25.0	3.4×10^{-3}	100
⑦	强风化闪长岩				1.6×10^{-2}	

2. 场地地下水

场地地下水为第四系孔隙潜水及基岩风化裂隙水，水位埋深 2.49～3.99m，相应标高为 31.85～32.55m。潜水主要赋存于②层黄土状粉质黏土、③层粉质黏土中；裂隙水主要赋存于⑤残积土及⑥层全风化闪长岩之中，主要补给方式为大气降水及地下径流，主要排泄方式为地下径流。场地综合渗透系数按 0.5m/d 考虑。

6.2 基坑支护及地下水控制方案

6.2.1 基坑支护设计方案

污水处理站基坑安全等级按二级考虑，分两级分别采用 SMW 工法、桩锚支护，其他各段基坑安全等级均为一级，采用桩锚支护。

1. 桩锚支护（图 6.2）

（1）除污水处理站外，基坑深度 10.45～12.4m。支护桩直径 1000mm，桩间距 1.50m、1.80m，嵌固深度 7.0m。桩身主筋为（14～19）根 ϕ25mmHRB400，箍筋为 HPB300，桩身混凝土强度为 C30，桩顶锚入冠梁 50mm，主筋锚入冠梁长度 750mm。

（2）设 3～4 道锚索，一桩一锚，间距为 1.5～1.8m，长度 22.0～28.5m，锚孔直径 150mm，锚孔注浆体强度不小于 M20，采用二次压力注浆，第二次注浆压力为 2.5MPa 左右。腰梁为 2 根 25C 槽钢。

（3）钢筋混凝土冠梁 1100mm×800mm，混凝土强度 C30，配筋主筋为 HRB335，箍筋为 HPB300。

（4）坡顶面层上翻至围墙或不小于 2.0m，每隔 2.0m 砸入 1ϕ16 钢筋用以挂网；桩间土采用挂网喷射混凝土保护，钢筋网为 ϕ6.5@200mm×200mm，喷面混凝土强度 C20，喷射面层厚度不小于 60mm。

（5）锚索抗拔承载力由基本试验确定。

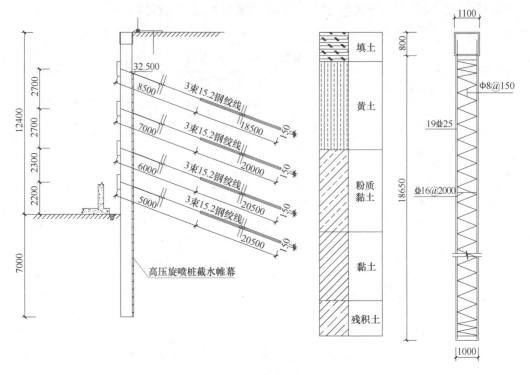

图 6.2 典型锚桩支护剖面图

2. 污水处理站桩锚支护 (图 6.3)

(1) 基坑深度 5.25m (自污水处理站基底算起)。支护桩嵌固深度 4.5m,桩径 800mm,桩间距 2.0m,桩身配筋主筋为 HRB400,箍筋为 HPB300,桩身混凝土强度为 C30,桩顶锚入冠梁 50mm,主筋锚入冠梁长度 750mm。

(2) 设 1 道锚索,一桩一锚,间距为 2.0m,锚孔直径 150mm,锚孔注浆体强度不小于 M20,采用二次压力注浆,第二次注浆压力 2.5MPa 左右。腰梁为 2 根 22a 槽钢。

(3) 钢筋混凝土冠梁 900mm×800mm,混凝土强度 C30,配筋主筋为 HRB335,箍筋为 HPB300。

3. 污水处理站 SMW 工法支护

(1) 采用高压旋喷桩,桩径 850mm,桩间距 550mm,内插钢管桩,间距 550mm,桩长 9.0m,嵌固深度 3.0m,钢管桩采用 φ121×5.0 无缝钢管。

(2) 设 2 道锚索,三桩一锚,间距 1.65m,锚孔直径 150mm,锚孔注浆体强度不小于 M20,采用二次压力注浆,第二次注浆压力 2.5MPa 左右。腰梁为 1 根 22a 槽钢。

(3) 桩顶冠梁为 1 根 22a 槽钢 (焊接)。

(4) 坡顶面层上翻至围墙,每隔 2.0m 砸入 1Φ16 钢筋用以挂网;桩间土采用挂网喷射混凝土保护,钢筋网为 φ6.5@200mm×200mm,喷面混凝土强度 C20,喷射面层厚度不小于 60mm。

6.2.2 基坑地下水控制方案

地下水位降深约 9.0m。基坑设置周边封闭的悬挂止水帷幕,结合管井降水、疏干和坑内盲沟排水。

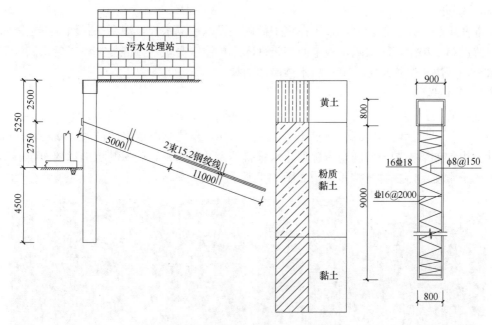

图 6.3　污水处理站桩锚支护剖面图

（1）采用高压旋喷桩与钻孔灌注支护桩搭接止水帷幕和 SMW 工法桩兼作止水帷幕。高压旋喷桩桩径为 850mm，与支护桩搭接 300mm；高压旋喷-SMW 工法桩间距 550mm，桩间搭接 300mm。帷幕顶标高为 35.30m 和 32.50m，帷幕底标高为 15.95m 和 17.35m。高压旋喷桩采用三重管施工工艺，水泥用量为 450kg/m。

（2）沿基坑周边肥槽按 12m 间距布设降水管井，坑内按 23～24.5m 间距布设疏干管井。管井直径为 700mm，井管外径为 400mm，反滤层采用 5～10mm 碎石，厚度不小于100mm，井底进入坑底 6.0m，底标高为 18.35m，井深为 16.45～17.25m。

（3）基坑北侧及东侧北段帷幕外按 10m 左右间距布设回灌管井，其他各段按 13m 左右间距布设回灌管井，井深 12.0m。

（4）沿坑底周边布设排水盲沟和集水坑，坡顶设置 240mm 宽、高度不小于 300mm的挡水墙。

6.3　基坑支护及降水施工与监测

6.3.1　降水问题

基坑支护施工至基底时，桩基承台底仍位于基底以下 2.20m，原管井深度、基坑降水深度不能满足施工要求，于坑中补打降水井 10 余眼，井底位于桩基承台底以下 8m。虽满足了要求，但已超过止水帷幕 3m。

6.3.2　锚索施工

（1）局部较软弱，该部位施工锚索时采用了隔二施一的成锚施工顺序，注浆 48h 后再施工临近锚索，减少了对基坑周边建筑的影响。

（2）基坑南侧的碎石层较松散，渗透系数大，水量丰富，普通锚索成锚困难，质量难以保证，此部分锚索变更为自进式锚杆，经锚杆抗拔验收试验检测，均满足设计要求。

6.3.3　封井

本基坑疏干井水量较大，采用在钢护筒内加设双层隔水板，埋泵法封堵，下层隔水板中间留设封水法兰，两层隔水板中间浇筑微膨胀抗渗混凝土，待混凝土终凝后，满焊上层隔水板，解决了筏板疏干井节点防水渗漏的通病。

6.3.4　基坑监测

基坑监测安排了常规监测项目，整个使用期间，基坑监测数据显示，本基坑累计最大水平位移13.93mm，最大累计竖向位移－4.27mm，东侧病房楼累计最大沉降－7.18mm，设计采用的桩锚支护＋桩间高压旋喷止水帷幕达到预期效果，确保基坑周边建筑物、道路和管线正常使用。基坑开挖照片，如图6.4所示。

图6.4　基坑开挖照片

6.4　结束语

（1）场地地处山前冲洪积平原，但由于地下水位较高，填土和饱和黄土状粉质黏土占比较大，土层条件介于软土和硬土之间。

（2）本项目周边环境复杂，施工场地狭窄，通过科学的施工组织管理，采用桩锚支护。

（3）场地地层中存在碎石土，渗透系数大，锚孔出水量较大，但不含泥砂，采用引流封堵可以解决问题。

7 连城国际广场项目深基坑支护设计与施工

7.1 工程概况

项目位于济南市市中区经十路与纬十二路交叉口东北角，纬九路将场地划分为东、西两个地块，西侧 C 地块商业主楼地上 4～12 层，地下 3 层，东侧 D 地块商业主楼地上 3～5 层，地下 3 层。C、D 地块地下为一个整体连通的地下车库，地上商业主楼由空中走廊横跨纬九路市政道路进行贯通（图 7.1）。

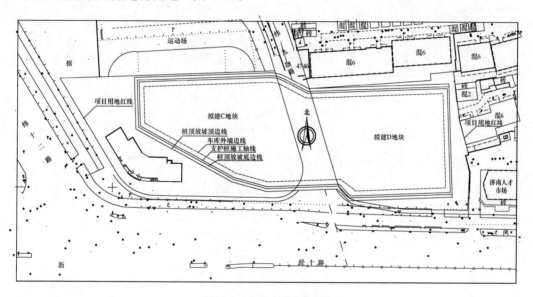

图 7.1 基坑环境平面图

7.1.1 基坑概况

本项目基坑平面上是一个不规则长方形，基坑周边总长 425.5m，占地面积约 9500m²，周边地面标高为 46.63～48.80m，呈南高北低之势，基底标高 32.50m，基坑深度 14.10～16.30m。

7.1.2 周边环境条件

（1）北侧：地下室外墙距用地红线 5.0m，距 6 层居民楼外墙最近处 10.44m。

（2）东侧：地下室外墙距用地红线最近处 7.35m，距 6 层居民楼外墙边最近处 8.91m，该楼采用天然地基条形基础。

（3）南侧：东段地下室外墙距用地红线最近 4.69m，距经十路人行道边缘最近处 7.90m。西段邻近经十路和售楼处，距经十路人行道边缘最近处 10.18m，地下室外墙距

设计：李启伦、陈燕福、马连仲；施工：朗雷亮、曲伟。

售楼处最近处 9.05m。

距电力管线最近处 8.6m，管线埋深小于 2.0m；距煤气管道最近处约 22.4m，管道材料为 DN200 钢管，埋深小于 2.0m。

（4）西侧：地下室外墙距用地红线 26.88m。红线外为纬十二路。

纬九路上的高压线及 D 地块内原有的两个配电室需要迁移；纬九路上有自来水管道，需要截断，改线；西南侧地下有成片的防空洞。

另外，纬九路因基坑开挖截断后需要在基坑场地的北侧和东侧考虑设置临时人行通道，方便周边居民出行。

7.1.3 场地工程地质条件

1. 场地地层埋藏条件及基坑支护设计岩土参数（图 7.2 和表 7.1）

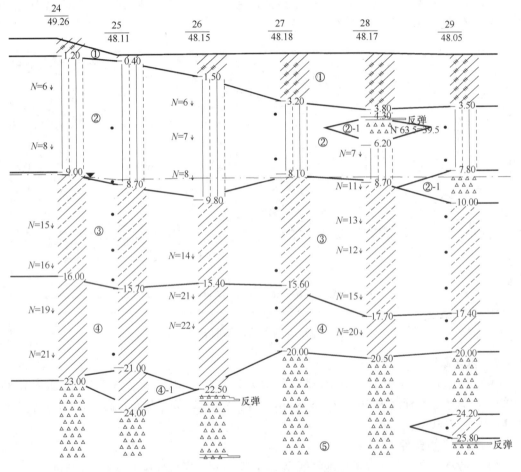

图 7.2 典型工程地质剖面图

场地地处山前冲洪积倾斜平原，主要地层为第四系全新统～上更新统黏性土层、碎石层，表部分布一定厚度的人工填土，基坑支护影响范围内地层，土自上而下简述如下：

①层杂填土（Q_4^{ml}）：杂色，松散～稍密，稍湿，以混凝土、砖块等建筑垃圾为主，含少量黏性土。该层厚度 0.30～5.00m，层底标高 42.71～48.85m，层底埋深 0.30～5.00m。

②层黄土状粉质黏土（Q_4^{al+pl}）：黄褐色，可塑，具虫孔及针状大孔结构，见白色钙质条纹，局部分布②-1层碎石透镜体，厚度 0.90～4.10m，灰白色，中密，稍湿，碎石成分为石灰岩，呈棱角～次棱角状，粒径 2～7cm，混 20%～30%黏性土，局部呈钙质胶结；遇防空洞，高度 2.70m。该层厚度 0.50～8.30m，层底标高 36.93～42.95m，层底埋深 5.50～9.80m。

③层粉质黏土（Q_3^{al+pl}）：褐黄～棕黄色，可塑，局部硬塑，局部偶见碎石或姜石。局部分布③-1碎石透镜体，厚度 0.50～1.70m，灰白色，中密，湿～很湿，碎石成分为石灰岩，呈棱角～次棱角状，粒径 2～7cm，大的可至 8cm 以上，混 20%～30%黏性土，局部呈钙质胶结；遇防空洞，高度 4.5m。该层厚度 2.90～9.70m，层底标高 30.30～35.96m，层底埋深 11.50～17.70m。

④层黏土：浅棕红～棕红色，硬塑，局部可塑，偶见碎石，含铁锰结核，局部相变为粉质黏土。底部局部含姜石，含量为 10%～15%。该层厚度 1.90～8.30m，层底标高 23.69～29.03m，层底埋深 18.50～24.00m。

⑤层碎石：褐黄色，灰色，中密～密实，饱和，碎石成分为石灰岩，呈棱角～次棱角状，粒径 2～8cm，大的可至 8cm 以上，混 20%～30%黏性土，局部呈钙质胶结；夹⑤-1层粉质黏土透镜体，厚度 1.60～2.30 m，棕红色，硬塑，含铁锰结核。该层厚度 9.40～15.40m，层底标高 12.24～17.36m，层底埋深 30.40～34.50m。

⑥层残积土（Q^{el}）灰黄色，可塑，岩芯呈土状、砂状，局部含少量风化残核。该层厚度 2.10～4.90m，层底标高 7.84～13.66m，层底埋深 35.10～38.90m。

⑦层全风化闪长岩（K）灰黄～灰绿色，密实，饱和，岩芯呈砂土状，局部呈球状风化。最大揭露深度 40.00m，最大揭露厚度 4.90m。

表 7.1　基坑支护设计岩土参数

地层		γ (kN/m³)	c (kPa)	φ (°)	锚杆 q_{sik} (kPa)
①	杂填土	17.0	10	15.0	20
②	黄土状粉质黏土	17.4	35	15.0	50
②-1	碎石	20.0	8	35.0	90
③	粉质黏土	19.3	36	13.5	60
④	黏土	19.1	48	14.0	70
⑤	碎石	22.0	10	40.0	120

2. 场地地下水埋藏条件

场地地下水为第四系孔隙潜水，勘察期间，测得地下水静止水位埋深为 6.85～9.15m，稳定水位标高为 39.36～40.11m，平均为 39.71m。年水位变化幅度 1.50～3.00m，丰水期最高水位按不低于 42.50m 考虑。

7.2　基坑支护及地下水控制方案

7.2.1　基坑支护设计方案

结合周边环境及地下管线分布情况，场地西侧较为富余，用作施工临舍、办公场区，并设置出土坡道，其余较狭窄，均采用桩锚支护方案。基坑北侧东段及东侧因设置周边居民出行通道，桩顶标高分别提高至 46m 和 47.5m，其他区段桩顶标高 45m。桩顶位于地面以下 1.5～3.8m，桩顶（冠梁）以上土体采用 1:0.6 天然放坡。

（1）支护桩采用钻孔灌注桩，基坑北侧东段和东侧为 $\phi1000mm$，其他区段桩径为 800mm，桩间距 1.5m，桩长 19.5～22.0m，基坑北侧东段和东侧嵌固深度为 8.5，其他区段为 7.0m，桩身混凝土强度为 C30；支护桩主筋为（13～22）$\phi25$ 的 HRB400 钢筋。

（2）基坑北侧东段和东侧桩顶钢筋混凝土冠梁为 1000mm×800mm，其他区段为 1200mm×800mm，支护桩顶锚入冠梁 50mm，支护桩主筋锚入冠梁 700mm。冠梁混凝土强度为 C30。

（3）设锚索 3～4 道，1 桩 1 锚，间距 1.50m，锚索长度 18.0～28.0m，杆体材料采用 $\phi^s15.2$ 钢绞线，成孔直径 150mm，锚索注浆采用二次压力注浆，注浆体强度不小于 C20。采用型钢腰梁，其中基坑南侧第一道锚杆锁在冠梁上。

（4）桩间土、冠梁顶放坡部分和坡顶不小于 1.5m 宽度范围，每隔 2.0m 砸入 1$\Phi16$ 钢筋用以挂网，钢筋网为 $\Phi6.5@300mm×300mm$，喷面混凝土强度 C20，喷面厚度 60mm。

东侧支护剖面，如图 7.3 所示，南侧支护剖面，如图 7.4 所示。

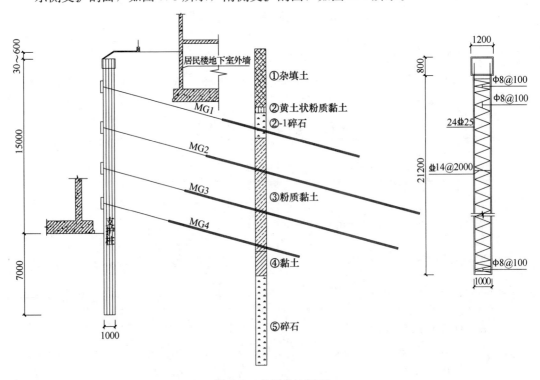

图 7.3 东侧支护剖面

7.2.2 基坑地下水控制方案

本项目地下水位由标高 40m 降至基底以下 0.5m，水位降深约 12m，根据济南市保泉节水有关规定，本工程地下水控制方案采用了周边封闭的止水帷幕，坑内采用管井降水、疏干，结合基坑周边盲沟排水。

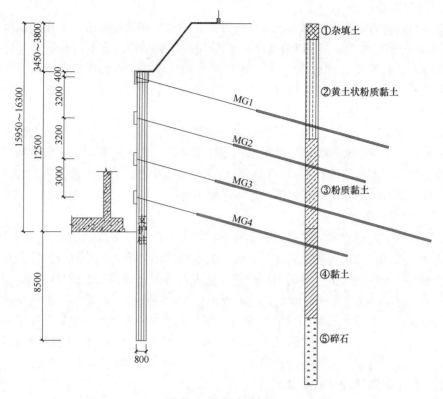

图 7.4 南侧支护剖面

(1) 基坑四周封闭式止水帷幕采用高压旋喷桩与支护桩搭接帷幕。高压旋喷桩设计直径不小于 1000mm，水泥用量 400kg/m。基坑北侧东段、东侧与支护桩搭接宽度为250mm，其他区段为 150mm；旋喷桩桩顶标高 40.0m，桩底控制在标高 28.0m。

(2) 沿基坑四周肥槽按 15m 间距设置降水管井，坑中按 20m 左右间距设置疏干管井，设计井底标高控制在 26.5m 或进入第⑤层碎石层。

(3) 基坑帷幕外侧按间距 20m 左右布设观测、回灌井，井深 20m。

(4) 在基坑坡顶砌筑挡水墙，挡水墙宽度为 240mm、高度为 300mm，坡顶以外宜全部硬化，并设置 $i = 0.1$ 的外倾面，以防地表水进入基坑。坑底周边设置 300mm×300mm排水盲沟，盲沟与降水井相连。

(5) 降水井、疏干井及回灌井孔径 700mm，井管采用外径 400mm 的水泥滤水管，滤料采用直径 0.5~10mm 的碎石。

(6) 帷幕外水位低于标高 38.00m 时，应及时进行回灌，回灌水位控制标高 38.00m，主要针对第③、④、⑤层进行回灌。

7.3 基坑支护及降水施工

该基坑工程于 2013 年 5 月开工，2014 年 1 月支护施工结束。支护桩和降水井成孔均采用旋挖钻机，高压旋喷桩采用三重管施工工艺，锚孔采用锚杆钻机泥浆护壁成孔工艺。就施工本身而言，除锚孔涌水外，还算顺利。

7.3.1 防空洞治理

基坑西南角有防空洞，局部伸入本基坑以内，洞壁采用块石砌成。采用挖掘机将桩周围 3m 范围内的洞壁挖除，并用素土回填，然后用高压旋喷将此范围内的素土进行搅拌处理，水泥掺入是 10%，处理后 5d 左右，再用旋挖钻机成孔，效果比较理想，没有出现塌孔和漏浆现象。设计调整了锚索位置，避开了坑外防空洞对锚索施工的影响。

7.3.2 降水管井损坏处置

在基坑开挖及锚杆施工过程中，没有对降水管井进行有效保护，导致锚索施工循环浆流入井内淤积，造成降水井失效，基坑内出现积水，挖土方工作暂停。只好重新打井，坑内施工场地狭小，而地层中存在碎石和胶结层，唯采用冲击钻成井工艺。所有的井全部变更井位重打，多数移至基础底板以下，增加了封井难度。

7.3.3 锚孔涌水处置

施工东侧第三道锚索时，锚孔遇到了碎石层，涌水严重，多次封堵效果不理想，并且带走大部分水泥浆，锚索质量难以保证。涌出的水为清水，不含固体颗粒。经分析研究认为，该层出水，短时间内不会对周边环境造成危害，为保证锚索施工质量，决定在第三道锚索下方 1m 施打泄水孔降压。泄水孔减压效果良好，锚索孔不再涌水。第三道锚索张拉完成后，对泄水孔进行了封堵。封堵的方法：在泄水孔中分别放置一根高压注浆管和一个出水管，孔口深度 1.5m 范围用膨胀水泥进行固定封堵，3d 后进行双液高压注浆，待出水管中流出水泥浆时关闭出水管，保持压力注浆 5min 即可封堵泄水孔。

同法完成了第四道锚索的施工。

7.3.4 效果

本项目支护桩低应变检测合格，管井二次施工后满足降水使用要求，锚索抗拔试验检测结果均达到设计要求，基坑开挖到底后观感良好；基坑支护结构变形监测值及周边建筑物、管线的变形监测值均在设计、规范要求范围之内。基坑竣工照片，如图 7.5 所示。建筑物效果图，如图 7.6 所示。

图 7.5 基坑竣工照片

7.4 结束语

（1）桩顶下落，上部土体放坡相当于卸载，减少了部分土压力，有利于边坡的稳定，也为后期敷设管线进入场地提供方便；将锚索锁在支护桩混凝土冠梁，可以节约一道型钢

图 7.6 建筑物效果图

腰梁，同时有利于限制桩顶位移。这都是比较好的做法，值得推广。

（2）施工过程中对降水井保护不力，导致降水井失效，影响后续施工，造成很大经济损失，这告诫人们在施工中要加强成品防护，避免使其失去使用功能，增加工程成本。

（3）该工程对锚孔出现涌水问题的处理措施是恰当的。在保证安全且不对周边环境造成影响的前提下，采用经济有效的处理方法，给以后类似工程提供了很好的借鉴。

（4）本工程地质条件较好，降水对周边环境的影响小，因此降水设计以保证坑内干燥、地基不发生突涌为目的，没有刻意强调维持坑外原水位。

8 济南万科海晏门 A 地块商业项目 深基坑支护设计与施工

8.1 基坑概况、周边环境及场地工程地质条件

项目位于济南市历下区历山路西侧、花园路北侧、在建海晏门 B 地块住宅项目南侧、历下区国税局宿舍东侧的拆迁地块内。该项目为 1 栋商业楼，主楼为地上 24 层，框架-筒结构；裙楼为地上 5～12 层，框架-剪力墙结构；均为地下 4 层，天然地基筏形基础。地下车库为地下 4 层，框架结构，天然地基独立基础。基坑周边环境图，如图8.1 所示。

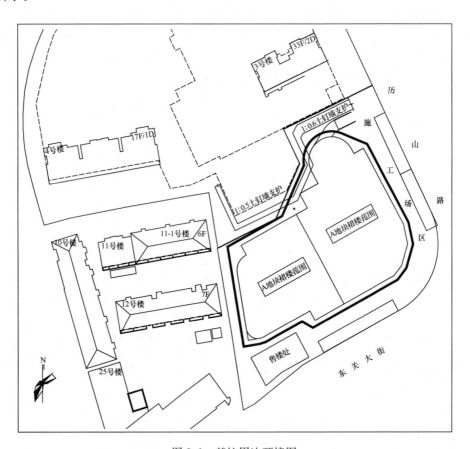

图 8.1 基坑周边环境图

设计：陈燕福、李启伦、马连仲；施工：夏伟、王真。

8.1.1 基坑概况

基坑平面形状为不规则多边形，东西长约 93.56m，南北宽 53.60～85.10m，支护段总长度约 307.6m，基坑开挖深度 16.20m（不含电梯井局部加深部分）。

8.1.2 周边环境条件

（1）北侧：地库外墙距在建济南万科海晏门 B 地块住宅项目地库外墙最近处 6.36m。B 地块地库西半部分为地下 1 层、框架结构、筏板基础，基础底面标高 21.40m；东半部分为地下 2 层、框架结构、筏板基础，基础底面标高 17.60m。B 地块基坑支护结构已经施工完毕，降水正在进行。

（2）东侧：地库边线距用地红线最近处 16.06m，红线外为历山路，道路下存在供电、给水、燃气、污水等地下管线，埋深均小于 1.50m。用地红线内用作施工道路、临建、材料堆放加工场区。地库边线距 2～3 层项目管理用房（砖混结构、条形基础，基础埋深约 2.0m）最近处 5.00m。

（3）南侧：地库边线距用地红线最近处 15.87m，红线外为花园路，道路下存在供电、给水、燃气、污水等地下管线，埋深均小于 1.50m。红线内东段为景观示范区和总包单位办公板房。红线内西段，地库边线距售楼处外墙基础 4.00～4.20m，售楼处为独立基础、钢结构建筑，基础埋深约 2.00m。

（4）西侧：地库边线距西侧红线（围墙）约 7.60m，围墙外 3.2m 为现有住宅小区，存在 3 幢 6 层和 7 层的居民楼，居民楼为砖混结构、条形基础，基础埋深约 2.50m；围墙与居民楼之间，存在燃气、给水管道，埋深均小于 1.50m。

8.1.3 场地工程地质条件

1. 地层埋藏条件及各层土的岩土参数（图 8.2 和表 8.1）

场地地处山前冲洪积倾斜平原，主要地层为第四系全新统～上更新统冲洪积层，表部

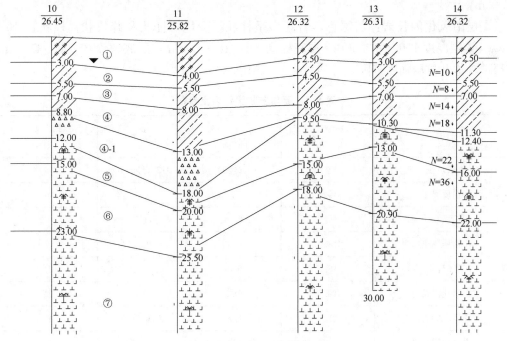

图 8.2 典型工程地质剖面图

有少量填土，下伏辉长岩，自上而下分述如下：

①层杂填土（Q_4^{ml}）：褐黄色，稍湿，稍密，以建筑垃圾为主，回填时间在 25 年左右，混有少量生活垃圾及粉质黏土，土质不均，多为老建筑基础和下水沟及管道，在钻进中塌孔掉钻现象严重。该层厚度 1.50～4.50m，层底标高 21.61～24.52m 层底埋深 1.50～4.50m。

②层粉质黏土（Q_4^{dl+pl}）：黄褐～褐黄色，可塑～硬塑。含少量铁锰氧化物，针状孔隙稍发育，土质不均，局部粉粒含量较高。该层厚度 0.50～4.00m，层底标高 20.32～22.35m，层底埋深 4.00～5.50m。

③层粉质黏土（Q_{4+3}^{dl+pl}）：黄褐色，可塑～硬塑，含铁锰氧化物及其结核，土质不均，局部近黏土，混灰岩碎石，粒径一般 1～3cm，最大约为 8cm，含量约 8%，局部富集，局部夹碎石薄层。该层厚度 1.00～4.50m，层底标高 17.82～21.24m，层底埋深 5.00～8.50m。

④层粉质黏土（Q_3^{dl+pl}）：棕黄色，硬塑～坚硬，含铁锰氧化物及其结核，土质不均，局部近黏土，混灰岩碎块，粒径一般 1～3cm，最大约为 8cm，含量约 20%，局部富集，局部夹④-1 碎石透镜体，厚度 1.10～5.00m，棕黄色，饱和，中密～密实，碎石成分以灰岩为主，粒径一般 1～6cm，少量大于 10cm，含量 65%～75%，黏性土充填，局部胶结。该层厚度 0.70～10.00m，层底标高 7.82～16.94m，层底埋深 9.30～18.00m。

⑤层全风化闪长岩（K）：灰黄～黄灰色，湿，岩芯呈土砂状。该层分布连续。该层厚度 0.70～13.00m，层底标高 5.32～14.35m，层底埋深 12.00～21.00m。

⑥层强风化闪长岩：灰黄～黄灰色。岩芯多呈砂状和碎块状，局部为中风化柱状，手锤易碎。该层厚度 1.50～18.90m，层底标高 −8.28～11.85m，层底埋深 14.00～34.50m。

⑦层中风化闪长岩：灰绿色，岩芯多呈柱状，少量短柱状和碎块状，柱状长 10～30cm。该层厚度 1.00～23.50m，层底标高 −15.18～1.45m，层底埋深 25.00～41.50m。该层单轴饱和抗压强度范围 $f_r = 11.7～14.2$MPa。

表 8.1　基坑支护设计岩土参数

地层	γ (kN/m³)	c (kPa)	φ (°)	锚杆 q_{sk} (kPa)
①杂填土	18.0	10（经验）	12（经验）	30
②粉质黏土	19.1	27.0	8.0	62
③粉质黏土	19.2	34.0	11.5	62
④粉质黏土	18.4	36.0	12.4	70
④-1 碎石	18.5	6.0	28.0	120
⑤全风化闪长岩	18.5	20.0	20.0	120
⑥强风化闪长岩	21.0	30（经验）	40（经验）	200
⑦中风化闪长岩	24.0	80（经验）	45（经验）	260

2. 场地地下水埋藏条件

场区地下水类型为第四系孔隙潜水和基岩裂隙水，均属潜水类型，主要为大气降水补给和大明湖侧向补给，由南向北排泄，水位埋深约在 2.97m。

根据区域水文地质资料分析，场区历史最高水位高程 26.2m，地下水水位变化幅度为 2.0～3.0m，近三年来最高水位标高为 25.20～25.80m。

8.2 基坑支护及地下水控制方案

8.2.1 基坑支护方案

基坑支护共分五个支护单元进行支护设计，均采用桩锚支护方案（图 8.3 和图 8.4）。

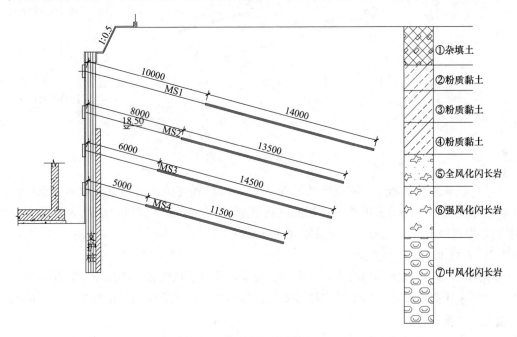

图 8.3 典型桩锚支护剖面（一）

（1）北侧：地面整平至 21.40m，坡顶用作出土机动车转弯平台，降低支护难度，减少支护桩、锚索的工程量，降低了工程造价。

（2）东侧：坡顶考虑材料堆放、加工场地，按总包施工平面布置和堆载情况进行设计。

（3）南侧和西侧：因紧邻售楼处和居民楼，设计时以支护结构的变形控制为主，加大支护结构的刚度。同时考虑济南万科海晏门 B 地块住宅项目的燃气、热力、给水等地下管线将埋设于西侧坡体上部，将冠梁适当下落。也有利于地下管线接入。

（4）支护桩采用钻孔灌注桩，桩径 800mm，桩间距 1.60m。其中东、南、西三侧主筋采用分段配筋，上段（7～10）根 ϕ22，下段（14～16）根 ϕ22。

（5）钢筋混凝土冠梁 1000mm×800mm。

（6）设 3～4 道锚索，成孔直径均为 150mm，锚索杆体采用 3 Φ^s15.2 和 3 Φ^s 21.6 钢绞线，二次压力注浆施工工艺，第二次注浆压力为 1.5MPa，腰梁为 2 根 25a、28a 槽钢或 2 根 25a、28a 工字钢。

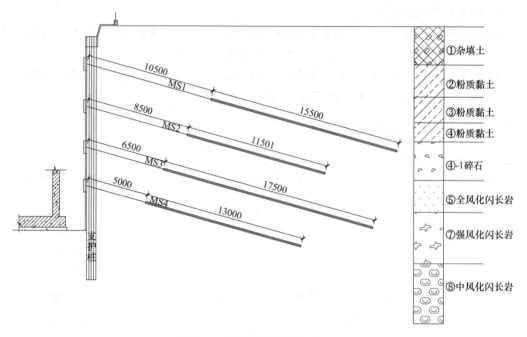

图 8.4　典型桩锚支护剖面（二）

（7）坡面外挂钢筋网时坡顶钢筋网外翻 1.5m，桩锚支护段桩顶以上放坡坡面、桩间土及坡顶面层上翻范围采用挂网（钢筋网规格 $\phi6.5@300\text{mm}\times300\text{mm}$）喷射混凝土保护的方式 坡面喷射 C20 混凝土，面层厚度 50mm。

8.2.2　基坑地下水控制方案

采用封闭式止水帷幕和坑内管井降水、疏干，并结合明沟排水的地下水控制方案。

（1）采用高压旋喷桩与支护桩搭接帷幕，西侧因 6 层住宅楼离基坑较近，在外侧增加一排高压摆喷帷幕。

（2）降水管井沿基坑肥槽布设，降水、疏干管井进入基底以下不小于 8m。

（3）沿基坑四周布置明沟和集水井，辅助排水。

（4）西侧 6 层住宅楼附近坑外布置回灌井。

8.3　基坑支护及降水施工

8.3.1　支护桩施工

支护桩采用旋挖钻机成孔，基坑东侧、西侧杂填土以建筑垃圾和碎石为主，以下存在碎石胶结层、闪长岩残积土和全风化闪长岩，在这类地层中施工，容易出现塌孔和卡钻。为此，该项目采用加长钢护筒（4.5m）和膨润土制备优质泥浆护壁解决塌孔问题，采用徐工 280 大扭矩旋挖钻机解决卡钻问题。

支护桩低应变检测桩身质量全部为一、二类桩，但小部分桩桩位偏差过大。

8.3.2　止水帷幕施工

高压旋喷桩采用三重管施工工艺，由于地层复杂，局部岩层埋藏较浅以及支护桩有扩径的问题，为保证帷幕质量，全部采用引孔工艺，但部分桩位置偏差过大。

8.3.3 止水帷幕渗漏

开挖第三道锚索作业面时，由于支护桩和高压旋喷桩位置偏差较大，造成南、东、北侧基坑壁都出现了漏水点（图 8.5）。

由于坡顶没有作业空间，帷幕漏水主要采用以下三种方式堵漏：第一种是漏水面积比较大、出水量不大，采用桩间砌筑土袋（图 8.5），底部设出水孔，土袋外设钢筋网，钢筋网固定于支护桩，再喷射混凝土面层，等面层达到设计强度后，从出水孔高压注入水玻璃，将出水孔封堵。第二种是出水孔不大、出水量也不大，采用直接注入水玻璃进行封堵。第三种是出水面积不算大、但水量大，直接注入水玻璃都被水冲出，这种情况采用高压旋喷法进行封堵。采用高喷锚杆设备，水泥浆液掺入适量速凝剂，喷射范围从

图 8.5 桩间漏水照片

支护桩往坑外 5m，旋喷次数根据封堵情况而定。本工程帷幕漏水采用以上三种方法封堵，封堵效果较好。

8.3.4 锚索施工

第三、四道锚索在闪长岩残积土中成孔时出现了塌孔和流土，变更为高压旋喷锚索。采用隔二打一施工方式，顺利施工完成。

8.3.5 基底排水

强风化闪长岩存在裂隙水，局部水量较大，管井降水效果不理想，改用明（盲）沟排水，效果良好。

8.3.6 基坑监测

基坑变形监测值、周边建筑及管线的沉降监测值，均在设计要求控制范围内。

8.4 结束语

（1）本项目在支护桩、帷幕及锚索施工中均遇到一些难题，由于及时采取应急措施和设计变更，使问题没有继续发展，这充分说明信息化施工在基坑工程施工中的重要性。

（2）采用高压旋喷桩与支护桩搭接止水帷幕，要严格控制支护桩、高压旋喷桩桩位和垂直度，避免搭接不够造成帷幕漏水。基坑开挖过程中，巡视和监测人员应根据帷幕内外水位的变化规律，关注帷幕漏水点，一旦发现漏水，要立即报警，及时采取堵漏措施，以免造成更大危害。本项目的堵漏方式比较成功，可为类似工程提供借鉴。

9 聚隆广场 A 地块商业项目深基坑支护设计与施工

9.1 基坑概况、周边环境及场地工程地质条件

项目位于济南市历下区花园路南侧、洪家楼西路东侧、洪家楼南路西侧。南侧为在建聚隆广场 B 地块。

该项目总建筑面积约 70 万 ㎡，其中地上建筑面积约 50 万 ㎡，购物中心，地上 6 层 31.92m；风情商业街，地上 1~6 层，最大建筑高度 29.86m；超五星甲级写字楼，地上 36 层 147.97m；SOHO办公，地上 28 层 99.31m；酒店式公寓，地上 23 层 99.94m；精品公寓，地上 30 层 99.77m；高尚住宅等产品。地下建筑为建筑物地下室和地下车库，整体地下 3 层，因地上建筑基础要素不同，基底埋深有些差异。基坑周边环境图，如图 9.1 所示。

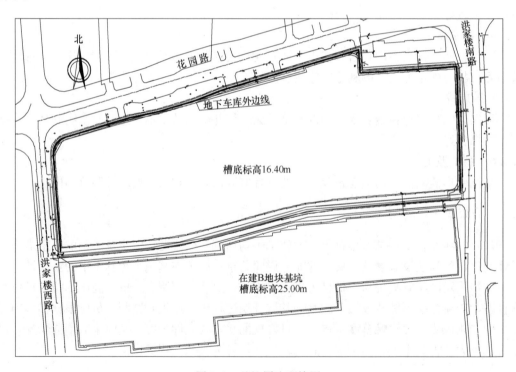

图 9.1 基坑周边环境图

9.1.1 基坑概况

基坑大致呈矩形，东西长约 418.4m，南北宽约 122.1m，周边总长约 1108m。地

设计：李启伦、陈燕福。

面标高 33.90～29.60m，基底标高 16.60～15.20m，基坑深度 13.00～18.70m。

9.1.2　周边环境条件

（1）北侧：西段地下建筑外墙边线距用地红线最近处约 5.0m，红线外为花园路人行道，道路下埋设有污水、雨水等管线，埋深均小于 3.5m；东段地下建筑外墙边线紧邻用地红线，距红线外现有建筑物（修女楼，为济南市重点文物保护建筑）最近处约 12.35m。

（2）东侧：地下建筑外墙边线距用地红线约 5.0m，红线外为洪家楼南路人行道，道路下埋设有污水、雨水等管线，埋深均小于 3.0m。

（3）南侧：地下建筑外墙边线距聚隆广场 B 地块车库外墙约 12m，聚隆广场 B 地块由 5 栋高层住宅楼、整体地下车库组成，槽底标高为 23.60～24.90m，采用 1∶0.3 放坡土钉墙支护。坡顶有 6m 宽临时施工道路。

（4）西侧：地下建筑外墙边线距用地红线约 3.0m，红线外为洪家楼西路人行道，道路下埋设有污水、雨水等管线，埋深均小于 3.0m。

9.1.3　场地工程地质条件

1. 场地地层埋藏条件及基坑支护设计岩土参数（图 9.2 和表 9.1）

场地地处山前冲洪积倾斜平原地貌单元。场地地层以第四系全新统～上更新统黄土、黏性土及卵石土为主，下伏中生代燕山期闪长岩，表部有少量的人工填土。在基坑影响范围内大致有 8 层，自上而下分述如下：

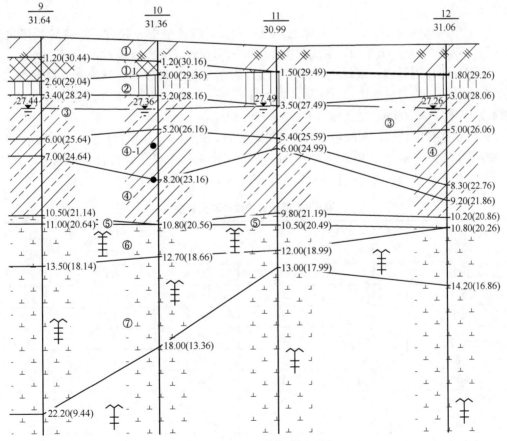

图 9.2　典型工程地质剖面图

①层填土（Q_4^{ml}）：分为杂填土和素填土。以杂填土为主。杂填土，杂色，湿，松散～稍密，主要成分为砖块、石灰渣、砂垫层等建筑垃圾，局部为原有建筑的基础。素填土，褐黄色，可～硬塑，稍湿，稍密，以黏性土为主，含少量砖屑、灰渣。该层厚度0.20～5.50m，层底标高26.21～33.22m。

②层黄土状粉质黏土（Q_4^{al+pl}）：黄褐～褐黄色，硬可塑，稍湿，含白色钙质条纹、具虫孔、零星姜石。局部夹②-1层卵石透镜体，杂色，稍湿，稍密，卵石成分为石灰岩，粒径2～9cm，含量约50%，混黄土状粉质黏土。该层厚度0.20～3.90m，层底深度3.00～4.50m，层底标高27.40～31.54m。

③层粉质黏土：褐黄、灰黄色，可塑，该层厚度0.50～4.10m，层底深度3.50～7.80m，层底标高25.31～29.33m。

④层粉质黏土（Q_3^{al+pl}）：浅棕黄色，可塑，含铁锰结核，混少量卵石、角砾，该层局部相变为④-1层黏土，浅棕黄色，硬塑，局部为④-2层含姜石粉质黏土，粒径1～5cm，含量15%～25%。夹④-3卵石透镜体，杂色，饱和，中密，卵石成分为石灰岩，含量60%～70%，混浅棕黄色粉质黏土。该层厚度2.20～6.50m，层底深度8.70～14.00m，层底标高18.83～24.37m。

⑤层闪长岩残积土（Q_1^{el}）：灰黄色～黄绿色，可塑，湿，岩芯呈土状～粉细砂状，手捏具塑性。该层厚度0.30～10.10m，层底深度9.00～19.00m，层底标高14.07～24.37m。

⑥层全风化闪长岩（δ_5^3）：黄绿色，湿，密实，岩芯呈中～粗砂状，含少量风化残核。该层厚度0.40～14.00m，层底深度10.10～27.00m，层底标高7.11～22.50m。

⑦层强风化闪长岩：灰绿色，密实，湿。岩芯呈粗～砾砂状，碎块状。局部为⑦-1强风化闪长岩，岩芯呈碎块、短柱状，岩芯柱长7～11cm。该层厚度0.40～18.00m，层底深度12.50～38.00m，层底标高-4.34～20.39m。

⑧层中风化闪长岩：灰绿色，节理裂隙较发育，岩芯多呈柱状，柱长5～20cm，岩芯采取率68.5%～89.6%，RQD＝65～80。夹⑧-1层强～中风化闪长岩，灰绿色，密实，岩芯呈砂状～短柱状，岩芯柱长3～15cm，岩芯采取率20%～50%。

表9.1　基坑支护设计岩土参数

地层	γ (kN/m³)	c (kPa)	φ (°)	锚杆 q_{sk} (kPa)	土钉 q_{sk} (kPa)
①杂填土	18.5	10.	10.0	30	20
②黄土	19.2	18.5	18.5	60	40
③粉质黏土	19.5	19	18.0	70	40
④粉质黏土	19.2	20	18.0	72	40
④-1黏土	19.5	27	19.0	75	45
⑤残积土	18.8	18	19.0	70	40
⑥全风化闪长岩	20.0	22（经验）	35.0（经验）	150	100
⑦强风化闪长岩	21.0	30（经验）	35.0（经验）	180	120
⑧中风化闪长岩	24.0	80（经验）	45.0（经验）	250	260

2. 场地地下水

场地内地下水为第四系孔隙潜水、闪长岩风化裂隙水，两者存在水力联系。场地地下水位总体南高北低、东高西低，由东南向西北排泄，地下水季节性变化幅度 2.0m 左右。施工期间最高水位按 26.00～29.00m 考虑。

9.2 基坑支护及地下水控制方案

9.2.1 基坑支护方案

基坑边线按建筑红线内 5m 考虑，周边不具备放坡条件，除南侧采用复合土钉墙支护结构体系外，其他三侧均采用桩锚支护结构体系。按 10 个支护单元进行设计。

1. 复合土钉墙支护方案（图 9.3）

基坑南侧，基坑深度为 17m，A、B 两地块建筑物外墙线水平距离 12m，基底高差 7.9m，B 地块基坑采用 1∶0.3 复合土钉墙支护，回填后用作施工道路。土钉进入本基坑长度较大。

（1）上部利用 B 地块复合土钉墙的土钉和锚索，对暴露的 B 地块土钉和锚索用腰梁锚固，腰梁为 1 根槽钢。

（2）下部按复合土钉墙设计，布设 3～4 道土钉和 1～3 道锚杆。土钉横向间距 1.0～1.5m，竖向间距 2m，直径为 110～130mm，长度 4.5～14m，杆体 1 Φ 22～1 Φ 28HRB400 钢筋；锚杆横向间距 1.5m；竖向间距 2m，直径为 150mm，长度 10～14m，杆体 2 Φ^s15.2。

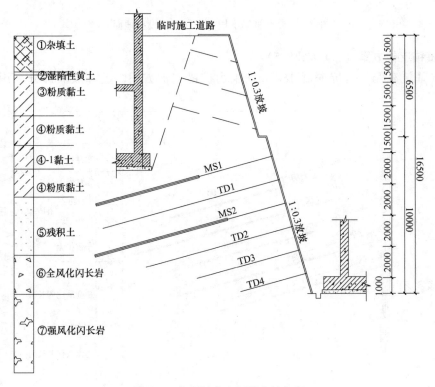

图 9.3 典型复合土钉墙支护方案

2. 桩锚支护方案（一）（图 9.4）

（1）基坑北侧、西侧，基坑深度 13.0～15.0m，采用桩锚支护方案。

（2）采用钻孔灌注桩，直径 800mm，桩身主筋按分段不均匀配筋。

（3）部分地段存在原有楼房桩基，给支护桩、锚索的施工造成很大的困难，为此经过现场多次测量、技术分析，通过桩位调整、锚索位置角度的调整等措施，顺利得到解决。

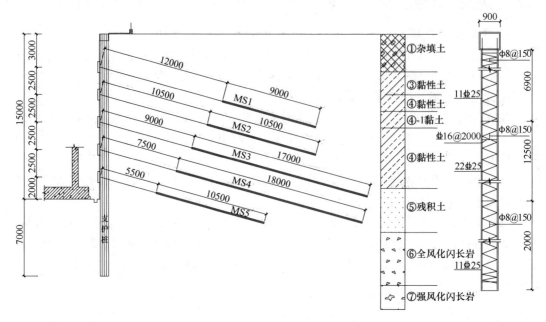

图 9.4　典型桩锚支护方案（桩顶设至地面）

3. 桩锚支护方案（二）（图 9.5）

（1）基坑东侧，基坑深度 18.7m，采用桩锚支护方案。上部放坡部分采用土钉墙

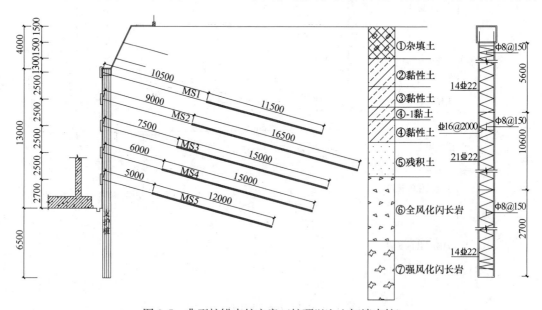

图 9.5　典型桩锚支护方案（桩顶以上土钉墙支护）

支护。

（2）钻孔灌注桩，桩径 1000mm，桩身采用分段配筋。

（3）第一道锚索锁在冠梁上，有效控制了桩顶位移变形。

9.2.2 基坑地下水控制

根据济南市保泉节水政策，本基坑设置周边封闭的止水帷幕，其中南侧与 B 地块基坑止水帷幕搭接。坑内管井降水、疏干，结合坑底周边设置排水盲沟排水。

（1）采用高压旋喷桩与支护桩搭接止水帷幕，东侧、西侧向南延伸接 B 地块止水帷幕。支护桩之间设置 2 根高压旋喷桩，均搭接 250mm。

（2）降水管井沿基坑肥槽布置，间距 15m；疏干管井在坑内布置，间距约 25m。

（3）帷幕外设回灌井，间距约 25m。

9.3 基坑支护及降水施工

支护桩和降水井均采用旋挖钻机成孔工艺，高压旋喷桩采用三轴搅拌工艺，锚索采用锚杆钻机成孔。

（1）部分地段存在原有楼房桩基，给支护桩、锚索的施工造成很大的困难，为此经过现场多次测量、技术分析，通过桩位调整、锚索位置角度的调整等措施，顺利得到解决。

（2）基坑开挖完成后，观感良好，支护结构满足使用要求；支护结构的变形监测值、周边建筑物和管线的变形监测值均在设计和规范要求范围之内；基坑降水效果很好，开挖过程和使用期间未出现明水和泡槽现象。

9.4 结束语

（1）与 B 地块相邻的南侧支护结构充分考虑了施工通道的使用要求，以及 B 地块土钉和锚杆的利用价值，体现了设计与现场的完美结合。

（2）在地下水位降低对周边环境影响轻微的条件下，A、B 地块之间不设帷幕有利于施工，并节省投资。

10 汇中大厦项目基坑支护设计与施工

10.1 基坑概况、周边环境及场地工程地质条件

项目位于济南市花园庄东路以东，花园路以南。该建筑物包括 1 栋商业及其裙楼和地下车库，为地下两层，采用框架-剪力墙结构。

10.1.1 基坑概况

本场地为拆迁场地，整平后场地标高为 28.40m，基坑支护方案设计时，建设方提供的基底标高为 17.0m，基坑开挖深度为 11.4m。后因建筑方案调整，基坑深度加深 0.5m。

基坑大致呈梯形，周长约 337m。

10.1.2 周边环境条件（图 10.1）

（1）北侧：地下室外墙距用地红线约 16m，红线外为花园路。花园路下分布的管线有：污水管线，埋深 1.4m，距北侧外墙边线约 6.20m；两条电信管线，埋深 0.80～1.2m，距北侧外墙边线约 29.10m 和 10.90m，两条上水管线，埋深为 1.3～1.4m，距基础边线的距离分别为 37.90m 和 16.90m；一条电力管沟，埋深为 0.60m，距基础边线的距离分别为 21.80m；路灯管线，埋深 0.5m，距北侧外墙边线约 12.60m。

（2）东侧：为在建华夏海龙鲁艺剧院东棚户区改造项目，北段地下室外墙该改造项目支护桩 12.8～16m，南段地下室外墙该改造项目支护桩最近处约 8.1m，支护桩以东约 1.5m 为其地下室外墙，该改造项目基坑底标高为 12.55m，采用桩锚支护，锚杆伸入本基坑，现已回填。

（3）西侧：为花园庄东路。西侧分布管线有：两条电信管线，埋深 0.50m，距西侧外墙边线 6.4m 和 16.9m；上水管线，埋深 0.9m，距西侧外墙边线的距离为 7.3m；煤气管线，埋深 1.5m，距西侧外墙边线 10.0m，雨水管线埋深 1.2m，距西侧外墙边线的距离为 12.6m；污水管线，埋深 1.50m，距西侧外墙边线的距离为 14.3m；热力管线，埋深 0.8m，距西侧外墙边线的距离为 11m。

10.1.3 场地工程地质条件

1. 场地地层埋藏条件及基坑支护设计岩土参数（图 10.2 和表 10.1）

场地地处山前冲洪积平原，场地地层由第四系全新统人工堆积层（Q^{ml}）、第四系全新统～上更新统冲洪积层（$Q_{4~3}^{al+pl}$）黏性土和白垩系（K）闪长岩风化带组成，描述如下：

①层杂填土（Q^{ml}）：杂色，松散～稍密，稍湿，主要成分为砖块、石子、混凝土块等建筑垃圾，混少量黏性土。局部下部分布①-1 素填土，厚度 1.30m；黄褐色，可塑，以黏性土为主，混少量砖块、碎石块。该层厚度 1.20～5.60m，层底标高 22.75～26.55m，层底埋深 1.20～5.60m。

设计：武登辉、尹学吉、叶胜林；施工：李学田、张加男。

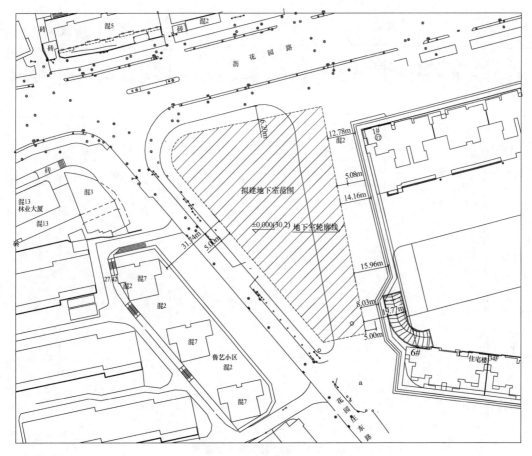

图 10.1 基坑周边环境图

②层黄土状粉质黏土（Q_4^{al+pl}）：褐黄色，可塑，偶见姜石，见少量针状孔隙。该层局部夹②-1层碎石透镜体，灰白色，饱和，稍密～中密，成分主要为石灰岩，含量为 60%～70%，呈次棱角状，少量亚圆状，粒径一般 2～5cm，最大大于 10cm，充填可塑状黄土状粉质黏土。该层厚度 1.00～4.40m，层底标高 20.78～22.60m，层底埋深5.80～6.70m。

③层粉质黏土（Q_3^{al+pl}）：黄褐色，可塑，局部硬塑，含铁锰氧化物及其结核，偶见姜石，局部混 5%～15%姜石，粒径为 1～3cm，最大大于 5cm。该层厚度 1.90～3.30m，层底标高 17.98～19.71m，层底埋深 8.30～9.40m。

④层残积土（Q^{el}）：灰黄～灰绿色，湿，中密，母岩为闪长岩，岩芯呈砂土状。该层局部分布，厚度 0.60～2.20m，层底标高 15.78～18.36m，层底埋深 9.50～11.40m。

⑤层全风化闪长岩（K）：灰绿色，湿，密实，岩芯呈砂状，少许土状，局部见少量碎块状。该层厚度 1.10～5.30m，层底标高 12.58～17.63m，层底埋深 10.40～15.60m。

⑥层强风化闪长岩：灰绿色，湿，密实，岩芯多呈碎块状、砂状，局部可采取短柱状岩芯，采取率为 45%～55%，局部分布⑥-1层闪长岩中风化，岩芯呈短柱状、柱状，节长一般 5～30cm，最大 35cm。该层厚度 1.70～10.00m，层底标高 6.01～17.60m，层底埋深 10.80～22.40m。

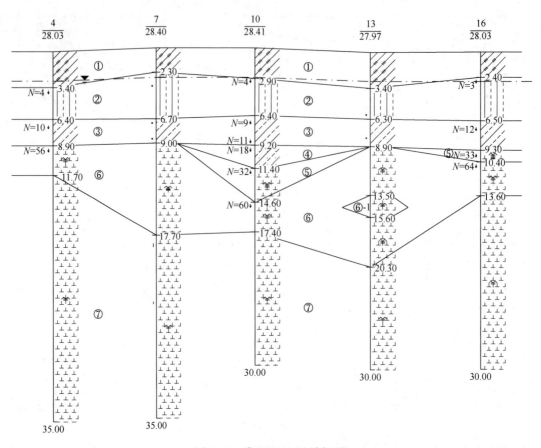

图 10.2　典型工程地层剖面图

⑦层中风化闪长岩：灰绿色，岩芯呈短柱状、柱状，节长一般 10～20cm，最大 40cm。该层未揭穿，最大揭露厚度 24.20m，最低揭露标高 −7.23m，最大揭露深度 35.00m。

表 10.1　基坑支护设计岩土参数

层号	土层名称	γ (kN/m³)	c_{cqk} (kPa)	φ_{cqk} (°)	锚杆 q_{sk} (kPa)
①	杂填土	17.0	8	15.0	25
①-1	素填土	17.5	15.0	12.0	25
②	黄土状粉质黏土	19.2	30	10.5	45
②-1	碎石	20.0	7	28.0	45
③	粉质黏土	19.2	45	10.5	65
④	残积土	18.0	22	25	80
⑤	全风化闪长岩	20.5	35	30	90
⑥	强风化闪长岩	21.0	40	35	120

2. 场地地下水

场地地下水为第四系孔隙潜水和基岩风化裂隙水，主要补给来源为大气降水及地下径流。两者之间水力联系密切。场地地下水静止水位埋深 2.40～2.90m，相应标高 25.16～25.83m，近 5 年来水位变化幅度 1.0～3.0m，丰水期最高水位标高可按 27.50m 考虑。

10.2　基坑支护及地下水控制方案

10.2.1　基坑支护方案

设计基坑深度 11.4m，分三个支护单元进行支护设计，基坑东侧采用双排桩＋短锚杆支护方案，其余采用桩锚支护方案。基坑支护平面布置图，如图 10.3 所示。

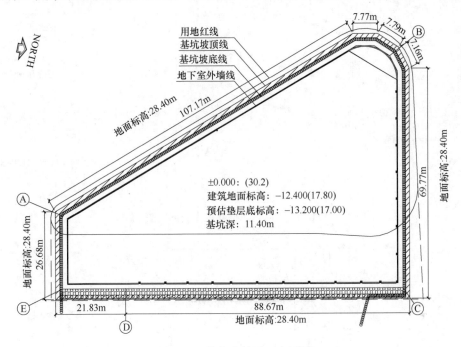

图 10.3　基坑支护平面布置图

1. 双排桩支护

（1）基坑东侧采用双排桩支护方案。支护桩嵌固深度 6.60m，桩径 800mm，桩间距 1.60m，排间距 2.0m，桩身配筋主筋为 HRB400，桩身混凝土强度为 C30，桩顶锚入冠梁长度 50mm，主筋锚入冠梁长度 550mm。

（2）钢筋混凝土冠梁 900mm×600mm，双排桩之间采用钢筋混凝土连梁 800mm×600mm，混凝土强度 C30，配筋主筋为 HRB400。

（3）北段设一道锚索，一桩一锚，间距 1.6m，锚孔直径 150mm，锚索倾角为 30°，锚孔注浆体强度不小于 M20，采用二次压力注浆，第二次注浆压力 2.5MPa 左右。腰梁为 2 根 25c 槽钢。

（4）桩顶上部按 1∶0.5 天然放坡。

（5）没有利用华夏海龙鲁艺剧院东棚户区改造项目支护锚杆。

基坑东侧北段和南段支护剖面图，如图 10.4 和图 10.5 所示。

207

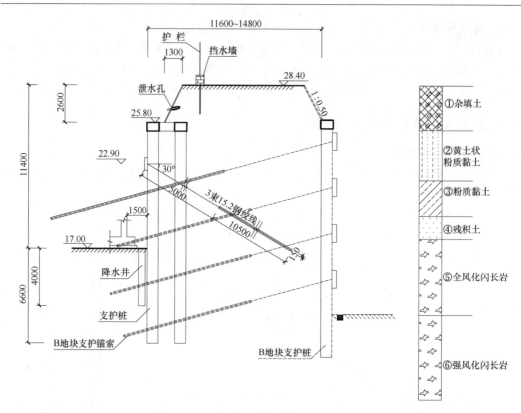

图 10.4 基坑东侧北段支护剖面图

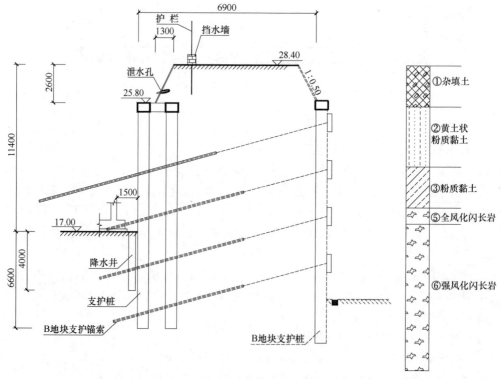

图 10.5 基坑东侧南段支护剖面图

2. 桩锚支护方案

（1）基坑北侧、西侧采用桩锚支护方案（图10.6），支护桩直径800mm，桩间距1.70m，桩嵌固深度5.0m，桩身配筋主筋为HRB400，箍筋为HPB300，加强筋为HRB400，桩身混凝土强度为C30，桩顶锚入冠梁50mm，主筋锚入冠梁长度550mm。

（2）钢筋混凝土冠梁900mm×600mm，混凝土强度C30，配筋主筋为HRB400，箍筋为HPB300。

（3）设三道锚索，一桩一锚，间距1.7m，锚孔直径150mm，锚索倾角为15°，锚孔注浆材料为纯水泥浆，强度不小于M20，采用二次压力注浆，第二次注浆压力2.5MPa左右。腰梁采用2根25c槽钢。

（4）桩顶上部按1∶0.5天然放坡。

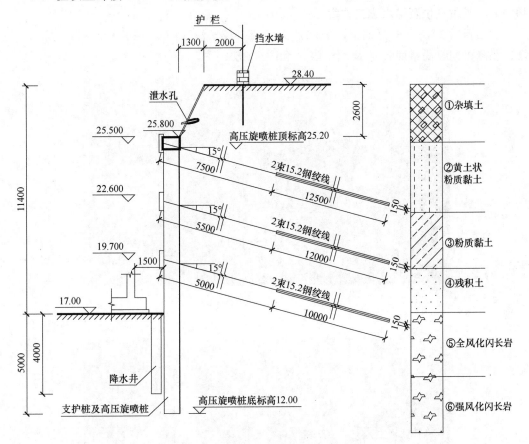

图10.6　基坑北侧、西侧支护剖面图

3. 冠梁以上放坡部分

采用挂网喷射混凝土保护。钢筋网为Φ6.5@200mm×200mm，面层厚度不小于60mm。喷射混凝土面层强度C20。

10.2.2　基坑地下水控制方案

水位最大降深约9.5m。采用基坑周边封闭式止水帷幕＋坑内管井降水的地下水控制方案。

209

（1）采用高压旋喷桩与支护桩搭接止水帷幕，旋喷桩直径825mm，与支护桩搭接250mm，桩顶标高为25.20m，桩底标高12.00m，桩底进入强风化岩，设计桩长13.20m，水泥用量300kg/m，采用三重管工艺施工。

（2）管井直径700mm，管径400mm，反滤层采用中粗砂，沿基坑肥槽按15m间距布设降水管井，坑内按30m间距布设疏干管井。井底进入基底以下4m，井深约15.4m，电梯井处疏干管井加深2m。

（3）沿止水帷幕外侧按15m左右间距布设回灌井，井深12.4m。回灌井结构同降水管井。

10.3　基坑支护及降水施工

10.3.1　基坑支护及降水施工方案

本项目自2016年3月动工，于2019年4月开挖至设计深度，2020年6月基坑整体回填，北侧可回收锚索回收完毕（图10.7和图10.8）。

图10.7　基坑北侧及东侧

图10.8　热熔式锚索回收

10.3.2　施工期间方案变更

（1）由于建筑设计方案调整，基坑深度增加0.5m，桩锚支护采取了锚索加强的措施，双排桩支护采取了增加锚索的措施。

（2）基坑北侧受管线改造及规划地铁线路影响，调整锚索施工角度，并采用可回收锚索施工工艺。

10.3.3　锚索成孔遇裂隙水涌出时的处理措施（图10.9～图10.13）

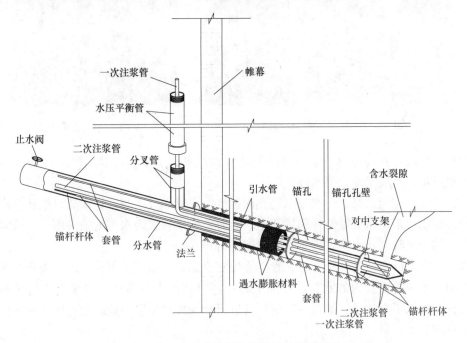

图 10.9　高水头锚孔注浆装置结构原理图

图 10.10　裂隙水沿锚孔涌出情况

图 10.11　注浆装置

　　基坑东侧部分锚索施工时，遇裂隙水沿锚孔大量涌出的情况，在不封堵的情况下，锚杆注浆成功率很低。传统的施工方法一般是采用水泥水玻璃双浆液注浆封堵或使用止浆塞压力注浆。采用水泥水玻璃双浆液施工仅对轻微涌水的情况有效，且施工成本高，成锚质量不可靠；采用止浆塞压力注浆，当锚孔内水压较大时，止浆塞封堵锚孔操作困难，且无法将锚孔完全封死，注浆成功率无法保证。

图 10.12　注浆装置安装完毕　　　　　图 10.13　注浆完成后照片

　　针对该情况，我公司设计了一种注浆装置，并申请了专利，其工作原理为"插管护壁，先疏后堵；水头平衡，静水注浆"。

　　插管护壁，先疏后堵——在突水锚孔内插入引水管和分水管，让水流只能从引水管和分水管内流出，阻止水流继续冲刷锚孔壁。此时，分水管成为水流的唯一出口，只需封闭分水管上的分叉管与止水阀，即可达到快速临时止水的目的。

　　水头平衡，静水注浆——在分叉管上连接竖直设置的水压平衡管。由于锚孔内水头压力的作用，水压平衡管内的水位会不断上升，直至其水头与锚孔内的水头达到平衡。此时，锚孔内的水不再流动。通过一次注浆管进行常规静水注浆，同时达到堵水和锚杆一次注浆的目的。

10.3.4　基坑东侧冠梁以上挡墙

　　基坑东侧冠梁顶标高设置在现状地面以下 2.6m，冠梁以上放坡以减少造价。后在内排桩冠梁处设置混凝土柱及板墙，墙后回填土体至原地面标高（图 10.14）。

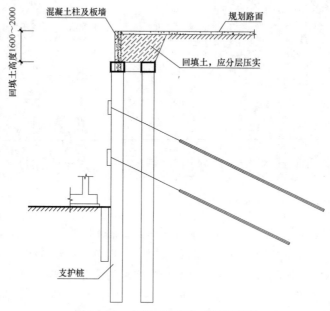

图 10.14　东侧冠梁以上挡墙剖面图

10.4　基坑监测

根据监测报告，基坑坡顶最大水平位移为 17.39mm，最大竖向位移为 7.68mm，总体变化量较小，均在预警值范围以内，数据较为稳定。

10.5　结束语

（1）在该地区采用桩锚支护形式经济安全，可对基坑周边建筑提供有效保护。当基坑开挖边界距建筑较近时，可采用双排桩＋短锚索的支护形式。

（2）当采用高压旋喷桩与支护桩搭接止水帷幕时，可不采取坡面防护措施。

（3）本项目锚索施工时个别孔位遇基岩裂隙水，涌水量大，采用静水平衡注浆的方式，取得了良好的注浆和堵水效果。

（4）紧邻规划地铁线路一侧采用了热熔式可回收锚索，锚索施工质量可靠，施工过程中严格控制施工工艺，可实现 100％的回收率。

11 山东省立医院儿科综合楼深基坑支护设计与施工

11.1 基坑概况、周边环境和场地工程地质条件

项目位于济南市槐荫区，山东省立医院原儿科病房楼西侧，建设场地十分狭窄，工程建设期间需保证科研综合楼正常使用。各建筑物设计参数见表11.1。

表 11.1 建筑物设计参数

建筑物名称	结构类型	地上层数	地下层数	±0.00标高（m）	基础形式	设计坑底标高（m）
主楼	框架-剪力墙	19	3	42.60	桩筏	26.20
裙楼	框架	4～6	3	42.60	筏板	26.20
立体车库	框架	—	1		筏板	22.40

11.1.1 基坑概况

基坑大致呈矩形，长约93.6m，宽约62.1m，基坑开挖深度为15.7～19.9m。

11.1.2 基坑周边环境情况（图 11.1）

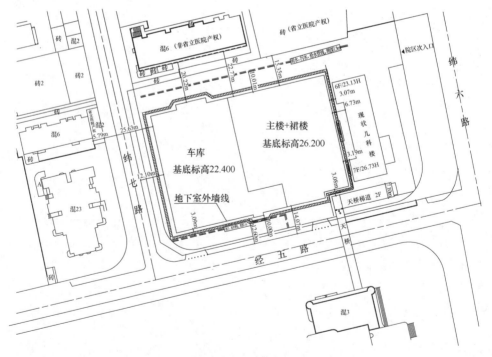

图 11.1 基坑平面布置以及周边环境图（单位：m）

设计：武登辉、叶胜林、赵庆亮；山东省建筑设计研究院；林化明；施工：付瑞勇、马振。

(1) 北侧：西段地下室外墙距济南市机电公司商住楼 20.2m，该楼为砖混结构，条形基础，埋深约 1.5m；东段地下室外墙距 2 层住宅楼（为省立医院用房）15m，该楼砖混结构条形基础，埋深约 3.5m。地下室外墙约 10.0m 处有雨水、给水及污水等管线，埋深约 1.5m；约 15.0m 处有空中架设热力管线等。

(2) 东侧：地下室外墙距已建儿科病房楼 3.2m，该楼地上 6 层、地下 1 层，框架结构，采用筏板基础，基底标高 35.6m；该 3.2m 范围内存在电力（南段）、雨水及污水（北段）管线。经建设单位确认，上述管线将在基坑开挖及施工前开挖移除或采取保护措施。

(3) 南侧：地下室外墙距经五路道路边线 10.0m。东段地下室外墙距过街天桥 3.0m，天桥主体采用连续钢梁，主桥部分采用钻孔灌注桩基础（桩长约 8.5m），承台底埋深 1.6m；天桥梯道采用型钢结构，基础采用柱下独立基础，基础埋深 1.2m。西段地下室外墙以外 3.0m 处存在热力、给水管线，埋深约 2.5m。

(4) 西侧：地下室外墙距纬七路边线 12.1m，距最近建筑物 25.6m。

11.1.3 场地地层情况

1. 场地地层情况及基坑支护设计岩土参数（图 11.2 和表 11.2）

场地地处山前冲洪积平原地貌单元，场地地层主要为第四系全新统~上更新统冲洪积层，表部有人工堆积填土，下伏燕山期闪长岩风化带，基坑支护深度影响范围内自上而下分 8 层。描述如下：

①层杂填土（Q_4^{ml}）：杂色，稍密，稍湿，主要成分为石灰、砖块等建筑垃圾，混少量~多量黏性土。该层厚度 1.00~3.00m，层底标高 38.91~40.94m，层底埋深 1.00~3.00m。

②层黄土状粉质黏土（Q_4^{al+pl}）：黄褐色，可塑，局部硬塑，具湿陷性，含少量钙质条纹，局部含少量姜石，偶混碎石。该层厚度 3.00~5.20m，层底标高 35.33~36.33m，层底埋深 5.80~6.40m。

③层粉质黏土：黄褐色，可塑，含少量氧化铁。该层夹③-1 碎石透镜体，厚度 0.40~3.20m，灰黄色，中密，饱和，碎石成分为石灰岩，粒径 3~6cm，最大 8~10cm，充填 30%~40% 的黏性土，局部胶结。该层厚度 0.50~6.50m，层底标高 27.91~32.60m，层底埋深 9.60~14.40m。

④层粉质黏土（Q_3^{al+pl}）：棕黄色，硬塑，局部可塑或坚硬，含少量铁锰氧化物及结核，局部相变为黏土。该层厚度 2.00~5.40m，层底标高 26.95~28.13m，层底埋深 12.80~15.00m。

⑤层粉质黏土：棕红色，硬塑，局部可塑或坚硬，含少量铁锰结核，局部相变为黏土。该层厚度 1.90~5.40m，层底标高 23.33~2.61m，层底埋深 16.00~19.00m。

⑥层粉质黏土：棕黄色，硬塑，局部可塑，含少量铁锰氧化物，局部相变为黏土。该层夹⑥-1 层碎石透镜体，厚度 0.70~3.90m，灰黄色，中密~密实，饱和，碎石成分为石灰岩，粒径 3~8cm，充填 20%~40% 的黏性土，局部胶结。该层厚度 3.10~6.50m，层底标高 16.69~19.27m，层底埋深 20.20~24.60m。

⑦层强风化闪长岩（K）：灰绿色，岩芯呈短柱状及块状，少量砂状。该层厚度 0.80~5.60m，层底标高 13.78~19.94m，层底埋深 22.30~28.00m。

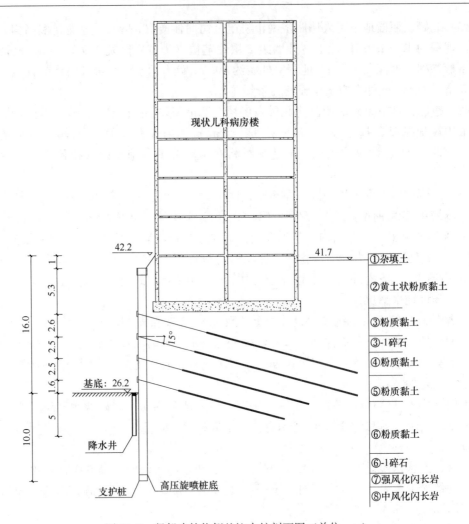

图 11.2　紧邻建筑物侧基坑支护剖面图（单位：m）

表 11.2　基坑支护设计岩土参数

	土层名称	γ (kN/m³)	c_k (kPa)	φ_k (°)	q_{sik} (kPa)	q_{sik} (kPa)	k_v (m/s)
①	杂填土	17.5 *	10 *	10.0 *	22	30	—
②	黄土状粉质黏土	18.4	32	20	42	55	—
③	粉质黏土	19.1	30	18	45	60	6.00×10^{-6}
③-1	碎石	20.0 *	5 *	30 *	100	120	5.00×10^{-3} *
④	粉质黏土	19.6	40	17.5	60	80	2.00×10^{-6}
⑤	粉质黏土	19.5	38	20	65	85	1.50×10^{-6}
⑥	粉质黏土	19.0	41	20.5	70	90	2.30×10^{-7}
⑥-1	碎石	20.0 *	8 *	30 *	110	140	5.00×10^{-3} *
⑦	强风化闪长岩	22.0 *	40 *	45 *		180	
⑧	中风化闪长岩	24.0 *	60 *	55 *		350	

注：带 * 的为经验估值。

216

⑧层中风化闪长岩：灰绿色，岩芯呈柱状，少量短柱状，节长一般 5～20cm，最长 30～40cm。该层未揭穿，最大揭露厚度 15.20m，最大揭露深度 38.60m，最低标高 3.23m。

2. 场地地下水

场地地下水为第四系孔隙潜水，主要补给来源为大气降水及地下径流。勘察期间从钻孔内测得地下水静止水位埋深 6.3～7.4m，相应标高 34.9～35.6m，近 5 年来水位变化幅度为 1～2m。

11.2 基坑支护及地下水控制方案

基坑支护采取桩锚支护方案，基坑地下水控制采用周边止水帷幕，坑内管井降水。

11.2.1 基坑支护设计方案

1. 紧邻现状儿科病房楼区段

该段地面整平标高 42.2，基坑深度 16.0m，采用桩锚支护。支护桩间距 1.4m，桩直径 1000mm，嵌固深度 10.0m。设 4 道锚索，一桩一锚，锚索长 18.0～27.0m。支护桩顶设 1.2m 平台，平台以上采用天然放坡，放坡坡度 1:0.5（图 11.2）。

2. 靠近道路区段

基坑西侧紧邻纬七路，基坑深度 19.9m，采用桩锚支护。支护桩间距 1.6m，桩直径 1000mm，桩嵌固深度 9.1m；设 6 道锚索，一桩一锚，锚索长 25.0～28.0m；桩顶以上采用土钉墙支护，放坡坡度 1:0.5，设 2 道土钉，土钉长度 3.0m，竖向间距 1.3m，水平间距 1.6m，梅花状布置（图 11.3）。

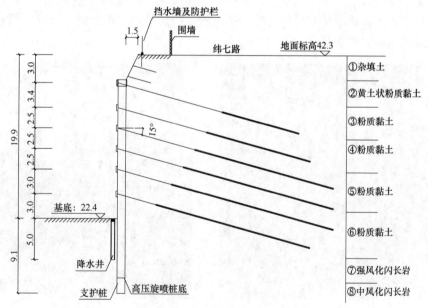

图 11.3 靠近道路侧基坑支护剖面图（单位：m）

11.2.2 地下水控制方案

本工程采用坑内降水，基坑周边设置高压旋喷桩与支护桩搭接止水帷幕，并结合坑外回灌的地下水控制方案。

（1）止水帷幕：采用高压旋喷桩与支护桩搭接帷幕，支护桩间设置 2 棵高压旋喷桩，桩顶位于地面以下 3.0m，桩底进入强风化闪长岩内，桩径 800mm，旋喷桩间搭接为 300mm，与支护桩搭接为 350mm，水泥用量为 300kg/m。

（2）基坑内沿周边肥槽按间距 12.0m 布置降水井，井底标高 21.2m、17.4m（进入基础底面以下≥5.0m）；基坑内按间距约 20.0m 布设疏干井，井底标高 19.0m、15.0m。

（3）沿止水帷幕外侧按间距 10～15m 布设回灌井，井深同降水井，当降水原因引起帷幕外水位下降超过 0.5m 时应及时进行回灌。

11.3　基坑支护及降水施工

11.3.1　支护桩及帷幕施工

受场地周边道路的交通管制措施以及医院内安全文明施工要求，支护施工工期较长。

支护施工于 2014 年 7 月中旬进场，10 月中旬完成支护桩施工，11 月初完成止水帷幕施工，11 月底完成降水井施工，至工程桩施工期间，只启动降水井降水。

至 2015 年 5 月底基坑开挖至深度 14.9m 处，在该标高进行主楼工程桩施工，8 月底工程桩施工完成。至 2015 年 10 月底开挖至设计基底标高并进行主体结构施工，剩余北侧出土坡道至 2015 年 12 月开挖完毕，基坑总工期约 18 个月。

11.3.2　锚索施工

本项目场地空间狭小，周边环境复杂，锚索在施工时充分考虑场地特点，有针对性地施工，并根据出现的特殊情况进行了相应的调整。锚索进入防空洞以下地层时锚孔涌水情况，如图 11.4 所示。

（1）基坑东侧紧邻现状儿科病房楼，锚索进入病房楼地基范围内，采取了间隔施工的顺序，锚索成孔后立即进行注浆（图 11.5）。

图 11.4　锚索进入防空洞以下地层时锚孔涌水情况　　图 11.5　基坑东部开挖完成后现场照片

（2）基坑深度大，但场地小，土方开挖采取预留内坡道的方式，坡道坡率 1∶4。前期土方开挖时，坡道设置于基坑东南角，待第一道锚索标高开挖完毕后，挖除坡道，施工坡道处锚索，锚索达到养护龄期后张拉锁定，坑内挖土恢复临时坡道进行下一步土方开挖，依次交叉施工作业至第四道锚索。工程桩施工完毕后，将临时坡道迁移至沿基坑北侧，紧靠支护桩东西向布置，施工坡道处第四道锚索和工程桩。这样采用流水交叉施工的方式最终收坡道土方时，仅剩余 2 道锚索，减少了坡道位置支护施工的工期（图 11.6）。

（3）基坑南侧第三道锚索施工时，锚索端部进入经五路下防空洞以下，部分锚孔涌水。对该部位锚索施工采取了预留一个锚孔导流泄压，其余锚孔正常注浆封堵，待该锚孔附近锚索都施工完毕后，封堵作泄压用的锚索。

（4）基坑西侧第一道锚索施工时，遇场地外深厚填土，该道锚索注浆量大，尤其二次注浆时注浆压力低，局部地面出现冒浆情况，经张拉测试，锚索抗拔承载力达不到设计要求。根

图 11.6 基坑西部开挖完成后现场照片

据这种情况，在该道锚索下部 1m 处增设一道锚索以保证基坑安全。

11.4 基坑监测

现场监测工作自 2014 年 10 月 8 日正式开始，到 2016 年 5 月 30 日完成所有监测工作，历时 600d。实际布置各类型监测点 72 个，其中基坑位移（水平及垂直共用）监测点 20 个，基坑周边环境监测点（道路管线、周边建筑物、周边管线）沉降监测点 28 个，锚索轴力监测点 8 个，深层水平位移监测点 8 个，地下水位监测点 8 个。

所测基坑最大水平位移为 13.3mm，最大竖向位移为 8.6mm，周边道路最大沉降值为 13.8mm，周边建筑最大沉降值为 8.5mm，深层水平位移最大值为 4.8mm，基坑开挖及使用期间水平位移变化速率平稳，无较大起伏，且最大水平位移未超过规范报警值。

基坑西东侧 6 层儿科病房楼紧邻基坑开挖边线，该处基坑开挖深度 16m，采用桩锚支护，锚索水平横向间距 1.4m，竖向间距 2.5m，沉降监测数据如图 11.7 所示。

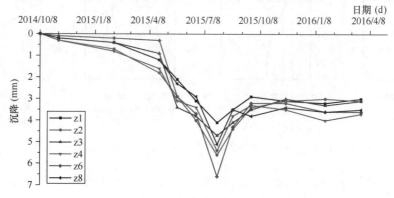

图 11.7 儿科病房楼沉降曲线（单位：mm）

从监测数据看，采用桩锚支护方案对控制变形效果理想，儿科病房楼最大沉降值为6.6mm，支护桩顶水平位移最大值为13.3mm，水平位移曲线如图11.8所示。

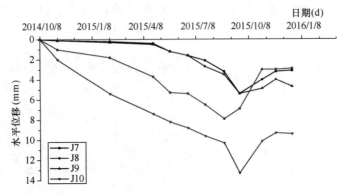

图11.8　儿科病房楼对应区段基坑水平位移曲线（单位：mm）

2015年5月中旬，该处基坑开挖至14.9m深度，并进行工程桩施工，至8月底，工程桩施工完毕，10月初垫层施工完成，随后进行主体结构施工，由于该侧预留施工操作面较少，无防水施工操作空间，总包单位将基坑侧壁采用混凝土填平后单边支模的方式施工该侧地下室外墙及防水，至2015年12月底，该侧结构施工至地面标高，同时该侧基坑回填完毕。将工程施工进度与基坑监测数据综合分析，建筑物及基坑支护结构在工程桩施工至开挖至设计基坑底标高期间变形速率相对较快，并达到最大沉降量，之后随主体结构施工少量回弹并趋于稳定。软件计算水平位移包络图和地表平面图如图11.9和图11.10所示。

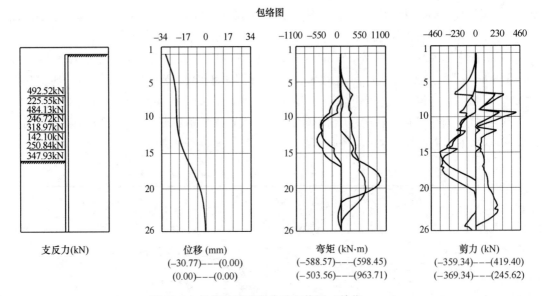

图11.9　软件计算水平位移包络图（单位：mm）

本工程设计时采用理正深基坑软件进行计算，计算基坑水平方向最大变形量为30.77mm，地表沉降按抛物线法计算最大沉降量31mm。

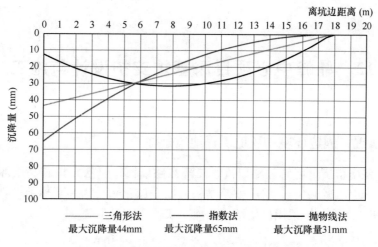

图 11.10　软件计算地表沉降图（单位：mm）

11.5　结束语

（1）同内支撑支护形式相比，桩锚支护形式可大大降低土方开挖难度，减少工程工期及造价。

（2）高压旋喷桩与支护桩搭接止水帷幕，止水效果良好；帷幕底进入强风化闪长岩，可视为落底式止水帷幕，基坑涌水量不大，基坑外侧地下水位无明显下降。

（3）该类型场地，锚索进入临近建筑物基底对建筑物沉降影响较小，施工时可采取隔孔施工方式进一步减少锚索施工对建筑物的影响。

（4）老城区市政道路下分布有老旧防空洞，年代久远，资料缺失，部分防空洞位于地下水位以下，呈充水状态，施工前宜进行详细调查，尽量查清其分布，施工时如出现与设计不符的情况，及时调整锚索位置以避免防空洞对基坑支护的影响。

（5）实测基坑水平位移以及周边建筑沉降量远小于计算变形量，支护设计时岩土参数选取以及支护结构有进一步优化的空间。

12 鼎峰中心项目深基坑支护设计与施工

12.1 基坑概况、周边环境和场地工程地质条件

项目位于济南市历下区解放路以南，二环东路以西，包括1栋超高层商业建筑和裙楼，塔楼地上30F，高120m，采用框筒结构，以全风化辉长岩为天然地基持力层，筏形基础；裙楼4F，高17m，采用框架结构，独立基础；地下3层。

12.1.1 基坑概况

基坑平面布置及周边环境图，如图12.1所示。

基坑大致呈矩形，南北向长约130m，东西向宽约56m。场地南高北低，地面标高63.4～69.9m，高差6.5m。基坑南半部开挖底标高为49.78m，北半部开挖底标高为49.08m。基坑开挖深度14.32～20.12m。

12.1.2 基坑周边环境情况

（1）北侧：地下室外墙距广告围挡最近约4.62m，围挡外为解放路人行道；

（2）东侧：地下室外墙距广告围挡13.35～15.49m，围挡外为二环东路人行道；

（3）南侧：地下室外墙距围墙8.74～19.33m，墙外为山东地矿第一地质大队单位；

（4）西侧：地下室外墙距院墙4.83～6.18m，院外为居民区，地面高出本场地1.0～1.5m。

解放路和二环东路地面下埋设多种市政管线，如雨水、污水、供电、路灯、热力、设施、电信等，管材为钢质、水泥或混凝土，管底埋深0.8～2.5m，管径100～1000mm，走向与基坑边线平行，东侧管线距基坑底边10m以上，北侧管线距基坑底边5m以上，影响较小。基坑周边重要管线情况见表12.1。

表12.1 基坑周边管线情况

位置	管线类别	材质	埋深	地下室结构外边线与其距离
基坑北侧	供电	空管	约3.6m	约8.0m
	交通信号	铜	约0.5m	约6.7m
	污水	混凝土	约1.6m	约8.6m
基坑东侧	电信综合	铜	约1.2m	约14.7m
	污水	PVC	约3.94m	约19.5m

场地南侧和西侧建筑物较多，具体分布情况见表12.2。

设计：武登辉、尹学吉、赵庆亮；施工：马振、高中绪。

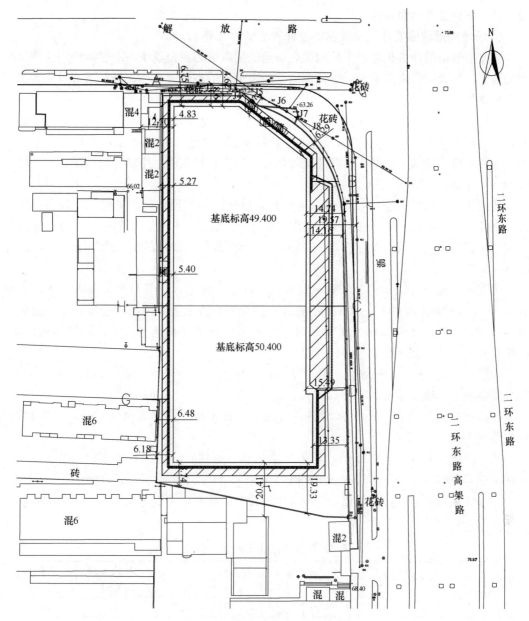

图 12.1　基坑平面布置及周边环境图

表 12.2　基坑南侧建筑物情况

位置	建筑类别	基础形式	埋深	地下室结构外边线与其距离
基坑南侧	2 层建筑物	天然地基	1.5m	约 22.6m
	4 层建筑物	条形基础	1.5m	约 20.4m
	单层建筑物	天然地基	1.0m	约 8.7m
基坑西侧	单层建筑物	天然地基	1.0m	约 6.2m
	6 层住宅	条形基础	1.5m	约 6.5m
	单层建筑物	天然地基	1.0m	约 5.4m
	2 层建筑物	天然地基	1.5m	约 5.2m

223

12.1.3　场地工程地质条件

1. 场地地层埋藏条件及基坑支护设计岩土参数（表 12.3）

场地地处山前冲洪积倾斜平原地貌，场地地层以第四系全新统～上更新统山前冲洪积地层为主，地表分布人工填土，下伏燕山期侵入形成的辉长岩岩体，自上而下可分为 7 大层，分述如下：

①层素填土（Q_4^{ml}），黄褐色为主，稍密，稍湿，主要成分为黏性土，局部混少量碎石，偶见建筑垃圾，厚度 0.50～4.20m，上部局部分布①-1 层杂填土，杂色，稍密，稍湿，成分主要为砖块、混凝土块等建筑垃圾，局部混少量灰渣、生活垃圾与黏性土，厚度 0.90～2.60m。

②层黄土状粉质黏土（Q_4^{al+pl}），褐黄色，可塑，局部硬塑，偶见姜石、碎石，厚度 0.90～6.70m；夹②-1 层碎石混粉质黏土透镜体，灰黄色，稍密，局部中密，母岩成分主要为石灰岩，次棱角状，粒径 2.0～5.0cm，混的褐黄色可塑状黏性土约 50%，该层厚度 0.50～4.70m。

③层粉质黏土（Q_3^{al+pl}），红褐～棕黄色，可塑～硬塑，局部见少量角砾与姜石，粒径 0.5～1.5cm，厚度 0.80～5.80m。夹③-1 层碎石，青灰色，中密～密实，母岩成分主要为石灰岩，粒径 2～10cm，含量为 50%～75%，充填红褐色黏性土，局部钙质胶结，呈块状及短柱状，该层厚度 0.40～4.50m。

④层残积土（Q^{el}），灰绿色，具可塑性，多呈土状、少量砂土状，局部见风化残核，为砂质黏性土，该层厚度 0.20～5.50m。

⑤层全风化辉长岩（K），灰绿色，岩芯多呈砂土状，局部见风化残核，密实状态，该层厚度 1.50～15.90m。

⑥层强风化辉长岩，灰绿色，岩芯多呈块状、短柱状，局部夹砂土状，节长为 3～18cm，岩芯采取率 65%～75%，RQD 值为 0～15。该层厚度 0.90～13.80m。

⑦层强风化辉长岩，灰绿色，岩芯多呈短柱状、柱状，节长为 5～35cm，岩芯采取率 80%～90%，RQD 值为 40～65。

表 12.3　基坑支护设计岩土参数

层号	岩土名称	γ (kN/m³)	c_k (kPa)	φ_k (°)	土钉 q_{sik} (kPa)	锚索 q_{sik} (kPa)
①	素填土	(18.0)	(20.0)	(12.0)	25	30
①-1	杂填土	(18.0)	(8.0)	(15.0)		
②	黄土状粉质黏土	19	25.6	16.6	45	75
②-1	碎石混粉质黏土	(20)	(5.0)	(30.0)	60	75
③	粉质黏土	18.9	31.0	28.9	45	75
③-1	碎石	(21)	(7.0)	(32.0)	70	110
④	残积土	19.1	28.6	16.7	50	75
⑤	全风化辉长岩	(20)	(35.0)	(30.0)	80	120
⑤-1	强风化辉长岩	(23)	(80.0)	(25.0)		
⑥	强风化辉长岩	(23)	(90.0)	(27.0)	120	200
⑥-1	强风化辉长岩	(22)	(45.0)	(40.0)		

2. 地下水情况

场地地下水为第四系孔隙潜水和风化岩裂隙水，两者水力联系较强，属潜水类型。主要含水层为第四系碎石土与辉长岩全强风化带。勘察期间，地下水位埋深 7.90～11.70m，相应地下水位标高 55.37～57.68m，水位南高北低，年变幅为 2～3m。

12.2　基坑支护及地下水控制方案

12.2.1　基坑支护设计方案

本基坑按 8 个支护单元进行设计，采取桩锚支护和复合土钉墙支护，其中基坑西侧南段紧邻既有住宅建筑，采用双排桩锚索支护。

1. 桩锚支护方案

（1）基坑的南侧、西侧北段、北侧采用桩锚支护方案。

（2）支护桩间距 1.60m，桩径 800mm，桩长 14.95～21.45m，嵌固深度 4.5～6.0m，桩身采用分段配筋的方式，通长钢筋为 12 根直径 25mm 的钢筋，中间 9m 区段配筋增加至 16 根直径 25mm 的钢筋。

（3）设 3～5 道锚索，一桩一锚，间距为 1.6m。锚索采用二次注浆工艺，锚索倾角 15°，杆体材料为 2～3 束 17.8 钢绞线，锚孔注浆材料为纯水泥浆，注浆体强度不小于 M20，腰梁为 2 根 25b 工字钢。典型单排桩锚支护剖面图，如图 12.2 所示。

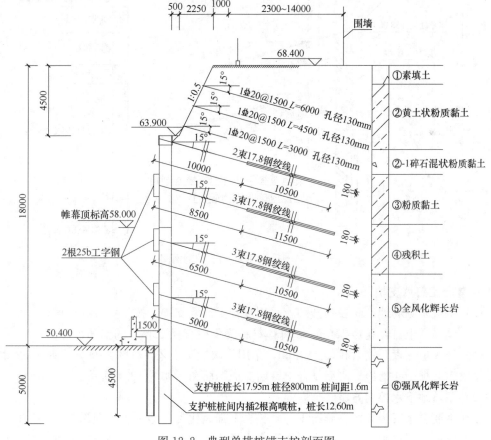

图 12.2　典型单排桩锚支护剖面图

2. 双排桩＋预应力锚索

（1）基坑西侧南段采用双排桩锚支护方案。

（2）支护桩间距 1.60m，桩径 800mm，设计桩长 21.45m，嵌固深度 5.38m，桩身采用分段配筋的方式，通长钢筋为 14 根直径 25mm 的钢筋，中间 9m 区段配筋增加至 18 根直径 25mm 的钢筋。

（3）设 4 道锚索，一桩一锚，间距为 1.6m。锚索采用二次注浆工艺，锚索倾角为 15°，杆体材料为 3 束 Φ^s17.8 钢绞线，锚孔注浆材料为纯水泥浆，注浆体强度不小于 M20，腰梁为 2 根 25b 工字钢。典型双排桩锚支护剖面图，如图 12.3 所示。

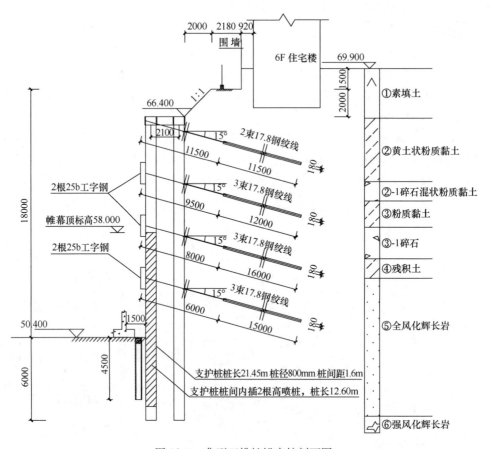

图 12.3　典型双排桩锚支护剖面图

3. 复合土钉墙支护

（1）基坑东侧场地空间较为开阔，采用复合土钉墙支护，按 1∶0.45 放坡；

（2）设 6 道土钉，孔径 130mm，杆体材料为 1 根直径 22mm 的钢筋；

（3）设 3 道锚索，锚索孔径 150mm，采用二次注浆工艺，杆体材料为 2 束 15.2 钢绞线，腰梁为 2 根 16a 槽钢。典型复合土钉墙支护剖面图，如图 12.4 所示。

12.2.2　基坑地下水控制方案

场地主要含水层为第四系碎石土与辉长岩全强风化带，地下水位埋深 7.90～11.70m，需采取有效的地表排水、地下排水及周围止水措施。基坑周边设置高压旋喷桩搭接或高压

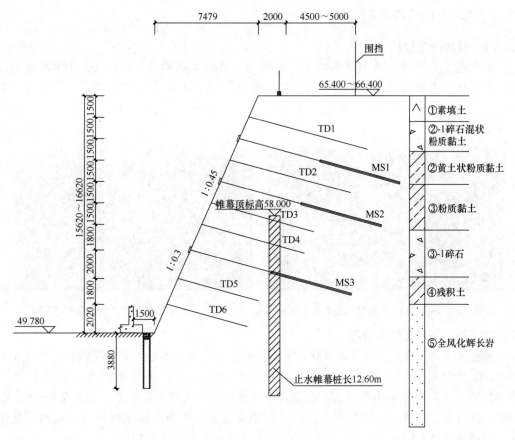

图 12.4　典型复合土钉墙支护剖面图

旋喷桩与支护桩搭接止水帷幕，坑内管井降水、疏干的地下水控制方案。

（1）基坑周边设置三重管高压旋喷桩与支护桩搭接止水帷幕，旋喷桩直径不小于 850mm，与支护桩搭接不小于 300mm；桩顶标高 58.00m，帷幕底进入坑底以下 4.5～5.0m，帷幕高度为 12.60～13.60m，水泥用量为 330kg/m。

复合土钉墙支护区段设置三重管高压摆喷桩搭接止水帷幕，桩径不小于 850mm，桩间搭接不小于 250mm，桩顶标高 58.00m，帷幕底进入坑底以下 5.0m，帷幕高度为 12.60～13.60m，水泥用量为 150kg/m。

（2）基坑周边肥槽内按 15.0m 左右间距布设降水管井；坑内按 20m 间距布设疏干管井。管井直径为 700mm，降水井井底进入基坑底部 4.0～4.5m，井管为 400mm，反滤层采用 5～10mm 碎石，厚度不小于 100mm。

基岩裂隙水采用明排方式，沿坑底周边布设排水盲沟，周边盲沟与降水井相连，坑内设置纵横向排水盲沟，坑内盲沟与疏干井及周边盲沟相连。

（3）基坑西侧帷幕外建筑物附近设置回灌井，回灌井间距 10m，井深 20m，井径 200mm，井管内径 50mm，采用 PVC 管，井管自标高 58m 以下区段打孔，沿管周每排设 4 个钻孔，孔竖向间距 30cm，包滤网，反滤层采用 5～10mm 碎石，厚度不小于 75mm。

12.3　基坑支护及降水施工

12.3.1　基坑开挖过程

支护施工于 2016 年 6 月进场施工，2016 年 7 月完成支护桩、降水井、止水帷幕的施工，2016 年 8 月开始降水并进行土方开挖，至 2016 年 11 月基坑南段开挖完毕并进行主体结构施工，剩余北侧出土坡道至 2017 年 1 月开挖完毕，基坑总工期约 8 个月（图 12.5 和图 12.6）。

图 12.5　基坑南侧开挖至基底现场照片　　　　图 12.6　基坑北侧预留出土坡道现场照片

12.3.2　基底基岩裂隙水情况

基底标高处为全风化以及强风化辉长岩，地下水受基岩裂隙发育情况控制，开挖至基底时，出现几处较大的裂隙水出露点，采用挖设集水井，集水明排的方式进行排水（图 12.7）。坑底裂隙水出水量大，在总包单位把垫层防水施工完毕后一旦水泵停止工作，将会导致防水层破裂，问题严重。因此，在相应位置下设两个潜水泵和一个自吸泵的水管，加强该处降水措施。

本项目地下室抗浮采用钢渣混凝土配重抗浮的措施，局部加深 2.45m，位于全风化辉长岩内，采取盲沟排水措施（图 12.8）。

图 12.7　坑底裂隙涌水情况　　　　　　　　　图 12.8　铺设坑底盲沟

12.4　基坑监测数据

基坑监测工作自 2016 年 5 月 20 日开始，到 2017 年 11 月 24 日完成，历时 553d。进行了基坑位移（水平及垂直），基坑周边环境监测（道路管线、周边建筑物、周边管线，锚索轴力监测，深层水平位移监测。

基坑最大水平位移为 16.3mm，最大竖向位移为 16.7mm，周边管线最大沉降值为 5.83mm，周边建筑最大沉降值为 5.31mm，深层水平位移最大值为 8.19mm，基坑开挖及使用期间水平位移变化速率平稳，无较大起伏，且最大水平位移未超过规范报警值。

基坑西南侧 6 层住宅楼紧邻基坑开挖边线，基坑开挖深度 20.12m，该段采用双排桩＋锚索支护，住宅楼布置 4 个监测点，沉降监测数据如图 12.9 所示，相应位置基坑水平位移监测数据如图 12.10 所示。

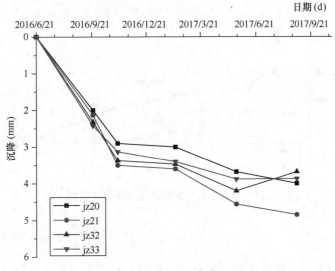

图 12.9　西南角 6 层住宅建筑沉降监测曲线

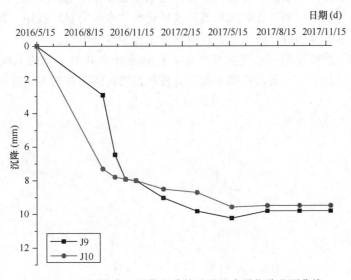

图 12.10　西南角 6 层住宅建筑处基坑水平位移监测曲线

从监测数据看，支护控制变形效果理想，住宅楼最大沉降值为 4.85mm，支护桩顶水平位移最大值为 9.82mm，在济南市类似场地中采用双排桩＋锚索的支护形式经济可行，可有效的保护坡顶建筑物的安全。

复合土钉墙区段基坑开挖深度 15.32～16.62m，坡顶无重要建筑物，施工期间坡顶无附加荷载堆放，在基坑开挖及使用期间基坑变形稳定，支护效果良好，其坡顶水平位移监测数据如图 12.11 所示。

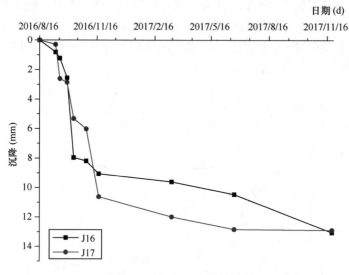

图 12.11　复合土钉墙区段基坑水平位移监测曲线

12.5　结束语

（1）该类型场地的深基坑工程采用复合土钉墙及桩锚支护形式可满足施工要求，紧邻建筑物区段采用双排桩＋锚索的支护形式可保证坡顶重要建筑物的安全。

（2）场地内第四系松散层孔隙水和辉长岩风化裂隙水水力联系较强，属潜水类型，采用高压旋喷桩止水帷幕和管井降水方案进行地下水控制经济可行。

（3）坑底辉长岩风化裂隙水无规律可循，且常规降水井由于无法形成有效的降水漏斗，不能通过管井疏干，一般需根据裂隙发育现状设置盲沟明排的方式进行疏干排水。

13 金丰国际(大学生创业孵化基地)深基坑支护设计与施工

13.1 基坑概况、场地周边环境及工程地质条件

项目位于淄博市张店区，西一路以东，新村路以南，金晶大道以西，建筑面积60059.6m²。主楼地上 26 层地下 3 层，采用框剪结构，桩基础；主楼北、东、西三侧为裙楼，地上 3 层地下 3 层，四周为地下车库，地下 3 层，裙楼及地下车库采用抗浮桩基础。西侧消防水池、南侧地下车库入口坡道为地下一层。本项目先施工主楼及裙楼、地下车库，待其基坑回填之后再开挖消防水池、地下车库入口坡道的基坑。

13.1.1 基坑概况

主楼基坑按车库范围考虑，形状为不规则矩形，周长约 307.3m，基坑深度为 18.0～18.9m；消防水池、地下车库入口坡道基坑深度为 2.00～7.30m。

13.1.2 周边环境

(1) 北侧：地下车库外墙距用地红线约 8m，红线外为新村西路，路面下埋设有污水管线等重要管线，其中污水管线距用地红线约 11.70m，其材质为混凝土管，规格直径800mm，埋深 3.07m。基坑北侧坡顶线 1m 以外设置施工道路，北侧中段设置泵车。

(2) 东侧：地下车库外墙及汽车电梯外墙距用地红线最小距离约 1.5m，距金晶大道路沿石 9m，距现状围挡约 10m。围挡外金晶大道路面下分布有饮用水管道、路灯管线、各类通信光纤以及污水管线，其中路灯管道距现状围挡约 5.6m，其材质为铜电缆，埋深0.6m；饮用水管道距现状围挡约 4.8m，其材质为 PVC，埋深 1.35m；通信光纤距现状围挡 0.75～4.12m，其材质为光纤，埋深 0.7～0.8m；污水管线距现状围挡约 23.88m，其材质为混凝土管，规格直径 800mm，埋深 3.07m。基坑东侧坡顶线 1m 以外设置施工道路，东侧南段设置泵车。

(3) 南侧：东段地下车库外墙距用地红线约 6.7m，距 1 层建筑约 9.8m，该建筑为砖结构；距 4 层建筑约 17.8m，该建筑为砖混结构，无地下室，采用天然地基条形基础，埋深约 1.5m；西段地下车库外墙、地下室坡道外墙距用地红线分别约 16m、3m，距 6 层住宅楼分别约 17.9m、4.80m，该建筑为砖混结构，设半地下室，采用天然地基条形基础，基础埋深约 1.5m。周边环境图，如图 13.1 所示；周边管线图，如图 13.2 所示。

(4) 西侧：地下车库外墙、消防水池外墙距用地红线分别约 9.6m、3.6m，红线外西一路路面下埋设有路灯电缆管线、热水管道、饮用水管线以及雨污合流管线，其中路灯管线为铜电缆，采用直埋方式，埋深 0.5m，其距用地红线约 2m；热水管道两条，南段紧邻用地红线，北段距用地红线约 0.5m，材质为钢管，管径 300mm，埋深 0.7m；饮用水管道距用地红线约 7.6m，其材质为 PVC，管径 250mm，埋深 1.83m；雨污合流管线距用地红线约 6.28m，其材质为砖，规格 600mm×500mm，埋深 1.71m。

设计：武登辉、赵庆亮、叶胜林。

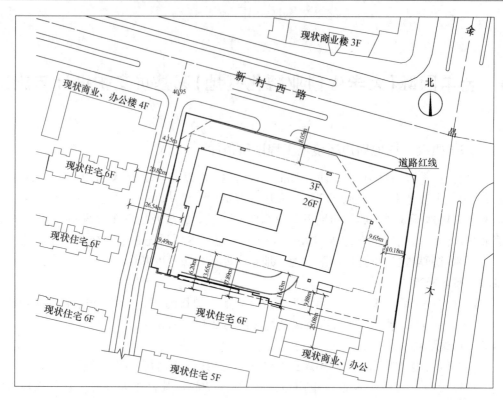

图 13.1　周边环境图

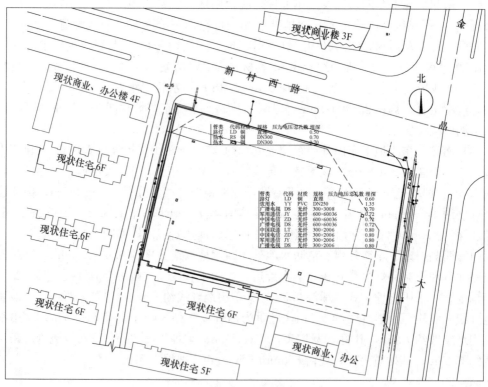

图 13.2　周边管线图

13.1.3　场地工程地质条件

1. 场地地层埋藏条件及基坑支护设计岩土参数（表 13.1）

表 13.1　基坑支护设计岩土参数

土层名称	γ (kN/m³)	c_{cuk} (kPa)	φ_{cuk} (°)	k (cm/s)	土钉 q_{sik} (kPa)	锚索 q_{sik} (kPa)
①杂填土	18	10	10	3.00×10^{-6}	16	32
②粉质黏土	18.7	22.2	15.6	2.00×10^{-5}	35	63
③粉质黏土	18.4	25.2	16.4	5.00×10^{-4}	36	65
④粉土	19.3	17.2	24.1	2.50×10^{-5}	42	68
⑤粉质黏土	18.9	30.1	17.5	3.00×10^{-5}	43	68
⑥粉质黏土	19.1	33.0	17.3	8.00×10^{-2}	50	78
⑦圆砾	19.6	3.0	39.8	3.00×10^{-5}	100	170
⑧粉质黏土	19.2	35.3	17.5		55	83
⑨粉质黏土	19.2	36.1	17.2			83
⑩粉质黏土	19.2	38.5	18.2			83

　　场地地处冲洪积平原地貌单元，场地地层主要由第四系全新统～上更新统冲洪积层（$Q_{4\sim3}^{al+pl}$）组成，地表分布人工堆积填土（Q_4^{ml}），基坑支护影响范围内地层描述如下：

　　①层杂填土（Q_4^{ml}）：灰褐～黄褐色，稍湿，松散～稍密，以混凝土块、碎砖块等建筑垃圾为主，黏性土充填，局部表层为混凝土地面。该层厚度 1.30～2.50m，层底标高 38.68～40.19m，层底埋深 1.30～2.50m。

　　②层粉质黏土（Q_4^{al+pl}）：黄褐色，可塑，含少量豆状姜石及螺壳碎片。该层厚度 2.10～4.00m，层底标高 35.81～37.21m，层底埋深 4.30～5.70m。

　　③层粉质黏土：黄褐色，可塑，含铁锰氧化物及姜石，$\phi=0.2\sim2.0$cm，局部夹粉土细薄层。该层厚度 1.20～3.20m，层底标高 33.49～35.05m，层底埋深 6.30～8.00m。

　　④层粉土（Q_3^{al+pl}）：黄色，湿，密实，含铁锰质氧化物，云母碎片，上部含姜石，$\phi 0.3\sim2.0$cm，局部夹粉质黏土薄层。该层厚度 2.80～4.50m，层底标高 29.94～31.25m，层底埋深 10.10～11.30m。

　　⑤层粉质黏土：褐黄色，可塑，含少量铁锰氧化物及姜石，$\phi=0.2\sim2.0$cm，局部夹粉土细薄层。该层厚度 3.80～5.20m，层底标高 25.21～26.94m，层底埋深 14.50～16.00m。

　　⑥层粉质黏土：黄色，硬塑，含少量铁锰氧化物及姜石，$\phi=0.2\sim3.0$cm，局部夹粉土细薄层。该层厚度 1.50～3.70m，层底标高 22.18～23.99m，层底埋深 17.50～19.00m。

　　⑦层圆砾：灰褐色，饱和，中密，成分为石灰岩亚圆状，$\phi=0.2\sim5$cm，充填中粗砂或黏性土，局部少量胶结，可取出短柱状岩芯。该层厚度 1.90～4.50m，层底标高 19.18～21.20m，层底埋深 20.00～22.00m。

　　⑧层粉质黏土：褐色，硬塑，含少量铁锰氧化物及姜石 $\phi=0.2\sim3.0$cm，局部钙质胶结，胶结程度轻微～中等。该层厚度 3.50～5.80m，层底标高 14.73～16.57m，层底埋深 25.00～26.50m。

⑨层粉质黏土：棕黄色，硬塑，含少量铁锰氧化物及姜石，$\phi=0.2\sim3.0$cm，局部分布钙质胶结。该层厚度 $2.60\sim5.50$m，层底标高 $10.30\sim12.99$m，层底埋深 $28.50\sim31.00$m。

⑩层粉质黏土：棕红色，硬塑，含少量铁锰氧化物及姜石 $\phi=0.2\sim3.0$cm，局部钙质胶结。该层厚度 $4.20\sim7.30$m，层底标高 $4.64\sim7.39$m，层底埋深 $34.10\sim36.80$m。

2. 地下水概况

场地地下水属第四系孔隙潜水，稳定水位埋深 $5.03\sim5.64$m、水位标高 $35.92\sim36.11$m，地下水位变幅 $1.00\sim2.00$m。

13.2　基坑支护及降水设计方案

13.2.1　基坑支护设计方案

基坑按 9 个支护单元进行设计，分别采用放坡、土钉墙和桩锚支护。

1. 主楼基坑桩锚支护方案（图 13.3）

按地下车库深度及范围进行设计，基坑 $17.00\sim18.90$m，采用桩锚支护方案。

（1）支护桩采用钻孔灌注桩，间距 1.50m，直径 1000mm，嵌固深度 $10.50\sim14.50$m，桩身主筋 $16\Phi25$ HRB500 钢筋，箍筋为 HRB335 钢筋，桩身混凝土强度为 C30，桩顶锚入冠梁 50mm，主筋锚入冠梁长度 550mm。

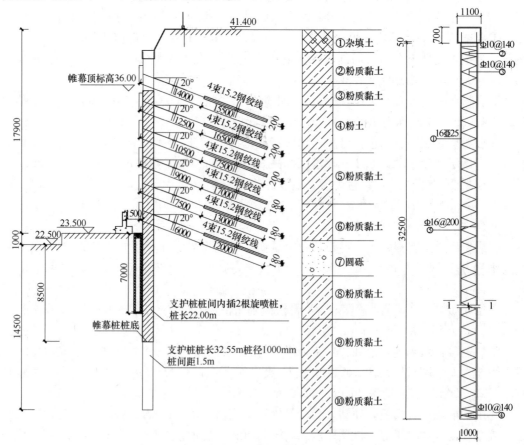

图 13.3　主楼基坑桩锚支护剖面图

（2）桩顶钢筋混凝土冠梁 1100mm×700mm，强度 C30，主筋为 HRB500 及 HRB400，箍筋为 HPB300。

（3）设 6 道锚索，一桩一锚，间距 1.50m，锚索倾角为 20°，锚固体直径 180～200mm，杆体材料为 4 束 Φ^{s}15.2 钢绞线。采用二次注浆工艺，第二次注浆压力 2.5MPa 左右，注浆体强度不小于 M20。腰梁为 2 根 28c 槽钢。锚索进入已有建筑物基底，采取间隔成锚的施工顺序。

（4）桩间土体以及冠梁以上放坡坡面采用挂网喷射混凝土保护。采用 Φ6.5@200mm×200mm，面层厚度不小于 60mm。喷射混凝土强度 C20。

2. 消防水池土钉墙支护方案（图 13.4）

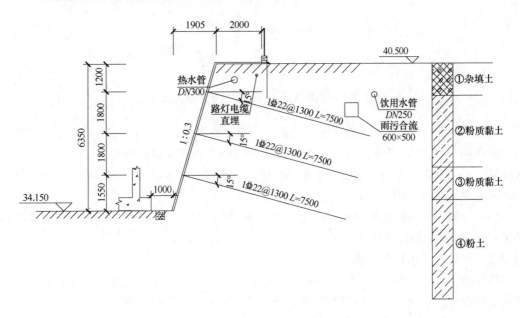

图 13.4　土钉墙支护剖面图

基坑深度 6.3m，采用土钉墙支护，按 1∶0.3 放坡。

（1）土钉横向间距 1300mm，竖向间距 1800mm，成孔直径 150mm，杆体材料为 HRB400 钢筋，横向上设置 2 根 Φ16 钢筋，重力注浆或低压力注浆，注浆体强度不低于 20MPa；喷射混凝土面层中钢筋网间的搭接长度应大于 300mm。

（2）坡顶护坡宽度不小于 1.0m 或至工地围挡。坡顶及坡面采用挂网喷射混凝土保护，采用 Φ6.5@200mm×200mm，面层厚度不小于 80mm。喷射混凝土强度 C20。

3. 地下室坡道桩锚支护方案（图 13.5）

地下室坡道深度 2.00～7.30m，采用桩锚支护。

（1）支护桩采用钻孔灌注桩，桩间距 1.60m，桩径 800mm，嵌固深度 4.50m，桩身配筋主筋为 HRB400，桩身混凝土强度为 C30，桩顶锚入冠梁长度 50mm，主筋锚入冠梁长度 550mm。

（2）桩顶钢筋混凝土冠梁 900mm×600mm，冠梁混凝土强度 C30，配筋主筋为 HRB500 及 HRB400，箍筋为 HPB300。

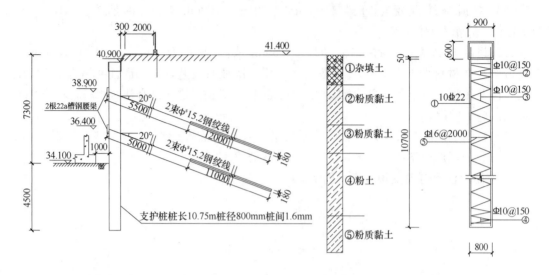

图 13.5　地下车库入口坡道桩锚支护剖面图

（3）设 1～2 道锚索，一桩一锚，间距 1.60m。锚固体直径 180mm；采用二次注浆工艺，锚索倾角为 20°，杆体材料为 2 束 Φ^{s}15.2 钢绞线，锚孔注浆体强度不小于 M20，第二次注浆压力 2.5MPa 左右。腰梁为 2 根 22a 槽钢。当锚索进入已有建筑物基底，施工时应采取间隔成锚的施工顺序。

（4）桩间土体采用挂网喷射混凝土保护，采用 Φ6.5@200mm×200mm，面层厚度不小于 60mm。喷射混凝土强度 C20。

13.2.2　基坑地下水控制方案

场地地下水埋深约 5m，水位降深至坑底以下 0.5m，水位最大降深 14.4m。采用主楼基坑周边设置止水帷幕，坑内管井降水疏干和止水帷幕外回灌的控制方案。

（1）主楼基坑周边设置二重管高压旋喷桩与支护桩搭接止水帷幕，桩顶标高 36.00m，桩底进入坑底以下 8.50m，旋喷桩与支护桩搭接不少于 375mm，旋喷桩间搭接不少于 350mm，旋喷桩直径为 1000mm，水泥用量为 400kg/m。

（2）在基坑周边肥槽内按 15m 间距布设降水管井，坑内按 25m 间距设疏干管井。管井直径 700mm，井管直径为 400mm，井底进入基底以下 7m，井深约 25.90m。

（3）沿坑底周边布设排水盲沟，周边盲沟与降水井相连，坑内必要时设置纵横向排水盲沟，坑内盲沟与疏干井及周边盲沟相连，盲沟内以碎石充填，盲沟尺寸为 600mm×300mm。

（4）主楼基坑帷幕外侧按 15m 左右间距布设回灌井，井深 19.70～20.90m，井底进入基底以下 2m。兼作地下车库入口坡道、消防水池降水管井。

（5）坡顶设置挡水墙 240mm×300mm。

13.3　基坑支护及降水施工

13.3.1　基坑支护施工过程

本项目自 2016 年 4 月开始进行支护施工，于 2016 年 8 月底完成支护桩、高压旋喷桩和工程桩施工，2016 年 9 月开始土方开挖，至 2017 年 4 月，基坑开挖至设计基底标高开始基础施工（图 13.6 和图 13.7）。

图 13.6　基坑开挖至基底照片（一）

图 13.7　基坑开挖至基底照片（二）

13.3.2　锚索施工遇到的问题

（1）在地下水位以下的粉土层内施工锚索时，出现坍塌现象，后改用全套管跟进施工措施，效果良好。

（2）根据锚索轴力监测结果，预应力损失达 50% 以上。主要原因是自由段套管破损严重，锚索有效自由段长度短，张拉完成后预应力无法维持。后做了相应改进。

13.3.3　基坑监测情况

基坑监测工作自 2016 年 10 月开始，至 2017 年 3 月底，基坑开挖至设计标高，基坑开挖及使用期间各项监测数据均在设计允许范围内，基坑坡顶竖向位移最大变形量为 9.35mm，基坑水平位移最大变形量为 20.168mm，周边建筑物沉降量最大值为 19.02mm，周边道路及管线最大沉降为 14.79mm。至 2017 年 8 月，主体建筑施工至地上 1 层，基坑随后顺利回填。

13.4　结束语

（1）圆砾层渗透系数大，地下水丰富，止水帷幕底进入该层以下 5m 左右，效果良好。

（2）基坑变形小，说明安全度高，有一定的优化空间，尤其是嵌固深度偏大。

14 淄博火车站南广场深基坑支护设计与施工

14.1 基坑概况、周边环境及工程地质条件

项目位于淄博市张店区车站街道，淄博火车站以南，昌国路以北，张南路以东。建筑物包括轨道交通预留工程及北地下停车场。

轨道交通预留工程：建筑面积约 2.3 万 m^2，车站总长 355.9m，标准段宽 22.7m，风亭 2 组，出入口 2 个，消防疏散通道 4 个，框架结构，筏板基础，主体抗浮采用抗拔桩。东西向为 1 号线，南北向为 3 号线，3 号线位于 1 号线下部。1 号线基底标高为 29.04～29.44m，地下 2 层；3 号线基底标高为 22.44m，地下 3 层。

北地下停车场：建筑面积约 8.1 万 m^2，东西 183.4m，南北 201.65m，地上北侧为高架落客平台，地下一层与淄博火车站南站房地下换乘区紧邻，西侧为出租车换乘区，东侧为公交车换乘区，地下二层为社会车辆停车换乘区，框架结构，筏板基础。

14.1.1 基坑概况

轨道交通预留工程：基坑东西方向长约 366m，南北方向长约 91m，场地开阔平坦。场地标高 42.54～44.54m，场地±0.00=32.14m，基坑开挖深度 7.0～20.6m。

北地下停车场：基坑东西方向长约 238m，南北方向长约 285m，场地开阔平坦，场地+0.00=46.84m，基底标高 29.54～30.24m，场地标高 42.54～44.54m，基坑开挖深度 3.20～15.0m。

14.1.2 基坑周边环境

（1）北侧：轨道交通线外墙距淄博火车站南侧围墙 90.3～116.8m，基坑北侧临近施工道路，车站外墙距施工道路 11.0～21.5m；轨道交通东侧北部连接淄博火车站南站房（地下一层室内地坪标高 37.34m）。

（2）东侧：北段为高铁机务段，机务段食堂及浴室局部已进入基坑开挖范围，后期拆除。地下室外墙距高铁机务段围墙为 0～43.5m；南段北地下车库距高铁配电楼地下室外墙约 43.3m，距公交车道地下外墙 31.4m。

（3）南侧：北地下车库外墙距南地下车库外墙最近约 92.0m；南、北地下车库之间为公交车道，北地下车库外墙距公交车道地下室外墙 35.1～38.8m。

（4）西侧：为空旷场地，地下车库外墙、地铁 3 号线端头井外墙距施工道路 11.4～36.2m。

（5）基坑南侧及西侧为猪龙河旧河道，基坑开挖期间场地内猪龙河进行截流改道，作为基坑排水通道使用。

（6）北地下车库项目场地东侧及西侧紧邻拟建高架路，采用桩基础，于基坑回填后

设计：赵亮、叶胜林、武登辉、马连仲。

施工。

14.1.3　基坑周边管线分布情况（图 14.1）

基坑周边管线主要分布在东侧及南侧拆迁区域，主要分布热水管线（钢 200＋108、钢 310＋219 等规格）、供电（220V、380V、10kV 等规格）、通信管线、饮用水管线（PE160、铸铁 100 等规格）、雨水管线（混凝土 300、PVC150、PVC100 等规格）、路灯管线（380V）、污水（混凝土 300、玻璃钢 300、玻璃钢 600、陶 400 等规格）天然气管线（铸铁 200、PE63、PE160、PE200 等规格），管线埋深详见管线图，基坑东侧及南侧高铁机务段内管线均局部进入基坑内，后期均挖除。

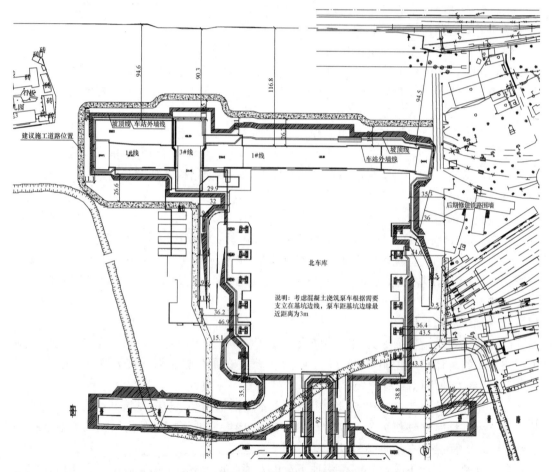

图 14.1　周边环境图

14.1.4　场地工程地质条件

1. 场地地层埋藏条件及基坑支护设计岩土参数（图 14.2 和表 14.1～表 14.3）

场地地处冲洪积平原地貌单元，场地地层主要由第四系全新统冲积（Q_4^{al}）～上更新统冲洪积层（$Q_{4\sim3}^{al+pl}$）黏性土、粉土、姜石及碎石组成，地表分布人工堆积填土（Q_4^{ml}），下伏二叠系（P_2）泥岩及泥质砂岩，基坑支护影响范围内地层描述如下：

①层杂填土（Q^{ml}）：杂色，稍湿，松散～稍密，以建筑垃圾为主，混少量黏性土。该层厚度 0.40～4.90m，层底标高 38.23～43.04m，层底埋深 0.40～4.90m。

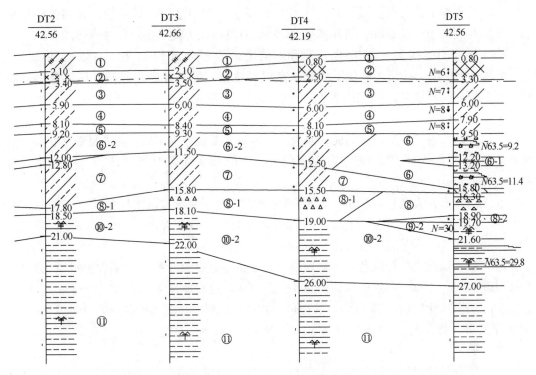

图14.2　典型工程地质剖面图

②层素填土：黄褐～灰褐色，以黏性土为主，可塑，含少量建筑垃圾碎块及生活垃圾。该层厚度0.50～6.70m，层底标高34.84～41.66m，层底埋深0.50～7.90m。

③层粉质黏土（Q_4^{al}）：灰褐～黄褐色，可塑，含少量姜石，局部富集。该层厚度0.50～5.00m，层底标高35.41～39.57m，层底埋深2.60～7.40m。

④层粉土：褐黄色～灰黄色，湿，中密，含少量云母片，偶见姜石。该层厚度0.50～3.20m，层底标高33.33～38.27m，层底埋深3.90～9.00m。

⑤层粉质黏土（Q_3^{al+pl}）：黄褐色，可塑，含少量铁锰氧化物，含5%～10%姜石，一般粒径0.5～2.0cm，最大5.0cm。夹⑤-1姜石透镜体，灰白～灰黄色，稍密，饱和，姜石含量50%～60%，一般粒径1.0～2.0cm，最大粒径5.0cm，以黏性土充填。该层厚度0.50～4.20m，层底标高30.90～36.47m，层底埋深5.90～11.20m。

⑥层姜石：灰黄～灰白色，饱和，稍密，姜石含量50%～55%，一般粒径1.0～3.0cm，最大粒径8.0cm，形状不规则，以黏性土充填，局部呈钙质胶结，岩芯短柱状及块状，大于30cm的单独划分为⑥-1亚层胶结姜石。该层厚度0.50～6.20m，层底标高26.22～35.57m，层底埋深6.60～17.00m。

⑥-1层胶结姜石：灰白～灰黄色，为钙质胶结，呈半～全胶结，岩芯呈柱状、短柱状，锤击声响，不易碎。该层厚度0.50～5.80m，层底标高25.66～32.68m，层底埋深10.50～17.30m。

⑥-2层粉质黏土：褐黄～灰黄色，局部灰褐色，可塑，含少量铁锰氧化物，含5%～20%姜石，一般粒径0.5～2.5cm，最大6.0cm。该层厚度0.40～5.30m，层底标高28.55～33.22m，层底埋深9.10～13.80m。

⑦层粉质黏土：黄褐～浅棕黄色，可塑～硬塑，含少量铁锰氧化物，局部含少量姜石。该层厚度 0.40～6.30m，层底标高 23.78～31.17m，层底埋深 11.00～19.20m。

⑦-1 层姜石：褐黄～灰白色，饱和，稍密，姜石含量约 55%，一般粒径 1.0～3.5cm，最大粒径 7.0cm，形状不规则，充填黏性土，局部混少量碎石，局部呈钙质胶结，岩芯短柱状及块状。该层厚度 0.60～3.20m，层底标高 24.54～27.97m，层底埋深 14.20～18.00m。

⑧层胶结碎石：青灰色，为泥钙质胶结，碎石主要成分为灰岩，岩芯呈短柱状及少量块状，锤击声脆，不易碎。该层厚度 0.60～5.70m，层底标高 21.67～28.34m，层底埋深 14.30～21.30m。

⑧-1 层碎石：青灰色，稍密，饱和，碎石主要成分为灰岩，次棱角状、亚圆状，含量约 60%，可塑～硬塑黏性土充填，局部充填粗砾砂。该层厚度 0.50～8.00m，层底标高 19.22～28.84，层底埋深 14.30～24.00m。

⑧-2 层粉质黏土：棕红色，可塑～硬塑，含少量铁锰氧化物，局部含少量风化残核。该层厚度 0.50～4.40m，层底标高 21.03～25.55m，层底埋深 17.00～22.00m。

⑨-1 层全风化泥质砂岩（P_2）：灰白色～灰黄色，岩芯呈密实砂状，含少量风化残核，干钻可钻进。该层厚度 0.40～2.40m，层底标高 20.43～23.65m，层底埋深18.80～22.00m。

⑨-2 层全风化泥岩：黄褐色～紫红色，岩芯风化成土状，呈硬塑状态，含少量风化岩残骸，干钻可钻进。该层厚度 0.60～2.90m，层底标高 18.43～25.96m，层底埋深16.50～24.00m。

⑩-1 层强风化泥质砂岩：灰白色～灰黄色，岩芯呈柱状及碎块状，块径一般为 2～5cm，最大 8cm，手掰可碎，局部呈透镜体坚硬柱状分布，锤击声响，易碎，岩体基本质量等级为 V 级。该层厚度 0.70～9.90m，层底标高 12.33～23.09m，层底埋深18.70～30.10m。

⑩-2 层强风化泥岩：黄褐色～紫红色，岩芯主要呈碎块状、短柱状，块径一般为 2～5cm，最大 8cm，节长一般为 5～15cm，手掰可碎，锤击声哑易碎，岩体基本质量等级为 V 级。该层厚度 1.10～9.80m，层底标高 11.56～23.84m，层底埋深 18.80～30.20m。

⑪层中风化泥岩：黄褐色～紫红色，岩芯主要呈柱状、短柱状，节长一般为 10～30cm，最大 40cm，锤击声哑，易断，无回弹，失水易崩解，局部夹砂质泥岩，岩体完整程度为较完整，岩体基本质量等级为 Ⅳ～V 级。

表 14.1　基坑支护设计岩土参数

层号	地层名称	渗透系数 k_v (cm/s)	土钉 q_{sk}（kPa）		锚索 q_{sk}（kPa）	
			注浆土钉	打入钢管土钉	一次常压注浆	二次压力注浆
①	杂填土	—	15	20	15	20
②	素填土	* 8.0×10^{-6}	20	25	20	25
③	粉质黏土	5.31×10^{-6}	30	40	38	50
④	粉土	5.84×10^{-5}	40	50	40	55
⑤	粉质黏土	5.13×10^{-6}	34	44	42	60

续表

层号	地层名称	渗透系数 k_v (cm/s)	土钉 q_{sk} (kPa)		锚索 q_{sk} (kPa)	
			注浆土钉	打入钢管土钉	一次常压注浆	二次压力注浆
⑤-1	胶结姜石	* 4.5×10^{-2}	90	—	100	130
⑥	姜石	* 4.5×10^{-2}	80	90	90	120
⑥-1	胶结姜石	—	95	—	105	135
⑥-2	粉质黏土	5.88×10^{-6}	38	48	43	60
⑦	粉质黏土	5.79×10^{-6}	40	50	47	65
⑦-1	姜石	* 4.5×10^{-2}	85	95	95	125
⑧	胶结碎石	—	130	—	150	180
⑧-1	碎石	* 5.5×10^{-2}	120	140	140	170
⑧-2	粉质黏土	7.30×10^{-6}	44	54	50	65
⑨-2	全风化泥岩	—	—	—	52	70
⑩-2	强风化泥岩	—	—	—	80	120
⑪	中风化泥岩	—	—	—	180	200

注：*为根据地区经验推荐；2-2、6-6、8-8、10-10单元，桩间距1.4m，考虑群锚效应，锚索的极限粘结强度标
　　准值×0.95。

表 14.2　轨道交通基坑支护设计岩土参数

层号	地层名称	天然重度 γ (kN/m³)	浮重度 γ (kN/m³)	固快 c_q		三轴 C_U	
				c_k (kPa)	φ_k (°)	c'_k (kPa)	φ'_k (°)
①	杂填土	17.5		* 10	* 15		
②	素填土	18.5	9.5	16.2	11.7	16.7	13.0
③	粉质黏土	19.2	9.7	33.4	14.5	31.1	13.7
④	粉土	19.4	9.8	21.2	26.2	19.9	25.0
⑤	粉质黏土	19.2	9.8	35.2	15.6	32.6	13.9
⑥	姜石	* 20.0	* 10.0	* 5	* 35	—	—
⑥-1	胶结姜石	* 21.0	* 11.0	* 70	* 35	—	—
⑥-2	粉质黏土	19.5	9.9	38.1	16.0	36.0	14.0
⑦	粉质黏土	19.7	10.0	41.6	16.5	38.5	14.9
⑦-1	姜石	* 20.0	* 10.0	* 5	* 35	—	—
⑧	胶结姜石	* 22.0	* 12.0	* 80	* 38	—	—
⑧-1	碎石	* 20.5	* 10.5	* 8	* 38	—	—
⑧-2	粉质黏土	19.6	9.9	46.5	17.9	38.1	15.3
⑨-2	全风化泥岩	* 19.7	* 9.7	* 52	* 19.5	—	—
⑩-2	强风化泥岩	* 21.0	* 11.0	* 57	* 20	—	—
⑪	中风化泥岩	* 22.0	* 12.0	* 65	* 25	—	—

注：*为根据经验估值。

表 14.3　北车库基坑（北侧）支护设计参数

层号	地层名称	基坑侧壁单元	天然重度 γ（kN/m³）	浮重度 γ（kN/m³）	固快 c_q		三轴 C_U	
					c_k（kPa）	φ_k（°）	c'_k（kPa）	φ'_k（°）
①	杂填土	全侧	*17.5		*10	*15		
②	素填土	北侧	18.5	9.5	16.8	12.0	18.7	10
③	粉质黏土	北侧	19.3	9.8	33.1	14.6	31.1	11.7
④	粉土	北侧	19.5	9.9	20.2	25.5	17.6	21.7
⑤	粉质黏土	北侧	19.3	9.8	34.8	15.3	34.7	12.8
⑤-1	胶结姜石	全侧	*21.0	*11.0	*50	*35		
⑥	姜石	全侧	*20.0	*10.0	*5	*35		
⑥-1	胶结姜石	全侧	*21.0	*11.0	*70	*35		
⑥-2	粉质黏土	北侧	19.6	10.0	38.3	16.0	39.8	13.5
⑦	粉质黏土	北侧	19.8	10.2	41.3	16.1	43.4	13.9
⑦-1	姜石	全侧	*20.0	*10.0	*5	*35	—	—
⑧	胶结姜石	全侧	*22.0	*12.0	*80	*38		
⑧-1	碎石	全侧	*20.5	*10.5	*8	*38		
⑧-2	粉质黏土	北侧	19.7	10.0	45.2	17.4	42.7	12.2
⑨-2	全风化泥岩	全侧	*19.7	*10.0	*52.0	*19.5		
⑩-2	强风化泥岩	全侧	*21.0	*11.0	*57.0	*20.0		
⑪	中风化泥岩	全侧	*22.0	*12.0	*65.0	*25.0		

注：*为根据经验估值。

2. 地下水概况

场地地下水属第四系孔隙潜水及基岩裂隙水，主要补给来源为大气降水及地下侧向径流补给，排泄途径为大气蒸发及人工抽取地下水。场地地下水位按 39.0m 考虑。场地综合渗透系数按 6.1m/d 考虑，帷幕条件下按 1.0m/d 考虑。

14.2　基坑支护及降水设计方案

14.2.1　基坑支护设计方案

基坑支护设计方案按 26 个支护单元进行支护设计，分别采用桩锚、复合土钉墙和天然放坡支护。基坑支护平面图，如图 14.3 所示。

1. 桩锚支护方案（图 14.4）

1 号、3 号轨道交通线端头井、1 号轨道交通线北侧、北车库东、南、西侧（第 1—1～16—16、18—18、22—22 剖面），基坑深度 7.00～22.80m，采用桩锚支护方案。

（1）支护桩采用钻孔灌注桩，桩径 800mm，1 号、3 号轨道交通线端头井周边桩径1000mm，间距 1.40～1.50m，局部 1.3m，桩身配筋主筋为 HRB400，桩身混凝土强度为C30，1 号、3 号轨道交通线端头井周边为 C40，桩顶锚入冠梁长度 50mm，主筋锚入冠梁

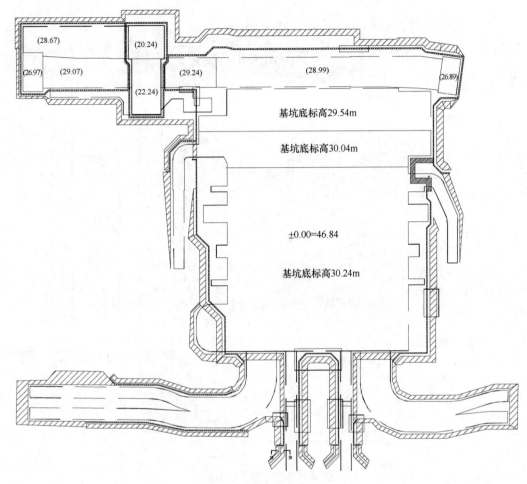

图 14.3　基坑支护平面图

长度 550mm，1 号、3 号轨道交通线端头井周边 750mm。

（2）桩顶钢筋混凝土冠梁为 1000mm×600mm、1 号、3 号轨道交通线端头井周边为 1200mm×800mm，混凝土强度 C30，主筋为 HRB400，冠梁转角处箍筋应加密处理（箍筋加密 1 倍，加密区间为转角两侧各 1.5m）。

（3）设 1～7 道锚索，一桩一锚，锚孔直径 150mm、180mm，杆体材料为 2～5 束 $\Phi^s15.2$ 钢绞线，长度 13.50～28.00m；注浆体强度不小于 M20，注浆水泥用量 55kg/m、40kg/m，采用二次压力注浆，第二次注浆压力 1.5MPa 左右；腰梁为 2 根 22a、28a、32a 工字钢，腰梁下设置角钢支架，支架通过 3 Φ 16 植筋固定于支护桩上，植入深度不小于 300mm。

（4）桩顶以上 0～6.5m 采用天然放坡或土钉墙支护，土钉最大长度 9m。其余参数同复合土钉墙土钉。

（5）桩间土采用挂网喷射混凝土保护，在桩间土植入 1 Φ 16 L=1000mm 钢筋用以挂网，挂网钢筋之间通过 1 Φ 16 通长加强筋连接，钢筋网为 Φ6.0@200mm×200mm，喷面厚度为 80mm。喷射混凝土强度 C20。

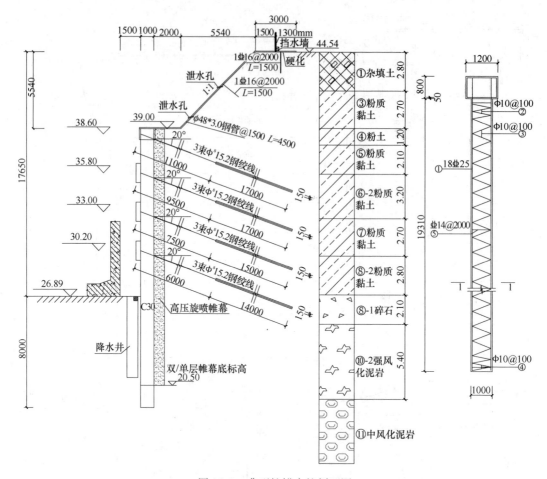

图 14.4 典型桩锚支护剖面图

1 号轨道交通线北侧、北地下车库西侧、南侧支护区段局部紧邻后期拟建建筑物（3 号线南侧车站后期需向南继续开挖）、桩基或盾构施工区域采用可回收锚索工艺，且应由专业施工队伍施工，保证锚索的可靠回收，以避免对后期建筑物、地铁盾构施工造成困难；车站端墙支护桩可采用玻璃纤维筋代替钢筋，以便后期盾构施工。

回收锚索标高以上的主体楼板施工后，及时采用 2:8 灰土压实回填至锚索标高（回填标高不低于锚索 0.5m），方可对锚索进行拆除；基坑挖至基底时，基础底板与支护桩之间设置混凝土传力带，回填至楼板标高时，楼板与支护桩之间设置混凝土传力带，再进行上部锚索的拆除。

2. 复合土钉墙支护（图 14.5）

车库坡道（第 17—17、20—20、21—21、24—24 剖面），基坑深度部分为 7.0～11.0m，有放坡空间，采用复合土钉墙支护。

（1）土钉成孔直径 130mm，杆体材料采用 1⏀20/1⏀22，注浆体强度 M20，注浆水泥用量 30kg/m，土钉竖向横向均采用 2⏀16 通长加强筋连接，并确保与面层配筋有效连接。

（2）预应力锚索成孔直径 150mm，锚索材料采用 1 束 Φ^s15.2 钢绞线，注浆体强度不小于 M20，注浆水泥用量 40kg/m，采用二次压力注浆，第二次注浆压力 1.5MPa 左右。腰梁为 2 根 14a 槽钢。

（3）面层上翻宽度为 3.0m，面层钢筋网采用 Φ6.0@200mm×200mm，喷面混凝土强度等级为 C20，面层厚度不小于 80mm。

（4）填土采用钢管土钉，土钉注浆压力不小于 0.6MPa，水泥用量不小于 90kg/m。

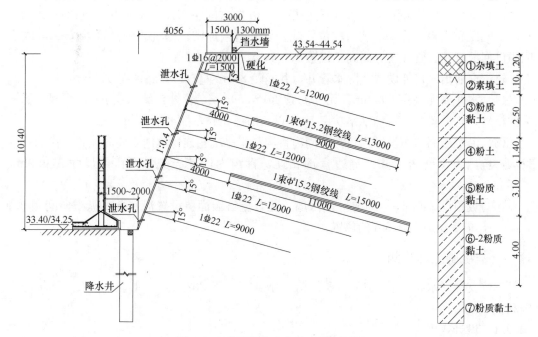

图 14.5　典型复合土钉墙支护剖面图

3. 天然放坡支护参数

车库基坑上、下口部位（第 16′—16′、19—19、23—23 剖面），基坑相对深度较小，采用天然放坡。

（1）上口面层上翻宽度为 3.0m；

（2）面层钢筋网采用 Φ6@200mm×200mm，喷面混凝土强度等级为 C20，面层厚度不小于 60mm。

4. 盾构端头地基加固

盾构端头地基加固采用 ϕ800mm@600mm 高压旋喷注浆加固，加固长度均为 16m，隧道两侧各 7m 及盾构隧道上下各 4m 为强加固区（加固一区），隧道上方 4m 以外至地面为弱加固区（加固二区）。高压旋喷桩实桩水泥用量 380kg/m（加固一区）、空桩水泥用量 90kg/m（加固二区）。

14.2.2　基坑地下水控制方案

基坑周边设置封闭式止水帷幕，周边布设降水井、坑内布设疏干井，基坑北侧帷幕外侧设置回灌井。

（1）1 号、3 号轨道交通线基坑外侧采用双排帷幕，北地下车库外侧采用单层帷幕。双排帷幕为高喷桩与支护桩搭接帷幕及高喷桩搭接帷幕，采用二重管高压旋喷桩，桩顶标高为 39.0m，直径 800mm、900mm，水泥用量为 400kg/m、500kg/m。高喷桩搭接帷幕采用旋挖钻机引孔。支护桩底标高高于帷幕底标高的支护段，下部采用素混凝土灌注。

（2）3号轨道交通线基坑帷幕底标高为17.4m，1号轨道交通线基坑帷幕底标高及北车库基坑帷幕底标高为20.50～22.20m。局部浅降水井井底标高为32.50m。3号轨道交通线帷幕按设计深度施工，其余支护段帷幕如在设计深度内见风化岩，则帷幕底入风化岩不小于2.0m。公交车道出入口位置帷幕顶标高为基底标高。

（3）基坑采用管井降水，基坑周边按15.0m左右间距布设降水管井，坑内按20.0～25.0m间距布设疏干管井，坑内坑位置疏干管井适当加密；基坑北侧帷幕外按20m左右间距设回灌管井。管井底标高高于帷幕1.00m。

轨道交通出入口外设置浅降水管井，井间距8.0m左右，井底标高32.54m。

（4）水井成孔直径800mm，无砂滤管直径550mm，管外包缠双层60目滤网，滤料为中粗砂，均设置井底，抽水泵功率3.0kW，扬程34m，抽水量15m³/h。

（5）沿坑底周边布设排水盲沟，周边盲沟与集水坑相连，坑内必要时设置纵横向排水盲沟，坑内盲沟与疏干井及周边盲沟相连，盲沟内以碎石充填，盲沟尺寸为400mm×400mm。

（6）坡顶设240mm×300mm挡水墙。复合土钉墙面层设置泄水孔，纵横向间距3.0×3.0m，最底距坡底0.5m的位置。

14.3　基坑施工与监测

基坑支护降水施工于2019年8月初开始施工，于2021年1月基本结束。基坑施工顺利。

14.3.1　设计变更

（1）高压旋喷桩搭接止水帷幕，因场地分布较多胶结碎石及胶结姜石，且该层透水性较好，强度较高，局部胶结天然单轴抗压强度达到10MPa，原高压旋喷施工方法效果较差，为保证施工质量，采用旋挖预成孔素土回填，再进行高压旋喷施工，经过后期开挖验证，基坑侧壁干燥，止水效果良好。

（2）轨道交通北侧紧靠未来的淄博站南站房，与轨道交通车站之间连接换乘，淄博站南站房桩基紧靠轨道交通地下室外墙，最近距离约为1.0m。因距离过近，无法施工支护桩，设计变更支护桩外移至南站房桩基承台之间。南站房桩基将在本基坑肥槽内施工。南站房支护段变更位置图，如图14.6所示。

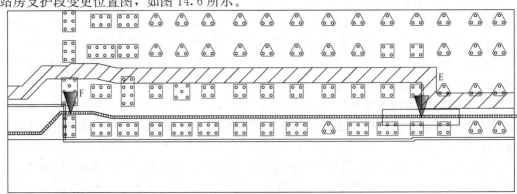

图14.6　南站房支护段变更位置图

（3）轨道交通1号线东西端头井、3号线北端头井外侧加固土体适当扩大范围。

（4）为保证基坑回填质量，基坑回填要求采用分层压实，因局部工作面较小，分层压实难度较大，则调整回填措施，局部工作面小于3.0m位置采用水泥土回填；工作面大于3.0m位置采用小型设备进行回填土分层压实。端头井加固大样图，如图14.7所示。

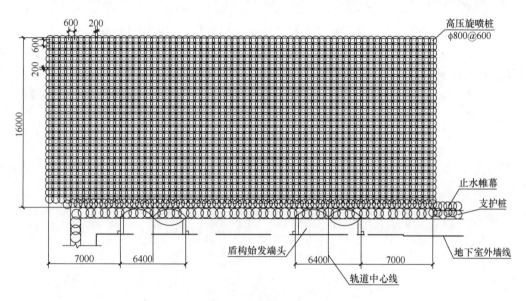

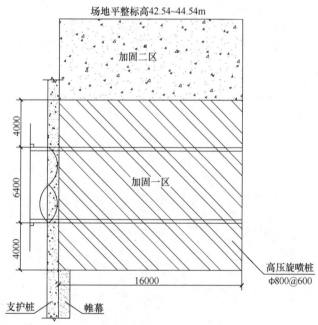

图14.7　端头井加固大样图

14.3.2　基坑监测

基坑监测于2019年8月初开始施工，于2021年1月基本结束。基坑监测项目均未超过报警值，监测数值较小。主要数据如下：

锚索内力监测值一般小于 100kN，最大值 176kN；

水平位移：小于 10mm；最大 8.95mm；

沉降：一般小于 10mm，最大 13.09mm。

14.4　结束语

（1）基坑监测值偏小，说明基坑支护结构安全程度高，有一定的优化空间。本项目地基土有碎石、姜石胶结，其强度很高，其抗剪强度、锚杆 q_{sik} 取值的安全系数都高于其他土层，对整体稳定贡献大；支护桩嵌固深度偏大、坑外有加固土等也是有利因素。

（2）本基坑 3 号线北端头井处最大，由于外侧加固区范围大，强度高，对基坑稳定性有很好的作用。

15 博山易达广场商业综合体项目一期深基坑、 边坡支护设计与施工

15.1 基坑及边坡概况、周边环境和场地工程地质条件

项目位于淄博市博山区中心路南侧、顺河街东侧，包括 2 号～7 号商业楼、8 号综合楼、9 号、10 号住宅楼及楼间地下车库，分东、西两个区并先后施工。建筑物主要设计参数见表 15.1。

表 15.1 建筑物主要设计参数

建筑物名称	地上层数	地下层数	高度 (m)	尺寸 (m²)	结构类型	基础形式	±0.00 (m)	基底标高 (m)
2 号商业楼	2	0		133×10	框架	独立柱基		220.0
3 号商业楼	2～3	1～2		"L"形，宽 12m，东西长 117.2m，南北 76.6m	框架	独立柱基	227.8	215.3
4 号商业楼	3	1		"L"形，宽 12m，东西长 77m，南北长 48m				215.3
5 号商业楼	2	2	9.6	近似椭圆形，长轴 54m，短轴 40m	框架	独立柱基	227.8	216.3
6 号商业楼	3	2	13.8	68.0×19.0	框架	独立柱基	227.8	216.3
7 号商业楼北区	4	2	26.4	130.1×8.0	框架	独立柱基	227.8	216.3
7 号商业楼南区	4	2	18.6	17.6×100	框架	独立柱基	227.8	216.3
8 号综合楼	18	4	80.35	17.2×42.4	框架	独立柱基	237.3	216.3
9 号、10 号住宅楼	28	2	89.1		框剪	筏形基础	227.8	216.3
地下车库	—	1	—		框架	独立柱基		215.1

沿建筑地下室南侧西段、西侧及北侧西段有一地下泄洪沟，与地下室同步施工，沟宽 4.1m，高 3.5m，地板底垫层标高最低 214.8m。

15.1.1 基坑及边坡概况

基坑形状近似不规则六边形，基坑东西方向长约 245m，南北方向宽约 144m，地面标高最大值 236.5m，最小值 223.4m。基坑深度为 6.7～21m。

东区南侧（2 号商业楼南侧）、西区东侧南段（3 号商业楼东侧）存在现状边坡，坡顶标高 240.0～241.0m，坡底地面标高分别约为 222.5m、223.0m 和 226.0m，坡高 15.0～17.5m；坡脚采用毛石挡墙支护，墙顶标高约 230.0m 和 231.0m，墙高 5.0～7.5m。2 号

设计：赵昌胜、叶胜林、马连仲；施工：姜文辉、王金鹏。

商业楼基底标高为 220.0m，需在现状挡墙前下挖基坑，深 3.0m 和 6.0m，该楼外墙距挡墙 4.0～6.5m，基坑回填至 221.2m，以上成为永久边坡，边坡高度约 19.8m。

　　边坡支护工程安全性及结构耐久性要求高，2 号商业楼南侧为基坑＋边坡，均按边坡考虑。3 号商业楼东侧现状挡墙需永久保留，因破损较严重，应进行加固处理。

15.1.2　基坑、边坡周边环境情况（图 15.1）

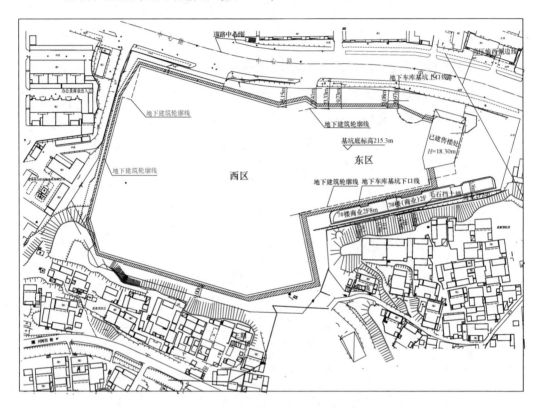

图 15.1　基坑周边环境图

　　（1）北侧：基坑下口线距中心路最近处约 21m；近处分布有通信光缆，给水管道、污水管道。西区基坑下口线距通信光缆（埋深 1m）最近处约 6m，距其他管线均大于 8m，局部施工道路距坡顶 3m；东区基坑下口线距通信光缆（埋深 1m）最近处约 16.1m，距其他管线均大于 17m。基坑下口线距办公板房、一层实验室 6.8m。

　　（2）东侧：售楼处已建成，其地下室基底埋深与东区地下车库一致，售楼处南侧为空地；西区东侧与东区地下车库相连接，不需要支护。

　　（3）南侧：东区为两级基坑。地下车库基坑下口线距 2 号商业楼外墙 4.1m，建筑物基底高差 4.7m；2 号商业楼外墙距毛石挡墙 4.2～6.4m；该挡墙地面标高 223～226m，顶标高 230.5～231.2m，基础埋深 1m，墙高 5.5～7.5m，挡墙后为斜坡，坡顶标高 239.2～241.7m，坡度 36°～57°。

　　西区东端 3 号商业楼外墙距毛石挡墙 14.4～18.4m。西区东段距基坑坡顶 6m 为钢筋加工区；西区西段较空阔。

　　（4）西侧：东区西侧为西区场地，坡顶有施工道路。西区西侧分布有 1 层、2 层及 5

层民宅。距基坑下口线最近处约10m。

15.1.3 场地地层情况

1. 场地地层埋藏条件及基坑、边坡支护设计岩土参数（表15.2）

在勘察深度范围内，主要由人工填土、第四系冲洪积成因的黏性土、卵石及下伏石炭系岩层组成，根据岩土的性质可分为6大层，自上而下的顺序分述如下：

①层杂填土（Q_4^{ml}）：杂色，松散，以建筑垃圾、黏性土为主，含碎石、块石，局部底部为素填土。该层厚度0.30~6.00m，层底标高213.95~226.42m，层底埋深0.30~6.00m。

②层粉质黏土（Q_4^{al+pl}）：褐黄色，可塑，含铁锰质氧化物，土质较均匀。该层厚度1.10~5.20m，层底标高212.65~222.54m，层底埋深2.80~6.00m。

③层卵石：灰色，稍湿，中密，卵石成分以灰岩质为主，粒径为2~6cm，含量40%~50%，充填粉质黏土及中粗砂。该层厚度0.70~5.20m，层底标高212.14~224.82m，层底埋深2.00~8.50m。

④层粉质黏土（Q_3^{al+pl}）：褐黄色，可塑，含铁锰质氧化物，见少量灰岩卵石及砂粒，含量为5%~15%，直径0.5~10cm，局部夹灰岩卵石薄层。该层厚度1.00~6.80m，层底标高209.95~221.45m，层底埋深3.00~12.30m。

⑤层中风化石灰岩（C）：青灰色，岩芯柱状~短柱状，无溶蚀痕迹。该层厚度0.50~2.70m，层底标高214.88~219.42m，层底埋深4.80~9.20m。

⑥层强风化页岩：灰黄色~灰黑色，泥质结构，层状构造，有页理，主要成分为黏土矿物，岩芯呈碎块状，局部短柱状。该层未揭穿，最大揭露深度15.00m。

表15.2　基坑支护设计岩土参数

岩土名称	γ （kN/m³）	c_k （kPa）	φ_k （°）	土钉 q_{sik} （kPa）	锚杆 q_{sik} （kPa）
①素填土	18.0	10	10	25	30
②粉质黏土	18.8	22.0	13.9	40	65
③卵石	20.0	5	40	80	180
④粉质黏土	19.0	28.1	16.5	45	80
⑤中风化石灰岩	23.0	400	33.0		450
⑥强风化页岩	22.0	90	23.0	140	200
⑦强风化砂岩	22.0	100	25		200

2. 场地地下水

勘察期间，东西区钻孔深度范围内未揭露地下水，根据附近水文地质资料，场区地下水位埋藏较深，可不考虑其对基坑的影响。

15.2　基坑、边坡支护及地下水控制方案

基坑周边地形高差较大，基坑支护采取天然放坡、土钉墙、桩锚等支护方案，2号商业楼南侧基坑＋边坡采用锚杆挡墙支护方案。大气降水通过明沟排放。

15.2.1 基坑支护设计方案

基坑支护设计方案按 10 个支护单元进行支护设计，基坑开挖深度 4.7～21m，采用天然放坡、土钉墙、桩锚支护方案。其中天然放坡位于 2 号商业楼与东区地下车库之间区段。基坑支护平面图，如图 15.2 所示。

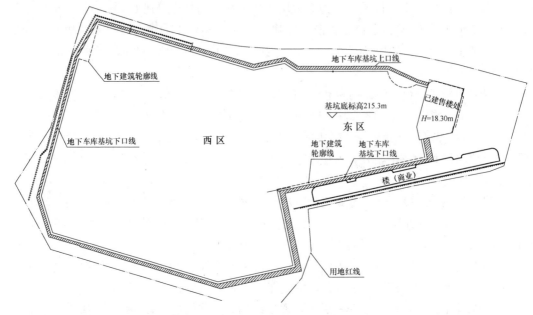

图 15.2　基坑支护平面图

1. 土钉墙支护方案（图 15.3）

西区北侧东段、西区南侧东段及东区北侧、东侧南段，基坑深度较小，采用本方案。

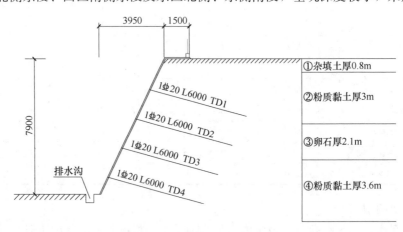

图 15.3　典型土钉墙支护剖面图

（1）放坡坡度 1∶0.3～1∶0.6，设 3～4 道土钉，水平间距 1.2～2.0m，竖向间距 1.5～2.0m，土钉与水平面夹角为 15°。

（2）土钉成孔直径 130mm，杆体材料均采用 HRB400 钢材，直径 20mm，东区东侧南段直径 18mm。土钉在水平方向上采用 1φ14HRB400 钢筋连接。

254

（3）采用低压注浆。注浆体强度不低于20MPa。

（4）喷射钢筋混凝土面层采用$\phi 8@200mm\times 200mm$，喷面细石混凝土强度等级C20，喷面厚度80mm。坡顶翻边护坡宽度不小于1.5m。面层纵横向间隔3～5m设一泄水孔。

2. 桩锚支护方案

西区北侧西段、南侧西段、西侧，基坑深度18.5～21m，采用桩锚支护方案，按5个支护单元进行设计（图15.4）。

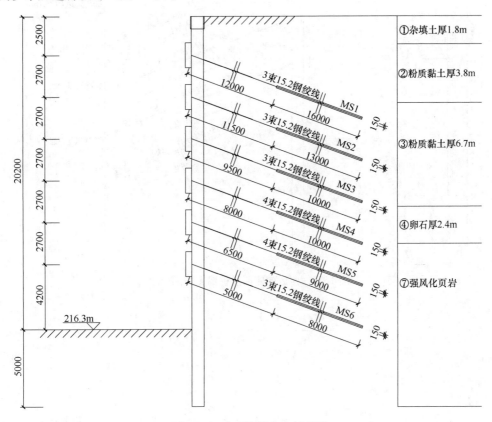

图15.4　典型桩锚支护剖面图

（1）支护桩采用钻孔灌注桩，水平间距为1.50m，桩径800mm，嵌固深度为4.5m，有效桩长24.7m。

（2）桩顶钢筋混凝土冠梁900mm×800mm，混凝土强度C30，桩锚入冠梁50mm，主筋锚入冠梁不小于700mm。

（3）设4～6道锚索，均采用一桩一锚，锚索水平间距1.5m，锚索采用3～4束$\Phi^s15.2$钢绞线。锚索成孔直径150mm。锚索采用二次注浆工艺，注浆体强度M20。腰梁为2根22b槽钢。

（4）桩锚立面采用挂网喷射混凝土护面。采用$\phi 6.5@250mm\times 250mm$，喷面厚度不小于60mm。面层纵横向间隔3～5m设一泄水孔。

（5）西区南侧西段坡底为一台阶，台宽3.6～8.1m，采用1∶0.3自然放坡，挂网喷射细石混凝土面层，强度等级C20，厚度60mm，采用$\phi 6.5@250mm\times 250mm$（图15.5和图15.6）。

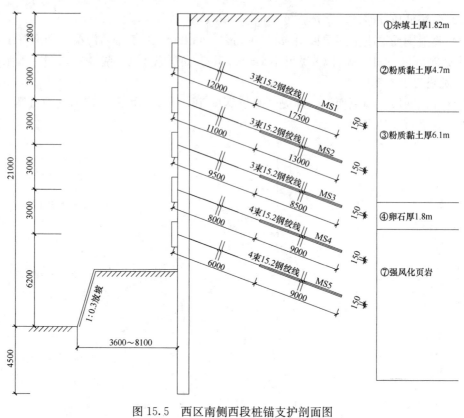

图 15.5 西区南侧西段桩锚支护剖面图

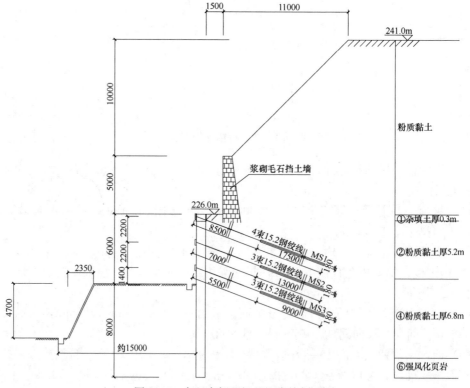

图 15.6 东区南侧两级基坑支护剖面图

15.2.2 基坑+边坡支护方案

东区 2 号商业楼基底标高 220m，南侧室外坪标高 221.2m，南侧地面标高 223～226m，形成永久性边坡，高 1.8～4.8m，并紧邻南侧毛石挡墙。该挡墙顶标高 230.5～231.5m，挡墙基础埋深 1m，挡墙高度 5.5～7.5m，挡墙后为斜坡，坡顶标高 239.2～241.7m，坡度 36°～57°。

对基坑+边坡采用排桩式锚杆挡墙支护，对原毛石挡墙采用格构式锚杆挡墙支护加固（图 15.7）。

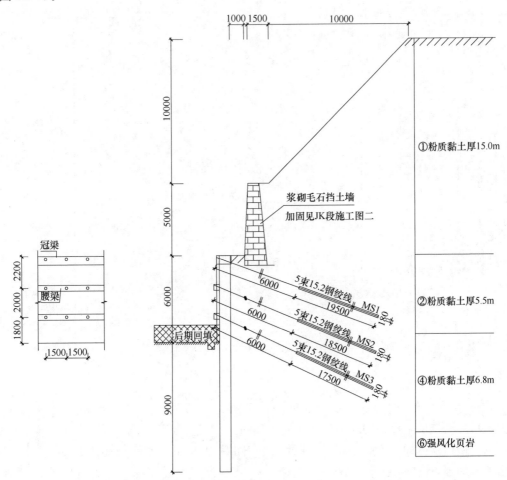

图 15.7　东区南侧典型排桩式锚杆挡墙支护剖面图

1. 排桩式锚杆挡墙支护方案

（1）基坑+边坡采用排桩锚拉挡墙支护，设 2～3 道锚索。

（2）支护桩采用人工挖孔桩，间距 1.5m，有效桩径 900mm，护壁 150mm，桩长 12m，嵌固深度为 9.0m。桩顶钢筋混凝土冠梁为 1150mm×800mm，钢筋混凝土腰梁为 400mm×400mm，桩顶锚固筋锚入冠梁不小于 500mm，并做 90°弯折，弯折长度不小于 300mm，桩锚入冠梁 50mm。面板厚度 150mm。所用混凝土强度等级均为 C30。

（3）设置 2～3 道压力分散型锚索，一桩一锚，第一道锚索锁定在冠梁上，第二、三道锚索钢筋混凝土腰梁为 400mm×400mm。锚索采用 1860 级钢绞线，锚索成孔直径 180mm。锚索采用二次压力注浆，第二注浆压力 2MPa 左右，注浆材料为水泥砂浆，浆体材料 28d 无侧限抗压强度不低于 25MPa。

（4）板厚 200mm，采用双层双向直径 8@200 配筋，板上部配筋采取在冠梁中预留胡子筋的方式，与冠梁浇筑为整体。板纵横向间隔 3～5m 设一泄水孔。

2. 格构式锚杆挡墙支护加固方案（图 15.8）

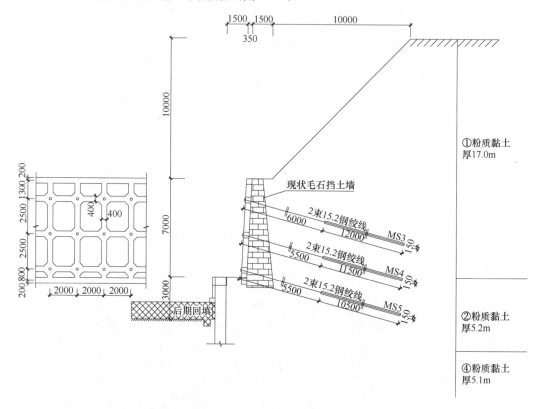

图 15.8 东区南侧格构式锚杆挡墙支护加固剖面图

（1）毛石挡墙采用格构式锚杆挡墙支护加固。

（2）格构梁截面为 400mm×400mm，竖向间距为 2.5m，水平间距为 2.0m，节点处采用加腋加强。

（3）设置 2～3 道锚杆，锚索采用 1860 级钢绞线，锚索成孔直径 150mm。锚索采用二次压力注浆，第二注浆压力 2MPa 左右，注浆材料为水泥砂浆，浆体材料 28d 无侧限抗压强度不低于 25MPa；锚索均锁定在格构梁节点上。

15.2.3 地下水控制方案

（1）基坑内设置明沟和集水坑，对大气降水进行明排处理。

（2）坡顶面层上翻 1.5m，挡水墙 12mm×18mm。

15.3 基坑、边坡支护施工

基坑支护、边坡支护施工较为顺利，根据监测和现场巡视，基坑位移较小，锚杆内力较小，安全可靠度高。边坡几乎没有位移（图 15.9 和图 15.10）。

图 15.9　基坑桩锚支护照片　　图 15.10　边坡格构式锚杆挡墙＋
　　　　　　　　　　　　　　　排桩式锚（西柏坡）挡墙照片

15.4　结束语

（1）当基坑可能成为边坡时，应按边坡进行设计和施工。

（2）边坡支护设计应有岩土工程勘察资料，设计参数取值与基坑支护应有所区别。本工程挡墙后的地层是根据场地内建筑物勘察资料推定的。

16 滕州市中心人民医院外系大楼 深基坑支护设计与施工

16.1 基坑概况、周边环境和场地工程地质条件

项目位于滕州市善国中路以西，杏坛路北侧，滕州市中心人民医院院内。于2004年4月开工建设，至2006年12月竣工。总建筑面积39092m²，地上22层，总高度96m，地下1层，采用框架-剪力墙结构，桩筏基础，埋深7m。该工程桩基采用钻孔灌注桩，桩径800mm，有效桩长18.5~22.0m，桩端持力层为中风化泥灰岩。

16.1.1 基坑概况

基坑大致呈矩形，南北向长约60m，东西向宽约38.5m。场地较平坦，地面标高67.94~68.26m，基坑底标高为60.20m，场地整平后基坑开挖深度按7.8m考虑。

16.1.2 基坑周边环境条件（图16.1）

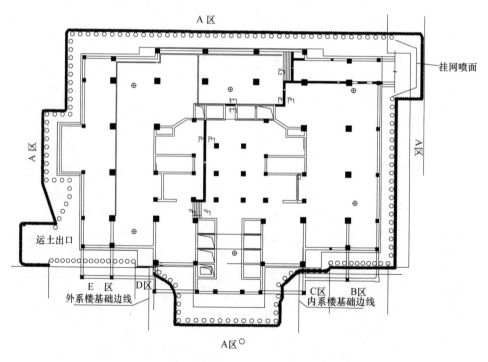

图16.1 基坑平面布置以及周边环境图（上为西）

（1）北侧：为院内平地，约30m外为食堂；

（2）东侧：北段地下室外墙距6层内科病房楼基础边线2.7m和0.8m，内科病房楼

设计：马连仲、叶枝顺；施工：王爱国、李学田。

为天然地基混凝土条形基础，基础埋深 2.4m，基底压力 150kPa；中段为院内空地，距医院门诊楼 30m；南段地下室外墙距 6 层外科病房楼基础边线 0.32m 和 1.9m，外科病房楼为天然地基横向条基承重，基础埋深 2.5m，基础下设置 3：7 灰土 2.1m，基底压力 160kPa；

（3）南侧：施工用场地，距杏坛路约 20m；

（4）西侧：地下室外墙临近围墙约 4m，墙上有煤气管道，墙外为小区道路，宽 4m，道路下有下水管道通过，埋深约 1m，道路西侧为 5 层住宅楼，天然地基条形基础，埋深约 1.5m。

16.1.3　场地工程地质条件

1. 场地地层埋藏条件及基坑支护设计岩土参数（表 16.1）

建设场地属冲积平原地貌单元，场地地形较平坦。地基土为第四系全新统～上更新统冲积地层（Q_4^{al}～Q_3^{al}），上覆人工填土，下伏石炭系泥灰岩，支护深度影响范围内主要有以下 6 层，自上而下分述如下：

①层杂填土（Q_4^{ml}）：稍密状态，成分主要为砖块、混凝土块等建筑垃圾，局部混少量灰渣、生活垃圾与黏性土，该层厚度 0.90～2.60m，平均 1.87m；

②层粉土（Q_4^{al}）：褐黄色，中密，湿，含少量云母片，该层厚度 1.80～3.30m，层底深度 3.80～4.50m；

③层黏土（Q_3^{al}）：黄褐色，可塑～硬塑，见小姜石，该层厚度 0.60～2.50m，层底深度 5.30～7.50m；

④层粉质黏土：棕黄色，可塑～硬塑，含少量姜石，该层厚度 1.70～3.00m，层底深度 6.30～10.20m；

⑤层黏土：灰黄～棕黄色，硬塑～坚硬，含高岭土及多量姜石，该层厚度 4.60～8.60m，层底深度 14.00～15.00m；

⑥粗砾砂：褐黄色，饱和，密实，主要矿物成分为石英和长石，混多量黏性土。该层厚度 1.40～3.40m，层底深度 15.90～18.00m。

表 16.1　基坑支护设计岩土参数

层序	土层名称	γ (kN/m³)	c (kPa)	φ (°)	锚杆 q_{sk} (kPa)	说明
①	杂填土	18	0	18.0		D、E 区 2.50～4.60m 深度上为 3：7 灰土，取 $c=50$kPa，$\varphi=20°$
②	粉土～粉质黏土	19.5	28	18.0	45	
③	黏土	19.4	50	15.0	55	
④	粉质黏土	19.7	40	16.0	50	
⑤	黏土	19.4	80	18.0	70	
⑥	粗砾砂	20.0	10	35.0	70	

2. 地下水情况

场地内地下水为第四系孔隙潜水。勘察期间，地下水位埋深 1.65～2.10m，相应地下水位标高 66.38～65.99m。水位年变幅约 2.00m，历史最高地下水位高程约为 67.5m。地下水位北高南低，自北向南径流，地下水补给主要为大气降水补给和地下径流。

16.2 基坑支护及地下水控制方案

场地周边环境复杂。综合考虑基坑周边建（构）筑物情况及场地工程地质与水文地质条件，采取桩锚支护方案，局部采用微型桩锚支护方案；采用止水帷幕＋管井降水（疏干）的地下水控制方案。

A、B区基坑安全等级为三级，C、D、E区基坑安全等级为一级。

注：1. 场地西北角采用天然放坡，坡面挂钢筋网喷护，基坑安全等级为三级。

　　2. 沿出土坡道较深处设置支护桩，较浅处天然放坡。

16.2.1 基坑支护设计方案

除D区外，支护桩均采用钻孔灌注桩，桩顶钢筋混凝土冠梁 900mm×500mm。桩及冠梁混凝土强度等级为C25。

D区微型桩采用钻孔插钢管注浆成桩，桩顶钢筋混凝土冠梁 300mm×300mm。冠梁混凝土强度等级为C25。支护桩设计参数，见表16.2。

表16.2 支护桩设计参数（括号内为现在计算配筋率）

分区	桩径（mm）	桩间距（mm）	桩嵌固深度（m）	桩主筋
A区	700	1400	2.5	5×20/（2117）
B区	700	1100	3.0	5×20
C区	700	1100	3.0	8×20
D区	130	400	5.0	钢管 φ108mm，壁厚 4mm
E区	700	1100	3.5	8×20

除D区外，于支护桩冠梁下 2.0m 设一道锚杆，D区设两道锚杆，竖向间距为 1600mm，锚杆孔径均为 150mm。锚杆杆体材料为 HRB335，注浆体强度 C20。锚杆设计参数，见表16.3。

表16.3 锚杆设计参数

分区	锚杆直径（mm）	锚杆间距（mm）	锚杆长度（m）	锚杆杆体直径（mm）
A区	150	2800	13	1×25
B区	150	2200	15	1×32
C区	150	1100	15	1×28
D区	150	1600	17、15	1×32
E区	150	1100	11	1×25

注：锚杆预加力为 A区采用 30kN，B、C、E采用 60kN，D区采用 100kN。

16.2.2 基坑地下水控制方案

场地主要含水层为第四系黏性土和砂土，地下水位高，基底附近存在厚度大于 6m 的⑤层黏土，是良好的隔水层，采取止水帷幕结合坑内疏干的地下水控制方案。

（1）止水帷幕方案

A、B区采用深层搅拌桩搭接止水帷幕，C区采用支护桩咬合深层搅拌桩止水帷幕；D区采用钢管桩间钻孔压力注浆止水方案；E区采用支护桩间钻孔压力注浆止水方案。

深层搅拌桩桩径 500mm，相邻桩咬合 150mm，桩顶标高−1.80m，桩底进入⑤层黏土约 1.5m，桩长 7m。全桩段复搅，水泥用量 75kg/m。

桩间压力注浆采用 XY-1 型岩芯钻机成孔，预置注浆管，干状水泥砂浆封孔。注浆孔 ϕ130mm，孔底标高−8.80m，注浆压力不小于 1MPa。

（2）基坑疏干方案

基坑面积约 2300m²，坑内均衡设置疏干管井，井间距约 20m。管井直径 700mm，井管直径 400mm，反滤层采用 5～10mm 碎石，厚度不小于 100mm，井底进入基底以下 4.0～4.5m。

沿坑底周边布设 300mm×300mm 排水盲沟，盲沟与疏干井相连，盲沟内以碎石充填。

16.3　基坑支护及降水施工

该支护设计施工的难点主要体现在与原有建筑物较近，C 区距原有病房楼基础仅有 0.8m，D 区距原有病房楼基础仅有 0.32m。C 区采用了水泥土搅拌桩和钻孔灌注桩套打施工工艺，先施工搅拌桩，搅拌桩完成 12～48h 施工钻孔灌注桩，保证支护桩的可钻性，又不至于破坏搅拌桩的完整性，使搅拌桩和支护桩形成整体，满足止水和支护的要求。施工过程中搅拌桩的施工速度要根据支护桩的施工速度确定。D 区采用锚拉钢管桩加压力注浆止水方案，并在施工中加强钢管桩垂直度的控制，成功解决了支护和止水的问题，基坑开挖后钢管支护桩位置准确，基坑侧壁无渗漏点。

E 区原外科病房楼地基采用了 3∶7 灰土处理，灰土地基埋深 2.5m，灰土厚度 2.1，水泥土搅拌桩止水帷幕施工困难，设计采用支护桩间钻孔压力灌注水泥浆止水方案，施工时采用 XY-1 型钻机成孔，预埋注浆管、干状水泥砂浆封孔的施工方法，注浆水灰比采用 0.9 和 0.6 两种，注浆压力 1.5MPa，先注稀浆，发挥稀浆流动性好，在土层内易于渗透和压入的特点，然后注入浓浆，使较大的裂隙得到填充，解决了该区段止水的难题。

该支护工程根据现场实际情况，采用多种支护方法和施工方法，做到了有的放矢，针对性较强，使支护方案更具有合理性和可实施性（图 16.2）。

图 16.2　基坑南侧开挖至基底现场照片

16.4　基坑监测数据

在基坑开挖前，我公司制定了完善的基坑位移监测方案和相邻建筑的沉降观测方案，并在基坑开挖过程中采用信息化管理，根据监测数据和现场情况及时优化支护方案，基坑开挖完后经过监测基坑顶（冠梁）水平位移 13.8mm，内科病房楼和外科病房楼最终沉降量 3.8mm，未对周围环境产生不良影响，未出现墙体变形和开裂情况，降水效果良好，坑底干燥，满足了后续土建施工的要求。

监测数据表明，该基坑支护方案设计合理，满足要求，经济合理。并得到建设单位和监理单位的好评。

16.5　结束语

1. 采用的新技术、新工艺、新设备、新材料

（1）在 C 区采用了搅拌桩和钻孔灌注桩套打施工工艺，在搅拌桩施工完成 12～48h 施打钻孔灌注桩，使搅拌桩和支护桩形成整体，满足止水和支护的要求。

（2）钢管桩计算模型问题。由于当时设计软件未提供型钢桩支护计算模式，本工程按混凝土强度等级 C40、桩径 300mm 的桩作了等代，若利用现有软件按型钢桩计算，也是满足要求的。

（3）本工程 A、B 区的支护桩配筋量较小，是按实际计算需要配筋的，现在通常按不少于 0.65% 配筋。

（4）本工程对老黏性土的抗剪强度指标取值是比较高的，考虑灰土换填厚度大于其宽度，灰土也参与了计算。事实证明，是可靠的。

（5）⑥层粗砾砂层为承压潜水层，水头 12.20m，浮力 122 kPa，第⑤层黏土底至基底高度为 6.05m，取重度 19.4kN/m³，其重量 6.05×19.4＝117.4kPa，略小于浮力，但由于工程桩已完成，能够提供较高的抗拔力，未再考虑施工期间基底突涌问题。

2. 工程的经济、社会和环境效益

我公司完成了本项目岩土工程勘察、基坑支护设计与施工、基坑监测，是推行岩土工程一体化较成功的项目之一，为建设单位顺利进行整体工程的建设打下了良好的基础，该建筑物于 2006 年年底建成投入使用以来，成为滕州市标志性建筑物之一，同时我公司所采取的有针对性地、有效地施工技术质量控制措施取得了建设单位的认可和好评，对滕州地区类似工程的建设提供了可借鉴的成功经验。

17 烟台芝罘万达广场南区 B、C、D、E 地块深基坑支护设计与施工

17.1 基坑概况、周边环境及场地工程地质条件

项目位于烟台市芝罘区西南河路以东，胜利路以西，建昌南街以北。总建筑面积 119 万 m²，其中商业面积 24 万 m²，是中国北方最大的城市综合体。

建筑物包括 1 号～10 号楼、E1 号～E6 号楼，地上 31～34 层，商铺地上 2～3 层，均为地下 2 层，整体筏板基础；地下车库，地下 2 层。

17.1.1 基坑概况

项目东西向长约 345m，南北向长约 370m，分为南北两基坑，B、C 地块为北基坑，D、E 地块为南基坑，两基坑地下室外墙相距约 27.0m。基坑周长 1600m，开挖深度 9.0～16.5m，南北两坑之间作为出土坡道。

17.1.2 基坑周边环境情况（图 17.1）

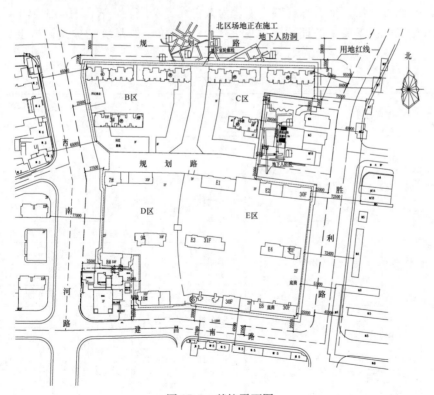

图 17.1 基坑平面图

设计：范世英、秦永军、马连仲。

（1）北侧：B、C 地块地下室外墙距 A 地块基坑约 50m，该基坑已开挖至基底，两基坑之间为空地。

（2）东侧：C 地块东侧北段 、E 地块东侧地下室或地库外墙距建筑红线约 25m，红线外为胜利路，宽约 40m，路东有 4～18 层民用及商用建筑，红线外管线众多。C 地块东侧南段为中国人民银行 4 层警卫楼 2 栋、新建票据中心、3 层办公楼、18 层培训中心及消防水池。地下车库外墙距票据中心、4 层警卫楼约 13m，该 2 楼天然地基条形基础，埋深 −3.60m；培训中心为地下两层，基础埋深 −8.00m，筏板基础；地下车库外墙距消防水池 29.5m，该水池埋深 −10.0m，南北方向长 21.85m，影响支护结构的主要为消防水池基础。

（3）南侧：D、E 地块地下室外墙距建筑红线约 22m，红线外侧为建昌南路，道路宽约 25.00m，道路南侧分布有 5 层建筑，天然地基条形基础，无地下室。

D 地块西南角地下车库外墙距新建售楼处外墙 9～25m，框架结构，地上 1～2 层，独立柱基，基础埋深约 0.5m；距售楼处北侧、东侧人行道最近约 2.10m。

（4）西侧：为西南河路，宽约 40m，B、D 地块地下车库外墙距路西侧多层及高层建筑物约 65m。南段有 2 栋 22 层建筑，地下两层，桩筏基础，北段为 3～6 层建筑。

17.1.3　场地工程地质条件

1. 场地地层埋藏条件及基坑支护设计岩土参数

场地地处山前坡地地貌单元，地势整体南高北低、东高西低。勘察深度范围内，上部为第四系冲洪积黏性土层，夹有砾石层，下伏为太古元界变质岩，表部有人工填土，大致分为 4 层和 5 个亚层。各层土的埋藏条件见表 17.1，各层土的基坑支护设计岩土参数见表 17.2。

表 17.1　场地地层埋藏条件

地层描述	地块	厚度（m）	层底标高（m）	层底埋深（m）
①层杂填土：黄褐色，松散，稍湿，主要由黏性土和大量建筑垃圾组成。239 孔处为素填土	B	0.70～3.70	−3.70～18.11	0.70～3.70
	C	0.30～2.00	−1.50～19.60	0.30～2.00
	D	0.90～6.70	−6.70～−0.90	0.90～6.70
	E	0.80～6.40	14.07～22.44	0.80～6.40
②层粉质黏土：黄褐色，可塑，土质均匀	B	3.30～16.20	−11.20～4.11	5.70～23.50
	C	11.20～22.00	−15.40～4.65	13.90～24.50
	D	1.30～4.50	−12.00～−2.20	2.20～12.00
	E	4.70～19.70	0.09～7.83	14.20～23.50
②-1层粉质黏土：黄褐色，可塑	C	1.20～5.80	−2.70～15.82	2.70～12.00
	D	0.80～3.20	−7.50～−4.00	4.00～7.50
	E	1.30～17.20	1.87～18.85	4.80～19.50
②-2层中粗砂：黄褐色，饱和，稍密～中密，分选性较差，磨圆度一般，级配较好，黏性土含量占 10%～25%	C	0.70～0.90	−6.50～2.89	16.20～23.40
	E	4.50～5.50	18.17～18.53	12.70～13.40

续表

地层描述	地块	厚度 (m)	层底标高 (m)	层底埋深 (m)
②-3 层角砾：黄褐色、饱和、稍密，呈次棱角状，级配一般，角砾母岩成分为片岩、花岗岩，强风化，混碎石、黏性土，碎石含量 10%～15%，粒径一般 4～7cm，黏性土含量 20%～30%	B	1.60～6.20	−6.50～2.51	6.50～17.20
	C	1.10～5.70	4.62～3.83	14.30～21.00
	D	0.80～5.50	−11.50～−6.00	6.00～11.50
	E	1.00～6.20	0.32～7.16	14.80～19.50
③层全风化云母片岩 (Pt_1f)：黄绿色、结构构造已破坏，手捏易碎，岩芯成土状	B	10.30～12.20	−22.00～16.00	16.00～22.00
	C	0.90～12.70	−19.71～1.00	18.20～36.00
	D	1.60～6.70	−15.70～−4.50	4.50～15.70
	E	0.80～5.20	−3.43～1.21	22.00～24.30
③-1 层全风化花岗岩 (γ_3^3)：黄褐色，岩芯呈砂土状	B	6.30	−17.50	
④层强风化云母片岩 (Pt_1f)：灰黑色，岩芯多呈块状，锤击易碎。局部夹石英岩脉	C	1.80～26.30	−34.32～−9.91	27.90～51.00
	D	2.30～14.20	−24.30～14.10	14.10～24.30
	E	4.10	22.63	44.00
④-1 层强风化花岗岩 (γ_3^3)：黄褐～灰白色，粗粒结构，块状构造，岩芯呈碎块状，少量短柱状，RQD 为 0～20，局部夹石英岩脉	B	13.50	−31.00	
	C	1.40～13.50	−22.00～17.20	17.20～22.00
	D	1.40～13.50	−22.00～17.20	17.20～22.00
	E	2.50～5.50	−7.60～−3.12	24.50～30.00

表 17.2　基坑支护设计岩土参数

土层名称	γ (kN/m³)	c_{qk} (kPa)	φ_{qk} (°)	土钉 q_{sk} (kPa)	锚杆 q_{sk} (kPa)
① 杂填土	18.0 *	10 *	12 *	20	25
②-1 粉质黏土	19.8	37.2	9.4	55	70
② 粉质黏土	19.8	37.5	13.0	65	80
②-2 中粗砂	20.0	2 *	30 *	75	90
②-3 角砾	20.0	10 *	35 *	100	120
③ 全风化云母片岩	20.0	20 *	25 *	80	110
④ 强风化云母片岩	21.0	25 *	35 *	150	180
④-1 强风化花岗岩	22.0	15 *	40 *	180	200

注：* 代表值为经验值，指标取自南区地块勘察报告。

2. 场地地下水埋藏条件

场地地下水主要为第四系孔隙潜水，水位埋深 2.50m，砂砾层渗透性强，具微承压性，承压水头高 2m 左右。基岩中有少量风化裂隙水。

场地北侧万达广场 A 地块现正在降水，使本区地下水位有下降趋势。

勘察期间场地地下水稳定水位标高为 9.45～18.44m。据 BC 区勘察资料，抽水井所

267

测试的综合渗透系数为 4.85m/d。地下设计水位按 2.5m 考虑。

17.2　基坑支护及地下水控制方案

17.2.1　基坑支护设计方案

根据基坑深度和环境条件，设计采用了土钉墙支护、复合土钉墙支护、桩锚支护等方案。按 26 个支护单元进行设计。

1. 土钉墙、复合土钉墙支护方案

（1）北基坑北侧、东侧北段、西侧，南基坑东侧和南侧东段及西侧采用复合土钉墙支护方案，基坑深度 9~14m，坡面坡率 1：0.3；南基坑南侧西段采用土钉墙支护方案，基坑深度 9.5m，坡面坡率 1：0.3。

（2）土钉横向、竖向间距均为 1.5m，直径为 130mm，杆体材料采用 HRB400 热轧带肋钢筋，每 2.0m 设置对中支架，注浆强度 C20。

（3）土钉横向、竖向间隔布设 2Φ16 加强筋。

（4）锚杆杆体材料采用Φ^{s}15.2 钢绞线，腰梁为 2 根 [22 槽钢。

（5）土钉墙、复合土钉墙面层钢筋网规格为单层Φ10@250mm×250mm，喷面混凝土强度等级为 C20，喷面厚度为 120mm；坡顶上翻宽度不小于 2.0m。典型复合土钉墙，如图 17.2 所示。

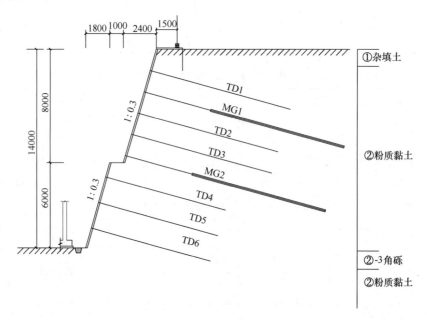

图 17.2　典型复合土钉墙

2. 桩锚支护

（1）北基坑东侧南段人民银行处、南基坑西南角售楼处采用桩锚支护方案，桩顶位于坡顶以下 2~3.3m，冠梁以上采用土钉墙支护。基坑深度 10.0~16.5m。

（2）人民银行处桩径为 1000mm，售楼处桩径为 800mm，桩间距 1.50m，桩身混凝土强度等级 C30，主筋和箍筋均为 HRB400 热轧带肋钢筋。

（3）支护桩采用一桩一锚，锚杆孔直径为 150mm，杆体材料采用 φ15.2mm 钢绞线，锚索注浆采用二次压力注浆。二次注浆压力大于 1.5MPa，注浆固结体强度不低于 20MPa，腰梁为 2 根 [25 槽钢。

（4）桩顶钢筋混凝土冠梁，人民银行处为 1000mm×800mm，售楼处为 800mm×600mm。

（5）桩间土、桩顶以上坡面及坡顶 2m 范围内，采用挂网喷面防护。钢筋网为 φ10@250mm×250mm，喷面混凝土强度等级为 C20，喷面厚度为 80mm。桩侧钢筋网采用桩间土内打入直径不小于 12mm 的钢筋钉固定。

（6）锚索在施工前做基本试验。典型桩锚支护方案，如图 17.3 所示。

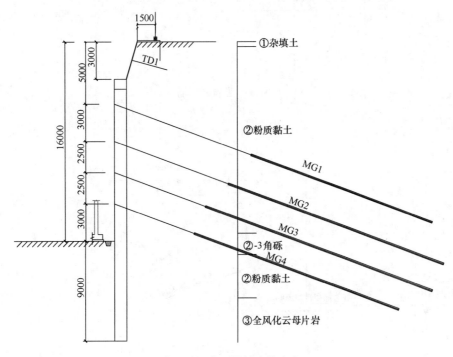

图 17.3 典型桩锚支护方案

3. 悬臂式挡墙

人民银行地面标高约 19.10m，C 地块地面标高 13.80m，高差部分采用钢筋混凝土悬臂式挡墙支护，其底板与支护桩浇筑在一起。挡墙施工前，采用土钉墙护坡（图 17.4 和图 17.5）。

17.2.2 地下水控制方案

（1）基坑地下水位埋深按 2.50m 考虑。采用管井降水方案，局部设置止水帷幕（人民银行处）。

（2）采用高压旋喷桩与支护桩搭接止水帷幕。旋喷桩直径 1000mm，与支护桩咬合大于 250mm，桩顶、桩底与支护桩平齐，水泥用量 500kg/m。

（3）降水井沿基坑肥槽布设，间距 12m 左右，井底位于基底以下 5.0m；基坑内布设疏干井，井间距 30m 左右，井底位于基底以下 6.0m。止水帷幕外侧设回灌井，回灌井底位于基底以下 1.0m，管井规格与降水井相同。

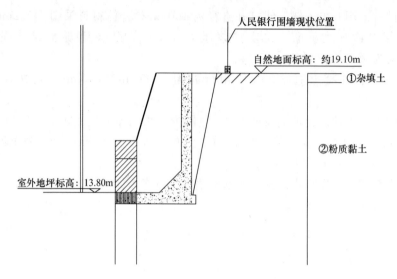

图 17.4　悬臂式挡墙

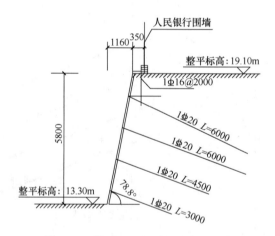

图 17.5　挡墙后基坑土钉墙支护方案

（4）降水井成孔直径不小于 700mm，井管采用无砂混凝土滤水管，外径 500mm，并采用单层 60 目尼龙网包裹，反滤层为级配砂石。

（5）基坑坡顶处设挡水墙，距基坑开挖边线 2m。坡面设泄水孔，坡底设排水盲沟。

17.3　基坑支护及降水施工

17.3.1　地下防空洞问题

基坑北侧及东侧人民银行处分布地下防空洞，方向主要为东西向和南北向，深度最大达 10m，洞壁为砖混砌筑，最大宽度约 2.5m，最大高度约 2.0m。锚杆与防空洞的位置关系有垂直、斜交和近乎平行。

在土钉墙支护区段，对坡面揭露的防空洞采用内部砌筑砖墙、表面挂网喷护；同时对洞体周边土钉（锚杆）进行加长加密处理。

在桩锚支护区段，当支护桩穿过防空洞时，将该段防空洞封堵填实成孔施工；当锚杆位于防空洞范围时，调整锚杆位置或角度的方式进行处理。防空洞分布区域复合土钉墙支护方案，如图 17.6 所示。

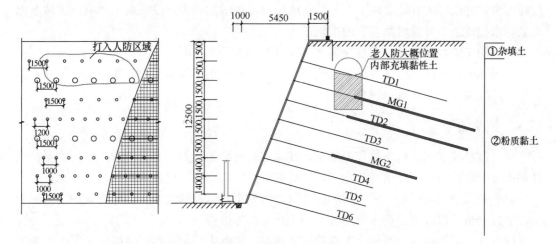

图 17.6　防空洞分布区域复合土钉墙支护方案

17.3.2　基坑深度增加（图 17.7）

E5 号楼坡顶地面标高为 22.25m，基底标高为 9.95m，基坑开挖设计深度为 12.30m，采用复合土钉墙支护，基坑支护完毕后遇规划调整，增加一层地下室，基底标高下落至 4.95m，基坑深度增加 5m，且需垂直开挖，在加深部位设置微型钢管桩以保证基坑安全。

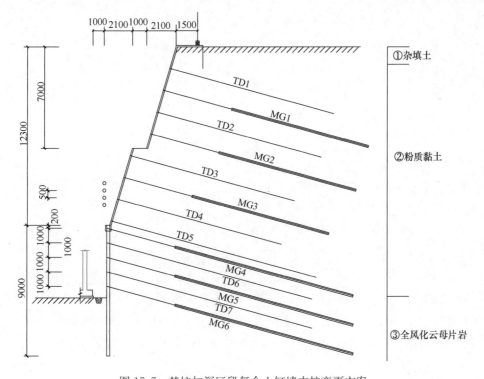

图 17.7　基坑加深区段复合土钉墙支护变更方案

17.3.3 坡顶新建建筑物

基坑东北部售楼处位置采用桩锚支护方案。支护完成后，又在原绿化区域修建一栋3层样板房，外墙距离基坑坡顶1.50m。考虑坡顶荷载增加较少，仅采取了"对该区域车库外墙防水提前施工并及时回填"的措施。

17.3.4 施工道路距坡顶较近且杂填土过厚（局部大于6.0m）

采用地面花管注浆后铺设钢筋混凝土路面，坡面采用土钉墙支护形式，根据位移监测数据及现场巡视，处理效果理想。

17.4 结束语

（1）该项目工程地质条件较为复杂，如局部有较厚的填土、大量的防空洞，给支护设计和施工带来困难；通过信息化施工，设计变更及时解决施工出现的问题。

（2）在增加基坑深度、坡顶增加荷载时，可利用监测数据的变化趋势对支护结构的安全性进行分析，以确定是否采取加强上部支护结构等措施。

（3）在支护结构以上增加永久性挡墙结构时，除考虑其水平作用力以外，还应对基坑肥槽的回填、邻近地下结构的设计提出要求。

18 寿光市人民医院外科综合病房楼深基坑支护设计与施工

18.1 基坑概况、场地工程地质条件、周边环境条件

项目位于寿光市文圣街以南，寿光市人民医院院内。南侧主楼地上 22 层，地下 2 层，基础埋深约－12m；北侧地下车库地下 2 层，基础埋深约－10m，主楼及地下车库之间不设沉降缝。主楼于 2005 年 3 月开工，2005 年 12 月 26 日主体封顶，2006 年 4 月 30 日主楼竣工；地下车库基坑于 2006 年 4 月开挖完毕，2006 年 6 月 15 日车库竣工。

18.1.1 基坑概况

基坑大致呈矩形，东西向长约 102m，南北向宽约 53m。场地平坦，地面标高约－0.5m。基坑开挖深度 9.5～11.5m。基坑平面图，如图 18.1 所示。

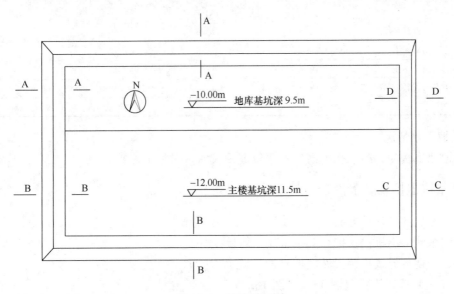

图 18.1 基坑平面图

18.1.2 基坑周边环境情况

北侧：为院内空地，北部有绿化，主楼施工时，北侧地库暂不开挖，作为施工材料堆场；

东侧：紧邻院内道路，宽 5.0m，东边路面下有污水管线，埋深小于 1m；道路东侧为医院办公楼，单层砖结构，基础埋深约 1m；

南侧：较为空旷，地下室外墙距院内建筑较远；

西侧：地下室外墙距围墙 3m，围墙外 5.00m 为 5 层住宅楼，砖混结构，天然地基条

设计：马连仲、叶枝顺；施工：宋志勇、林华夏。

形基础，埋深约 1.5m。

18.1.3 场地工程地质条件

1. 场地地层埋藏条件及基坑支护设计岩土参数（表 18.1）

场地地处冲洪积平原地貌单元，场地地形平坦，地面标高 -0.5m。场地地层为第四系全新统～上更新统山前冲洪积地层，上覆人工填土，分为 5 大层，自上而下分述如下：

①层素填土：黄褐色，稍密～中密，成分主要为黏性土，偶见建筑垃圾，该层厚度 1.4m；

②层粉质黏土：褐黄色，可塑，局部硬塑，偶见姜石，该层厚度 3.10m，层底埋深 4.50m；

③层粉质黏土：棕黄色，可塑～硬塑，局部见少量角砾与姜石，粒径 0.5～1.5cm，该层厚度 3.10m，层底埋深 8.60m；

④层粉质黏土：褐黄色，硬塑，偶见姜石，该层厚度 3.70m，层底埋深 12.30m；

⑤层粉砂：褐黄色，中密，稍湿～饱和，该层厚度 9.00m，层底埋深 21.30m。

表 18.1 基坑支护设计岩土参数

层号	土层名称	γ (kN/m³)	c (kPa)	φ (°)	土钉、锚杆 q_{sik}
①	杂填土	18.0	10.0	10.0	15
②	粉质黏土	19.0	34.5	12.6	40
③	粉质黏土	19.7	48.7	17.3	50
④	粉质黏土	19.3	43.3	19.9	70
⑤	粉砂	20.0	5	30	80

2. 地下水情况

场地地下水为第四系孔隙潜水，水位埋藏较深，对施工无影响。

18.2 基坑支护及降水设计方案

18.2.1 基坑支护设计方案

基坑东侧采用桩锚支护，其余采用土钉墙支护。

一、二期分界线采用天然放坡支护，坡率 1∶1.0。

1. 土钉墙方案支护（图 18.2、图 18.3）

基坑北、西、南三侧均采用土钉墙支护方案，土钉长度略小于 0.5 倍基坑深度，土钉成孔直径 110mm，杆体直径为 20～32mm。

2. 桩锚支护方案

主楼基坑东侧，深度 11.50m，桩间距 1.40m，支护桩径 800mm，桩长 13.50m，桩嵌固深度 2.40m，桩身通长钢筋为 10 根直径 22mm 的钢筋，设 2 道锚杆，一桩一锚。

地下车库基坑东侧，基坑深度 9.50m，支护桩间距 1.40m，桩径 700mm，桩长 13.50m，桩嵌固深度 4.00m，桩身通长钢筋为 8 根直径 20mm 的钢筋，设 1 道锚杆，一桩一锚。

锚杆采用二次注浆工艺，锚索倾角为 15°，杆体材料分别为 E28、E32 钢筋，注浆体强度不小于 M20，腰梁为 2 根 18b 工字钢。桩锚支护剖面图，如图 18.4 所示。

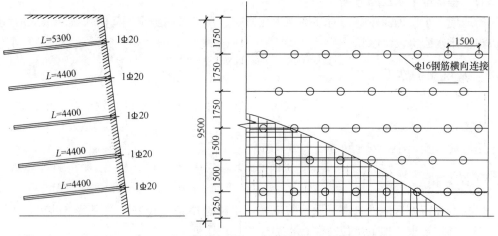

图 18.2　土钉典型支护剖面图（地下车库，基坑深度 9.5m）

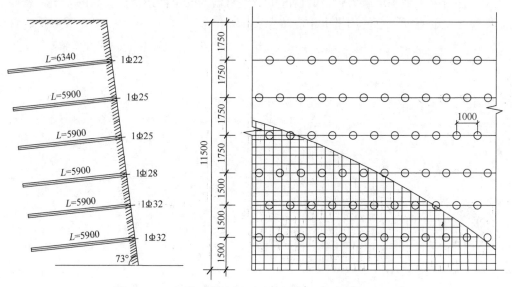

图 18.3　土钉典型支护剖面图（主楼，基坑深度 11.5m）

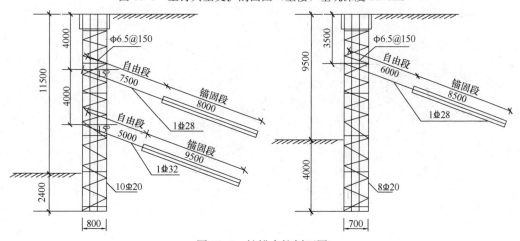

图 18.4　桩锚支护剖面图

18.2.2　基坑地下水控制方案

场地地下水位埋深较深，对基坑工程无影响。只需考虑施工期间的大气降水。沿坑底周边布设排水明沟及集水坑。

18.3　基坑支护施工

支护桩采用长螺旋钻机压扩灌注桩施工工艺，速度快，成本低，效果好。土钉采用洛阳铲施工，方便快捷。

基坑周边变形小，安全可靠。

18.4　结束语

（1）寿光市城区地处昌潍平原地貌单元，工程地质条件较好，采用简单的支护方式，既可满足基坑要求，地下水位较深，也为工程提供了便利。

（2）在侧壁土地基承载力较高的情况下，土钉墙的安全性还是比较高的，土钉密而短时，能减小钢筋直径，总的用量也相应减少。

19 潍坊泰华城·白浪河假日广场深基坑支护设计与施工

19.1 基坑概况、周边环境及场地工程地质条件

潍坊泰华城·白浪河假日广场是白浪河沿岸最著名的景观建筑，位于潍坊市奎文区白浪河东岸，南临友谊路，北临东风东街。总建筑面积 26 万 m²，包括 2 栋 24 层公寓楼，周边设 1～4 层裙楼，均设 3 层地下室。

19.1.1 基坑概况

基坑形状不规则，南北长约 285m，东西宽为 36.5～65.5m，基底标高 12.65～14.45m，基坑坡顶标高 25.20～28.85m，基坑深度 12.0～15.80m。基坑周边环境图（上为东），如图 19.1 所示。

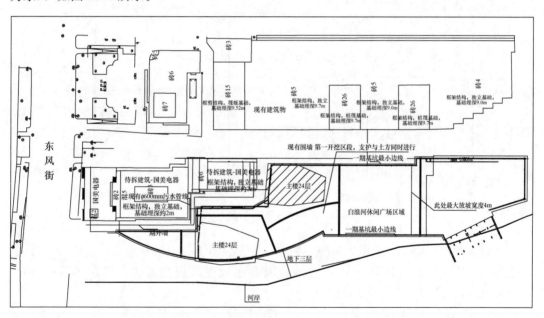

图 19.1 基坑周边环境图（上为东）

19.1.2 基坑周边环境条件

（1）北侧：西段为后期（鱼尾工程）用地，原为沿河公园，较为开阔，用作施工场地；东北角地下室外墙距围墙 2.6～4.6m，距 3 层国美电器营业楼 6.24～8.87m，该营业楼框架结构独立基础，埋深 2.0m；距 φ600 东西向污水管道约 5m；

（2）东侧：北段地下室外墙距 6 层国美电器营业楼 11.5～13.5m，该营业楼框架结构

设计：叶胜林、赵庆亮、马连伸；施工：张训江、马振、王立建、赵锐。

独立基础，埋深2.0m。南段地下室外墙距现状道路10～15m，道路南段下方为泰华三期地下车库坡道，其基础埋深约5m；距泰华三期最近约19.5m。泰华三期主楼框筒结构桩筏基础；裙楼框架结构独立基础；北部副楼框剪结构筏板基础，均为地下2层。基础埋深9.0～9.7m；

（3）南侧：较为开阔，作为施工场地；

（4）西侧：地下室外墙距白浪河6～23m，其河床已做过人工防渗处理；中部偏南处有穿河隧道，宽约44m，高为7.60m，基础埋深与基坑深度相当，隧道出白浪河东岸外1.5m。

19.1.3 场地工程地质条件

1. 场地地层埋藏条件及基坑支护设计岩土参数（图19.2和表19.1）

场地地处昌潍平原地貌单元，场地地层以第四系上更新统冲洪积粉土、黏性土和砂土为主，上部有少量的人工填土和第四系全新统冲积砂层，在白浪河附近较厚。基坑支护影响范围内地层大致如下：

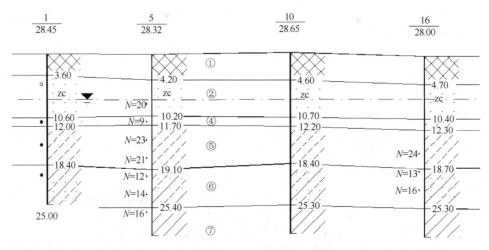

图19.2　典型工程地质剖面图

①层杂填土（Q_4^{ml}）：杂色，稍湿，松散，主要以粉土、中粗砂为主，含碎石、石块、碎砖块、水泥块等建筑垃圾，局部建筑垃圾含量较多，块径较大。该层厚度2.40～7.90m，层底标高20.79～27.61m。

②层中粗砂（Q_4^{al}）：肉红色，稍湿～饱和，松散～中密，主要成分为长石、石英，级配良好。局部夹②-1层粉土透镜体，褐黄色，稍湿，稍密，见少量白云母碎片，混20%～30%中砂颗粒。该层厚度0.50～8.70m，层底标高15.71～23.08m，层底埋深4.70～12.90m。

③层粉土（Q_3^{al+pl}）：褐黄色，湿，密实，见氧化物斑点，偶见豆状姜石，局部夹③-1层粉质黏土透镜体，厚度1.00～1.20m，黄褐色，可塑，见少量褐红色氧化物条纹。场区分布不连续，厚度0.40～5.00m，层底标高15.37～20.53m，层底埋深8.60～13.00m。

④层粉质黏土：黄褐色，可塑，见氧化铁斑点及条纹。该层厚度0.40～4.00m，层底标高13.57～19.23m，层底埋深9.90～14.50m。

⑤层粉土：褐黄～浅黄色，湿，密实，见少量铁锰氧化物条斑，偶见豆状姜石，场

地北部夹⑤-1层粗砂透镜体，厚度0.60～2.10m，肉红色，饱和，中密。该层厚度2.50～8.30m，层底标高8.94～11.82m，层底埋深16.00～19.90m。

⑥层含砂粉质黏土：黄褐色，可塑，见多量褐色、黑色氧化铁斑点及条纹，见少量豆状姜石，偶见铁锰质结核，混有10％～30％中粗砂颗粒。该层厚度5.20～10.30m，层底标高0.70～3.92m，层底埋深25.00～27.90m。

⑦层黏土：黄褐色，可塑～硬塑，见少量褐色、灰色氧化铁斑点及条纹，见少量褐色铁锰质结核。局部含大量直径为1～2cm小姜石，含量约20％。局部夹⑦-1层混黏性土粗砾砂，褐黄色，中密～密实，混30％～40％黏性土，厚度0.60～1.10m。该层厚度10.00～14.90m，层底标高−11.56～−7.18m，层底埋深35.60～40.20m。

⑧层粗砾砂：肉红色，饱和，密实，主要成分为石英，长石，级配良好，磨圆度中等。该层厚度0.90～5.30m，层底标高−16.00～−9.36m，层底埋深38.00～44.50m。

⑨层黏土：黄灰色，可塑～硬塑，见多量灰色铁团，见多量褐色铁锰质结核。局部含20％左右直径为1～2cm小块姜石。该层未穿透，最大厚度17.0m。

表19.1 基坑支护设计岩土参数

地层	土类名称	γ (kN/m³)	c (kPa)	φ (°)	锚杆 q_{sk} (kPa)
①	杂填土	18.5	15	15.0	20.0
②	中粗砂	19.5	2	30.0	80.0
③	粉土	19.3	26.5	22.4	55.0
④	粉质黏土	19.5	10	30.0	70.0
⑤	粉土	19.5	2	35.0	130.0
⑥	粉质黏土	19.5	10	30.0	70.0
⑦	黏土	19.9	38.8	17.4	70.0

2. 水文地质条件

场地地下水为第四系孔隙潜水，水位埋深2.30～7.20m，水位标高20.63～21.67m，主要含水层为②层中粗砂。西侧白浪河底采取了人工防渗措施，根据附近工程经验，白浪河河水与场地地下水水力联系一般。

白浪河河道水量仍较丰富。⑧层粗砾砂含水层渗透性强，具弱承压性。

19.2 基坑支护及地下水控制方案

19.2.1 设计难点

（1）基坑规模较大，周边环境复杂，特别是距国美电器营业楼及局部白浪河河道很近；

（2）场地填土厚度大，一般为4～5m，最深为西侧中部隧道口附近，达12.0m；

（3）场地分布巨厚中粗砂层，距白浪河很近，水力联系强，预计基坑涌水量较大；

（4）与穿河隧道接驳，预留口处条件复杂，其施工情况及基坑回填情况不明。

基坑支护平面图，如图19.3所示。

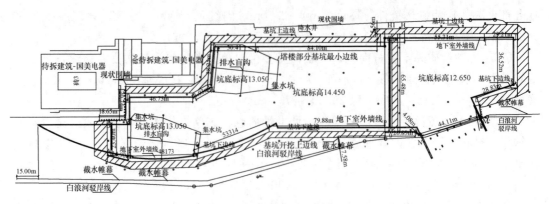

图 19.3　基坑支护平面图

19.2.2　基坑支护方案

将基坑划分为 19 个支护单元进行设计。以复合土钉墙支护为主、局部桩锚支护，隧道口上方采用重力式水泥土墙进行加固。基坑安全等级为一、二级。

1. 复合土钉墙支护方案（图 19.4）

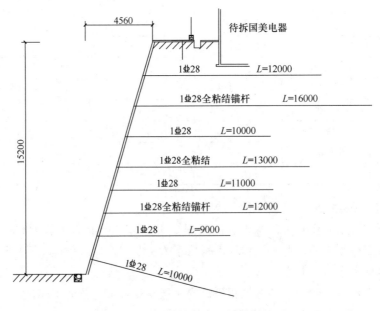

图 19.4　国美楼处复合土钉剖面（一）

（1）基坑北侧（包括国美电器营业楼）、东侧、南侧及西侧大部分区段采取复合土钉墙支护方案，基坑深度 10.50～15.80m。

（2）坡面坡率分别为 1：0.4 和 1：0.3。

（3）设 4～5 道土钉，成孔直径 130mm，长度 6～12m，杆体直径 1 ⳩ 28HRB400 热轧肋钢筋，低压力注浆，在纵、横向上采用 1 ⳩ 16HRB400 热轧肋钢筋连接。

（4）设 1～3 道全粘结锚杆，成孔直径 130mm，长度 9～15m，预加力为 80kN，腰梁为 1 根 16a 槽钢。

（5）喷射钢筋混凝土面层厚度，国美电器营业楼处和其余各段分别为 150mm、

80mm；钢筋网国美电器营业楼处和其余各段分别为双层Φ6@200mm×200mm 和Φ6@ 200mm×200mm。

（6）国美电器营业楼阳角处，为避免交叉，土钉、锚杆入射角为0°（图19.5）。

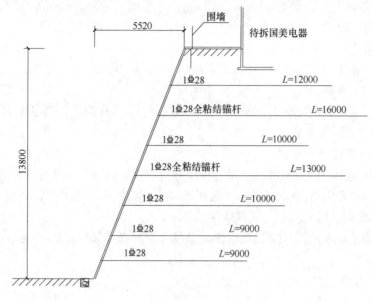

图 19.5　国美楼处复合土钉剖面（二）

2. 桩锚支护方案（图19.6）

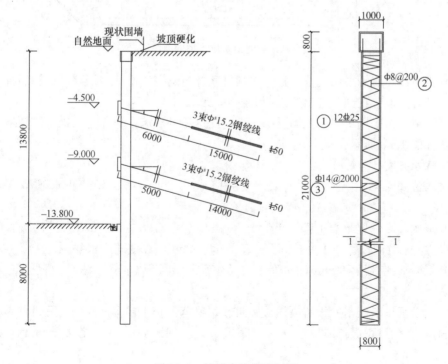

图 19.6　桩锚支护典型剖面

（1）国美电器营业楼北阳角、隧道口两侧采用桩锚支护方案，基坑深度 12.00
～13.80m。

（2）支护桩采用钻孔灌注桩，桩径 800mm，桩间距 1.60m，桩长 16.00m，嵌固深度
4.0m，桩顶钢筋混凝土冠梁 1000mm×800mm，主筋锚入冠梁 500mm。桩身和冠梁混凝
土强度等级均为 C30，支护桩主筋均为 HRB400，冠梁主筋为 HRB335。

（3）设 2 道锚索，横向间距同桩，腰梁为 2 根 22a 槽钢。

（4）锚索成孔直径不小于 150mm，采用 $\Phi^s 15.2mm$ 钢绞线，二次压力注浆，第二次
注浆压力 2.5MPa 左右。

（5）桩间土采用挂网喷护，50mm×3mm 成品钢丝网与灌注桩连接后喷射混凝土护
面，混凝土面层厚度为 50mm。

3. 穿河隧道部位支护方案

（1）基坑西侧中部白浪河河底已预埋穿河隧道，隧道将与本工程地下室连通，该隧道
顶板厚 1.2m，板顶标高为 20.195m，底板厚 1.0m，底板底标高 12.595m，隧道净高
5.0m。隧道东端洞口超出河东现状驳岸仅 2.00m。

（2）原隧道基坑采用了放坡明挖。隧道基坑支护剖面图如图 19.7 所示。

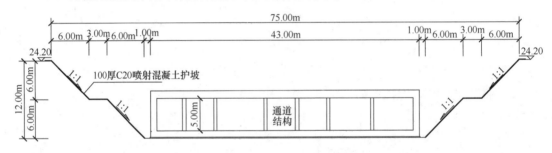

图 19.7　隧道基坑支护剖面图

（3）隧道南、北侧采用桩锚支护，支护桩间及与隧道边墙间采用高压旋转喷桩搭接止
水截水，结合点设置在预留隧道口以西 2.00m 处。

（4）隧道顶部采用重力式挡墙支护，以高压旋喷桩成墙，兼作止水帷幕。隧道顶部支
护剖面图如图 19.8 所示。

19.2.3　降水方案

基坑水位降深 7.60～9.20m，采用管井降水、疏干，结合局部止水帷幕、坑底盲
沟排水。

（1）降水井沿基坑肥槽布置，间距 14.50m，井深 21.8～18.0m，以井底进入坑底以
下 6m 控制。基坑内设置疏干井，间距一般为 20～25m，深度同降水井。

（2）管井成孔直径 700mm，井管为内径 400mm 水泥滤水管，滤料为直径 5～10mm
的石子。

（3）白浪河岸驳线沿岸设置高压旋喷桩止水帷幕，止水帷幕两端向南北延伸 15m，止
水帷幕采用两重管法高压旋喷桩，桩径 1000mm，桩间距 800mm，搭接 300mm，桩底进
入基底以下 7m。

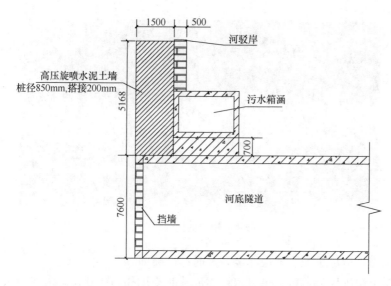

图 19.8　隧道顶部支护剖面图

19.3　基坑支护及降水施工

19.3.1　施工过程

　　自 2009 年 10 月开始支护施工，至 2010 年 5 月开挖支护完毕，2010 年 11 月基坑回填。止水帷幕、降水（疏干）井、支护桩及其冠梁、汇水管道在地表施工，分层分段进行土方开挖，及时进行了土钉、锚杆和面层施工，施工质量均满足规范及设计要求。基坑在开挖和使用过程中，经历了冬季和雨季，坑壁稳定、支护结构完好、周边建筑物及道路均无破坏性变形。基坑顺利开挖，周边建筑物及道路保持正常使用（图 19.9 和图 19.10）。

图 19.9　支护照片 1

19.3.2　施工过程中出现的特殊情况及解决办法

　　（1）局部填土较为松散，土钉成孔困难，采用钢管土钉替代普通土钉。

　　（2）②层中粗砂分选较好，黏聚力低，按正常分层厚度（土钉、锚索竖向间距）开挖

283

图 19.10　支护照片 2

时，会局部坍塌，应尽量减小分层厚度，及时挂网喷面。

（3）②层中粗砂较为松散，土钉、锚索成孔时易塌孔，成孔循环液改为水泥浆。

（4）基坑挖至隧道底时发生管涌，经堆土反压、自吸泵降水，分段开挖、设置 15cm 厚砂石垫层、浇筑混凝土垫层后，渐次降低降水强度直至完全封堵，效果较好。

（5）东北塔楼基底标高较低，坑底附近⑤层粉土水平向微薄层钙质胶结发育，其垂直渗透性极差，管井降水难以有效形成降水漏斗，坑壁渗水量较大，增加降水管井和轻型井点效果均不佳，后在周边设置 800mm×800mm 盲沟，每隔 15m 设深 1.5m 集水井进行疏排，勉强将坑内地下水位控制在坑底。

19.4　基坑监测

在基坑开挖及使用过程中由第三方进行基坑监测，监测项目有支护结构水平和竖向位移、周边建筑物沉降、白浪河河岸位移、水位变化、支护桩侧斜及深层水平位移、锚索内力。

自基坑开始降水至回填，基坑坡顶位移和沉降、周边建筑物和道路的沉降均在 20mm 以内，变形速率及累计值均较小，特别是国美电器营业楼处基坑坡顶位移累计值仅 18mm、国美楼角点最大沉降累计值仅 8mm，最大沉降仅 1.12mm。项目建成全景照片如图 19.11 所示。

图 19.11　项目建成全景照片

19.5 结束语

（1）潍坊市城区场地地层物理力学性质较好，粉土、砂土密实度高，黏性土以可塑～硬塑为主，在周边环境满足 1∶0.4 放坡坡率的前提下，15m 以内基坑可优先采用土钉墙或复合土钉墙支护。但应严格控制挖土进度，及时支护。

（2）复合土钉墙的锚杆能够很好地协调各道土钉、锚杆受力，加强端部与面层的连接，从而控制基坑变形，施加预压力较小或不施加预加力的全粘结锚杆也可取得较好的支护效果。

（3）松散～稍密的中粗砂层易塌孔，会给锚杆、土钉成孔和质量造成较大困扰，土钉采用水泥浆护壁进行成孔，锚杆改用自进式一次成锚工艺，都是较好的选择。

（4）潍坊地区砂层分布广泛，连通性好，水量丰富，具承压性，承压水头与地下潜水水头相当，且近年来潍坊地下水位逐年上升，降水、降压难度大，应进行抗突涌验算并采取相应的措施。

（5）基坑西侧白浪河常年蓄水，河道多年前进行了防渗处置，但效果一般。地下水与河水有一定程度的水力联系，且古河道内砂层范围大，地下水量仍较丰富，本项目在近河一侧设置高压旋喷止水帷幕，很好地控制了地下水和防止了河水的渗入。

（6）预埋穿河隧道的接驳是本项目的一个难点，采取了筑岛、土体加固、高压旋喷桩搭接帷幕截水等组合措施，成功地完成接驳部位的施工。但开挖后才发现预埋隧道底并非原状土，存在建筑垃圾为主的回填土，更造成了支护和地下水控制的难度，设计和施工人员能够及时反应，迅速采取应急措施，有效控制事态发展，并及时采取合理加固措施，顺利解决系列问题，为基坑安全开挖提供了坚实的保障，得到了建设单位认可。

20 泰华城·荣观大厦项目深基坑支护设计与施工

20.1 基坑概况、周边环境和场地工程地质条件

项目位于潍坊市奎文区东风东街南侧，白浪河的东岸，泰华城·白浪河假日广场东北。泰华城·荣观大厦地上 26 层，地下 4 层，框剪结构，塔楼采用 CFG 桩法复合地基，周边地下车库为 3～4 层，采用天然地基独立基础。建筑物±0.000 为 31.00m。规划立面图如图 20.1 所示。

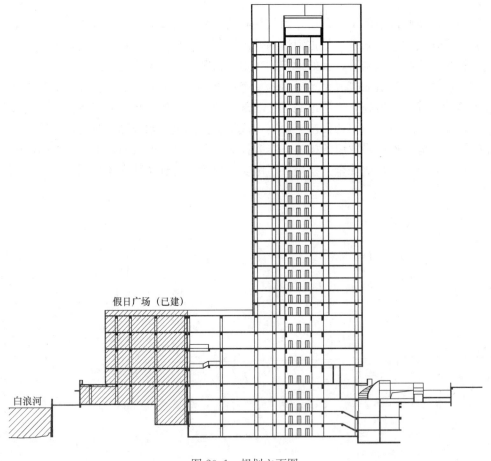

图 20.1 规划立面图

设计：叶胜林、赵庆亮、马连仲；施工：张训江、赵怀雨。

20.1.1　基坑概况

塔楼基础垫层底标高为 12.95m；塔楼东侧车库基础垫层底标高为 15.95m，其他车库基础垫层底标高为 14.15m；北侧为车库坡道，基础垫层底标高为 17.75m。坑顶标高为 27.6~30.45m，基坑深度为 11.65~16.3m。南侧基底标高与假日广场一致；西侧基底标高较假日广场鱼尾处建筑物低 4.15m。周边环境照片如图 20.2 所示。

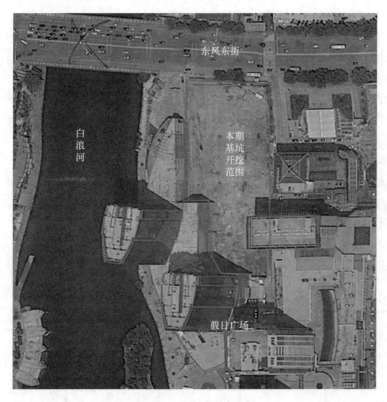

图 20.2　周边环境照片

20.1.2　基坑周边环境条件

（1）北侧：地下室外墙距东风东街南侧人行道外侧边线 2.2~4.6m，其地面标高约 30.4m。东风东街南侧分布有路灯线（380V，铜线，埋深 0.4~0.7m）、通信光缆（光纤，300mm×300mm，埋深 0.7~1.5m）、国防通信（光纤，2m×2m，埋深 0.9~1.5m）和高压电缆（10kV，铜线，埋深 1.2~2.2m），地下室外墙距高压电缆最近距离为 1.3~4.0m（之后北侧地下室外墙向南移 1.0m）；地下室外墙距管线最近距离为 2.3~5.0m。

（2）东侧：为通向泰华城·白浪河假日广场的地下通道，北段坡道地面标高约 30.0m；中段地面标高约 27.6m，地下室外墙距东侧汇泉酒店 11.6m，该酒店为砖混结构，地上 7 层，天然地基条形基础，基础埋深约 1.5m；南段地面标高约 27.6m，距泰华城一期 13.3m，泰华城一期地上 15 层，地下 2 层，天然地基片筏基础，基础埋深约 7.0m，距地下车库坡道 5.5m，坡道埋深 6.25m。

其分布有通信光缆（光纤，埋深 0.7~1.5m，距拟建地下室外墙约 7.2m）、雨水管（混凝土管，直径 350mm，埋深 0.5~0.9m，距拟建地下室外墙 4.6~0m）、污水管（混凝土管，直径 350mm，埋深 0.5～0.9m，距拟建地下室外墙 7.0～1.8m）和电力线（380V，铜线，埋深 0.2～0.6m），其中雨水及污水管线在基坑开挖前需移除；基坑范围内有路灯、污水管、给水管及通信光缆，基坑开挖前均需移除。

（3）南侧：东段地下室外墙距泰华城·白浪河假日广场地下车库 4.9～6.0m，该段车库地下 2 层，天然地基；西段为泰华城·白浪河假日裙楼和塔楼，地下 3 层，裙楼天然地基，塔楼 CFG 复合地基，基础埋深与本项目一致。

（4）西侧：南段与泰华城·白浪河假日广场鱼尾工程最小距离为 1.10m，鱼尾工程地上 2～4 层，地下 2 层，西部采用天然地基独立基础，东部（靠近本基坑侧）采用天然地基片筏基础，基底标高为 18.3m，与本项目基坑底高差为 4.15m。

鱼尾工程施工时，考虑了两者高差对后期基坑开挖的影响，与本项目外墙之间（约 1.1m）留有共用支护桩。南段长约 11.5m 范围内，在泰华城·白浪河假日广场施工时设有支护桩，但进入本项目场地，需截除，重新设置支护结构。

北段在本基坑施工及使用期间为假日广场营业通道。

20.1.3　场地工程地质条件

1. 场地地层埋藏条件及基坑支护设计岩土参数（图 20.3 和表 20.1）

场地地处昌潍冲洪积平原地貌单元，地层主要为冲洪积成因黏性土、粉土及砂土，影响基坑支护及降水的地层有 7 层，描述如下：

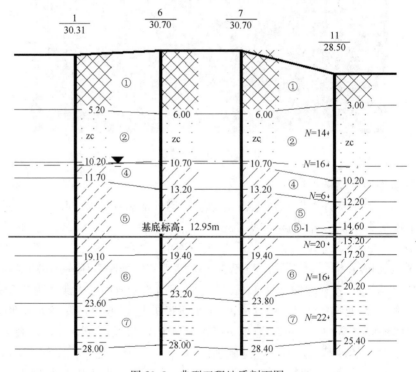

图 20.3　典型工程地质剖面图

① 层素填土（Q_4^{ml}）：褐色，稍湿～中密，以黏性土为主，含碎石、碎砖块。场区厚度 1.7～4.1m，层底标高 25.7～28.7m。

② 层中粗砂（Q_4^{al}）：肉红色，稍湿～饱和，松散～中密，主要成分为长石、石英，

级配良好，局部夹②-1 层粉土。场区厚度 5.6～8.5m，层底标高 19.6～22.4m，层底埋深 8.0～10.7m。

③ 层粉土（Q_3^{al+pl}）：褐黄色，湿，密实，见少量白色云母碎片，氧化物斑点，偶见豆状姜石。场地西部缺失，揭露厚度 1.1～2.9m，层底标高 19.0～20.0m，层底埋深 10.3～11.0m。

④ 层粉质黏土（Q_3^{al+pl}）：黄褐色，可塑，见多量氧化铁斑点及条纹。场区厚度 0.9～1.9m，层底标高 17.4～18.7m，层底埋深 11.2～12.3m。

⑤ 层粉土：褐黄～浅黄色，湿，密实，见少量褐色、黑色氧化铁条斑，偶见豆状姜石。场区厚度 5.2～7.4m，层底标高 11.2～12.5m，层底埋深 17.5～19.1m。

⑥ 层含砂粉质黏土：黄褐色，可塑，含铁锰氧化物及其结构，含少量豆状姜石，局部混 10%～30%中粗砂颗粒。局部夹⑥-1 层粗砾砂透镜体。场区厚度 6.1～8.2m，层底标高 3.6～5.3m，层底埋深 25.2～26.2m。

⑦ 层中粗砂：肉红色，饱和，密实，主要成分为石英、长石，混 10%～15%黏性土；级配良好，磨圆度中等；厚度：3.5～5.2m；层底标高：2.21～3.67m；层底埋深：19.1～28.4m。

表 20.1　基坑支护设计岩土参数

层号	土层名称	γ (kN/m^3)	c_q (kPa)	φ_q (°)	锚杆 q_{sk} (kPa)
①	填土	17.2	10.0	26.6	16
②	中粗砂	19.5	0	38.5	80
③	粉土	18.9	17.8	27.9	65
④	粉质黏土	19.4	25.5	25.5	65
⑤	粉土	19.3	16.2	28.2	80
⑥	粉质黏土	19.7	31.7	21.7	70

2. 地下水情况

场地地下水类型为第四系孔隙潜水，含水层为②层中粗砂。地下水年变化幅度约 0.5m，补给来源主要为大气降水及地下径流，主要排泄途径为人工抽取。勘察水位埋深 7.6～10.3m，水位标高 19.5～20.2m，平均 19.8m。

⑦ 层中粗砂，分布深度 19.1～28.4m，该砂层中分布有承压水，水量丰富，水头与场地潜水位相当。

白浪河流经场地西侧，距离约 60m，宽度约 200m，平时水深约 2.0m，水面标高约 24.5m，白浪河底进行过防渗处理，从假日广场基坑涌水量来看，防渗效果一般。

20.2　基坑支护及地下水控制方案

20.2.1　基坑支护方案

与泰华城·白浪河假日广场紧邻部位，根据基底高差和水平位置关系，以及泰华城·白浪河假日广场鱼尾工程采取的支护措施，分别采用了复合土钉墙支护和桩锚支护，其他部位采用桩锚支护。基坑共分 10 个支护单元进行了设计。基坑支护及降水平面布置如图 20.4 所示。

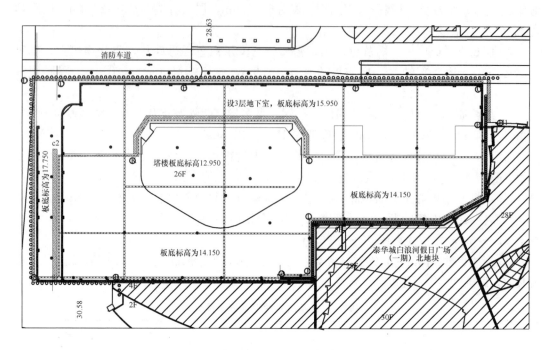

图 20.4　基坑支护及降水平面布置图

1. 基坑北侧、东侧及西侧北段桩锚支护

（1）基坑深度 11.65～16.3m，支护桩采用钻孔灌注桩，桩间距 1.50m，桩径 800mm，桩嵌固深度 6.0m 或 7.0m，桩长为 15.1～22.55m，桩身配筋主筋为 HRB400，桩身混凝土强度等级为 C30。

（2）桩顶钢筋混凝土冠梁 900mm×800mm，主筋锚入冠梁深度为 750mm。

（3）设 2～4 道锚杆，一桩一锚，间距 1.5m，杆体为（2～3）Φ^{s}15.2 钢绞线，锚孔直径 150mm，锚索注浆采用二次压力注浆，锚孔注浆体强度等级不小于 M20。腰梁为 2根 25a 槽钢。典型桩锚支护剖面如图 20.5 所示。

2. 与泰华城·白浪河假日广场相邻段支护结构

（1）包括基坑南侧、西侧中、南段，与泰华城·白浪河假日广场基底标高一致时不采取支护措施；基底标高不一致时，根据高差和水平距离，采取了复合土钉墙、桩锚等支护措施。

（2）南侧东段，外墙水平距离 4.7m，基底高差 3.5m，采用击入式微型桩复合土钉墙支护方案。设置 1 道锚杆和 1 道土钉，孔径均为 130mm，微型桩为钢管 ϕ48mm×3mm，嵌固深度为 1.0m（图 20.6）。

（3）南侧西段，基坑底标高一致，未采取支护措施（图 20.7）。

（4）西侧中段南部，基底高差 4.15m，采用微型桩复合土钉墙支护方案。部分白浪河假日广场鱼尾工程支护桩进占本场地，基坑开挖至泰华城·白浪河假日广场鱼尾工程基底标高后施工微型桩，设 2 道锚杆。微型桩成孔直径 300，插入无缝钢管 ϕ203mm×6.0mm，嵌固深度为 4.35m，桩间距 0.60m，设 600mm×500mm 的混凝土冠梁，主筋锚入冠梁深度为 450mm。3 桩 1 锚，间距 1.8m。

（5）西侧中段，基底高差4.15m。利用泰华城·白浪河假日广场鱼尾工程支护桩，将其截至泰华城·白浪河假日广场鱼尾工程基底标高以上0.5m，设600mm×500mm的混凝土冠梁，主筋锚入冠梁深度为450mm。设2道锚杆，2桩1锚，间距2.4m。

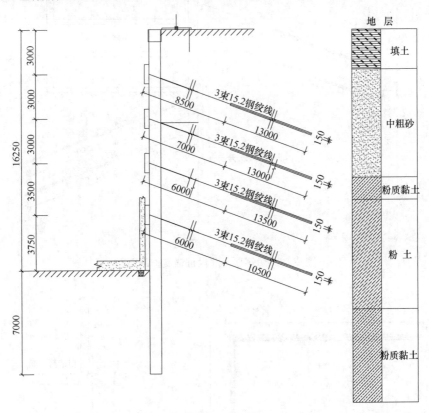

图20.5 典型桩锚支护剖面图

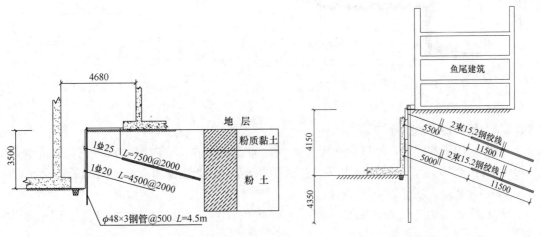

图20.6 南侧东段微型桩复合土钉墙支护剖面图

图20.7 南侧西段微型桩复合土钉墙支护剖面图

鱼尾工程基坑深度10.5m，设2道锚杆（图20.8～图20.10）。

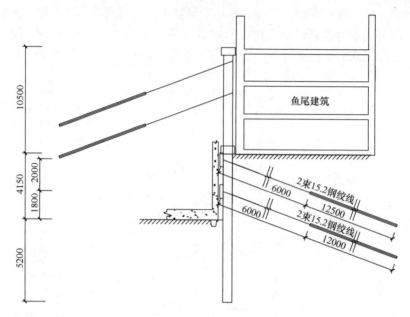

图 20.8　鱼尾项目北段桩锚支护剖面图

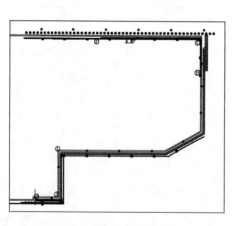

图 20.9　帷幕设置范围图

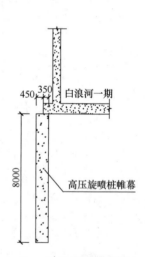

图 20.10　帷幕剖面图

20.2.2　基坑地下水控制方案

（1）采用管井降水，基坑周边按 13m 间距布设降水井；坑内按 24m 左右间距布设疏干井，另在电梯井周边布设疏干井。井径 700mm，滤管外径 400mm，反滤层厚不小于 100mm，井底进入坑底以下 6.0m。

（2）坑底周边布设排水盲沟和集水坑，坑内设置排水盲沟，坑内盲沟与周边盲沟相连。

（3）南侧与泰华城·白浪河假日广场基坑底标高一致，为防止基坑开挖导致假日广场建筑物地基涌水、涌砂、变形甚至失稳，沿其基础边设置止水帷幕，帷幕两端分别向东、向北延伸 10m，采用双重管高压旋喷桩搭接帷幕，桩径 850mm，间距 600mm，搭接

250mm，顶标高为基础板顶标高，约为 15.85m，幕底进入坑底以下 8.0m，标高为 6.15m，帷幕高 9.7m，水泥用量 360kg/m。

20.3 基坑支护及降水施工

基坑支护自 2013 年 4 月开始施工，于 2014 年 3 月开挖至基底标高，2014 年 8 月基坑回填（图 20.11）。

图 20.11 基坑支护效果照片

20.3.1 帷幕漏水治理（图 20.12）

基坑开挖前，在泰华城·白浪河假日广场基础边打设的高压旋喷桩止水帷幕，因前期垫层局部质量差，导致止水帷幕与垫层结合不好，开挖至设计标高时，在已建泰华城·白浪河假日广场裙楼基底下发现 4 个漏水点，其中 2 个涌水量较大，及时采取了明水抽排措施，但在抽水量约 70m³/h 的情况下，基坑内仍有积水，致使后续施工无法进行。

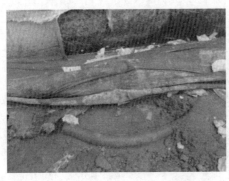 

图 20.12 帷幕涌水照片

采用注射双组分合成高分子材料进行堵漏，一种组分为树脂，另一种组分为催化剂，在注浆孔孔口将两种组分进行混合，混合后开始反应，自身产生膨胀，注入地层遇水后能够与水反应，体积膨胀至 20～30 倍，反应生成呈多元网状密实弹性体结构，能提高地层支撑力，有效封闭水流（图 20.13～图 20.15）。

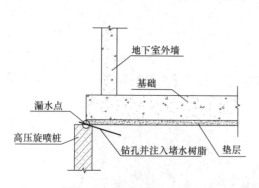

图 20.13 注浆堵漏示意图

图 20.14 双组分混合设备照片

图 20.15 注浆效果照片

20.3.2 坑底涌水治理

基坑局部设有抗浮锚杆,挖至坑底进行锚杆施工,因深度较深,揭露了下伏砂层承压水,锚孔涌水,注浆质量难以保证,采取反压 1.2m 厚土体,基本平衡了承压水头后进行抗浮锚杆施工。

塔楼 CFG 桩进入了⑦层中粗砂,施工虽然采用了长螺旋钻机成孔,压扩灌注成桩工艺,也导致承压水上升至坑底,疏干井又被破坏,土体含水量高,在钻机的碾压下形成泥状,最终也未能完全疏干塔楼区域地下水,好在 CFG 复合地基有砂石垫层,不影响防水施工。

20.4 基坑检测、监测

施工过程中,对支护桩桩身完整性及锚索进行了验收试验,桩身完整性及锚索抗拔承载力均能满足设计要求。

基坑在施工及使用期间对基坑位移、周边建筑物、周边管线、锚索内力、深层位移进行了监测,监测结果均在正常范围内,其中基坑位移 10.56~25.67mm,周边建筑物沉降 1.55~13.77mm。

20.5　结束语

（1）周边环境复杂、主体深度达 11.65～16.3m 的潍坊荣观大厦基坑，采用以桩锚支护为主的支护形式，基坑位移及周边建筑物沉降均较小，确保了基坑及周边环境的安全，支护方案安全可靠。统筹的设计思路在本项目有所体现，泰华城·白浪河假日广场鱼尾工程与本项目相距 1.1m，基底标高相差 3.6m，将支护桩布置于两项目之间 1.1m 的狭小空间，嵌固深度设置为 9.5m，两期共用，节省了工程造价、工期，更解决了本期重新设置支护结构的诸多困难。

（2）本项目基坑底标高与泰华城·白浪河假日广场塔楼和裙楼一致，水位最大降深达 7.5m，基坑开挖后两者存在较大水头差，有可能导致假日广场塔楼和裙楼地基出现管涌、流砂和不均匀沉降，为此沿其筏板边缘设置一排高压旋喷桩止水帷幕，桩顶与其筏板紧密结合。本项目开挖至基坑底时，由于局部桩顶与筏板结合不好，出现了几处涌水点，其水头压力及涌水量均较大，一般堵漏方法效果较差，采用了双浆液高分子树脂材料在涌水点进行埋管压力注浆，该双浆液能渗入细小裂缝中，当树脂和催化剂两种组分混合后开始反应，自身产生膨胀，其遇水后能够与水反应封闭水流，体积膨胀至 20～30 倍，反应生成呈多元网状密实弹性体结构，有效封闭水流，实施效果较理想，避免较严重水土流失，确保了假日广场项目的安全。

（3）塔楼电梯井底标高低于基底标高 2.00m，抗突涌验算安全系数不满足规范规定，基坑地下水控制方案设计采用土体加固措施，但建设单位基于投资及时间方面考虑，直接提升了电梯井底标高。这种调整虽避免了开挖问题，但由此造成需通过多步台阶进出电梯，影响了建筑空间应用品质。

（4）潍坊地区地下水位逐年上升，坑内水位降深也在增加，但以不设置止水帷幕为佳；当抗浮锚杆、桩基、复合地基施工需揭露承压含水层时，施工作业面标高应高于承压水头，否则会出现孔内涌水现象，并影响锚杆及桩基质量。

21 潍坊市中医院门诊综合楼基坑支护设计与施工

21.1 基坑概况、周边环境和场地工程地质条件

项目位于潍坊市奎文区东风东街以南，潍州路以西，潍坊市中医院外科楼北邻，为拆迁场地。根据规划，分三期按副楼、主楼和配楼的顺序进行场地拆迁和建设，副楼、主楼和配楼均为地下两层且互相连通，副楼与现状外科楼在地上以连廊方式连通，主楼与北侧改造后的现状办公楼在地上以连廊方式连接。

21.1.1 基坑概况（图21.1）

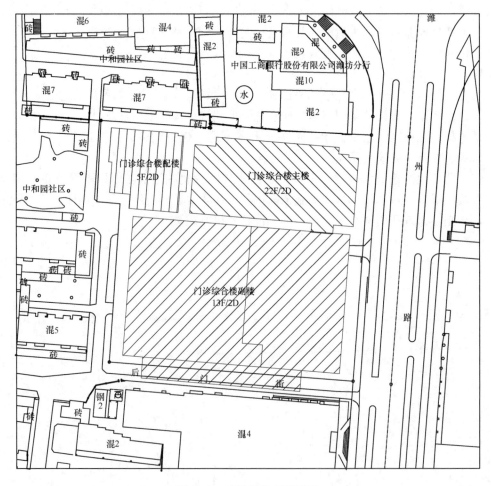

图21.1 建设项目总平面图

设计：武登辉、叶胜林、赵庆亮；施工：孟祥勋、付瑞勇、刘杨杨。

门诊综合楼副楼地上 13 层，地下 2 层，南侧局部 1 层，采用框剪结构，天然地基筏板基础，该基坑呈矩形，长约 90m，宽约 60m，开挖深度为 7.15～13.15m，于 2013 年年初开工建设。

门诊综合楼主楼地上 22 层，地下 2 层，采用框剪结构，桩基础，该基坑呈矩形，长约 64m，宽约 30m，开挖深度 11.70～13.80m，于 2014 年年末开工建设。

门诊综合楼配楼地上 5 层，地下 2 层，采用框架结构，天然地基筏板基础，基坑大致呈正方形，周长约 123m，开挖深度 11.90m，于 2018 年年初开工建设。

基坑安全等级均为一级。

21.1.2 基坑周边环境条件（图 21.2）

1. 副楼基坑开挖

（1）北侧：基础边线距围墙 3.8～4.7m，围墙外侧为 6 层砌体结构住宅楼，无地下室，采用天然地基毛石基础，埋深约 1.5m，其中西段基础边线距 6 层住宅楼约 8.3m，东段基础边线距 6 层住宅楼约 17.8m。

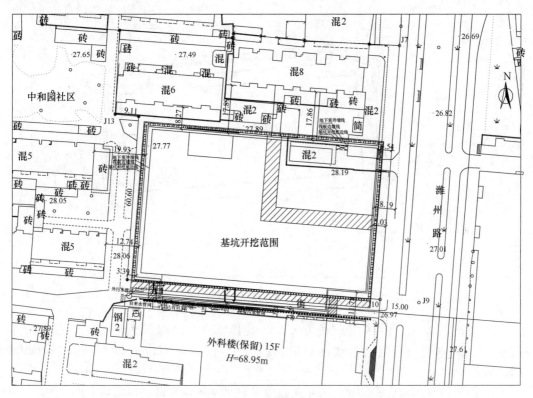

图 21.2　副楼基坑周边环境图

（2）东侧：基础边线距用地红线约 5m，距潍州路西侧路沿石约 8.2m。潍州路西侧人行道下分布有污水管线、电力管线和通信管线，分别距基础边线约 11m、12m 和 9m，管线埋深约 1.0m。

（3）南侧：地下二层区域基础边线距已建外科楼基础边缘约 11m，地下一层区域向南侧凸出 8m，其基础边线距已建外科楼基础边缘约 3m，已建外科楼地上 15 层，地下一层，采用天然地基筏形基础，筏板厚度为 2.4m，筏板底标高 19.85m。外科楼基坑开挖时，采用了悬臂桩支护，支护桩桩径 600～800mm，桩长约 14m，桩间距 1.0m。

南侧与已建外科楼之间有自来水管道及污水管道分布，市政主污水管道其底标高为 25.42m，距基坑开挖底边线约 5.41m，外凸地下一层基坑开挖时会揭露，医院自来水及污水管道位于外科楼以北医院围栏内，施工时应注意保护。

（4）西侧：基础边线距围墙约 3.4m，围墙外为现状道路，路宽约 4.1m，道路下有污水管线，分别距围墙 1.5m 和 5.5m，埋深约 1.0m。基础边线距道路西侧 5 层砖混结构住宅楼最近距离约为 12.6m，均采用天然地基毛石基础，无地下室，基础埋深约 1.5m。

2. 主楼基坑开挖（图 21.3）

（1）北侧：西段基础边线距围墙约 3.3m，围墙外为原工商银行院内停车场；东段基础边线距原工商银行办公楼外墙最近处约为 3.2m，为 2 层建筑，有一层地下室，采用天然地基，毛石基础，基础埋深约 3.0m。

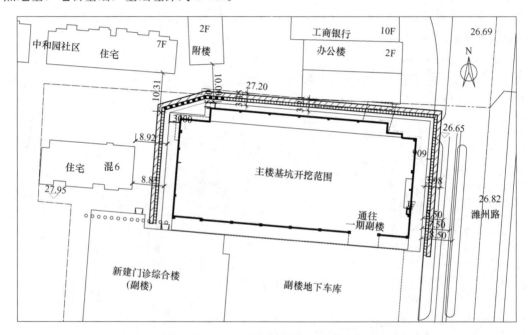

图 21.3　主楼基坑周边环境图

（2）东侧：基础边线距用地红线约 0.9m，距围墙约 4m，墙外为潍州路人行道，人行道下分布的污水管线、电力管线和通信管线分别约 7.5m、8.5m 和 5.5m，管线埋深约 1.0m。

（3）南侧：紧邻综合楼副楼，采用天然地基筏形基础，筏板底标高与主楼一致。

（4）西侧：基础边线距 6 层住宅楼保留部分约 8.8m，无地下室，采用天然地基毛石基础，基础埋深约 1.5m，该建筑局部进入拟建主楼建设范围，将该建筑拆除 1/2。

3. 配楼基坑开挖（图 21.4）

（1）北侧：为中医院 7 层砌体结构住宅楼，无地下室，采用天然地基毛石基础，基础埋深约 1.5m，基础边线距 7 层住宅楼约 7.3m。

（2）东侧：为已建门诊综合楼主楼，采用桩基础，承台底标高为 15.90m，略低于本期工程基底标高。主楼侧墙外挂污水管道，为铸铁材质，管径 300mm，管顶埋深约 1m，

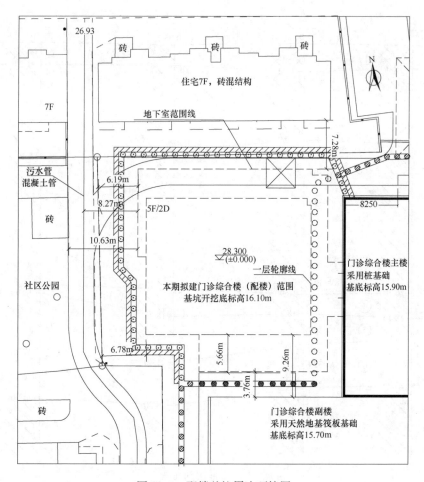

图 21.4　配楼基坑周边环境图

该管道在基坑开挖期间正常使用。

（3）南侧：紧邻已建门诊综合楼副楼，采用天然地基筏型基础，筏板底标高为 15.70m，略低于本期工程基底标高。

（4）西侧：外墙线距用地红线约 6.2m，红线外为现状道路，设有污水管道，混凝土管管径约 500mm，管顶埋深约 1.2m，该管道在基坑开挖期间正常使用。距一层砖结构平房 10.6m（社区公园），采用天然地基砌体基础。

21.1.3　场地工程地质条件

1. 场地地层埋藏条件及基坑支护设计岩土参数（图 21.5 和表 21.1）

场地地处昌潍平原地貌单元，在勘探深度（42.0m）范围内，其地层构成为素填土（Q_4^{ml}），以下为第四系上更新统冲洪积粉质黏土、粉土、黏土，中更新统黏土混砂、粗（中）砂。其自上而下分述如下：

①层素填土（Q_4^{ml}）：灰褐色，以黏性土为主，上部含碎石、砖块等。局部以杂填土为主。场区厚度 1.4～3.4m，平均 1.9m；层底标高 27.4～29.7m，平均 29.1m。

②层粉质黏土（Q_3^{al+pl}）：褐黄色，可塑～硬塑，偶见小块姜石，含氧化铁。场区厚度 3.6～7.0m，层底标高 22.6～24.6m，层底埋深 6.5～8.5m。

299

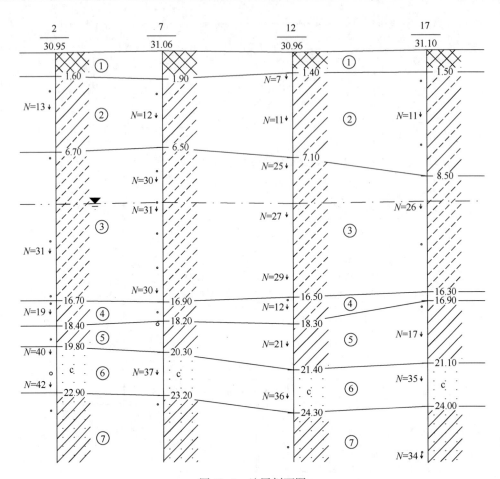

图 21.5 地层剖面图

表 21.1 基坑支护设计岩土参数

土层名称	γ (kN/m³)	c_{cu} (kPa)	φ_{cu} (°)	q_{sk} (kPa)
①素填土	17.5	10	20.0	25
②粉质黏土	19.3	28	26.0	72
③粉土	19.1	15	29.4	78
④粉质黏土	19.5	32	22.4	72
⑤黏土	19.4	61	13.4	78
⑥粗砂	19.0	2	44.0	150

③ 层粉土：褐黄色、黄色，稍湿～湿，中密～密实，含铁质氧化物浸染条纹。场区厚度 7.8～10.6m，层底标高 13.6～15.1m，层底埋深 16.0～17.3m。

④ 层粉质黏土：褐黄色，可塑～硬塑，含氧化铁结核，层顶 40cm 混少量细砂颗粒，偶见块状姜石。场区厚度 0.6～2.4m，层底标高 12.2～14.2m，层底埋深 16.9～18.8m。

⑤ 层黏土：褐黄色、黄灰色、灰绿色，可塑～硬塑，含铁质氧化物结核，局部含小块姜石（粒径 0.5～1cm）。切面光泽反应明显干强度及韧性高。场区厚度 1.4～4.2m，层

底标高 9.6~11.2m，层底埋深 19.8~21.5m。

⑥ 层粗砂（Q_2^{al+pl}）：棕黄色，饱和，密实，以石英长石为主，磨圆度较好，级配良好。场区厚度 2.3~4.8m，层底标高 6.3~8.3m，层底埋深 22.6~24.7m。

2. 地下水情况

场地地下水类型为孔隙潜水，主要含水层为③层粉土及以下土层。

2012 年 10 月副楼勘察期间，测得地下水位埋深 9.90~10.20m，平均值 10.20m，相应标高为 17.80m；2014 年 10 月主楼勘察期间，测得地下水稳定水位埋深平均值为 9.80m，相应标高为 16.90m。2017 年 7 月配楼勘察期间，测得地下水稳定水位埋深平均值为 8.60m，相应标高为 18.90m。

⑥ 层粗砂水量十分丰富，具承压性，水头标高略低于潜水位，约 17m。

21.2 基坑支护及地下水控制方案

21.2.1 基坑支护设计方案

副楼、主楼、配楼基坑整体采用桩锚支护结构。副楼基坑施工时为确保施工进度，以后浇带为界分阶段开挖，分界处采用复合土钉墙支护。

副楼基坑南侧有外科楼基坑开挖时所打设的支护桩，桩径为 600~800mm，桩长约 14m，后期开挖地下一层部分时利用其对本基坑与外科楼之间的有限土体进行支护，地下一层部分东西两端边坡采用土钉墙支护。临时分界东侧为拟建地下车库，后期开挖，采用复合土钉墙支护，二级放坡，放坡比例 1:0.35，台宽 1.0m。

主楼基坑西南角处为副楼支护桩及锚索，回填至第二道腰梁处，将冠梁与副楼基坑支护桩及冠梁连接；主楼基坑东南角为副楼土钉墙支护，回填至约 7.0m 深度处，宜继续回填至主楼冠梁顶标高再施工支护桩。

配楼南侧紧邻副楼，配楼基坑开挖时对支护桩进行挂网喷护（副楼外墙与支护桩间肥槽已采用黏性土分层夯实回填）。紧贴副楼设有污水管道，其材质为铸铁，管井 $\phi300mm$，管顶埋深约 1m，该管道外挂与副楼外墙上。该管道在基坑开挖期间正常使用。

1. 桩锚支护方案（图 21.6~图 21.11）

（1）支护桩采用钻孔灌注桩，间距 1.5~1.8m，副楼基坑南侧为 1.0m，桩径 800mm，桩嵌固深度为 5~8.5m。桩身配筋主筋为 HRB400，桩身混凝土强度等级 C30，桩顶锚入冠梁 50mm，主筋锚入冠梁长度 500mm。

（2）桩顶钢筋混凝土冠梁 900mm×600mm，混凝土强度等级 C30，冠梁配筋主筋为 HRB400。

（3）设 3 道锚索，配楼北侧为 4 道锚索，一桩一锚，锚索间距 1.50~1.80m，副楼基坑南侧两桩一锚，锚索间距 2.0m。锚索锚固体直径 150mm，锚孔注浆体强度等级不小于 M20，采用二次压力注浆工艺，第二次注浆压力 2.5MPa 左右。腰梁为 2 根 22a 或 28c 槽钢。

（4）桩顶以上按 1:0.4 天然放坡，主楼基坑西侧桩顶以上高度为 2.50m，采用钢管土钉墙支护。

（5）坡面（天然放坡坡面、支护桩坡面）及坡顶以上不小于 2.0m，或至围墙挂网喷护。钢筋网规格为 $\phi6.5@250mm×@250mm$，喷面混凝土强度等级 C20，厚度不小于 80mm。

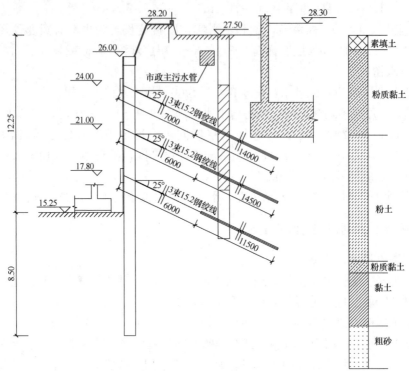

图 21.6　副楼基坑南侧支护剖面

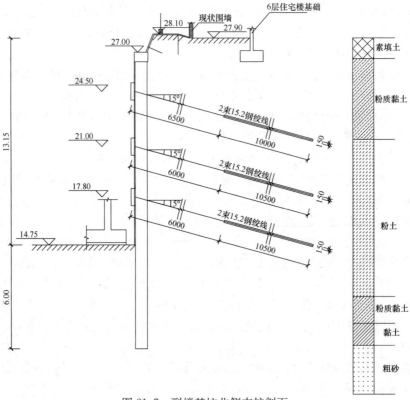

图 21.7　副楼基坑北侧支护剖面

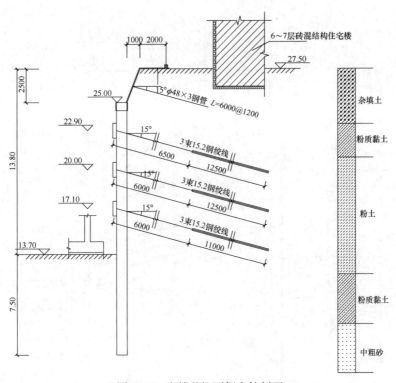

图 21.8　主楼基坑西侧支护剖面

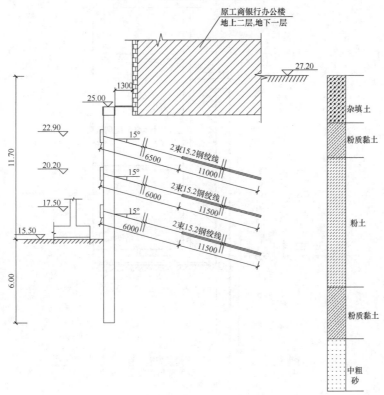

图 21.9　主楼基坑北侧支护剖面

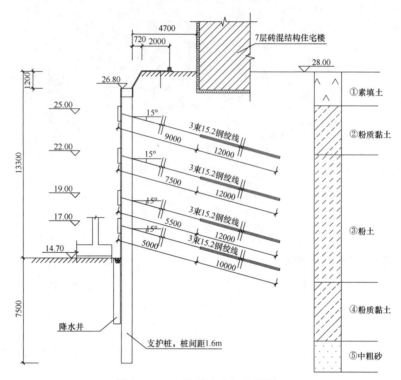

图 21.10　配楼基坑北侧支护剖面

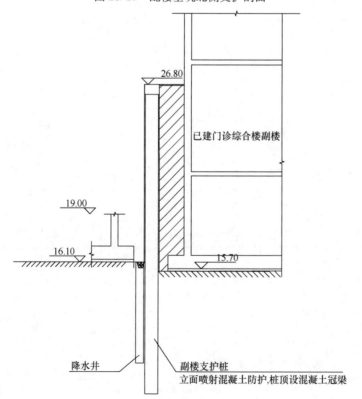

图 21.11　配楼基坑南侧支护剖面

2. 复合土钉墙支护（图 21.12）

（1）基坑深度 12.55m，坡面坡率 1：0.35；

（2）土钉水平间距 1.8m，竖向间距 1.4～2m，长度为 9m，杆体材料为 1 根 HRB400 级Φ16 或Φ22 钢筋；锚杆长度 12m，杆体材料为 1 根 HRB400 级Φ16 钢筋；

（3）坡面喷射混凝土面层，面层钢筋网规格为Φ6.5@250mm×@250mm，喷面混凝土强度等级 C20，喷面厚度不小于 80mm。

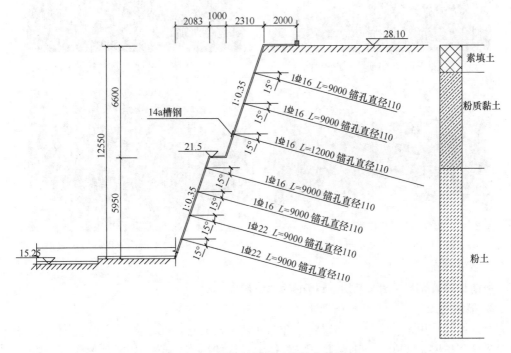

图 21.12 副楼基坑临时分界支护剖面

21.2.2 基坑地下水控制方案

基坑采用管井降水。降水管井布置基坑肥槽或坡顶，井距约 12m，部分井设定为减压井，井底标高 4.5m，其余井底标高 10.0m；基坑内设置疏干管井，井底标高 10.0m；管井直径 700mm，井管直径 500mm，反滤层采用中砂，厚度不小于 100mm。管井设混凝土底托。

基坑坡顶以外 2.0m 处砌筑 240mm×300mm 挡水墙。坑内沿坡脚设置 600mm×300mm 排水盲沟，内填碎石，并埋设滤水管，滤水管周围填中粗砂作为滤料。坡面纵横向各 3m 左右设置泄水孔。

21.3 基坑支护及降水施工

基坑开挖过程（图 21.13～图 21.17）

整个项目分三期建设，门诊综合楼副楼于 2013 年年初开工建设，2014 年投入使用；主楼于 2014 年年末开工建设，2016 年投入使用；配楼于 2018 年年初开工建设。

图 21.13　副楼基坑开挖照片

图 21.14　主楼基坑开挖照片

图 21.15　配楼基坑开挖照片

图 21.16　粉土层内支护桩成桩效果

1. 支护桩施工

当地长螺旋钻机成孔工艺成熟，本场地应用效果良好。

2. 锚索施工

上部锚索采用带十字钻头和螺旋钻杆的回转钻机成孔，泥浆循环护壁。下部锚索采用水泥浆循环护壁、成孔后立即注浆再安放锚索杆体的措施，经抗拔试验检测，锚索承载力可靠。

3. 基坑降水

减压井进入⑥层砂层内，可基本满足降水要求。基坑开挖至基底标高时，局部有地下水渗出，减压井内水量大，水头标高略高于基坑底标高。主楼基坑开挖时减压井内安装 1个 5.5kW＋1 个 2.2kW 的潜水泵方可控制井内水位低于基底标高 2～3m。基坑开挖至基底后，挖设了部分盲沟。垫层及防水施工如图 21.18 所示。

图 21.17　副楼清槽时基坑底明水情况

图 21.18　垫层及防水施工

21.4　结束语

（1）在潍坊市闹市区基坑采用桩锚支护方案安全可靠经济，锚索施工对地层扰动较小，即使伸入建筑物下，对建筑物影响也较小。

（2）潍坊市区地层沉积时间长，压缩性较低，地下水位下降引起的附加沉降较小，即使相邻建筑物距基坑很近，也鲜见因降水导致其沉降破坏，开放式降水在当地应用广泛。

（3）在水位以下的粉土层内施工锚索时，可能塌孔，应采取合理的护壁措施，并应及时注浆成锚。

（4）潍坊地区下部密实的粉土层也有一定的隔水能力，砂层内的地下水具承压性，水头标高略低于潜水位标高，水量较大，必要时应采取减压抗突涌措施。

22　潍坊百大商务中心深基坑支护设计与施工

22.1　基坑概况、周边环境和场地工程地质条件

项目位于潍坊市和平路与胜利西街交叉口北 200m，潍坊百货大楼北侧，为拆迁场地，建筑物包括 2 栋高层办公楼、公寓楼以及商业裙楼，其中主楼地上 26～27 层，主楼及裙楼设地下两层立体停车库，主楼采用桩基础，框剪结构，裙楼采用天然地基独立基础，框架结构。

22.1.1　基坑概况

基坑大致呈不规则矩形，长约 160m，宽约 50m，开挖深度为 13.2m。

22.1.2　基坑周边环境条件（图 22.1）

（1）北侧：紧邻南宫北街，临时作为施工道路，路中有一棵 300 年以上树龄的古树，距基坑开挖边线约 5.7m，街北侧西段距基坑开挖边线约 17.8m 分布有 6 层建筑物，街北侧东段为一在建基坑，深度为 8m 左右，采用复合土钉墙支护。南宫北街地表下埋设有污水管线。

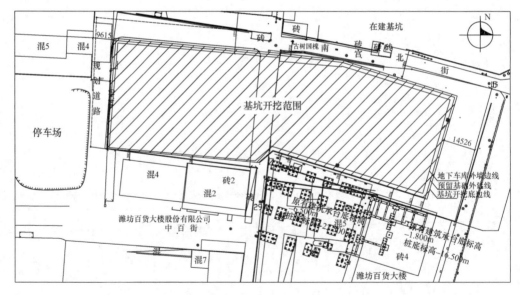

图 22.1　基坑周边环境图

（2）东侧：基坑开挖边线距和平路路沿石约 14.8m，和平路下埋设有管线。

（3）南侧：东段基坑开挖边线距多层砖混建筑物约 5.7m，距基础边线约 2.8m，桩基

设计：武登辉、叶胜林、赵庆亮。

308

础，桩间距为 1.5m，承台底标高和桩底标高自东向西分别为 $-1.8m$、$-6.5m$ 和 $-16.5m$、$-22.5m$。无管线分布。

西段开挖边线距 2～4 层砖混建筑 2.2～2.75m。其中 2 层砖混建筑基础埋深约 6.00m，基础超出外墙 0.6m，楼外 2m 为围墙；3～4 层砖混建筑基础埋深约为 2.00m。地表下浅部埋设有排水管道。

(4) 西侧：为规划道路，南段道路外侧为停车场，北段道路外侧为 4～5 层建筑，距基坑开挖边线约 9m。无管线分布。

22.1.3 场地工程地质条件

1. 场地地层埋藏条件及基坑支护设计岩土参数（图 22.2 和表 22.1）

场地地处昌潍平原地貌单元。场地地层主要为第四系上更新统冲洪积层（Q_3^{al+pl}），表层分布为杂填土（Q_4^{ml}），基坑支护影响深度范围内的地层自上而下分述如下：

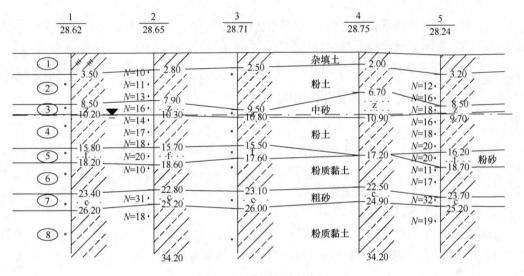

图 22.2 典型地层剖面图

① 层杂填土（Q_4^{ml}）：杂色，稍密，主要成分为碎石、砖块等建筑垃圾，土质不均匀，顶部为混凝土。场区厚度 1.70～4.50m，层底标高 23.56～27.08m，层底埋深 1.70～4.50m。

② 层粉土（Q_3^{al+pl}）：黄褐色，稍湿，中密。场区厚度 3.60～7.80m，层底标高 18.45～22.35m，层底埋深 6.50～9.50m。

③ 层中砂：黄褐色，湿，中密，混少量黏性土。场区厚度 1.00～4.20m，层底标高 16.90～21.05m，层底埋深 7.80～10.90m。

④ 层粉土：黄褐色，湿，中密，场区厚度 3.40～8.40m，层底标高 11.02～13.80m，层底埋深 13.20～17.20m。

⑤ 层粉砂：黄褐色，饱和，中密～密实，混少量黏性土。部分钻孔缺失，厚度 1.60～4.10m，层底标高 8.92～11.50m，层底埋深 15.20～19.60m。

⑥ 层粉质黏土：黄褐色，可塑～硬塑，含铁锰氧化物及少量姜石，姜石粒径 5～10mm。场区厚度 1.70～7.90m，层底标高 2.98～9.65m，层底埋深 19.10～25.80m。

⑦ 层粗砂：黄褐色，饱和，密实，混少量黏性土。场区厚度 1.00～3.80m，层底标

高 1.15～6.65m，层底埋深 22.10～27.40m。

表 22.1 基坑支护设计岩土参数

层号	土类名称	γ (kN/m³)	c (kPa)	φ (°)	k_v (m/d)	q_{sk} (kPa)
①	杂填土	17.5	12.0	15.0		20
②	粉土	17.1	19.8	25.3		60
③	中砂	18.6	2.0	38.0	13.0	80
④	粉土	17.2	25.5	23.5		58
⑤	粉砂	18.6	4.0	28.0		60
⑥	黏性土	18.8	25.5	19.4		65
⑦	粗砂	20.0	5.0	38.0	36.3	100
⑧	黏性土	19.4	38.0	21.5		80

2. 地下水情况

场地地下水为第四系孔隙潜水，主要赋存于③层中砂、⑤层粉砂、⑦层粗砂中，具微承压性。勘察期间，场地地下水稳定水位埋深为 8.0～10.80m，稳定水位标高为 18.25～18.65m。场地综合渗透系数取 0.5m/d。

22.2 基坑支护及地下水控制设计方案

22.2.1 基坑支护方案

基坑安全等级均为一级，采用桩锚支护方案，将基坑划分为 9 个支护单元进行支护设计，基坑深度分别按 12.1m、12.4m、12.6m、13.1m、13.2m 等 5 个深度考虑。

(1) 基坑北侧东段、东侧桩顶标高−3.5m，设置 0.2m 平台，平台以上采用 1∶0.3 土钉墙支护；其他各段桩顶标高−0.5m。

(2) 支护桩采用钻孔灌注桩，桩间距分别为 1.5m、1.6m、1.70m 和 1.8m，桩径为 800mm 和 600mm，桩嵌固深度为 4.5m，桩身锚入冠梁长度 50mm。桩身混凝土强度等级为 C30，主筋为 HRB400，锚入冠梁长度为 500mm。

(3) 桩顶分别设 900mm×600mm 和 800mm×600mm 的混凝土冠梁，混凝土强度等级为 C30，主筋为 HRB335，箍筋为 HPB300。基坑支护平面布置如图 22.3 所示。

(4) 设 3 道锚索，基坑南侧东段设 2 道锚索，一桩一锚，间距同支护桩，锚索杆体为

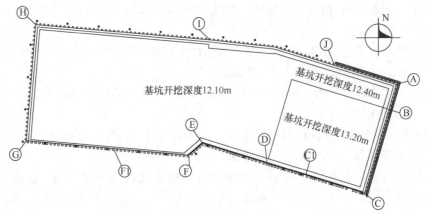

图 22.3 基坑支护平面布置图

Φ^s15.2 钢绞线，锚孔直径 150mm，入射角均为 15°。锚孔注浆材料为纯水泥浆，注浆体强度等级不小于 M20。锚索采用二次压力注浆，第二次注浆压力为 1.5MPa 左右。基坑北侧东段、东侧第一道锚索锁定在冠梁上，其余腰梁为 2 根 22a 槽钢。

（5）基坑南侧东段支护桩及锚索间距需根据南侧建筑物桩基位置做相应调整。

（6）桩间土采用挂网喷射混凝土保护，钢筋网采用 5mm×5mm×1.5mm 成品钢丝网，喷射混凝土面层厚度 60mm。按 1.6m（1.8m）×2.0m 间距在支护桩上植 1 根 10cm 长 HRB400 Φ 16 钢筋锚钉，锚钉与面层钢筋网有效连接。

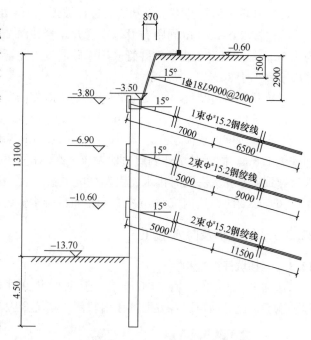

图 22.4 基坑东侧支护剖面图

（7）冠梁以上设一道土钉，坡面、坡顶至围墙范围内，采用Φ 6@200mm×200mm 钢筋网喷混凝土面层，厚度 80mm，喷混凝土强度等级 C20。基坑支护剖面如图 22.4～图 22.6 所示。

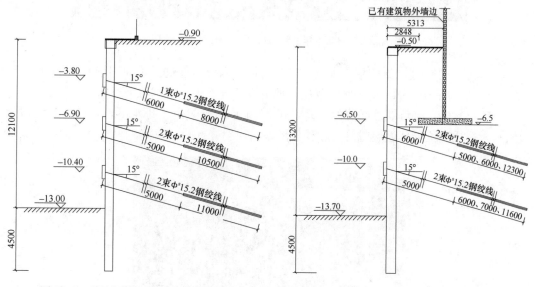

图 22.5 基坑西侧、北侧支护剖面图   图 22.6 基坑南侧支护剖面图

22.2.2 基坑地下水控制方案

（1）主体部分水位降深约 3.5m，其余部分水位降深约 3.0m。

（2）基坑采用管井降水。基坑周边在坡顶0.5m处及肥槽内按13.5m间距布设降水管井，坑内按20～23.5m间距布设疏干管井。管井深26.0m，井径为700mm，过滤层厚度为100mm，滤料采用粗砂，井管采用无砂混凝土井管，井管外包60目滤网，过滤器的孔隙率不宜小于30%。

（3）基坑周边及坑内布设排水盲沟及集水坑，以便及时排出雨水等积水。

（4）基坑周边坡顶设置240mm×300mm挡水墙。

（5）基坑壁设置泄水孔，纵横向间距3～5m，其中在填土范围内，泄水孔水平向间距加密至1.8m。同时基坑外侧周边地表应全部硬化至围墙或硬化路面，以防雨季大量降水下渗导致泄水孔无法及时排水而引发基坑失稳。

（6）必要时在坑内按20m左右间距布设排水盲沟，以便加快疏干坑底地下水。

22.3 基坑支护及降水施工

22.3.1 基坑开挖过程

基坑于2012年10月24日开挖，于2013年9月9日开挖至基底以上0.8m并进行工程桩施工，此后项目因各方面的原因暂停。基坑全貌，自西向东拍摄，如图22.7所示。

图22.7 2014年8月基坑全貌，自西向东拍摄

2014年8月对基坑支护结构进行了检查评估，部分构件进行了加固维修，于2015年4月再次动工，并在2015年年底完成项目地下室部分施工并对基坑进行回填。

因项目暂停，基坑缺乏必要的维修，在2014年雨季时由于排水不畅，坡顶处滞留大量雨水，造成基坑局部面层脱落，坡顶处围墙出现裂缝（图22.8）。

图22.8 南侧基坑侧壁面层及桩间土脱落情况

对于已经出现的局部面层破损掉落部分，应从以下几个方面分析面层脱落的原因：如局部面层厚度不够、面层钢丝网间无有效搭接、桩身植筋强度不足、泄水孔未起到应有的泄水效果、坡顶排水隔水措施不当导致积水下渗等，并采取修补加固措施。

在破损部位底部设 120mm×120mm 钢筋混凝土梁，梁内配 4Φ16 钢筋并植入两侧支护桩桩身，混凝土梁以上以水泥砂浆砌筑加筋砖墙，水平向及竖向加强筋采用Φ16 钢筋，间距 1.0m，水平向加强筋植入桩身，纵向加强筋与上下槽钢腰梁焊接连接。挡墙内侧因塌土形成的空洞宜采用水泥砂浆填充密实，挡墙外侧表面应设混凝土面层，面层厚度不小于 80mm，面层配筋采用Φ6@200mm×200mm 双向钢筋网，钢筋网与上下槽钢焊接连接，在水平向设 1Φ16 加强筋并在支护桩桩身上植筋，加强筋与桩身植筋焊接连接，水平向加强筋间距 1.5m，桩身植筋水平向间距同支护桩间距，竖向间距同加强筋间距，植筋深度不少于 100mm。混凝土梁及面层混凝土强度等级不小于 C20。维修时按 3.0m 间距设泄水孔，以确保雨季深入土体内的积水顺利排出。同时，对因施工不标准导致的槽钢腰梁与坡面之间的空隙以 C20 混凝土填实。基坑南侧东段支护桩及锚索平面布置图如图22.9 所示。

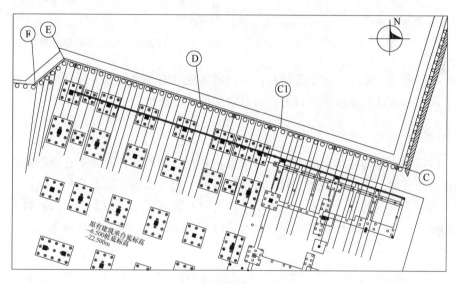

图 22.9　基坑南侧东段支护桩及锚索平面布置图

22.3.2　锚索施工

基坑南侧东段紧邻建筑物采用桩基础，锚索伸入桩间。根据已有建筑物桩基分布情况调整该侧支护桩桩位，并采用长短锚索结合的方式，使锚索避开已有建筑物桩基。

22.3.3　有限土体土压力折减

南侧 2~4 层砖混建筑，基础埋深约 6.00m，墙外土体宽度不足 3m，主要以回填土为主，力学性质比较差，该部分土体属于有限土体的范畴，若完全按照半无限体的填土进行计算，势必造成基坑支护方案保守，产生不必要的浪费。

针对这种情况，对已有建筑物基础埋深范围内土体的土性参数进行折减（图 22.10），其他区域按照经典的郎肯土压力理论进行计算，以在确保安全的情况下，避免不必要的浪费。在本项目基坑设计时，将重度 γ 以及黏聚力 c 进行折减（重度折减系数 $\gamma_z=0.66$；黏

聚力折减系数 $c_z=0.66$），然后使用软件按照半无限土体的经典土压力理论进行计算，最终设计为桩锚支护方案。基坑开挖过程中，在该区段设置了深层位移观测点，深层位移变形最大值仅 9mm，监测结果如图 22.11 所示。

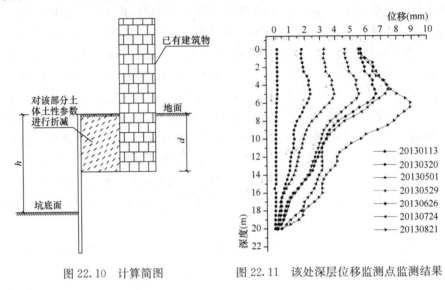

图 22.10 计算简图   图 22.11 该处深层位移监测点监测结果

在对有限宽度土体进行支护设计时，采用对重度及黏聚力参数进行折减的方法，方便地应用于现有基坑计算软件是可行的，可有效降低工程造价。

22.4 结束语

（1）桩锚支护结构在超期使用时，日常维护是重要的环节，尤其是在雨季时要加强地表水的有组织排放。当桩间距较大时，应加强桩间土防护措施，提高其耐久性。

（2）当紧邻基坑的建筑物有深埋地下室时，对有限宽度土体的重度以及黏聚力参数进行折减的方式，可以合理地计算有限宽度土体的主动土压力，优化设计方案。

23 泰安贵和大厦深基坑支护设计与施工

23.1 基坑概况、周边环境和场地工程地质条件

项目位于泰安市天平街与望岳西路交叉口西南角，西侧紧临七里河。其建筑要素见表 23.1。

表 23.1 建筑要素

建筑物名称	结构类型	地上层数	地下层数	±0.00 标高（m）	基础形式	设计坑底标高（m）
办公楼南楼	框架-剪力墙	21～25	3	146.65	筏形基础	130.50
办公楼北楼	框架-剪力墙	21～25	3	146.65	筏形基础	131.00
住宅楼	框架-剪力墙	31	3	146.65	筏形基础	131.00
地下车库	框架	—	3	146.65	柱基	131.00

23.1.1 建筑物概况

场地现状地面标高为 145.10～146.84m，最大相对高差为 1.61m。基坑大致呈矩形，长约 93.6m，宽约 62.1m，基坑开挖深度为 15.7～19.9m。

23.1.2 基坑周边环境情况 (图 23.1)

(1) 北侧：地下室外墙距用地红线 5.5～10.7m，距天平街南侧人行道边 17.5～40.0m，天平街以南分布有自来水、电缆、热力及电信管线，其中自来水管线西段（自七里河岸向东 11.0m）距地下室外墙 9.7m，东段距地下室外墙约 35m；热力管线距地下室外墙 5.0～7.0m；电缆及电信光缆距现状道路较近，距地下室外墙 7.8～35m。其中热力管线埋深约 2.0m，其他管线埋深 1.0～1.5m。

(2) 东侧：地下室外墙距用地红线 5.5～7.4m，距望岳路人行道 12.5～14.4m，路沿石 20.0～21.9m，望岳路以西分布有路灯电缆、消防电缆、雨水管线、电缆、自来水管及电信电缆，地下室外墙距自来水管 12.5～14.5m，距电信光缆 13.0～13.7m，距电缆 15.3～17.2m，距雨水管线 18.0～18.5m，距消防管线 20.0m，距路灯线为 19.0～21.0m，管线埋深 1.0～2.0m。

(3) 南侧：地下室外墙距用地红线（围墙）6.0～12.1m，红线南侧有 6F 砖混结构、9F 框架结构的住宅楼，均为天然地基片筏基础，埋深约 2.0m。

(4) 西侧：地下室外墙距七里河东岸 5.0～13.4m，河宽 23m，河内水深 0.2～0.4m，河道底标高约为 143.55m，东侧驳岸顶标高约 145.65m。

(5) 拟建场地内有自北向南污水管道，埋深约 2.0m，管径约 1.0m，拟移至基坑西

设计：叶胜林、赵庆亮、马连仲；施工：董峻豪、时文彪、付瑞勇。

侧，考虑西侧场地较为狭窄，建议先完成支护桩及其冠梁后再迁移。

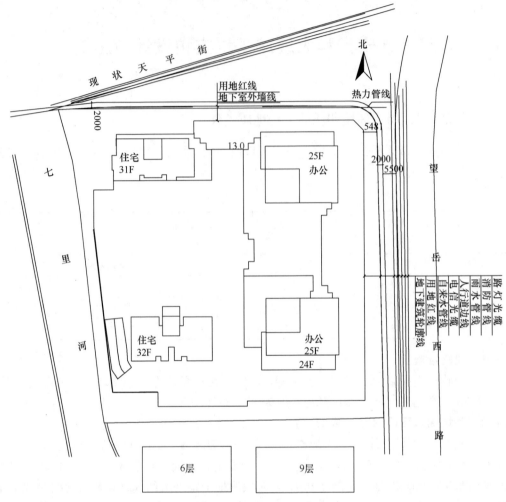

图 23.1　基坑平面布置及周边环境图

23.1.3　场地工程地质条件

1. 场地地层

场地地处山前坡洪积扇地貌单元，主要地层由全新统冲洪积层（Q_4^{al+pl}）、第四系残积层（Q^{el}）和太古界花岗片麻岩风化层（Art）组成。上覆少量人工堆积层（Q^{ml}）、叙述如下：

①层素填土（Q^{ml}）：褐黄色，可塑，稍湿，主要成分由黏性土组成，含少量碎石、砖块。该层厚度 0.40～2.90m，层底标高 142.24～145.94m，层底埋深 0.40～3.40m。

①-1 层杂填土：杂色，稍湿～饱和，稍密，主要由碎石、砖块、混凝土及黏性土组成。该层厚度 0.30～5.20m，层底标高 140.64～145.46m，层底埋深 0.30～5.20m。

②层混砂粉质黏土（Q_4^{al+pl}）：黄褐～浅棕黄色，可塑，局部硬塑，混粗砂 10%～40%；底部混少量花岗片麻岩风化碎屑。该层局部夹②-1 层粗砂，黄褐色，饱和，稍密，混少量黏性土。该层厚度 2.20～13.70m，层底标高 131.56～142.04m，层底埋深 4.80

～14.10m。

③层残积土（Q^{el}）：浅棕黄～灰红色，可塑，局部硬塑，见风化残核。该层厚度 0.40～7.00m，层底标高 129.26～140.84m，层底埋深 5.80～16.40m。

④-1 层强风化花岗片麻岩（Art）：肉红～灰绿色，局部呈灰白色，岩芯呈粗砂状、少量碎块状，块状岩芯手掰可碎。该层厚度 0.60～8.60m，层底标高 128.65～139.48m，层底埋深 7.00～17.50m。

④-2 层强风化花岗片麻岩：肉红～灰绿色，岩芯呈碎块状，少量短柱状。该层总厚度 0.80～7.80m，层底标高 123.63～135.68m，层底埋深 10.50～22.80m。

⑤-1 层中风化花岗片麻岩：肉色～灰绿色，岩芯呈块状～短柱状，一般节长 3～10cm。该层总厚度 1.50～8.90m，层底标高 120.55～130.95m，层底埋深 15.00～25.60m。

⑤-2 层中风化花岗片麻岩：肉色～灰绿色，岩芯呈短柱～柱状，一般节长 5～15cm，最长 40cm。该层未揭穿，最大揭露深度 38.00m，最大揭露厚度 17.60m，最低标高 107.80m（图 23.2 和表 23.2）。

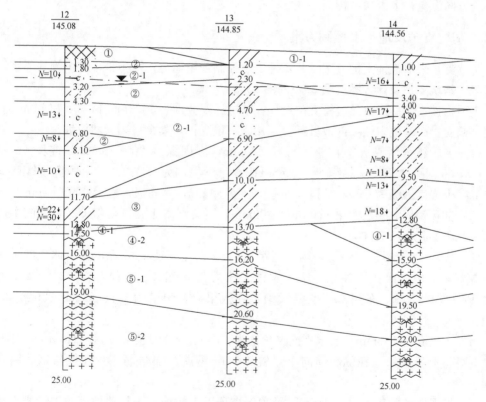

图 23.2　典型工程地质剖面图

表 23.2　基坑支护设计岩土参数

层序	土名名称	γ (kN/m³)	c_k (kPa)	φ_k (°)	锚杆 q_{sik} (kPa)
①	素填土	17.5	12.0	12.0	20
①-1	杂填土	18.0	10.0	15.0	20

层序	土名名称	γ (kN/m³)	c_k (kPa)	φ_k (°)	锚杆 q_{sik} (kPa)
②	混砂粉质黏土	19.4	30.0	12.0	55
②-1	粗砂	20.0	3.0	30.0	60
③	残积土	17.2	38.0	14.0	65
④-1	强风化花岗片麻岩	20.5	25	30	140
④-2	强风化花岗片麻岩	22.0	60	35	180

2. 场地地下水

场地地下水类型为第四系孔隙潜水和基岩裂隙水，径流方向为自北向南，主要由大气降水和地下径流补给。地下水静止水位埋深 1.40～2.52m，相应标高 143.66～144.34m，河道底标高约为 143.55m，正常情况下场地地下水向西侧河道排泄，当基坑开挖后河水会向基坑方向渗流，水力联系较强。

23.2　基坑支护及地下水控制方案

基坑支护采取桩锚支护方案，基坑地下水控制采用周边止水帷幕，坑内管井降水。

23.2.1　基坑支护设计方案（图 23.3～图 23.5）

本项目按 5 个支护单元进行支护设计，基坑深度分别为 15.3m、14.6m 和 14.3m。均采用桩锚支护，基坑东侧上部放坡部分采用土钉墙支护，其余采用天然放坡。

（1）支护桩采用钻孔灌注桩，桩径 800mm，嵌固深度 2.0～3.0m，桩长 11.55～14.55m，桩间距 2.0m，桩身配筋主筋为 HRB400，箍筋为 HPB300，加强筋为 HRB335，桩身混凝土强度等级为 C30，桩顶锚入冠梁长度 50mm，主筋锚入冠梁长度 700mm。

（2）桩顶钢筋混凝土冠梁 900mm×800mm，冠梁混凝土强度等级 C25，配筋主筋为 HRB335，箍筋为 HPB300。

（3）设 3～4 道锚索，一桩一锚，间距 2.0m，锚孔直径 150mm，注浆体强度等级不小于 M20，采用二次压力注浆，第一次注浆压力为 0.5MPa 左右，第二次注浆压力为 2.5MPa 左右。北侧、东侧第一道锚索锁定在冠梁上；腰梁为 2 根（22a、22b 或 25A）槽钢。

（4）土钉孔径 130mm，与水平面夹角均为 15°，杆体为 1Φ18 钢筋 HRB400，注浆体强度等级不小于 M20，在纵、横向上设置 1Φ16 钢筋为加强筋，并确保与钢筋网有效连接。

（5）坡顶护坡宽度不小于 1.5m，坡顶、桩顶以上放坡及土钉墙坡面、未设帷幕段桩间土采用挂网喷射混凝土保护，钢筋网为 Φ6.5@200mm×200mm；喷面混凝土面层厚度不小于 60mm，土钉墙坡面喷面厚度不小于 80mm。

（6）基坑西侧北段与驳岸之间拟设置管径 1000mm 的污水管道，由于基坑与驳岸之间的距离较近，如果先设置污水管道，支护桩将难以施工，建议先完成支护桩及其冠梁施工，后设置污水管道，将污水管道设置在桩顶外平台上，平台应进行硬化处理，冠梁顶设置厚度 300mm，高度 500mm 的钢筋混凝土挡墙，挡墙通过竖向钢筋与冠梁连接。

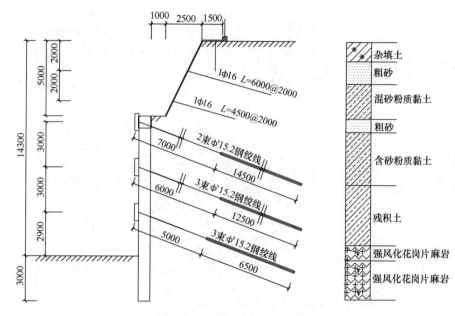

图 23.3 基坑东侧支护剖面图

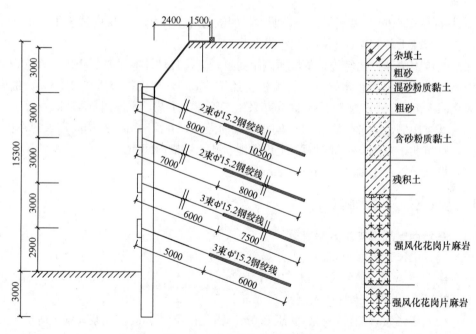

图 23.4 典型基坑支护剖面图

23.2.2 地下水控制方案

基坑内地下水位降深约 13.0m，鉴于基岩裂隙水具有主要沿裂隙渗透的特性，基坑降水采用管井及明沟排水相结合、结合局部设置止水帷幕的地下水控制方案。

（1）周边沿基坑肥槽按 15m 间距布置降水管井，基坑北侧降水井布设在基坑坡顶，其他降水管井均布设在基坑周边肥槽，坑内按 25～30m 间距设置疏干管井。管井底标高

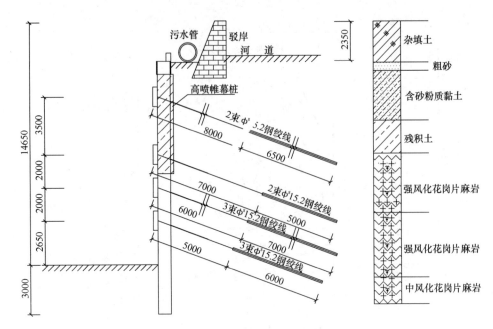

图 23.5 基坑西侧北段支护剖面图

128.0m，直径 700mm。基坑周边布设明沟，明沟与降水井相连；坑内按疏干井轴线布设明沟，明沟与疏干井相连；电梯井附近设置集水坑。

（2）基坑南侧邻近住宅楼，基坑西侧距河道较近，且坡体有稍密的粗砂层，均设置高压旋喷桩与支护桩搭接止水帷幕，旋喷桩直径 1000mm，与支护桩搭接 250mm，桩底进入强风化岩 1.5m。桩长为 6.0～10.5m，采用三管施工工艺，水泥用量 450kg/m。

（3）基坑南侧沿帷幕外侧按 10m 间距设置回灌井，井深 10m，结构同降水管井。

（4）基坑北、东侧支护桩间面层上设置泄水孔，纵横向间距 3～5m。

（5）坡顶设置挡水墙 240mm×300mm。

23.3 基坑支护及降水施工

23.3.1 基坑西侧局部支护方案变更

（1）局部中风化岩面较高，支护方案变更为微型桩锚支护（复合土钉墙）。

（2）微型桩成孔直径 180mm，内置 102mm×4mm 钢管，嵌固深度 2.0m，桩长 14.2m，桩间距 0.5m，钢管深入冠梁 700mm。

（3）设 5 道锚索，四桩一锚，间距 2.0m，锚孔直径 150mm，注浆体强度等级不小于 M20，采用二次压力注浆，第二次注浆压力为 2.5MPa 左右。腰梁为 2 根 22b 槽钢。

（4）高压旋喷桩改为二重管施工工艺，直径 800mm，桩间搭接 300mm，间距 500mm，水泥用量 300kg/m。

23.3.2 基坑北侧局部桩锚支护破坏处理

施工期间，基坑北侧一直是施工进出口和材料堆场，钢材堆积高度曾超过 1m，与设计 20kPa 有较大出入，前期安装地泵于此。2013 年 7 月 15 日，混凝土泵车前支架紧邻冠梁，持续进行混凝土浇筑，由于超载和振动影响，锚索出现渐次破坏，监测于傍晚报警，由于没采取果断措施，7月16日7时许，坡顶裂缝超过100mm，至中午11时许，中部近20余棵支护桩出现倾倒，被主楼负一层底板抵住，桩顶最大位移约1670mm。

坡顶卸载处理方案如下：

（1）西段在标高140.4m左右设置3m宽平台，平台以上按1∶1.5天然放坡；东段用素混凝土回填肥槽至136.5m标高以上，在标高140.6m左右设置3m宽平台，平台以上按1∶1.5天然放坡。

（2）平台及坡面采用挂网喷射混凝土保护，喷面混凝土强度等级C20，钢筋网为Φ6.5@200mm×200mm，面层厚度80mm。坡顶面层上翻宽度不小于1.5m。

（3）坡顶设置240mm×300mm挡水墙；坡面上按纵横向3m间距设置泄水孔。

23.3.3 基坑西侧渗水处理

基坑西侧受河水影响，基岩裂隙水较丰富，但水质清澈，渗漏未危及边坡土安全，通过明排处理。

23.4 结束语

（1）坡顶堆载超过设计值，或坡顶有动载时，应咨询设计单位意见，采取有效措施。

（2）肥槽回填、坡顶卸载对于产生较大变形的基坑边坡也是有效的。

24　日照苏宁广场深基坑支护设计与施工

24.1　基坑概况、周边环境和场地工程地质条件

项目位于日照市海曲中路与正阳路交叉口西南角，西侧南侧为日升社区及正阳文化市场。其包括酒店、商业裙房及地下车库。建筑物设计要素见表24.1。

表 24.1　建筑设计要素

建筑物名称	结构类型	地上层数	地下层数	±0.00 标高 (m)	基础形式	设计坑底标高 (m)	备注
酒店	框筒	24	2	19.30	筏形基础	7.80	
商业裙房	框架-剪力墙	6~8	2	19.30	独立基础	7.80	
地下车库	框架		2		独立基础	7.80	锚杆抗浮

24.1.1　基坑概况（图 24.1）

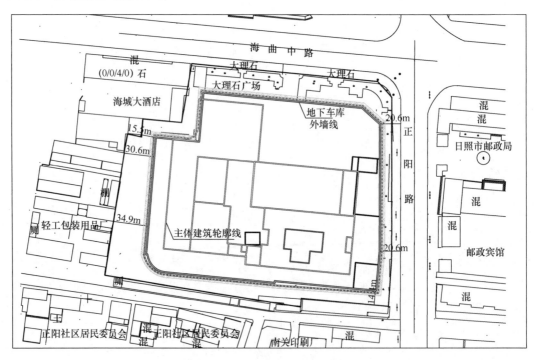

图 24.1　基坑平面布置及周边环境图

设计：刘元庆、成志刚、马连伸。

场地地形呈西高东低，略有起伏。孔口地面黄海标高在 17.25～20.50m（标高大于 20.50m 区域拟在基坑施工期整平至 19.30m）。基坑大致呈矩形，长约 93.6m，宽约 62.1m，基坑开挖深度为 15.7～19.9m。

24.1.2　基坑周边环境情况

（1）北侧：地下室外墙距海曲中路 21m，海曲中路南侧分布有光纤、雨污合流、路灯、供电、给水管线，埋深 0.8～1m。距地下室外墙最近为直径 100cm 给水管，距离约 18m。

（2）东侧：地下室外墙距正阳路 12.4m，正阳路西侧分布有供电、路灯电缆、给水管、雨污合流管、电信光纤等线路管线。地下室外墙距最近处为 400mm×200mm 的铜/光纤线路，距离约 9m。

（3）南侧：地下室外墙距正阳文化市场最近处约 8.6m，该建筑砖混结构，天然地基，无重要地下管线。

（4）西侧：地下室外墙距日升社区最近处约 18m 以上，该社区主要为 1～2 层砖木、砖混结构民房，均为天然地基，无重要地下管线。西北角地下室外墙距海城大酒店约 10m，该酒店高 4 层，砖混结构，条形基础，基础埋深约 1.5m；靠近酒店有 1 层砖木结构平房，距地下室外墙最近处约 9.7m。

24.1.3　场地工程地质条件

1. 场地地层埋藏条件及基坑支护设计岩土参数（表 24.2）

场地地处黄海陆域低山丘陵地貌单元，主要地层为第四系河流地层，地表为人工填土，下伏花岗闪长岩，叙述如下：

① 层杂填土（Q_4^{ml}）：杂色，稍湿，松散，以砂土、粉质黏土为主，含生活垃圾及建筑垃圾。该层厚度 0.70～6.00m，层底标高 13.51～18.35m。

② 层粉质黏土（Q_4^{al}）：褐色、灰褐色，软塑～可塑，该层厚度 2.30～6.10m，层底标高 10.67～15.00m。

③ 层中粗砂（Q_4^{al}）：灰色，饱和，稍密、上部与黏土层接触带呈松散状态，砂颗粒呈次圆形，分选性一般、级配较差。该层厚度 0.30～2.60m，层底标高 9.66～12.30m。

④ 层砾质黏性土（Q_4^{el}）：黄褐色，可塑～硬塑，砾砂含量 20%～30%，砾砂颗粒呈次棱角状。该层厚度 0.50～2.80m，层底标高 8.65～14.75m。

⑤ 层全风化花岗闪长岩（γ_5^3）：黄褐色，岩芯手搓呈含砾砂黏土状，可用镐挖。该层厚度 0.40～1.50m，层底标高 8.11～15.75m。

⑥ 层强风化花岗闪长岩：黄褐色，密实，用镐可挖，干钻不易钻进。上部岩芯手搓呈砾砂状，下部岩芯手掰成碎块状；风化程度由上而下变弱。该层厚度 0.60～17.10m，层底标高 -6.21～10.29m。

⑦ 层微风化花岗闪长岩（γ_5^3）：灰白色，岩芯呈柱状。该层未揭穿。

2. 场地地下水

场地地下水主要以第四系孔隙水为主，赋存于砂层中。其补给来源主要是大气降水和河流的侧向补给；排泄途径以蒸发为主，往下以渗透为主，缓慢渗流到水位较低的地段。勘察期间，在钻孔钻进深度内见地下水，24h 后统一量测钻孔稳定水位埋深在 1.50～4.80m，相应标高 15.70～15.79m。年变化幅度在 1.0～1.5m。

表 24.2　基坑支护设计岩土参数

层序	土名	γ (kN/m³)	c_k (kPa)	φ_k (°)	锚杆 q_{sik} (kPa)
①	杂填土	18.5	12.0	5.0	16
②	粉质黏土	18.7	19.4	14.4	50
③	中粗砂	19.8	3.0	35.0	80
④	砾质黏性土	20.7	25.0	17.0	65
⑤	全风化花岗闪长岩	21.5	35.0	30.0	120
⑥	强风化花岗闪长岩	23.0	30.0	42.0	200
⑦	微风化花岗闪长岩	25.0	500.0	38.0	

24.2　基坑支护及地下水控制方案

基坑支护采取桩锚支护方案，地下水控制采用周边止水帷幕，坑内管井降水。

24.2.1　基坑支护设计方案（图 24.2）

本项目按 6 个支护单元进行支护设计，基坑开挖深度 10.0～11.5m，均采用桩锚支护，桩顶以上按 1.5m 自然放坡。

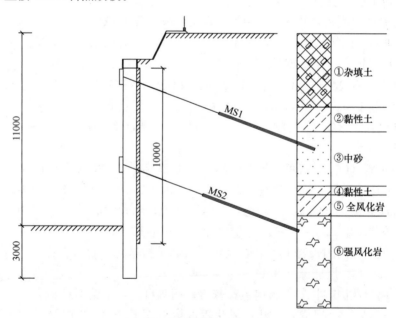

图 24.2　典型基坑支护剖面图

（1）支护桩桩径 800mm，桩间距 2m，支护桩嵌固深度 3.0m，桩身配筋主筋为 HRB400，桩身混凝土强度为 C30，桩顶锚入冠梁长度 50mm，主筋锚入冠梁长度 400mm。

（2）桩顶钢筋混凝土冠梁 900mm×500mm，混凝土强度等级 C30。

（3）设 2 道锚索，一桩一锚，间距 2m，锚孔直径 130mm，注浆体强度等级 M20，采用二次压力注浆，第二次注浆压力为 2.5MPa 左右。腰梁为 2 根 25b 工字钢。

（4）坡顶护坡宽度不小于 1m，采用挂网喷射混凝土保护，钢筋网为φ6.5@250mm×250mm，喷面混凝土强度等级 C20，喷射面层厚度不小于 50mm。

24.2.2　地下水控制方案

场地地下水主要赋存于③层中粗砂中，基坑周边设置止水帷幕，结合坑内明排的地下水控制措施。

（1）基坑周边设置高压旋喷桩与支护桩搭接止水帷幕，采用三重管高压旋喷桩，直径850mm，桩间搭接 150mm，高喷桩桩顶位于地面下 2.0m，桩底进入坑底不少于 1.5m。

（2）基坑内设置盲沟和集水坑，明排降水。

（3）坡顶面层上翻 1.5m，挡水墙 12mm×18mm。

24.3　基坑支护及降水施工

（1）支护工程进展较为顺利。基坑照片，如图 24.3 和图 24.4 所示。

图 24.3　基坑照片

图 24.4　基坑西南角照片

（2）根据监测，基坑水平位移最大值为 20.29mm，最小值为 2.98mm，主要发生在基坑开挖期间；基坑竖向位移最大值为 18.3mm，最小竖向位移最大值为 3.1mm；周边建筑物沉降 5.05～8.61mm；周边管线道路累计沉降为 0.6～16.71mm。锚杆内力最大值为 64，深层水平位移 5～24mm。

（3）基坑肥槽较小，许多地下车库独立柱基础紧邻支护结构，没有空间设置排水明沟，基坑西东南角，基岩裂隙水较丰富，基底出现较多明水，对施工有一定影响。

24.4 结束语

（1）岩石地基承载力高，有些地下车库会采用独立基础，外伸较大，基坑支护设计应充分考虑施工作业需要，选择适当的肥槽宽度。

（2）基岩裂隙水水量一般不丰富，明沟排水是一种有效的措施。基岩裂隙水丰富时，应增加排水沟的密度；集水坑中应单独设置集水井。

第四篇 岩石及土岩组合
深基坑、边坡支护设计与施工

在鲁中山地、胶东粉子山群，低山、丘陵、剥蚀准平原地带的建筑工程，其基坑一般为岩石基坑和土岩二元组合基坑，此类基坑一般比较深，土层和岩层都有较大的比例。如果岩石少于 25%，可划归为土质基坑；如果土层少于 25%，可划归为岩质基坑。由于全风化岩和强风化岩，可以按圆弧滑动法计算，因此，全风化岩和软质岩石应按土考虑，强风化硬质岩石可根据岩石破坏模式按土或岩石考虑。

在鲁中山地，组成基坑侧壁的土层以硬土居多，上部存在填土、黄土状土；在地势较低的地方，地下水位较高，组成基坑侧壁的土层可能是第四系全新统河流冲积地层，也有的是饱和黄土状土。岩石包括石灰岩、泥灰岩、页岩、白云岩、泥岩、泰山杂岩等，局部分布侵入岩。

在胶东粉子山群，组成基坑侧壁的土层以硬土居多，上部存在填土；在地势较低的地方，地下水位较高，组成基坑侧壁的土层有的是第四系全新统河流相沉积地层，滨海相沉积地层和泻湖相沉积地层。岩石包括花岗岩、泥岩及云母片岩等。

土岩二元组合基坑，尚缺少计算模型，目前较公认的计算方式是，上部土层和全风化岩、强风化岩按《建筑基坑支护技术规程》（JGJ 120—2012）的有关规定执行，下部中风化岩按《建筑边坡支护技术规范》（GB 50330—2013）的有关规定执行。全风化岩、强风化岩应采用 c、φ 值，中风化岩应采用 φ_e。勘察报告往往不能提供准确的岩土参数。

侵入岩的残积土、全风化岩、强风化岩若渗透系数不大，可按水土合算模式进行计算。

由于基坑较深，一般不会采用天然放坡，复合土钉墙，尤其是微型桩复合土钉墙、桩锚、"吊脚桩"等方案被常常采用。

由于地面高差较大，除形成基坑以外，往往产生建筑边坡。建筑边坡支护按《建筑边坡支护技术规范》（GB 50330—2013）、《建筑地基基础设计规范》（GB 50007—2011）的有关规定设计。建筑边坡支护设计往往是在缺少勘察资料的情况下进行的，即使有勘察资料，岩土参数的准确性、代表性也比较差，这需要设计人员通过反演分析、类比等方法估计。

1992 年始建的青岛海关大楼，设计的基坑采用了吊脚桩支护方案和高压旋喷桩搭接止水帷幕，效果良好。

临沂市御园金鼎项目，为强风化岩石基坑，是在有较大分歧的情况下出具的设计方案。一种观点认为强风化岩石基坑自稳性较好，不需要采取支护措施，也有观点认为应将岩石按碎裂状对待进行支护设计，但前者占了上风，在基坑坡面很陡的情况下，没有采取支护措施（岩钉长 2~3m），连防护措施也是不足，加之西侧、南侧紧临水沟，边坡渗水严重，坡面数次出现坍塌现象，最后被迫退出。后来类似的项目，一般采用格构梁锚杆支护方案。

1 华夏海龙鲁艺剧院东棚户区改造 B 地块一期 深基坑支护设计与施工

1.1 基坑概况、周边环境及场地工程地质条件

项目位于济南市历下区花园路以南，花园庄东路以东，山大北路以北，山大路以西，总占地面积约 11.02 万 m²，共分为 A、B、C 三个地块。本项目为 B 地块西部（B 地块一期）。其包括 1 号～4 号、6 号、7 号六栋高层住宅、配套公建及地下车库。建筑物一览表见表 1.1。

表 1.1 建筑物一览表

建筑物	结构类型	地上层数	地下层数	±0.00 标高（m）	地基基础形式	基底标高（m）
高层住宅	剪力墙	20～26	3	28.300～30.650	天然地基筏形基础	12.55
配套公建	框架	1～4	3	28.300～30.650		12.55
地下车库	框架	3	3			12.55

1.1.1 基坑概况

场地主要为拆迁场地，基坑周边环境较复杂。开挖区域基础底标高为 12.55m，坡顶整平标高为 28.00～30.50m，开挖深度为 15.55～18.05m。

1.1.2 基坑周边环境条件（图 1.1）

（1）北侧：基础外墙距现状院墙 19.60m。围墙内有现场办公区和施工道路；基础外墙距花园路中心线 37.5m。

管线：污水管线，埋深 2m，距基础外墙 21.30m；两条电信管线，埋深 0.80m，距基础外墙 24.5m 和 40.0m，两条上水管线，埋深为 1.4m，距基础外墙分别为 29.6m 和 48.4m；两条电力管线，埋深为 0.70m，距基础外墙分别为 35.3m 和 36.7m。

（2）东侧：北段开挖边线距 5 层宾馆 31.50m，该楼天然地基条形基础，埋深约 2.0m；中段开挖边线距 3 栋 5 层住宅楼为 23.1m、38.6m，天然地基条形基础，基础埋深约 2.0m；南段开挖边线距住宅楼 43.0m。

（3）南侧：基础外墙距围墙 9.9～10.7m，围墙内有施工道路，基础外墙距山大北路中心 18.70m；基础外墙距南侧 2 栋 7 层建筑物分别为 25.8m 和 27.2m，两楼均采用天然地基，埋深约 2.0m。

管线：两条上水管线，埋深 0.40m，距基础外墙 14.2m 和 18.76m，污水管线，埋深 0.50m，距基础外墙 16.8m，路灯管线，埋深 0.30m，距基础外墙 18.50m。

（4）西侧：为 A 地块，A、B 地块之间有施工道路。

设计：叶胜林、武登辉、赵庆亮；施工：李学田、卢兵兵。

分布管线：两条电线管线，埋深 0.50m，距基础外墙 23.5m 和 35.0m；上水管线，埋深 1.4m，距基础外墙为 24.8m；煤气管线，埋深 1.5m，距基础外墙 30.0m，雨水管线埋深 1.2m，距基础外墙为 30.0m；污水管线，埋深 1.50m，距基础外墙为 31.40m。

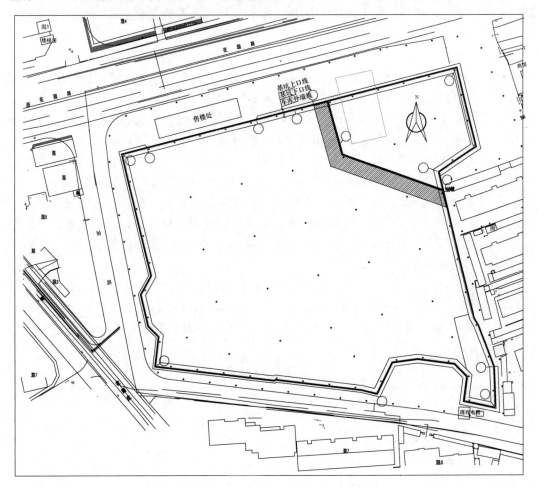

图 1.1 基坑周边环境图及支护平面图

1.1.3 场地工程地质条件

1. 场地地层埋藏条件及基坑支护设计岩土参数（表 1.2）

场地地处山前冲洪积倾斜平原，场地地层以第四系全新统～上更新统冲洪积黏性土为主，地表为建筑垃圾及水泥地面，下伏白垩系闪长岩，自上而下分为 7 层。基坑支护范围内场地地层分布较稳定，详述如下：

① 层杂填土（Q_4^{ml}）：杂色，稍湿，松散～稍密，主要成分为砖块、碎石子、混凝土块等建筑垃圾，含少量黏性土。该层厚度 1.80～5.00m，层底深度 1.80～5.00m，层底标高 25.74～29.19m。

② 层黄土状粉质黏土（Q_4^{al+pl}）：褐黄色，可塑，很湿～饱和，大孔结构，含少量氧化铁，偶见姜石，见少量针状孔隙。该层局部夹有②-1 碎石层，灰白色，饱和，稍密～中密，成分主要为石灰岩，含量 60%～70%，呈次棱角状，少量亚圆状，粒径一般为 1～

5cm，最大大于 10cm，充填可塑状黏性土。该层厚度 1.20～5.40m，层底深度 5.00～8.00m，层底标高 22.00～24.97m。

③ 层粉质黏土混姜石（Q₃^{al+pl}）：黄褐色，可塑～硬塑，含铁锰氧化物及其结核，混 20%～40% 姜石，直径为 1～3cm，最大大于 6cm，局部姜石含量多达 45%。局部夹③-1 层姜石透镜体，灰白～灰黄色，坚硬，多胶结，可取出 5～15cm 柱状岩芯。局部夹③-2 层碎石透镜体，灰白色，饱和，中密，局部胶结，碎石成分为石灰岩，一般粒径为 2～5cm，最大大于 10cm，充填约 20% 黄褐色硬塑黏性土及少量的风化碎屑。该层厚度 0.30～3.90m，层底深度 7.20～10.00m，层底标高 19.34～23.77m。

④ 层残积土（Q^{el}）：灰黄色～灰绿色，湿，中密，具塑性，岩芯呈砂土状。该层厚度 0.80～5.00m，层底深度 9.30～14.00m，层底标高 16.86～20.57m。

⑤ 层全风化闪长岩（K）：灰绿色，湿，密实，岩芯呈砂状，少许土状，少量风化残核。该层厚度 0.70～6.60m，层底深度 11.00～17.00m，层底标高 13.97～17.65m。

⑥ 层强风化闪长岩：灰绿色，湿，密实，岩芯多呈碎块状、砂状，局部可采取短柱状岩芯，采取率 45%～55%。局部夹⑥-1 层中风化闪长岩，灰绿色，岩芯呈短柱状、柱状，节长一般为 5～30cm，最大 35cm。该层厚度 1.20～11.80m，层底深度 11.40～27.90m，层底标高 3.09～19.22m。

⑦ 层中风化闪长岩：灰绿色，粒状结构，块状构造，主要矿物成分为长石、角闪石、辉石、黑云母，结构部分破坏，风化裂隙发育，岩芯呈短柱状、柱状，节长一般为 10～20cm，最大 40cm。该层未揭穿，最大揭露厚度 24.00m，最低揭露标高 -6.35m，最大揭露深度 35.00m。

表 1.2　基坑支护设计岩土参数

层号	土名	γ (kN/m³)	c (kPa)	φ (°)	k_v (cm/s)	锚索 q_{sk} (kPa)	土钉 q_{sk} (kPa)
①	杂填土	17.5	5	12.0		25	20
②	黄土状粉质黏土	18.9	20	10.0	4.0E-06	35	25
②-1	碎石	20.0	7	24.0	6.0E-02	85	60
③	粉质黏土混姜石	19.2	34	11.0	3.0E-05	65	60
③-1	姜石	20.0	9	32.0	7.0E-02	90	75
③-2	碎石	20.0	8	30.0	8.0E-02	100	95
④	残积土	18.0	20	22.0	5.0E-04	80	70
⑤	全风化闪长岩	20.5	25	30.0	5.0E-03	90	75
⑥	强风化闪长岩	21.0	30	35.0	5.5E-03	140	100
⑥-1	中风化闪长岩	22.0	60	35.0		160	120
⑦	中风化闪长岩	24.0	80	45.0		400	300

2. 场地地下水埋藏条件

场地地下水属第四系孔隙潜水及基岩裂隙水，主要补给来源为地下径流。该场地正常地下水位埋深约 3.0m，水位变化幅度为 1.0～2.0m，丰水期最高水位标高可按 26.00m 考虑。主要含水层为②-1 层碎石、③-1 层姜石、④层残积土、⑤层全风化闪长岩和⑥层强风化闪长岩。

1.2 基坑支护及地下水控制方案

1.2.1 基坑支护设计方案

基坑按 8 个支护单元进行设计，除东部为二期，空间稍显富裕、采用复合土钉墙支护外，均采用桩锚支护。

1. 桩锚支护方案

（1）基坑北侧、南侧和西侧采用桩锚支护形式。桩顶以上采用自然放坡支护或采用土钉墙支护，坡顶上翻喷面宽度不小于 2.0m。

（2）支护桩采用钻孔灌注桩，桩间距 1.70m，桩径 800mm，桩长分别为 14.50m、16.0m 和 17.00m，嵌固深度 1.5～3.0m，桩身配筋主筋为 HRB400，桩身混凝土强度等级为 C30，桩顶锚入冠梁 50mm，主筋锚入冠梁长度 600mm。典型桩锚支护剖面图如图 1.2 所示，主要参数详见表 1.3。

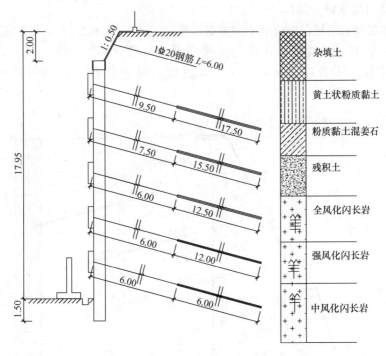

图 1.2 典型桩锚支护剖面图

（3）桩顶钢筋混凝土冠梁 900mm×600mm，混凝土强度等级为 C30，配筋主筋为 HRB400。

（4）锚索土层中成孔直径为 150mm，岩石中成孔直径为 110mm，杆体为 $\Phi^s 15.2$ 钢绞线，腰梁为 2 根 25a 槽钢或 2 根 28C 槽钢。孔内采用二次压力注浆，第二次注浆压力为 2.5MPa 左右，注浆固结体强度等级 20MPa。其主要参数详见表 1.3。

（5）土钉成孔直径为 130mm，杆体材料为 HRB400 钢筋，孔内注浆体强度不小于 20MPa；沿土钉横向设置 1 Φ 16 HRB335 加强筋。

表1.3　支护桩及锚杆主要参数表

剖面	基坑深度 (m)	桩主筋 HRB400		锚索长度 (m)	备注
		根	直径（mm）		
AB	13.55+2	14	22	(24、19.5、18、15)×3φ15.2	
BC	13.55+3	14	22	(23.5、18.5、12、12)×3φ15.2	
FG	13.55+2.5	16	22	(27、24、23、15.5、12)×3φ15.2	
GH	16.05+2	16	22	(27、23、18.5、18、12)×3φ15.2	
HA	13.55+2	16	22	(19、16、16.5、15.5)×2φ15.2	

（6）桩间土、桩顶以上天然放坡支护区域、坡顶上翻范围采用挂网喷射混凝土保护。面层钢筋网规格为φ6.5@200mm×200 mm，喷面混凝土强度等级为C20，除土钉墙支护区域喷面厚度为80mm外，其余喷面厚度为60mm。

2. 复合土钉墙支护方案

（1）基坑东侧采用复合土钉墙支护方案，基坑深度16.55m、17.05m和17.55m。

（2）基坑采用两级放坡，在土岩交接面设置一个平台，台宽1.0m，平台以上按1∶0.5放坡，平台以下采用1∶0.3放坡。典型复合土钉墙支护剖面图如图1.3所示。

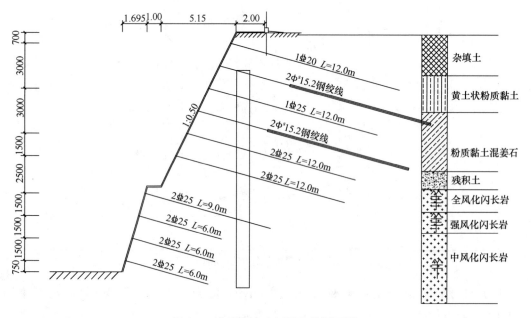

图1.3　典型复合土钉墙支护剖面图

（3）设置7~8道土钉，水平间距1.2~1.5m，长9~15m，土层中成孔直径130mm，岩层中成孔直径110mm，杆体材料为（1~2）根直径25mmHRB400钢筋，注浆固结体强度不小于20MPa。

（4）设2道锚索，成孔直径为150mm，杆体材料采用2Φˢ15.2的钢绞线，腰梁为2

根 22b 槽钢。孔内采用二次压力注浆,第二次注浆压力 2.5MPa 左右,注浆固结体强度不低于 20MPa。

(5)坡面、平台及坡顶上翻范围均挂网喷护,参数同桩锚支护上部土钉墙支护部分。

1.2.2 基坑地下水控制方案

本基坑降水深度达 13.50m,地下水控制方案为周边设置截水帷幕,结合坑内管井降水、疏干和明沟排水。

(1)基坑北侧、南侧和西侧采用高压旋喷桩与支护桩搭接止水帷幕,旋喷桩直径 900mm,与支护桩搭接 300mm。南侧中段帷幕顶标高为 26.00m,其余各段至冠梁底,桩底进入强风化岩且进入坑底以下不小于 1.5m,有效桩长 14.45~16m;基坑东侧采用高压旋喷桩搭接止水帷幕,旋喷桩直径 900mm,间距 600mm,搭接 300mm,东侧南段进入坑底以下 6.50m,其余进入坑底不小于 1.50m,有效桩长 15.05~20.05m。旋喷桩水泥用量 500kg/m。

(2)沿基坑周边肥槽按 15~16m 间距布置降水管井,坑内按 30m 间距布置疏干管井。管井成孔 700mm,无砂水泥滤管外径为 500mm,反滤层采用 5~10mm 碎石,厚度不小于 100mm,井底进入坑底 1.0(中风化岩)~6.0m,井口标高 28.0~30.5m,井深 16.55 ~23.55m。

(3)沿帷幕外侧按 15m 间距布置回灌井,结构同降水井,井底进入中风化岩 0.50m 或进入坑底标高以下 1.0m。

(4)沿坑底周边布设排水盲沟和集水坑,坑内布设盲沟,盲沟与降水井和疏干井相连。坡顶设置 240mm×300mm 的挡水墙。

1.3 基坑支护及降水施工与监测

2013 年 12 月 19 日支护桩开工,基坑于 2014 年年底基本形成,受主体进度滞后的影响,2016 年基坑回填完毕,历经 2 个雨季,较设计使用期限超期 5 个月。

1.3.1 侧壁渗漏及封堵

风化岩具球状风化特征,高压旋喷桩遇风化残核时,水泥浆喷射不均,造成岩层基坑侧壁局部渗漏,采用疏+堵方案,沿坑壁漏点向内破除,找出坑壁内渗水源,插入泄水管将水引至坑内排水沟,使用堵漏剂将其封堵填实,待此部位填充物硬化且达到强度后将泄水管封堵。

锚孔穿透止水帷幕后,锚孔涌水量较大,采用双浆液注浆加毛毡堵漏方法较有效。

1.3.2 基岩裂隙水

基坑底位于闪长岩的强风化层,局部水量较大,基岩裂隙水的渗透性主要受裂隙控制,难以渗入降水井、疏干井中,采取排水盲沟和集水坑(盲井)可以较好地解决基底明水问题。

1.3.3 基坑监测

经长达 3 年基坑监测数据显示,该基坑周边建筑物最大沉降仅 7.1mm,基坑最大深层位移 24.64mm,均在设计预估范围内,达到预期效果。基坑开挖完成照片如图 1.4 所示。

图1.4　基坑开挖完成照片

1.4　结束语

（1）采用支护桩间插2棵三重管高压旋喷桩搭接止水帷幕，开挖后效果较好。

（2）本案是土岩组合深基坑，上部填土、黄土状粉质黏土及粉质黏土、残积土土质一般，下部辉长岩全、强、中风化带强度较高，支护单元设计根据实际地层设计，变化较大，经过施工及监测，证明设计较为合理。

（3）根据监测反馈的结果，该方案仍有优化的空间，如土层参数提高，锚杆土钉减少等。

2 济南高新区汉峪金融中心 A2、A3 地块 深基坑支护设计与施工

2.1 基坑概况、周边环境及场地工程地质条件

项目位于济南高新区，经十东路南侧，舜华路东侧，龙奥北路北侧。A2 地块包括 6 栋高层办公楼，地上 24～29 层，框架-剪力墙结构或框架-核心筒结构，设 4.5 层地下室，天然地基，办公楼周边及之间为地下车库；A3 地块包括 5 栋高层办公楼，地上 15～38 层，框架-剪力墙结构或框架-核心筒结构，设 4.5 层地下室，办公楼周边及之间为地下车库。

2.1.1 基坑概况

A2、A3 地块分别设整体地下车库，基坑深度 7.1～25.1m。

2.1.2 基坑周边环境条件（图 2.1）

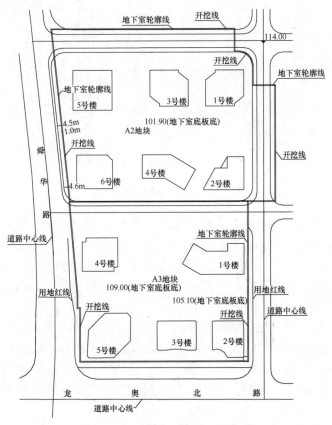

图 2.1　场地周边环境图（上为西）

设计：叶胜林、赵庆亮、马连仲；施工：王化民、马振。

（1）北侧：为在建 A1 地块，基坑深度与本工程一致。

（2）东侧：北段 A2 地块东侧为后期用地；南段 A3 地块地下室外墙距规划道路边线（红线）6.07m，规划道路宽 25.0m，道路以东为在建回迁安置房。

（3）南侧：地下室外墙距红线 6.18m，距在建龙奥北路 18.8m。

（4）西侧：南段地下室外墙距舜华路人行道边线 4.95～8.27m，北段距舜华路人行道边线 5.60～5.54m。舜华路人行道下有高压电缆管线，人行道东边线以西约 1.0m 有消防管线，该管线现未通水。

2.1.3　场地工程地质条件

1. 场地地层埋藏条件及基坑支护设计岩土参数（图 2.2 和表 2.1）

场地为丘陵地貌单元，基岩埋藏较浅或裸露，为奥陶纪灰岩，局部分布白垩纪侵入岩体，表部有人工填土，分述如下：

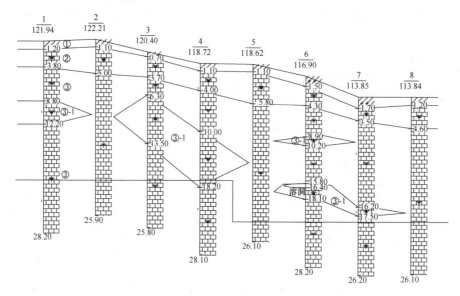

图 2.2　典型工程地质剖面图

①层回填碎石（Q_4^{ml}）：杂色，稍湿，松散～稍密；主要由碎石和砖块等建筑垃圾组成，充填黏性土，厚度 0.30～8.70m。

②层强风化灰岩（O_2）：青灰色，层状构造，岩芯呈碎块状、块状，厚度平均 3.35m。夹②-1 层强风化泥灰岩，灰黄色，泥质结构，层状构造，岩芯呈碎块状、块状，局部呈土状，厚度平均 2.82m。

③层中风化灰岩：青灰色，层状构造，岩芯呈柱状，少量块状，柱长 3～25cm，溶蚀裂隙稍发育，黏性土充填，夹③-1 层强风化灰岩和③-2 层中风化泥质灰岩，该层未穿透。③-1 层强风化灰岩，厚度平均 5.46m，青灰色，层状构造，岩芯呈碎块状、块状，少量短柱状，节理裂隙较发育，黏性土充填；③-2 层中风化泥质灰岩，厚度平均 2.48m，硅灰色，泥质结构，层状构造，岩芯呈块状、短柱状。

④层强风化辉长岩（γ_5^3）：黄绿色，岩芯呈块状、柱状，该层为顺层侵入岩脉场区内呈透镜体状分布，最大揭露深度 35.4m；该层上部局部分布④-1 层全风化辉长岩，厚度 4.50m，灰黄色，岩芯呈砂土状。

表 2.1　基坑支护设计岩土参数

层号及岩性	γ (kN/m³)	c (kPa)	φ (°)	q_{sk} (kPa)
①层回填碎石	20.0	15.0	15.0	25
②层强风化灰岩	24.0	90	35.0	120
②-1 层强风化泥灰岩	22.0	80	28.0	100
③层中风化灰岩	24.0	120	48.0	200
③-1 层强风化灰岩	24.0	90	35.0	120
③-2 层中风化泥质灰岩	24.0	100	40.0	150
④层强风化辉长岩	22.0	90	30.0	100

2. 地下水情况

场地 40m 深度范围未揭露地下水，可不考虑地下水对基坑工程影响。

2.2　基坑支护与降水方案

基坑分 22 个支护单元进行设计，分别采用吊脚桩支护、土钉墙＋放坡挂网喷护、喷锚支护和自然放坡挂网喷护（图 2.3）。

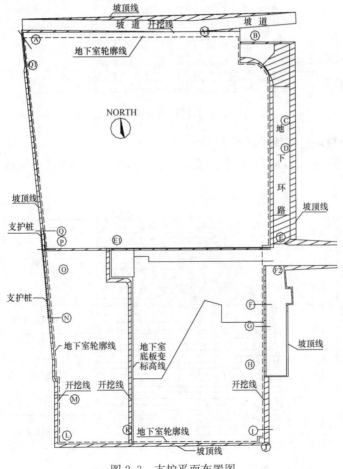

图 2.3　支护平面布置图

1. 天然放坡挂网喷护（图 2.4）

基坑北侧、东侧北段采用自然放坡，挂网喷护。按 1：（0.1～1：0.5）放坡，按纵、竖向 3.0m 间距设置挂网岩钉，岩钉孔径不小于 50mm，喷面厚度不小于 60mm。

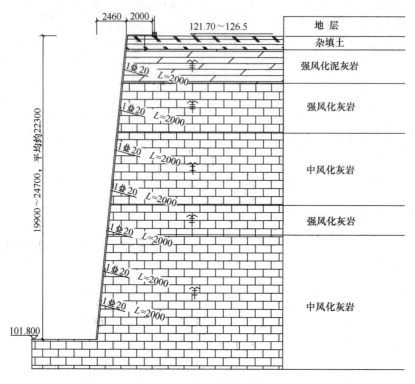

图2.4　放坡挂网喷护剖面图

2. 土钉墙＋放坡挂网喷护（图 2.5）

基坑东侧南段填土较厚，采用土钉墙支护，下部灰岩采用自然放坡挂网喷护。

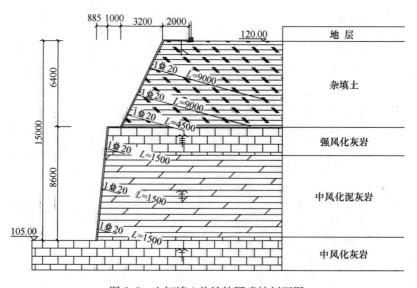

图2.5　土钉墙＋放坡挂网喷护剖面图

3. 喷锚支护（图 2.6）

基坑南侧灰岩岩层北倾，倾角约 15°，岩体破碎，采用喷锚支护。锚杆纵、竖向间距均为 3.0m，孔径不小于 110mm。

基坑西侧北段坡顶有 2.0m×2.0m 电缆沟分布，上部采用喷锚支护，下部采用自然放坡挂网喷护。

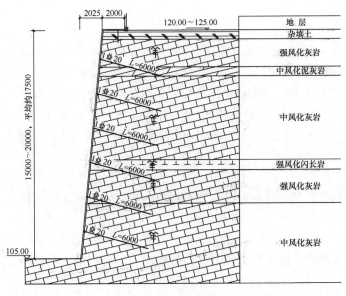

图 2.6 喷锚支护剖面图

4. 吊脚桩支护（图 2.7）

基坑西侧南段，距用地红线较近，无放坡空间，局部填土较厚，上部基坑坡面采用桩

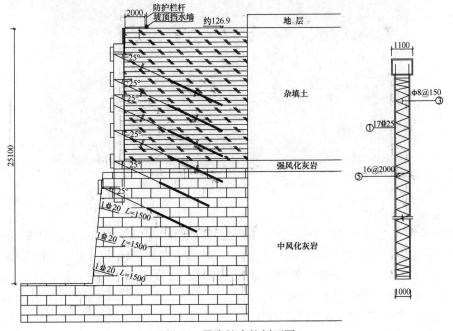

图 2.7 吊脚桩支护剖面图

锚支护，支护桩嵌入岩石一定深度，但未进入坑底，下部坡面采用自然放坡挂网喷护。

支护桩采用人工挖孔灌注桩，桩径（含护壁）1000mm，间距1.8m，桩底进入完整岩层深度不小于4.0m。设6道锚索，一桩一锚，腰梁为2根28a槽钢。桩底以下坡面按水平向、竖向3.0m间距设置挂网岩钉，岩钉竖向道数结合坡高调整，岩钉孔径不小于50mm。坡顶至广告牌范围、桩间及支护桩以下坡面挂网喷护。

2.3　基坑支护施工

基坑工程自2012年8月开始，至2013年3月完成，2014年3月基坑全部回填。

2.3.1　土石方开挖

基坑开挖以石方为主，采用爆破开挖，未采用分层静力爆破手段，多为一爆到底，故难以分层进行支护，除填土厚度较大区段外，均为基坑开挖成型后，搭设脚手架进行支护施工；填土厚度较大区段先进行土钉施工，或支护桩和锚索施工，后进行岩体爆破开挖，再进行岩钉施工。

2.3.2　桩锚施工

采用人工挖掘成孔现场灌注成桩，岩石锚杆、岩钉采用潜孔锤成孔。填土中采用钢管土钉。

基坑西侧填土厚度达13.7m，成分以爆破石渣为主，采用潜孔锤进行锚杆成孔，现场采取了调整风压等措施，施工较为顺利，说明在碎石、石块填土中采用潜孔锤施工锚杆孔是可能的方式之一。基坑支护效果照片如图2.8所示。

图2.8　基坑支护效果照片

2.3.3　支护设计变更

A3地块5号楼南侧基坑加深3.9m，采取了垂直开挖，未增设锚杆，该区段岩层北倾15°，为顺层岩质基坑，且岩层以强风化为主，局部为充填黏性土溶洞，受雨水渗透浸泡后局部坡脚失稳坍塌。后清除了塌方体和破损面层，增设了预应力岩石锚杆进行加固，消除了隐患，保证了后续建筑施工的顺利进行。基坑局部坍塌照片如图2.9所示。

2.3.4　邻近边坡开挖对本基坑的影响

2013年5月，A1基坑爆破开挖，两者坡顶相距16m，一次爆破导致本基坑与A1基

图 2.9 基坑局部坍塌照片

坑相邻区段基坑位移显著增加，其中西侧中段位移增量 1.4～6.5mm，北侧位移增量达 37.6～146.6mm，危及基坑安全，后采取了局部削坡、设置减振沟、调整爆破顺序、减小爆破药量等措施来减小其爆破对本基坑的影响。爆破对基坑位移影响曲线如图 2.10 所示。

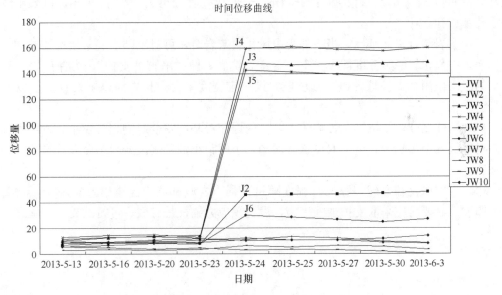

图 2.10 爆破对基坑位移影响曲线

2.4 基坑监测

基坑监测分别对基坑坡顶沉降及水平位移、周边管线变形、支护桩侧向变形、锚索内力、道路沉降进行了监测。至北侧基坑爆破之时，基坑已全部开挖到位，基坑坡顶及支护桩位移 0.5～29.4mm，周边管线沉降 3.3～15.4mm，道路沉降，1.5～18.7mm，均在正常范围内。基坑位移-时间曲线如图 2.11 所示。

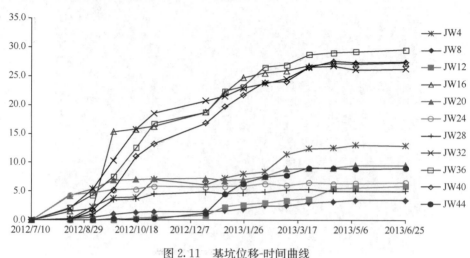

图 2.11　基坑位移-时间曲线

2.5　结束语

（1）石灰岩属硬质岩石，层理近乎水平，基坑自稳能力强，中风化状态时，一般采用天然放坡，坡率 1∶0.1～1∶0.3。为防止坡面表层局部岩块脱落，应采取挂网喷护措施，挂网岩钉间距 2～3m，岩钉长度 1.5～2m，岩钉成孔直径可为 50～100mm，可采用电钻或潜孔锤成孔。

（2）土岩结合二元基坑，当下部为中风化石灰岩时，可对上部土层采用桩锚支护，支护桩嵌入中风化岩一定深度即可，不一定进入坑底，即"吊脚桩支护"。为保证岩石对支护桩的嵌固作用，支护桩内侧（基坑侧）设一定宽度平台，且岩面以下设置 2 层以上的锚杆。

（3）岩体爆破对基坑安全影响较大，坑内爆破对基坑安全影响相对较小，近距离坑外爆破对基坑安全影响大，可采取设置减振沟、小间距小剂量爆破或静态爆破等措施减小爆破危害。

（4）岩体风化和节理裂隙发育程度随机性强，岩质基坑应注重信息化施工，软弱区段、顺坡等必要时应采取支护加强措施，设置预应力锚杆是有效、可行的支护措施之一。

3 万科金域国际 B 地块商业深基坑支护设计与施工

3.1 基坑概况、周边环境条件、场地工程地质条件

项目位于济南市高新开发区经十东路以北草山岭村旧址。该项目由 A 座办公楼、B 座办公楼和地下车库组成。其中 A 座办公楼采用框筒结构，地上 31 层；B 座办公楼采用框剪结构，地上 16 层；地下车库为地下 2 层（局部 3 层）。

3.1.1 基坑概况

基坑东西长 241.85m，南北长 61.06m，周长约 614m，基坑开挖深度 7.40~13.00m，于 2015 年 7 月开工，至 2016 年 10 月完工。

3.1.2 周边环境条件（图 3.1）

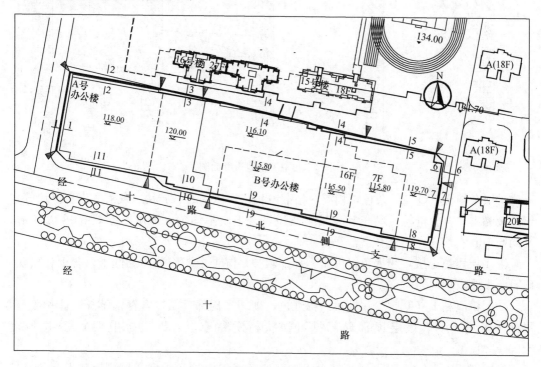

图 3.1 基坑环境平面图

（1）北侧：地下室外墙距一期项目用地红线 0.8~4.05m，红线外为一期小区内道路；距一期 15 号、16 号住宅楼建筑外墙最近处约 8.40m，15 号、16 号住宅楼及一期地下车库均采用钻孔灌注桩基础，桩直径 600mm，桩间距 1.8m，均匀布置。

设计：陈燕福、李启伦。

（2）东侧：地下室外墙距现有建筑外墙最近处约 7.6m，该建筑物地上 3 层，采用天然地基，独立基础。

（3）南侧：地下室外墙距红线最近处约 5.26m，红线内约 3.67m 埋设有 10kV 线，红线外为草山岭南路。

（4）西侧：地下室外墙距红线最近处约 3.07m。红线外为通往项目售楼处的道路。

3.1.3　场地工程地质条件（图 3.2 和表 3.1）

场地地处山麓斜坡堆积地貌单元，场地原为坡状起伏及凹坑，分布有厚度较大的杂填土，并且主要分布于基坑北侧，最大厚度达 12.4m，据调查多为当年经十路修建时挖方回填。场地工程地质条件简述如下：

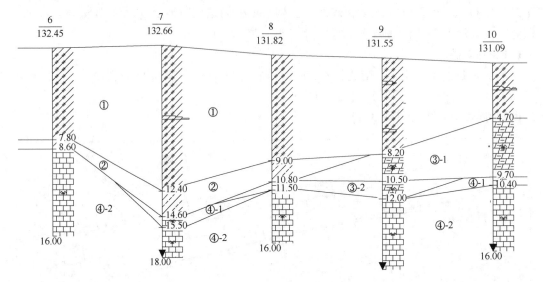

图 3.2　典型工程地质剖面图

①层杂填土（Q^{ml}）：杂色，稍湿，松散～稍密，以碎石、砖块、灰渣、混凝土块等建筑垃圾为主，含少量粉质黏土和少量生活垃圾，土质不均匀。该层厚度 0.70～12.40m，平均 6.16m。

①-1 层素填土层，灰褐色，可塑，局部软塑，湿，主要成分为黏性土，含少量石灰、碎石，土质较均匀。

②层粉质黏土（Q^{3al+pl}）：棕黄～棕红色，硬塑，局部可塑，含铁锰结核，偶见姜石，局部含多量姜石。该层顶部局部见可塑状粉质黏土层（即②-1 亚层）。该层厚度 0.50～5.10m。

③层泥灰岩（O），根据风化带由强到弱的顺序依次为③-1 层全风化泥灰岩、③-2 层强风化泥灰岩、③-3 层中风化泥灰岩。

③-1 层全风化泥灰岩，浅黄色，岩芯呈土状，具塑性（硬塑，局部可塑），局部呈碎块状，块径 1～2cm，碎块溶蚀溶孔发育。该层厚度 0.50～5.00m。

③-2 层强风化泥灰岩，浅黄色，岩芯呈碎块状、短柱状，块径 1～2.5cm，柱长 3～6cm，节理裂隙及溶蚀溶孔发育，岩芯手掰可碎。该层厚度 0.70～2.00m。

③-3 层中风化泥灰岩，浅黄色，节理裂隙及溶蚀溶孔发育，岩芯呈短柱状～柱状，

岩芯采取率 80%～90%，RQD＝40～68。该层厚度 0.80～2.00m。

④层石灰岩，可划分为④-1 层强风化石灰岩、④-2 层中风化石灰岩。

④-1 层强风化石灰岩，青灰色，层状构造，见方解石脉充填，岩芯呈碎块状，局部呈柱状，局部溶蚀现象严重，风化裂隙较发育。该层厚度 0.80～3.40m。

④-2 层中风化石灰岩，青灰色，层状构造，节理、裂隙发育，见方解石脉充填，岩芯呈柱状，局部短柱状，节长一般为 10～20cm，最长可达 38cm。该层未穿透，最大揭露深度 40.00m，相应标高为 88.22m。

在钻探深度内未发现地下水，可不考虑地下水对本基坑开挖和基础施工的影响。

表 3.1 基坑支护设计岩土参数

地层	γ (kN/m³)	c (kPa)	φ (°)	锚杆 q_{sik} (kPa)	土钉 q_{sik} (kPa)
①杂填土	17.5	5	12.0	30	20
①-1 素填土	17.0	12	10.0	35	30
②粉质黏土	19.3	40	13.5	70	50
②-1 粉质黏土	19.0	35	12.0	65	45
③-1 全风化泥灰岩	20.0	30	18.0	90	60
③-2 强风化泥灰岩	21.0	30	35.0	150	100
③-3 中风化泥灰岩	22.0	80	40.0	260	200
④-1 强风化石灰岩	21.5	60	35.0	200	150
④-2 中风化石灰岩	25.0	80	40.0	260	200

3.2 基坑支护设计方案

基坑周边空间有限，均采用直立开挖。按 11 个支护单元进行设计，分别采用桩锚支护和复合土钉墙支护。

3.2.1 桩锚支护方案

（1）基坑北侧大部、南侧中段和西侧，基坑开挖深度大，局部填土厚，基坑安全等级为一级，采用桩锚支护；

（2）灌注桩采用钻孔灌注桩，直径 700mm，间距 1.8m，嵌固深度不小于 3.0m，或嵌入④层中风化岩完整岩石不小于 2.0m；

（3）桩顶钢筋混凝土冠梁 800mm×500mm，主筋一般为 10～12ϕ20HRB400 钢筋，北侧中段填土较厚，采用 16ϕ22HRB400 钢筋；

（4）设 2 道锚索，填土厚度较大部位为 3 道锚索，临近建筑物处，桩顶以上填土层挖除，设 1 道锚索。锚索水平间距同支护桩；

（5）桩间土挂网喷射混凝土防护。

桩锚支护剖面如图 3.3 所示。

3.2.2 微型桩复合土钉墙支护方案

（1）基坑北侧东段、东侧、南侧东段、西段，基坑开挖深度相对较浅，填土相对较薄，基坑安全等级为二级，采用微型桩复合土钉墙支护（图 3.4）。

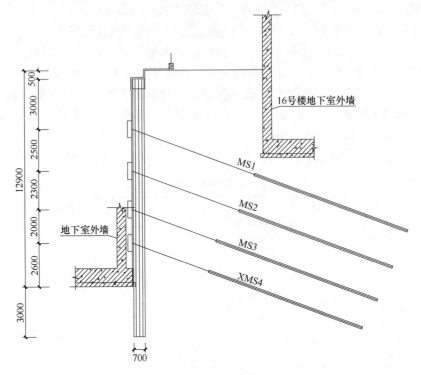

图 3.3　桩锚支护剖面

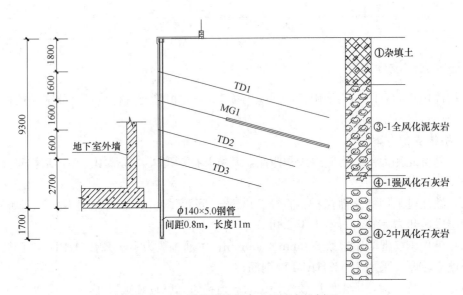

图 3.4　典型微型桩复合土钉墙支护剖面

（2）微型桩成孔直径 150mm 和 180mm，内置 ϕ108mm×4mm 和 ϕ140mm×5mm 钢管，桩间距 0.6m 和 0.8m，嵌固深度不小于 2.0m，或嵌入④层中风化岩完整岩石不小于 0.5m。

（3）设置 2～3 道土钉，1 道锚杆。

（4）面层设置 ϕ6.5@200mm×200mm 钢筋网喷射混凝土防护。

3.3　基坑支护施工

3.3.1　填土层桩、锚施工情况

支护桩施工采用黏土重塑孔壁冲击成孔工艺，这一工艺是将冲击钻进在碎石层和硬岩层中进尺效率高的优势和黏土具有重塑孔壁的特性完美结合在一起来实现成孔的，具体做法是：成孔之前，准备足量的黏度很高的黏性土放于现场，冲击成孔时遇到塌孔（或漏浆）时，迅速将黏土填于孔中，然后用锤冲击，使黏土和碎石粘到一起，起到重塑孔壁和堵漏的作用，确保了成孔质量。

锚索施工，在碎石层采用潜孔锤加套管跟管钻进，在岩石层只采用潜孔锤成孔工艺。为保证锚索注浆质量，采用多次间隔注浆工艺，并在浆液中添加速凝剂。

3.3.2　超挖险情

基坑北侧在最后一道锚索未施打的情况下，土方队伍将基坑超挖至基底以下 4m，长度约 25m。已超过桩嵌固深度，造成坡顶变形超过报警值，地面产生裂缝。险情出现以后，迅速组织设备进行反压施工，控制住险情后，及时施工最后一道锚索。考虑超挖部位的地基必须进行处理，该部位基坑变深，设计增加了一道锚索。同时将地面上的裂缝进行灌水泥浆处理，对此处地面雨水排放进行了重新治理。

3.3.3　检测与监测

支护桩经低应变检测，桩身质量全都达到Ⅱ类桩以上标准，开挖后观感良好，无明显扩径缩径现象；锚索抗拔检测值达到设计要求；基坑监测结果除超挖部分出现报警险情外，其他监测点的位移值均满足设计控制标准。超挖处经处理后，也稳定了，未再发生变化。

3.4　结束语

（1）土岩组合基坑边坡土质一般较好，但超挖、尤其是超过桩嵌固深度时，风险还是比较大的，本基坑超挖部位，主要是填土、泥灰岩，土质差，岩石风化程度高，强度低，仅位移偏大，实属侥幸。

（2）不能对土方队伍进行有效管控和约束，这也是基坑工程的一大难题，应作为重点部位和关键环节加以控制。

4 中国航天科技园（济南）项目深基坑支护设计与施工

4.1 基坑概况、周边环境及场地工程地质条件

项目位于济南市经十东路以北、凤凰路以西。建设场地卫星照片如图4.1所示；项目建筑要素见表4.1。

图4.1 建设场地卫星照片

表4.1 项目建筑要素

建筑物名称	结构类型	地上层数	地下层数	±0.00 （m）	基础形式	槽底标高 （m）
1号办公楼	框筒	42	4	93.30	桩基或筏板	75.60
2号办公楼	框筒	32	4	93.80	桩基或筏板	76.30
3号SOHO公寓	框筒	26	3	93.30	桩基或筏板	76.00
4号SOHO办公	框筒	26	3	93.30	桩基或筏板	76.00
商业	框架	3	4	93.30	独立基础	75.55~79.35
地下车库	框架	—	4	—	独立基础	75.55~79.35

设计：胡蒙蒙、叶胜林、马连仲；施工：时文彪、付瑞勇。

4.1.1 基坑概况

本基坑位于项目东南部，分别为基坑东侧、南侧及西侧南段，总支护长度 393.8m，基坑深度为 17.45~19.95m。

4.1.2 基坑周边环境（图 4.2）

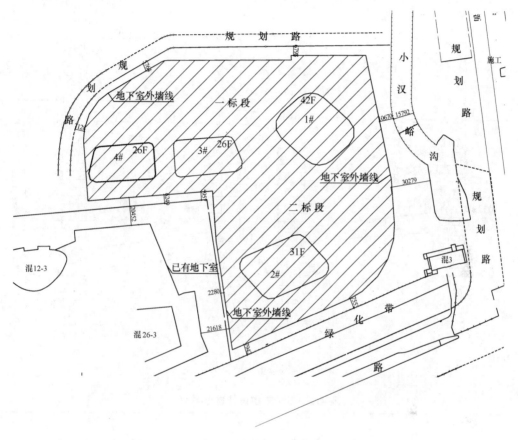

图 4.2 基坑周边环境图

（1）东侧：北段地下室外墙距泄洪沟最近 9.4m，泄洪沟宽约 17m，沟底深约 4.0m（标高 89.0m），南段为空地。泄洪沟以东为凤凰路。

（2）南侧：东段地下室外墙距绿花带最近 7.6m，绿花带内有电力、光纤、热力等管线，材质不一，埋深约 0.5m，地下室外墙距最近管线 12m。地下室外墙距 3 根电线杆 5.1~7.9m。

西段地下室外墙距用地红线 5.6~6.0m。红线外为现状道路，路宽 14.0m，路面下埋设有电力、热力、给排水等管线，材质不一，埋深约 0.5m，地下室外墙距管线最近 6.5m。道路南侧为舜泰广场，地下室外墙距舜泰广场地下室外墙最近 20.5m。

西侧：地下室外墙距用地红线 2.4~4.5m，红线外为现状道路，宽 8.2m，路面下存在电力、热力、给排水等管线，材质不一，埋深约 0.5m，地下室外墙距最近管线约 2.5m；地下室外墙距舜泰广场地下室外墙最近处 18.5m。该段中部位置存在地下通信光缆和雨水、污水管线，支护施工前做了改线处理。

4.1.3　场地地质条件

1. 场地地层埋藏条件及基坑支护设计岩土参数（图4.3和表4.2）

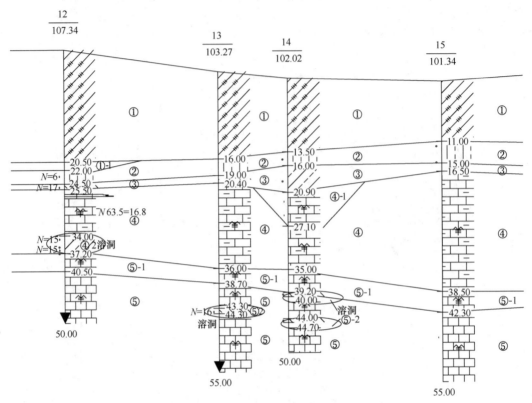

图 4.3　典型工程地质剖面图

表 4.2　基坑支护设计岩土参数

层序	土名	γ (kN/m³)	c_{qk} (kPa)	φ_{qk} (°)	土钉 q_{sik} (kPa)	锚杆 q_{sik} (kPa)
①	杂填土	18.0	14.0 *	16.0 *	30	35
①-1	素填土	15.0	15.0 *	12.0 *	30	35
②	黄土状粉质黏土	18.1	25.0	13.9	55	65
③	粉质黏土	18.7	30.6	16.2	65	75
③-1	碎石	19.0 *	5.0 *	30.0 *	75	90
④	强风化泥质灰岩	19.5	40.0	25.0	100	120
⑤-1	强风化石灰岩	22.0	90.0	35.0		180

注：带 * 为经验估值。

场地地处山前坡洪积扇地貌单元，场地地层主要为第四系坡洪积黄土状粉质黏土、黏性土和碎石，地表不均匀分布近期人工填土，下伏奥陶系灰岩，基坑支护深度影响范围内主要有5层，自上而下分述如下：

①层杂填土（Q_4^{ml}）：杂色，稍湿，松散，主要由碎石和砖块、混凝土块等建筑垃圾组成，充填黏性土，局部夹有块石。局部为①-1层素填土。该层厚度1.00～22.20m；层底标高84.37～95.70m。

②层黄土状粉质黏土（Q_4^{pl+dl}）：褐黄色，可塑～硬塑，含少量白色钙质条纹，偶见小

姜石。该层厚度 0.80～6.60m；层底标高 76.20～90.95m；层底埋深 3.50～26.90m。

③层粉质黏土（Q_3^{pl+dl}）：红褐、黄褐色，可塑～硬塑，见铁锰结核及铁质侵染，偶见碎石及角砾，局部为③-1 层碎石。该层厚度 1.00～10.60m；层底标高 74.80～86.90m；层底埋深 8.10～28.30m。

④层强风化泥质灰岩（O）：灰黄色，岩芯呈土状及碎块状，局部呈短柱状，采取率 40％～50％，RQD＝0。

⑤层中风化石灰岩：灰色～青灰色，岩芯呈短柱状、柱状，采取率 70％～85％，一般节长 5～20cm，最大节长 40cm，RQD＝60～80。局部为⑤-1 层强风化石灰岩，岩芯呈碎块状、块状，少量短柱状，节理裂隙较发育，黏性土充填，岩芯采取率 40％～60％，RQD＝0～10。

2. 场地地下水埋藏条件

勘察深度范围内，未揭露地下水。

4.2 基坑支护及地下水控制方案

4.2.1 基坑支护设计方案

基坑深度为 17.75～19.95m，采用桩锚支护方案（局部上部采用天然放坡或土钉墙），按 6 个支护单元进行支护设计。支护平面布置如图 4.4 所示。

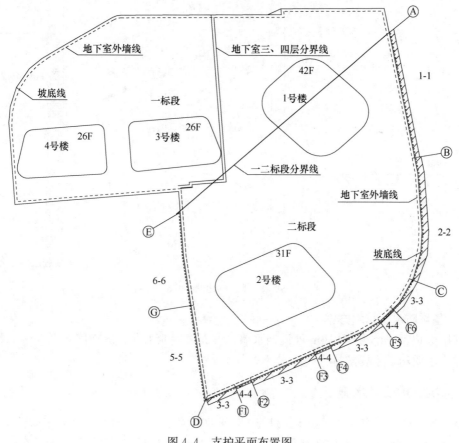

图 4.4 支护平面布置图

（1）支护桩采用钻孔灌注桩，桩径 0.8m，桩间距 1.8～2.0m，嵌固深度 3.0～4.0m，设 4～5 道锚索，一桩一锚，锚索长度 12～25m，锚固段长度 6～15m；桩间土采用挂网喷护；

（2）锚索成孔直径均为 150mm，采用二次压力注浆工艺注纯水泥浆，第二次注浆压力为 1.5MPa 左右，注浆体强度等级 M20；桩锚腰梁采用 2 根 22b 工字钢；

（3）桩顶以上采用天然放坡或钢管土钉墙支护，土钉长度 4.5～7.5m，钢管外径 48mm，壁厚 3mm，注浆压力不小于 1.0MPa。坡顶上翻宽度不小于 2.0m；

（4）桩间土喷护及天然放坡、土钉墙面层厚度均为 60mm；面层钢筋网采用 Φ6.5@200mm×200mm，喷面混凝土强度等级为 C20。典型支护剖面如图 4.5 所示。

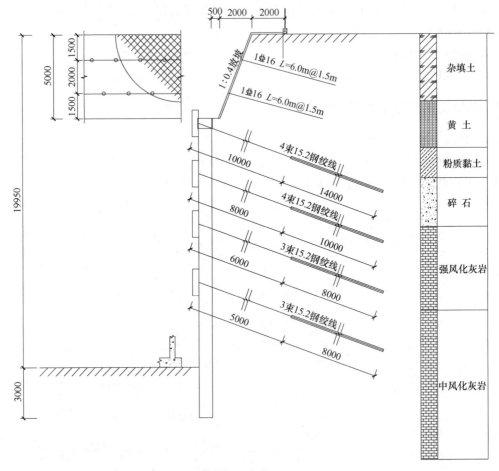

图 4.5　典型支护剖面图

4.2.2　基坑防水、排水方案

基坑坡顶距开挖边线 2.0m 处设挡水墙，坡面设置泄水孔，纵横间距 3.0～5.0m，坡底设置排水明沟，主要防排大气降水。

4.3　基坑支护及降水施工

基坑支护自 2018 年 2 月开始支护桩施工，于 2018 年 4 月开始土方开挖，采取了分区开挖分区支护，总工期较长，基坑南侧及基坑西侧于 2018 年 8 月开挖至基坑底，基坑东侧于 2020

年6月开挖至基坑底，2020年4月开始分期分区回填。基坑支护效果照片如图4.6所示。

图4.6 基坑支护效果照片

4.3.1 支护桩施工

采用旋挖钻机成孔，徐工 XR220 钻机在强风化泥灰岩中施工 $\phi0.8m$ 桩孔，进尺约 2m/h；徐工 XR280 钻机在中风化石灰岩中施工 $\phi0.8m$ 桩孔，进尺 2～3m/h。

4.3.2 污水渗漏

舜泰广场原有雨水、污水管道穿过本场地，仅做了截断处置，管道内集水严重渗漏，基坑侧壁土体受水浸泡软化，强度降低，为保证基坑安全，对该区段支护结构进行加固处理，在原有锚索层间增设 2～3 道锚索；对近坡壁土体做了加固处理，坡顶设 2 排花管注浆，注浆孔深 7500mm@1000mm，孔径 130mm，内置外径 48mm，壁厚 3mm 钢管，注浆量按 200kg/m 考虑。加固支护剖面如图4.7所示。

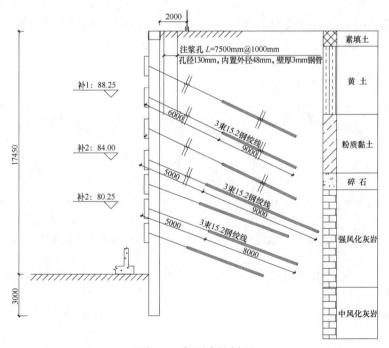

图4.7 加固支护剖面

353

图 4.8　现场"吊车钻"施工照片

4.3.3　"吊车钻"施工（图 4.8）

加固锚杆采用了"吊车钻"施工，吊车吊臂端部设置锚杆施工平台，避免了搭脚手架进行锚杆成孔施工，安全快捷。

4.4　基坑监测

本基坑工程监测工作自 2018 年 3 月 8 日开始。监测项目包括桩顶水平位移、支护结构后土体沉降、周边道路、周边管线、锚索内力、深层水平位移等内容。

（1）桩后坡顶竖向累计位移值为 12.85～18.62mm；桩顶累计水平位移值为 12.93～18.11mm，均未达到报警值（图 4.9～图 4.10）。

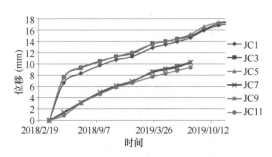

图 4.9　基坑竖向位移-时间曲线

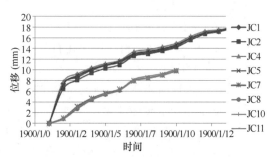

图 4.10　基坑水平位移-时间曲线

（2）周边管线累计沉降值为 11.68～12.28mm，均未达达到报警值（图 4.11）。

（3）周边道路累计沉降值为 12.73～12.91mm，累计变化量均未达到报警值（图 4.12）。

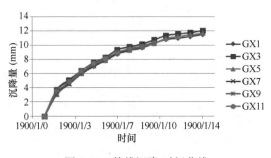

图 4.11　管线沉降-时间曲线

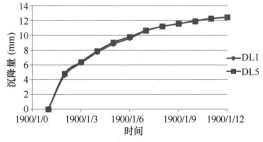

图 4.12　道路沉降-时间曲线

（4）最大累计深层水平位移值为 −8.70～−16.39mm，各监测点数据正常，均未达到报警值（图 4.13）。

（5）锚索内力监测值为 33.38～93.05 kN，远小于锚索张拉锁定值。

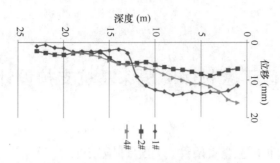

图 4.13 深层位移曲线

4.5 结束语

（1）基坑位移、周边道路及管线沉降均较小，说明基坑安全稳定，对周边环境影响较小，体现了岩石基坑的特点。

（2）土岩组合基坑，采用桩锚支护，施工难度较大，桩孔需要大功率旋挖钻机。

（3）"吊车钻"可在较高的临空面上完成锚杆施工，安全快捷，避免架设脚手架，值得推广应用。

（4）基坑西侧因雨水、污水管道渗漏，导致基坑侧壁土体浸水软化，经增设锚杆、土体注浆加强支护结构，基坑位移及道路沉降未见明显增加。另外，雨水、污水管道应采用疏导方式处置，不能简单地截断。

（5）本工程锚索内力监测值远小于锚索张拉锁定值，预应力损失较大，锚索抗拔承载力未完全发挥，基坑安全稳定，变形也不大，支护结构有一定优化空间。

（6）本工程支护桩嵌固段均在岩层中，嵌固长度 3.0～4.0m（中风化层中 3.0m，强风化层中 4.0m），坑底以下桩身深层位移量较小，最大 3.3mm，说明岩层提供的嵌固效果良好，提供的被动土压力足够，在保证坑内岩体开挖不对坑底以下岩体有较大破坏的前提下，可进一步减小支护桩的嵌固深度。

5 历下区丁家村保障房深基坑支护设计与施工

5.1 基坑概况、场地工程地质条件、周边环境条件

本项目位于济南市工业南路南侧，奥体西路西侧，为济南市棚户区改造的重点项目，总投资额 6.87 亿元，总建筑面积约 21 万 m²。该项目主体结构包括 T1、T2、T3、T4 四座塔楼及沿街商业。项目分为两个地块，东地块为 T1 楼，T1 楼地下 3 层，地上 39 层，高度 188.7m；西地块包括 T2、T3、T4 楼，其中包含地上高度 102.1m 的超高层建筑和 74.5m 的公寓及沿街商业等。

5.1.1 基坑概况

基坑东西长度约 268m，南北方向约 89m，基坑周长约 782m。

由于 R3 线和远期规划地铁联络线 NW、SE 向穿过本场地，该项目基坑分为东西两部分，联络线北侧出口大致位于基坑北侧中部，南侧出口位于基坑南侧东端，与 R3 线丁家庄东站 1 号出口相连接。

基坑坡顶标高 68.0～70.1m，坑底标高 53.3～56.9m；联络线基底标高自西北向东南方向逐渐升高，43.357～48.553m；基坑开挖深度按 6.0～25.50m 考虑。基坑周边环境如图 5.1 所示。

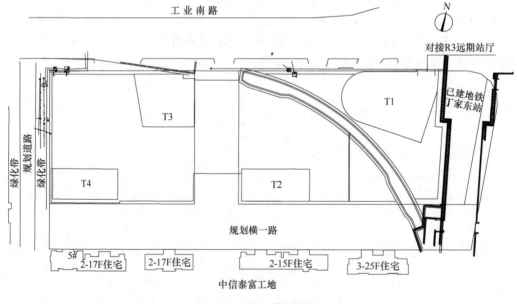

图 5.1　基坑周边环境

设计：范世英、叶胜林、马连伸。

5.1.2 基坑周边环境情况

（1）北侧：地下室外墙距红线约2.70m；红线外为工业南路，路宽70m，沥青路面；道路东高西低，高差约2.0m；联络线伸出地下室外墙4～8m。

工业南路分布有大量市政管线，靠近基坑侧主要有电力、热力、通信、污水、给水、燃气等，材质有铸铁、混凝土、钢、PVC、铜和光纤等；管底埋深为1.00～3.70m。电力管线部分区域越过红线进入本场地内，紧贴支护桩位置，还有两处检查井无法移除，该位置将支护桩布设在检查井两侧。

（2）东侧：地下室外墙距R3线丁家东站站房外墙边线6.50m。站房主体结构已施工完毕，顶部覆土；站房采用桩撑围护形式，在支护桩外侧布设高压旋喷桩止水帷幕；站房基底标高49.495m，相邻段基坑坑底标高为54.90～56.90m，基坑开挖深度为13.10～15.10m。

（3）南侧：东端为R3线丁家东站1号地铁出口、地铁联络线东南角出口，该位置分布有消防水池（仅地下1层）、地下二层连接站房与场区的走廊等，结构设计比较复杂。

其余段地下室外墙距红线约30m，为本场地空间较宽裕位置，作为办公场所及材料加工、堆放场地。红线南侧为中信泰富施工现场，主体结构已接近施工完毕。

（4）西侧：地下室外墙距用地红线2.0～2.5m，红线外为规划路，施工前主路已铺设完毕，沥青路面，路面宽10.0m，两侧绿化带宽均为10.0m。

距离基坑由近到远的顺序管线分布依次为燃气、给水、污水、雨水、电力等，管底埋深为1.00～3.70m。一处燃气检查井位于红线内，基本位于支护桩间。

地铁联络线宽6.50～9.0m，基底标高44.30～49.24m；联络线东侧基坑底标高54.90～56.90m，西侧基坑底标高53.30m；地铁联络线两侧坑中坑开挖深度10.0～12.50m。

5.1.3 场地工程地质条件

1. 场地地层埋藏条件及基坑支护设计岩土参数（表5.1）

场地地处山前冲洪积平原地貌单元，主要地层为第四系全新统～上更新统坡洪积层（Q_4^{dl+pl}～Q_3^{dl+pl}），表部有人工填土（Q_4^{ml}），下伏奥陶系石灰岩（O），描述如下：

①-1层素填土（Q_4^{ml}）：灰褐色～黄褐色，松散，以黏性土为主，局部夹杂少量碎石，堆填时间15～20年。该层厚度0.50～3.50m，层底标高82.97～88.56m。

①-2层杂填土：灰褐色～灰黑色，松散，稍湿，以塑料袋等生活垃圾为主，少量黏性土充填，有腥臭味。该层厚度1.50～7.20m，层底标高79.69～87.06m。

①-3层杂填土：黄褐色～灰褐色，松散，稍湿，以砖块、石块为主，黏性土充填。该层厚度1.00～6.30m，层底标高81.83～88.94m。

②层黄土状粉质黏土（Q_4^{dl+pl}）：黄褐色，可塑～硬塑，局部坚硬，含少量氧化物，大孔结构，见白色钙质条纹，含少量姜石，粒径1～4cm，局部为黄土状粉土。该层厚度2.00～6.60m，层底标高83.55～85.22m。

③层粉质黏土（Q_3^{dl+pl}）：浅棕黄色～浅棕红色，可塑，局部硬塑，含少量铁锰氧化物，该层厚度2.20～8.50m，层底标高72.28～78.02m。

④层碎石：杂色，稍湿，中密～密实，成分为石灰岩，呈次棱角状、亚圆状，局部胶结呈块状，可取柱状岩芯，1.30～7.10m，70.28～81.02m

⑤层中风化石灰岩（O），该层未揭穿，最大揭露厚度 29.00m，最大揭露深度 40.00m，最低揭露标高 47.73m。

表 5.1　基坑支护设计岩土参数

层号	岩土名称	γ (kN/m³)	c (kPa)	φ (°)
①	杂填土	19.0	10	10
②	黄土状粉质黏土	19.1	31	12
③	粉质黏土	18.8	42	13
④	碎石	19.4	5	33
⑤	碎石	19.4	5	38
⑤-1	胶结砾岩	22.0	30	38
⑦	泥灰岩	22.0	50	40
⑧	溶蚀破碎石灰岩	22.0	35	60

2. 水文地质条件

场地地下水为岩溶裂隙水，水位埋深 30.0～35.0m。可不考虑地下水对混凝土结构的腐蚀性及水位变幅对工程的影响，但应考虑季节性降水对工程施工的影响。

5.2　基坑支护方案

本工程环境狭窄，以桩锚支护、双排桩支护方案为主，局部角撑和内支撑方案。地铁联络线产生的坑中坑，采用土钉墙和悬臂桩支护方案。

5.2.1　桩锚支护

北侧地下室退红线约 5.0m，但红线位置地下管线密集，其中电力管线及检查井局部位置已越过红线进入本场地内；同时，场地北侧规划有远期地铁站房，该位置支护结构不能影响后期建设，该侧采用桩锚支护方案，锚索采用可回收锚索。

北侧中部地下室局部与远期规划地铁站房地下室外墙相邻，按轨道交通提供的支护桩参数进行设计施工，这些支护桩将作为地铁站房基坑的围护桩。

南侧地下室外墙距用地红线约 32m，坡顶用作临建及施工道路场地，放坡空间收窄，采用桩锚支护方案，桩顶以上采用天然放坡。

西侧规划路在基坑开挖前主路沥青路面已铺设，两侧均有管道，采用桩锚支护方案；因红线紧邻地下管线，支护桩冠梁顶设置在地面。典型桩锚支护剖面如图 5.2 所示。

5.2.2　双排桩支护

基坑东侧为本基坑重点部位。基坑开挖前，基坑东侧 R3 线丁家庄东站站房主体结构

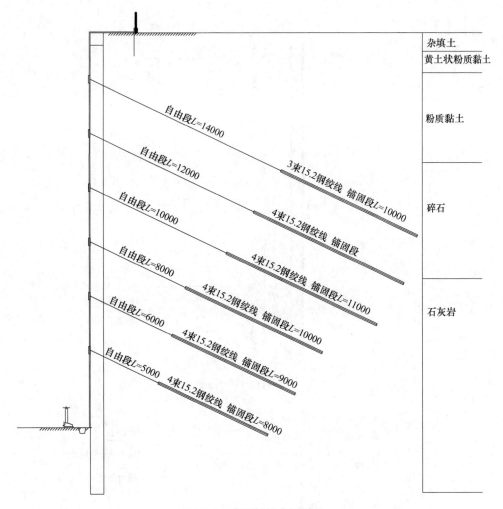

图 5.2　典型桩锚支护剖面

已施工完毕，进入设备安装调试阶段。东侧双排桩支护剖面如图 5.3 所示。

站房东西方向宽 23～33m，站房基底标高 48.475～49.513m，南高北低，本基坑相邻段基底标高 54.90～56.90m，较站房基底高 6.50～7.50m。地铁站房围护采用桩撑支护形式，同时桩外设置高压旋喷止水帷幕。

本基坑地下室外墙距地铁外墙 6.5m，新设置一排支护桩，桩顶与东侧地铁围护桩桩顶相连，形成双排桩，双排桩排间采用压力注浆工艺对土体加固，提高土体抗剪强度。

5.2.3　角撑和内支撑方案（图 5.4～图 5.7）

基坑南侧东端，分布有消防水池（地下 1 层），联络线出入口（地下 2 层）及 R3 线丁家庄东站 1 号出口（地下 3 层），采用的支护形式为钢筋混凝土内撑，联络线位置竖向布设三道支撑，消防水池北侧竖向布设两道支撑。

5.2.4　联络线支护

联络线宽 6.50～8.60m，基底标高 44.30～49.20m，基底西北低、东南高，较基坑底低 8.0～15.0m。

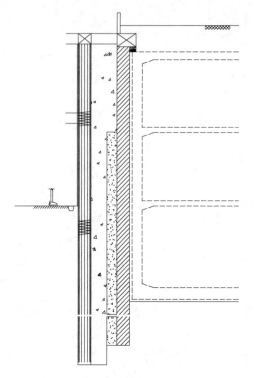

图 5.3　东侧双排桩支护剖面

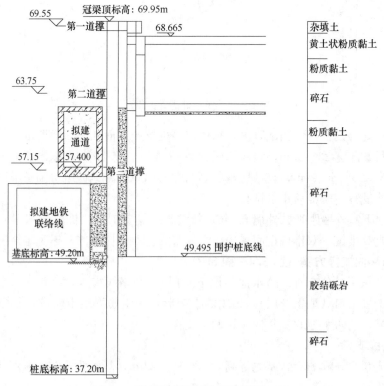

图 5.4　联络线侧面内支撑支护图（1）

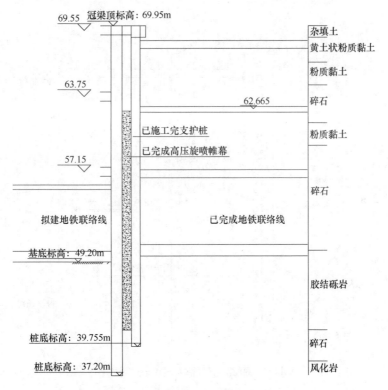

图 5.5 联络线侧面内支撑支护图（2）

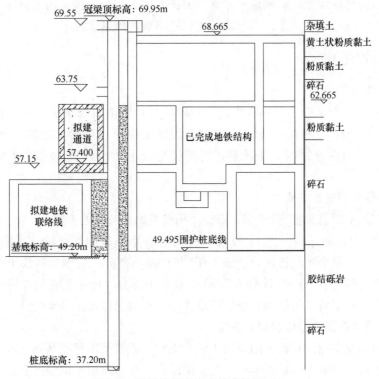

图 5.6 联络线侧面内支撑支护图（3）

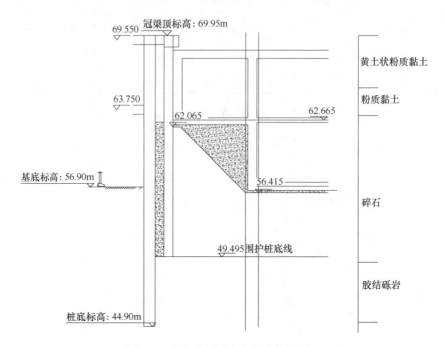

图 5.7　联络线侧面内支撑支护图（4）

联络线东侧中部为 T1 塔楼，采用桩筏基础，其余区域为地下车库，采用天然地基独立基础。联络线与塔楼相邻区域采用悬臂桩支护方案，其余区域采用土钉墙支护方案。计划施工顺序为先进行联络线施工，回填后进行联络线两侧基础施工。

5.3　基坑支护施工

5.3.1　支护桩施工

支护桩采用旋挖钻施工，基岩中进尺速度缓慢，沉渣清理难度较大。北侧因空间狭小且紧邻电力管线，桩孔需人工挖至电力管线深度以下，确保旋挖施工不会对其产生影响；有两处电力检查井因无法迁移，对支护桩位进行了调整，同时对锚索进行了加强设计。

5.3.2　联络线东侧支护桩施工

联络线东侧采用悬臂桩支护，T1 塔楼采用桩基础，最近处不足 1m。正常施工计划是基坑开挖至 T1 楼基底标高、施工 T1 楼工程桩和联络线东侧悬臂桩、开挖联络线基坑、施工联络线主体、联络线肥槽回填、施工 T1 塔楼地下部分。后因联络线土石方无法及时外运，导致其工期延后，调整为先施工 T1 塔楼地下部分，施工至正负零标高；为保证安全，经各方讨论确定将支护桩顶与塔楼基础连接，形成整体，提高安全性。

5.3.3　联络线两侧肥槽回填材料的确定

联络线西侧及东侧南北部采用放坡土钉墙支护，肥槽范围存在基础，考虑沉降变形协调一致，回填材料经研究确定尽量与开挖范围地层一致，岩层范围采用毛石混凝土进行回填，岩层上部碎石层及土层采用级配砂石回填。

5.3.4 联络线与 1 号出口连通施工（图 5.8）

该位置施工较为复杂，建设单位专门委托鉴定加固单位进行专项方案设计，采用先在支护桩上植筋设置槽钢，然后将桩截断，在桩端设置钢梁将桩端连接。

图 5.8 联络线南口角撑及内支撑支护图

5.4 结语

（1）本项目为典型的土岩组合基坑，采用桩锚支护，安全度较高，监测结果表明变形量较小。

（2）由于地铁联络线的分布，地下空间利用率提高，设计考虑的内容成倍增加，施工工序对设计方案的影响很大。

（3）由于联络线、远期规划站房、地铁出口等地下结构复杂，加之施工作业面狭窄，信息化施工显得尤为重要，本项目设计变更较多。

6 济南市历下区人民检察院洪山边坡支护设计与施工

6.1 边坡概况、周边环境和场地工程地质条件

项目位于济南市旅游路以北，济南市历下区人民检察院北侧。该洪山山体原与旅游路南侧山体（较低）是连在一体的，由于开采石料和修建旅游路，形成一陡崖，在陡崖与旅游路之间，兴建了济南市历下区人民检察院。

洪山基本垂直于旅游路发育，南北狭长，东西较窄，最高点位于检察院大楼以北约85m，高程212.64m。其东、南、西三侧都有不同程度的石方开采，南端标高205m以上、东西两侧标高195m以上，还保持原有山丘地貌。

6.1.1 边坡概况 （图 6.1）

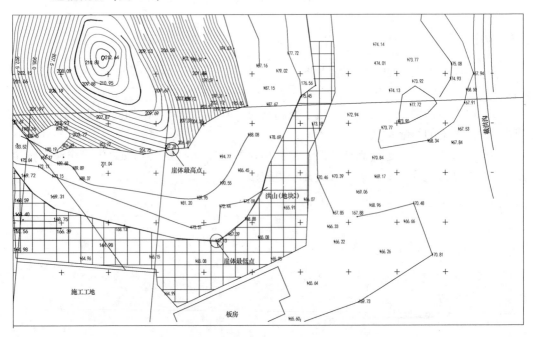

图 6.1 边坡地形及周边环境图

本边坡支护段南侧为检察院大楼邻近边坡，坡面走向285°，东侧、西侧边坡为对检察院大楼影响较小的延伸边坡。东侧边坡已治理，西侧坡面走向317°，坡角60°～90°，甚至>90°，上陡下缓。

邻近边坡坡顶标高190～207m，底标高168～168.5m。东段，整体坡度小于65°；西

设计：马连仲、叶枝顺。

段，坡度大于 70°，且上部局部大于 90°。

西侧延伸边坡坡顶标高 198m，底标高约 168.6m，坡度大于 70°，且上部局部大于 90°。

综合考虑边坡高度、与建筑物的相对关系，确定边坡安全等级多为一级，部分为二级。

6.1.2 边坡周边环境条件

邻近边坡坡顶、坡底分别距检察院外墙 48m 和 15.6～32m，坡高 35～40m。坡底修筑有花池。

6.1.3 场地工程地质条件

场地地处山丘地貌单元，基岩裸露，近山体顶部夹有水平向顺层侵入体。

（1）石灰岩（O_1）：岩层为厚层～巨厚层石灰岩，浅灰色～青灰色，坚硬，厚层～中厚层，块状构造，隐晶质结构，属较硬岩，较完整～较破碎，岩体基本质量等级一般为 Ⅲ～Ⅳ级，在山体上部局部存在风化稍严重的情况，近山体顶部夹有水平向顺层闪长岩侵入体，呈中风化（图 6.2）。

石灰岩层的正常产状，在山体东部及南部测得该岩层产状为 318°∠2°、322°∠5° 和 313°∠6°。

上部有张裂隙，最大宽度约 10cm，高度近 20m（图 6.3）。

图 6.2　边坡岩层照片（一）

图 6.3　边坡岩层照片（二）

（2）靠近边坡存在一小的正断层（图 6.4），将山体南端岩石切割，其在山体东侧的产状为 190°∠81°，南侧为上盘，北侧为下盘，断距 1.5m 左右，断层破碎带 0～30cm，上、下盘岩层产状未明显变化；在山体西侧（图 6.5）的产状为 185°∠82°，无明显破碎带，靠近断层的两盘岩层产状变化较大，一般在 152～154°∠10～17°，宽度一般 3m 左右。小断层与坡面是基本平行。

（3）测得岩石节理产状为 32°∠90° 或 184°∠83°。

下部岩层产状152—154
10—17

图 6.4　边坡断层照片（一）　　　　图 6.5　边坡断层照片（二）

边坡支护设计岩土参数见表 6.1。

表 6.1　边坡支护设计岩土参数

岩土名称	γ (kN/m³)	c (kPa)	φ (°)	结构面 c (kPa)	f_{ak} (kPa)	f_{rb} (kPa)
石灰岩	25	100	30	25	1500	400

6.2　边坡支护设计方案

6.2.1　边坡支护设计方案（图 6.6 和图 6.7）

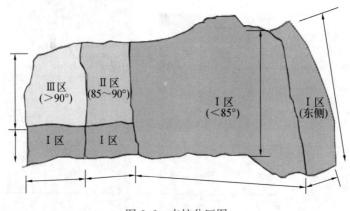

图 6.6　支护分区图

（1）根据边坡岩石坡面现状及岩石破碎程度、边坡破坏后的严重程度，综合确定边坡安全等级为一级。

（2）该山坡为厚层石灰岩质陡坡。坡顶未发现滑塌、地裂缝等不良地质作用，仅在崖壁上存在多处危石，自然边坡整体产生滑坡的可能性极小，为基本稳定结构，但部分坡段在气候、雨水及风化作用的影响下，极易发生崩塌的可能性。

（3）场地岩层整体倾向北西，与南坡坡向反向，对南坡稳定有利。与山体东西两侧垂直，也基本有利，因此可以认为本山坡属于稳定边坡。

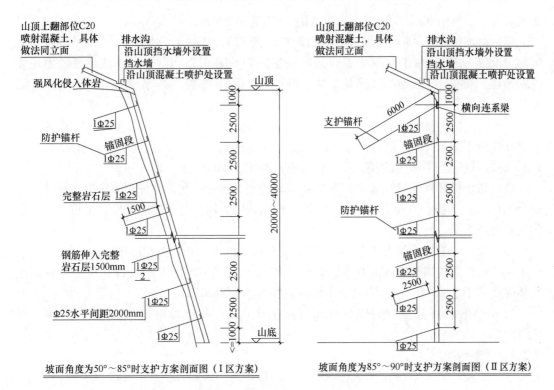

坡面角度为50°～85°时支护方案剖面图（Ⅰ区方案）

坡面角度为85°～90°时支护方案剖面图（Ⅱ区方案）

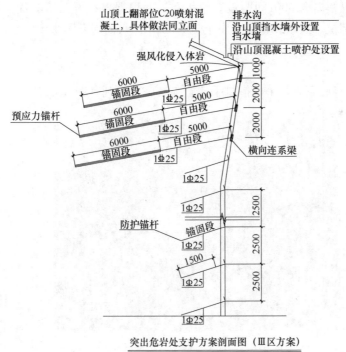

突出危岩处支护方案剖面图（Ⅲ区方案）

图 6.7　边坡支护剖面图

（4）根据《建筑地基基础设计规范》（GB 50007—2011），设计对稳定岩体做护面处理，对于存在不稳定因素的岩体做锚固处理。混凝土喷护遇挡墙时混凝土喷护伸入挡墙下面至岩石。混凝土面层厚度 100mm，单层 $\phi6$ 钢筋网 200mm×200mm。

（5）对坡度小于 85°的坡面进行构造防护（图 6.7，Ⅰ区）；对角度大于 85°坡面在坡顶部位设置一道结构锚杆，其余部位进行构造防护（图 6.7，Ⅱ区）；在坡顶已经出现裂缝的部位、倾角大于 90°的部位，采用预应力锚杆支护，其余部位构造防护（图 6.7，Ⅲ区）。

（6）构造防护锚杆的孔径 50～100mm，锚杆长度 2.50m，锚杆横向间距 2m；支护结构锚杆孔径不小于 108，锚杆长度 6m，锚杆横向间距 2.00m；预应力锚杆孔径不小于 108，锚杆总长度 11m，锚固段 6m，锚杆横向间距 1.50m。

（7）防护锚杆杆体材料为 HRB335 钢筋，直径 25mm；支护锚杆和预应力锚杆杆体材料为 HRB400 钢筋，直径为 25mm。结构锚杆和预应力锚杆每层横向上设置 1 根 20a 槽钢作为横向连系梁。

（8）预应力锚杆预加力为 90kN，坡面泄水孔间距 3.00m，梅花形布置。

（9）水泥宜使用普通硅酸盐水泥，强度不低于 42.5MPa。支护锚杆和预应力锚杆注浆体强度不小于 30MPa，防护锚杆注浆体强度不小于 25MPa。

（10）支护锚杆和预应力锚杆杆体材料 HRB400，直径 25mm，防护锚杆杆体材料 HRB335，直径 25mm。

6.2.2　地表水控制

（1）坡顶外侧 5.00m 范围内挂网喷护，坡顶砌筑挡水墙，挡水墙外设排水沟。

（2）坡面按照纵横向 3.00m 间距设置泄水孔，并根据岩石坡面情况优先设置在裂隙发育、渗水严重的部位，泄水孔直径不小于 100mm，伸入面层下不小于 500mm。

6.3　边坡施工

施工于 2008 年年底完成，采用搭脚手架施工，施工顺利（图 6.8）。

图 6.8　边坡支护施工及岩石照片

6.4　结束语

（1）本项目是我公司较早完成的边坡支护设计项目，设计时边坡已形成，支护施工时，邻近建筑物也在施工，不能进行削坡处理。

（2）该邻近边坡，上部、下部较缓，其中部是支护的重点。其结构锚杆、防护锚杆长度偏短，采用槽钢作为横向边系梁偏弱，耐久性也比较差。

（3）喷护面层厚度较小，配筋偏弱。

（4）f_{rb} 取 400kPa，尚有一定的安全度。

7 涵玉翠岭住宅小区边坡支护设计与施工

7.1 基坑概况、周边环境和场地工程地质条件

项目位于济南市旅游路以南，凤凰南路以西，大汉峪村和小汉峪村之间。其主要有住宅楼 30 栋、地下车库及公共建筑，其中 28 层住宅 3 栋，26 层住宅 3 栋，24 层住宅 1 栋，18 层住宅 3 栋，16 层住宅 4 栋，总建筑面积 326650m²。

7.1.1 边坡概况及周边环境条件（图 7.1）

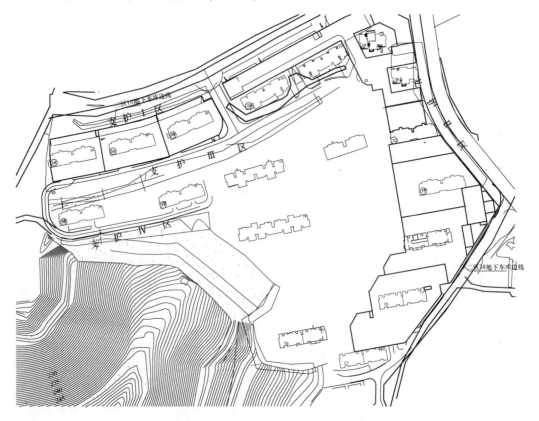

图 7.1 基坑平面布置以及周边环境图

项目场地位于南高北低的山坡之上，场地及周边道路地面标高 148.65～189.65m，高差达 41m，因项目建设，次第形成 3 级环形平台和 3 级环形边坡；场地南侧边坡坡顶标高最高达 222.32m，边坡最大高度达 33.6m。因而在场地内、场地与周边道路之间形成了较

设计：叶胜林、赵庆亮、马连仲；施工：王化民。

多的建筑物地基边坡和建筑物邻近边坡。为了便于叙述，将支护边坡分为 5 区 13 个支护段，各段边坡特征见表 7.1。

（1）1 号地下车库北侧地基边坡，坡顶距地下室外墙 4.0～10.0m，高 2.5～4.7m；

（2）2 号、3 号楼南侧邻近边坡，坡底距建筑物外墙 6.0～7.5m，高 6.8～12.5m；

（3）2 号、3 号地下车库东侧地基边坡，坡顶距地下室外墙 6.20～31.00m，高度 5.10～8.80m；1 号楼东侧（位于 2 号地下车库内部）地基边坡，高度约 10m；

（4）8 号楼、9 号楼北侧地基边坡，距建筑物外墙 5.4～20.0m，高 3.6～17.7m；8 号楼、9 号楼南侧道路邻近边坡，距建筑物外墙 15.0m，高度为 38.10～51.00m；

（5）16 号楼西南邻近边坡，距 16 号楼外墙 7.0～13.6m，高度为 4.0～23.0m。

表 7.1 各区段边坡特征

边坡位置	区段	坡底标高	坡顶标高	坡高	爆松区宽度 (m)	坡角 (°)	岩层倾角 (°)
1 号地下车库北侧	Ⅰ 区	162.85～165.31	166.27～168.76	2.5～4.7			
1 号楼北侧、东侧	Ⅱ 区 AB 段	148.65～153.01	159.79～161.38	7.1～11.2	6.3～8.2	72～75	4～5
2 号地下车库东侧南段、3 号地下车库东侧北段	Ⅱ 区 BC 段	153.01～154.51	160.92～161.72	6.5～8.0	8.5～13.2	69～78	4
	Ⅱ 区 CD 段	154.51～156.06	164.72～165.41	8.8～9.6	9.0～13.5	69～78	4
	Ⅱ 区 DE 段	156.06～162.59	165.64～169.77	5.1～8.8	4.9～8.1	73～76	4
8 号楼北侧地基边坡；1 号地下车库南侧邻近边坡；2 号、3 号楼南侧邻近边坡	Ⅲ 区 AB 段	180.24～183.10	187.27～187.75	3.6～5.7	3.0～4.5	78～80	5
	Ⅲ 区 BC 段	174.93～180.24	187.10～187.70	5.7～11.0	3.3～4.5	78～80	5
	Ⅲ 区 CD 段	169.65～174.93	186.96～187.37	11.0～17.4	6.6～8.3	65～78	5
	Ⅲ 区 DE 段	167.84～169.11	180.11～184.9	11.0～16.0	8.2～6.6	74～81	5
	Ⅲ 区 EF 段	169.86～171.83	175.83～178.67	4.0～8.8	3.7～6.2	78	4
8 号、9 号楼南侧道路邻近边坡	Ⅳ 区 AB 段	188.07～188.45	206.39～222.32	18.3～33.6	2.3～2.5	52	4
	Ⅳ 区 BC 段	188.45～189.89	200.34～203.61	11.8～15.2	3.7～7.8	76～77	4
16 号楼西南邻近边坡	Ⅴ 区 BC 段	184.73～185.78	189.61～209.63	4.0～23.0	按 6.0m 考虑	80	4

综合考虑边坡高度、与建筑物的相对关系，确定边坡安全等级多为一级，部分为二级。

7.1.2 场地工程地质条件

1. 场地地层及基坑、边坡支护设计岩土参数

场地地层主要为奥陶系下统（O_1）沉积岩。

（1）豹斑状白云质灰岩（O_1）：浅棕褐色、灰白色，隐晶质结构，中厚层状构造，质地较纯，竖向节理局部较发育，节理多为钙质充填，局部为未充填，岩体较完整，层面间为泥钙质充填，产状 53°～73°∠3°～8°。

（2）白云质灰岩：灰白色，中厚层状构造，层面间为泥钙质充填，竖向节理局部较发育，节理多由黏性土及钙质充填，岩体较完整，产状 36°～50°∠3°～12°。

2. 场地岩石节理裂隙特征

场地内未见断层及断裂带，港沟断裂和东坞断裂分别从场地以东 1.7km 和 0.8km 处通过，港沟断裂走向北西，东坞断裂次生断裂走向北东。受两断裂及其次生断裂影响，节理裂隙发育明显。

场地南高北低，主要为顺层下挖，现在出露于地表的岩层层面即为山坡的坡面，该层面是场地地层的重要结构面。层面平直，无夹层和软泥充填。

出露的石灰岩岩体节理、裂隙是第二种结构面。该建筑场区局部风化较严重或节理较密集地区，可见碎裂状结构。岩石爆破破碎情况如图 7.2 所示。

图 7.2　岩石爆破破碎情况

（1）场地东北部节理裂隙特征

该场区节理走向分布较杂乱，主要集中在 340°～360°、10°～20°、75°～85°、几组分布，其中又以 340°～360°组节理最多、最密集，该场区节理倾向主要集中在 SW 和 SE 方向，倾角绝大多数>80°，部分节理近直立。从现场场区的节理性质来看，应以压性节理为主，岩石大部分呈巨厚层状构造产出，裂隙 2～20cm，垂直节理较发育，部分节理裂隙填充有泥钙质充填物，部分裂隙是由人工爆破而成的，形成岩石松动区。

（2）场地东部节理裂隙特征

节理走向主要有 35°～80°和 300°～340°两组分布，其中又以 300°～340°居多，节理更密集，该场区节理倾向主要集中在 SW 和 NW 方向，倾角绝大多数>80°，部分节理近直立。从现场场区的节理性质来看，应以张性节理为主，近边坡位置部分较大裂隙宽度为 5～10cm，部分甚至达到 15cm，部分节理裂隙填充有泥钙质充填物和方解石细脉，有些宽度较大的裂隙应为坡脚处修路施工，人工爆破开挖后产生大量人工裂隙，形成岩石松动区。

（3）场地西南部节理裂隙特征

节理走向主要有 45°～80°和 300°～350°两组分布，其中又以 45°～80°节理居多，更密集，倾向主要集中在 NW 和 SE 方向，倾角绝大多数>75°，部分节理近直立，从现场场区的节理性质来看，应以张性节理为主，部分较大裂隙宽度为 1～5cm，填充有钙质、泥质填充物。该场区因工程施工需要，人工爆破开挖后产生大量人工裂隙，形成岩石松动区。

3. 边坡支护设计岩土参数（表7.2和表7.3）

表7.2 基坑支护设计岩土参数

土层名称	γ (kN/m^3)	c_{cq} (kPa)	φ_{cq} (°)	锚杆 q_{sk} (kPa)
中风化石灰岩	25*	3.0*	50.0*	800

注：*代表经验估值。

表7.3 边坡稳定性分析结论

边坡位置	安全等级	边坡稳定性等级	结论
1号楼北边坡	一级	Ⅲ级	建筑物荷载对边坡稳定性影响严重，建筑物进入边坡的滑塌区范围内，不满足《建筑边坡工程技术规范》(GB 50330—2013)的规定要求
1号楼东边坡	一级	Ⅰ级	建筑物荷载对边坡稳定性影响较小，边坡的潜在失稳区域为爆破松动区
2号楼、3号楼南边坡	二级	Ⅰ级	边坡坡体受爆破振动影响严重，爆破松动区范围大，坡面成型差
7号楼东边坡	一级	Ⅲ级	建筑物荷载对边坡稳定性影响严重，建筑物进入边坡的滑塌区范围内，不满足《建筑边坡工程技术规范》(GB 50330—2013)的规定要求
8号楼北边坡	一级	Ⅱ级	建筑物荷载对边坡稳定性影响较小，边坡的潜在失稳区域为爆破松动区
9号楼北边坡	一级	Ⅰ级	该区域由于边坡坡体受爆破振动影响严重，爆破松动区范围大
8号楼、9号楼南边坡	二级	Ⅰ级	坡面存在着范围较小局部松动塌落区，应及早地进行清理和加固处理，以保证安全和边坡的整体稳定性
10号楼东边坡	一级	Ⅰ级	建筑物荷载对边坡稳定性影响较小，边坡的潜在失稳区域为爆破松动区
11号楼东边坡	一级	Ⅰ级	建筑物荷载对边坡稳定性影响较小，边坡的潜在失稳区域为爆破松动区

边坡岩体为完整或较完整，结构面结合良好，岩层层面倾角为4°～10°，裂隙面倾角约为80°，边坡均稳定，边坡岩体类型为Ⅰ～Ⅱ级。

4. 场地地下水情况

场地未见地下水。

7.2 边坡支护设计方案

受周边较大规模断裂影响，场地内节理裂隙发育明显，且以张性节理为主；场地岩性以白云质灰岩为主，局部岩溶发育；场地开挖了大量石方，采用了大药量、大深度爆破，导致边坡产生了大量张性裂隙，形成岩石松动区，近边坡位置裂隙宽度为5～10cm，部分甚至达到15cm，对边坡的稳定带来不利影响。综合多种方法分析结果，边坡稳定性状况较差，需进行支护处理。

由于边坡位于居住小区内，如果破坏后果均较严重，边坡安全等级均按一级考虑。

7.2.1 Ⅰ区支护方案（图7.3和图7.4）

（1）边坡岩体类型为Ⅰ～Ⅱ类，采用重力式挡墙支护或喷锚支护。

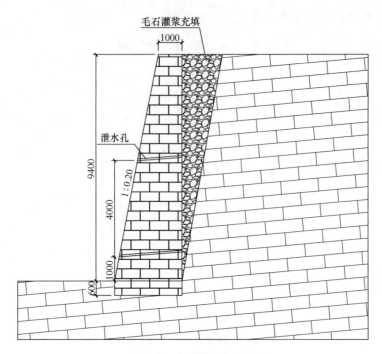

图 7.3　毛石挡墙大样图

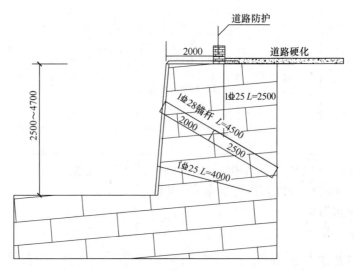

图 7.4　锚杆支护大样图

（2）如采用毛石挡墙，砌筑水泥砂浆强度等级为 M7.5，毛石强度等级不低于 MU30，选用毛石要求无风化、无裂纹，中部最小厚度不小于 200mm。挡墙均每隔 20m 设变形缝，宽度 20mm，缝内沿内、外、顶三边填充沥青麻筋或沥青木板，塞入厚度不小于 200mm。按 3m 间距布置泄水孔 1～2 排，孔径不小于 100mm，泄水孔坡度 5%。挡墙内侧采用毛石灌浆回填。

（3）如采用锚（杆）喷支护，坡体上部纵向按 2.5m 间距设置 1 层预应力锚杆，孔径 110mm，杆体为 1Φ28 钢筋，与水平夹角为 30°，预加力为 100kN。坡顶面层上翻 2.5m。

坡顶及坡面下部纵横向按 2.5m 间距布设 2.5m 或 4.0m 长岩钉,岩钉成孔直径 100mm,杆体为 1Φ25 钢筋,与水平夹角为 15°。

7.2.2　Ⅱ区支护方案 (图 7.5)

1 号楼、7 号楼地基边坡为爆破松动区,边坡稳定性差,将松动岩体地基进行混凝土置换,如果置换体与坡面之间岩体能够保留,将设置锚索把该部分岩体锚固在置换体上,如果该部分岩体难以保留需后期砌筑,砌筑时宜与置换体间采取连接措施。置换体以下坡体采用预应力锚索支护,坡面挂网喷面。

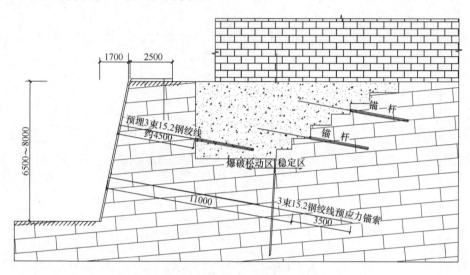

图 7.5　混凝土置换地基与锚索支护

7.2.3　其他各支护区段支护方案 (图 7.6～图 7.8)

(1) 边坡岩体类型为Ⅰ～Ⅱ类,为整体稳定边坡,但有一定宽度的爆破松动区,采用

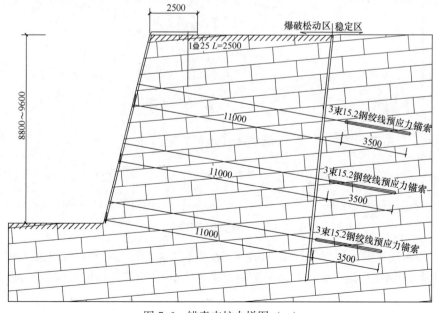

图 7.6　锚索支护大样图 (一)

预应力锚索加固挂网喷面支护。

（2）坡顶面层上翻2.5m，按2.5m间距布设2.5m长岩钉，岩钉成孔直径100mm，杆体为1Φ25钢筋。

（3）坡面上按纵横3.0m（局部3.5m）间距设置预应力锚索，锚索采用3～4束Φ^s15.2钢绞线，锚索孔径110mm，每1.5m设置1支架。由于边坡高度有差异，在保证最下道锚索距坡底不大于3.0m（2.0m）、各道锚索纵向间距不大于3.0m（3.5m）前提下可适当调整纵向间距。锚索自由段长度依据爆破松动区宽度确定，锚固段均为3.5m。

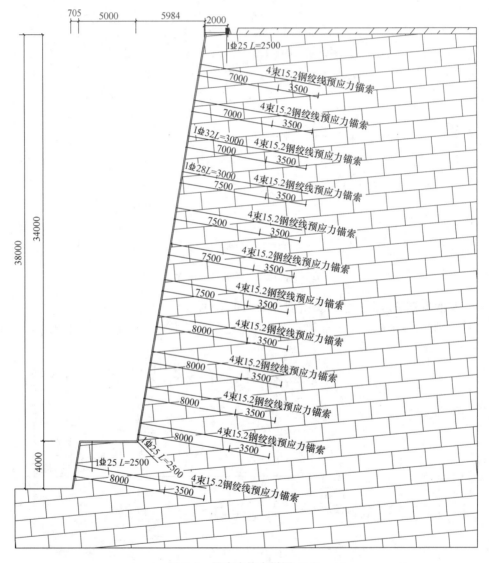

图7.7　锚索支护大样图（二）

（4）锚索预加应力为230kN或310kN，在横向上采用配置4根Φ22钢筋暗梁为腰梁，纵向用1Φ22钢筋连接，坡顶岩钉在横向上采用1Φ18钢筋连接，并确保与面层配筋有效连接。

（5）喷护之前应清除所有松散岩块。坡面上小型松动块石可采用人工清除，局部坡顶

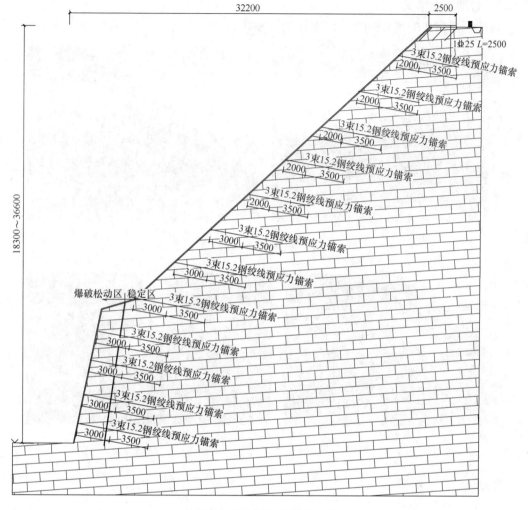

图 7.8　锚索支护大样图（三）

或坡面分布有大块危石可采用机械破碎后清除，面层喷护前应确保坡面及坡顶无危石。

7.2.4　边坡排水方案

Ⅳ、Ⅴ区坡顶外 5.0m 处设置排水沟。

7.3　边坡支护施工

7.3.1　边坡支护施工过程

本支护工程于 2011 年 4 月进行施工，于 2012 年 7 月完成，施工进行顺利，锚索、面层检测满足设计要求。主体建筑已于 2013 年 3 月全部竣工交付使用，支护结构未见破损，边坡、建筑物变形较小，监测结果均在正常范围内，确保了建筑物安全。

本工程边坡支护方案采用了占地最小的支护方式，为后期景观设计预留了较为充足的空间，假山和绿化等景观得以实施，使得支护结构、景观与周边环境较为协调，整体效果较为美观，为建设和谐、优美住宅小区创造了条件。

7.3.2　边坡坡面情况

边坡开挖及支护效果如图7.9和图7.10所示。

图7.9　边坡开挖至基底照片

图7.10　边坡支护后照片

7.4　结束语

（1）该项目石方开挖采用了大药量爆破，造成边坡坡体不稳定，增加了支护工作量，增加了项目隐患。

（2）锚喷支护占用空间小，安全可靠。

8 山东城建腊山御园项目 B 地块（别墅区）边坡支护设计与施工

8.1 边坡概况、周边环境及场地工程地质条件

项目位于济南市党杨路以东，腊山西麓，国防路以南，张家庄以北，共规划 57 栋别墅，均为地上 2 层，地下 1 层，框架结构，独立基础。

8.1.1 边坡概况及周边环境

该项目由内部道路分割为西、中、东三个区，其中中区又被小区道路分为南北两区。由于场地地形高差较大，在周边道路、内部道路旁形成别墅地基边坡，需修筑挡墙。依据高度和周边环境，挡墙可分为 7 段，各段挡墙概况及周边环境分述如下：

（1）AB 段位于西区南侧，坡底腊山南路路面高程 44.4～52.8m，坡顶地面高程 50.5～53.8m，挡墙高度 2.9～8.6m，挡墙中心距别墅外墙 5.3～10.2m，距腊山南路污水管道约 2.6m，管道规格 D500，管底埋深约 2.8m。

（2）BC 段位于西区东侧南段，坡底路面高程 52.8～53.9m，坡顶地面高程 53.8～54.3m，挡墙高度 2.5～3.1m。挡墙中心距别墅外墙 3.7～8.8m，挡墙东侧有埋设管道，挡墙基底埋深不小于 1.8m。

（3）DE 段位于北区南侧，坡底路面高程 53.3～55.6m，坡顶地面高程 56.25m，挡墙高度 1.1～4.0m。挡墙中心距别墅外墙 13.0m，挡墙南侧紧靠小区规划道路。

（4）FGHI 段位于南区北、南、西侧，坡底路面高程 53.8～58.4m，坡顶地面高程 57.65～58.65m，挡墙高度 0～6.5m。挡墙中心距别墅外墙 1.9～23.5m；挡墙前紧靠小区规划道路。

（5）JK 段位于东区南侧、西侧南段，路面高程 57.5～61.2m，坡顶高程 62.15m，挡墙高度 5.2m。挡墙中心距别墅外墙 2.4～13.9m，挡墙南侧、西侧紧靠小区规划道路。

（6）KL 段位于东区西侧中段，坡底路面高程 56.0～57.5m，坡顶地面高程 67.65～68.65m，挡墙高度 10.1～12.5m。挡墙中心距别墅外墙 1.8～7.5m；挡墙西侧紧靠小区规划道路及绿化带。

（7）LMNOPQRS 段位于东区北侧、西侧北段，坡底路（地）面高程 51.1～56.4m，墙顶地面高程 63.4～68.85m，挡墙高度 8.30～15.90m。LMNOP 段挡墙中心距别墅外墙 2.2～8.0m，挡墙西侧紧靠小区规划绿化带；挡墙中心距 A 地块地下室外墙 4.5～9.9m；PQRS 段位于 B01、B02、B06 别墅基底以下，挡墙前为别墅 B01、B02 基础架空层。

8.1.2 边坡安全等级及使用年限

KL 段、LMNOPQRS 段安全等级为一级，支护结构重要性系数为 1.1；AB 段、JK

设计：赵亮、叶胜林、马连仲；施工：王法堂、马群、付瑞勇。

段、FGHI 段安全等级为二级，支护结构重要性系数为 1.0；BC 段、DE 段安全等级为三级，支护结构重要性系数为 0.9。

该挡墙设计使用年限为 50 年。挡墙平面位置和边坡支护前现状如图 8.1 和图 8.2 所示。

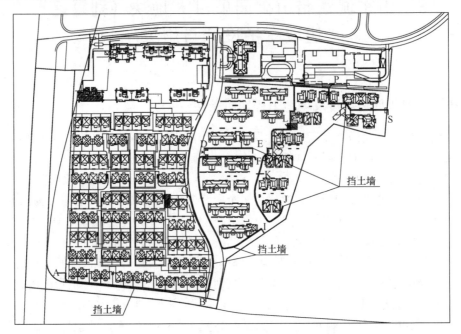

图 8.1　挡墙平面位置图

图 8.2　边坡支护前现状图

8.1.3　场地地层及边坡支护设计岩土参数（表 8.1）

场地地处山丘地貌单元，场地内地层主要由奥陶纪（O）泥质灰岩及石灰岩构成，上覆少量的新近人工填土和第四系坡积粉质黏土、碎石土，主要地层描述情况如下：

①层杂填土（Q_4^{ml}）：杂色，松散～稍密，稍湿，主要成分为碎石及少量黏性土，见碎砖块等建筑垃圾。

②-1 层粉质黏土（Q_4^{dl}）：可塑，局部硬塑，含铁锰氧化物，见少量灰岩质碎石。

②-2层碎石土：灰白色～褐色，中密～密实，稍湿，主要成分为石灰岩，呈棱角状、次棱角状，一般粒径为0.5～3cm，最大粒径为5cm，充填20%～40%的粉质黏土。

③层强～中风化灰岩（O）：灰色～青灰色，隐晶质结构，层状构造，见方解石脉充填，风化节理、裂隙、溶孔、溶洞较多，局部呈蜂窝，局部溶蚀现象严重，岩芯呈碎块状，局部呈短柱状，岩体基本质量等级为Ⅳ级。

③-2层强～中风化泥灰岩（O）：灰色，隐晶质结构，层状构造，节理、裂隙发育，岩芯风化呈碎块状和短柱状，局部呈柱状，岩体质量基本等级为Ⅳ级，场区内不均匀分布。

④层中风化石灰岩（O）：灰色～青灰色，隐晶质结构，厚层状构造，节理、裂隙发育，见方解石脉充填，岩芯多呈短柱状～柱状，节长5～30cm，风化节理、裂隙、溶孔、溶洞较多，局部溶蚀现象严重，岩体基本质量等级为Ⅲ级。

④-2层中风化泥灰岩（O）：灰色，隐晶质结构，层状构造，节理、裂隙发育，岩芯呈碎块状和短柱状，局部呈柱状，岩体质量基本等级为Ⅳ级，场区内不均匀分布。

表8.1　边坡支护设计岩土参数

土层名称	γ (kN/m³)	结构面 c_{cq} (kPa)	结构面 φ_{cq} (°)	φ_e (°)	f_{ak} (kPa)	锚杆 f_{rb} (kPa)
④中风化石灰岩	23.0	160	27	62	2000	500

8.1.4　场地地下水

勘察期间，勘察深度范围内未发现地下水。区域裂隙岩溶水头标高为30.0～33.0m，地下水位的变化受季节影响较大，年变化幅度一般在3.0～5.0m，丰水期最高水位标高可按35.0m考虑，本次挡墙设计不考虑地下水的影响。

8.2　挡墙设计方案

挡墙设计共采用4种挡墙类型，分别为浆砌毛石重力式挡墙、钢筋混凝土悬臂式挡墙、钢筋混凝土扶壁式挡墙、锚杆式挡墙。

8.2.1　浆砌毛石重力式挡墙

（1）ABC段、DE段、FGHI段采用浆砌毛石重力式挡墙，挡墙高度0～8.6m。

（2）FG段、HI段挡墙紧靠岩石边坡，挡墙与墙后岩石边坡之间宜采用水泥砂浆填实，若间隙较大时，可采用毛石浆砌填实。

其余各段挡墙距岩石边坡较远，墙后采用填料回填，填料可采用就近开山土石方回填，最大粒径不大于100mm，级配应良好，不得选用耕土；填料应分层碾压，严禁采用重锤夯实，回填密实度要求大于等于0.95，墙后填料内摩擦角按 $\varphi=35°$ 考虑。

（3）挡墙砌置于处理后的回填土、②-1层粉质黏土、②-2层碎石土或基岩土，基础埋深不小于0.5m。当地基持力层为处理后的回填土或②-1层粉质黏土时，按 $\mu=0.3$ 考虑；当地基持力层为基岩或碎石时，按 $\mu=0.5$ 考虑。

（4）挡墙每20m设置变形缝，变形缝宽度30mm，沿墙体内外顶塞填沥青麻筋或沥青木板，入墙深度不小于200mm。

（5）挡墙横向竖向间距3.0m设置泄水孔，泄水孔直径80mm，采用 $\phi75$UPVC管，泄水孔外倾坡度为5%，泄水孔应保持直通无阻。

（6）毛石应无风化、无裂隙，中部最小厚度 200mm，毛石强度等级不低于 MU30，水泥砂浆强度等级不低于 M10，墙体自重≥23kN/m³。

（7）挡墙顶部设置压顶梁 500mm×400mm。浆砌毛石重力式挡墙断面如图 8.3 所示。

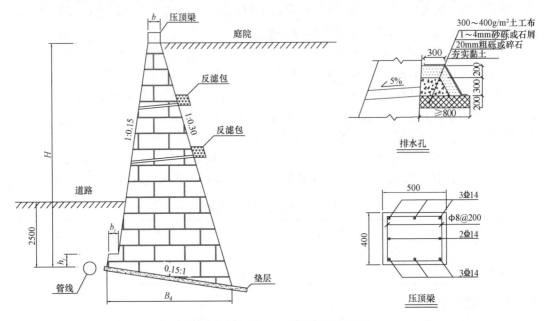

图 8.3 浆砌毛石重力式挡墙断面图

8.2.2 钢筋混凝土悬臂式挡墙（图 8.4）

（1）JK 段采用钢筋混凝土悬臂式挡墙，挡墙高度 5.2m。

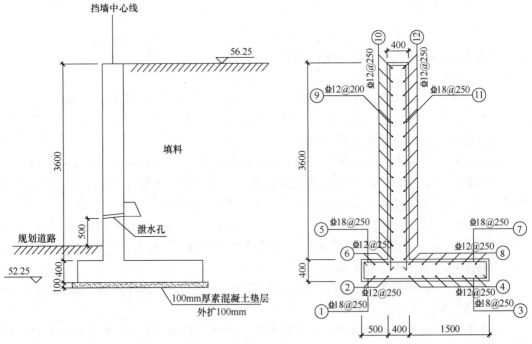

图 8.4 悬臂式挡墙断面图

（2）挡墙应砌置于基岩上，且基础埋深不小于 0.5m，地基对挡墙基底摩擦系数按 $\mu=0.5$ 考虑。

（3）挡墙的混凝土强度等级不应低于 C30，立板的混凝土保护层厚度不应小于 35mm，底板的保护层厚度不应小于 40mm。

（4）挡墙每 12.0m 设置变形缝，变形缝宽度 30mm，沿墙体内外顶塞填沥青麻筋或沥青木板，入墙深度不小于 200mm。

（5）挡墙横向竖向间距 3.0m 设置泄水孔。

（6）填料要求同本案例第 2.1 节浆砌毛石重力式挡墙。

8.2.3　钢筋混凝土扶壁式挡墙 (图 8.5)

（1）KL 段采用扶壁式挡墙，挡墙高度 10.1～12.5m，挡墙施工应采用分段施工的方式。

（2）挡墙应砌置于基岩上，且基础埋深不小于 0.5m，地基对挡墙基底摩擦系数按 $\mu=0.5$ 考虑，若基底存在少量杂填土，应采用碎石换填或加大挡墙埋深。

（3）挡墙的混凝土强度等级不应低于 C30，扶壁水平间距 4.0m，立板和扶壁的混凝土保护层厚度不应小于 35mm，底板的保护层厚度不应小于 40mm。

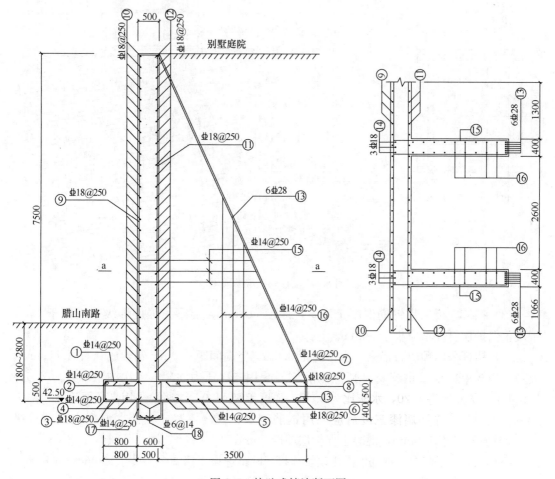

图 8.5　扶壁式挡墙断面图

（4）挡墙每11m设置变形缝，变形缝宽度30mm，沿墙体内外顶塞填沥青麻筋或沥青木板，入墙深度不小于200mm。

（5）挡墙横向竖向间距3.0m设置泄水孔，泄水孔直径80mm，采用ϕ75UPVC管，泄水孔外倾坡度为5‰，泄水孔应保持直通无阻。

（6）填料要求同浆砌毛石重力式挡墙。

8.2.4 肋板式锚杆挡墙（图8.6）

（1）LMNOPQRS段采用肋板式锚杆挡墙，挡墙高度8.85~14.15m。

（2）挡墙应置于基岩上，且墙底入岩不小于0.5m，挡墙下设置一排钢管锚桩，成孔直径300mm，钢管型号为ϕ180×5.0mm，桩水平间距1.5m，孔内采用M20水泥砂浆灌注密实，钢管锚入墙体不小于0.5m，桩头植筋锚入墙体不小于0.5m，且锚桩入中风化岩不小于2.5m。

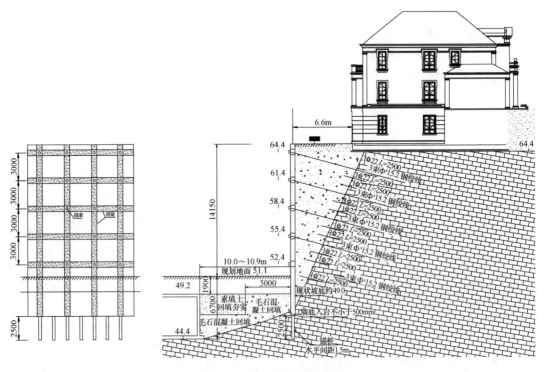

图8.6 锚杆式挡墙断面图

（3）挡墙立板采用钢筋混凝土浇筑，厚度500mm，混凝土强度等级不应低于C30，混凝土保护层厚度不应小于35mm。

（4）锚杆采用预应力锚索，水平间距3.0m，竖向间距3.0m，锚索成孔直径110mm，材料采用3束ϕ^s15.2钢绞线，水平倾角15°，采用二次压力注浆，二次注浆压力为2.0~3.0MPa，灰砂比为1.20，水灰比为0.45，强度等级M30，注浆前采用高压风清孔；锚头的锚具经除锈、涂防腐漆三度后应采用钢筋网罩、现浇混凝土封闭，混凝土强度等级C30，厚度不小于100mm，混凝土保护层厚度50mm。

（5）锚索水平竖向由钢筋混凝土暗梁连接，暗梁埋设于挡墙中，尺寸500mm×600mm。

（6）基岩与毛石混凝土之间用1$\oplus$22L＝2500mm岩钉连接，岩钉成孔直径110mm，注浆材料同锚索，岩钉入岩深度不小于1.5m，入毛石混凝土深度不小于1.0m。

（7）锚索自由端采用除锈、刷沥青船底漆、沥青玻纤布缠裹，其层数不小于二层进行防腐蚀处理后装入聚乙烯套管中，自由端套管两端100～200mm长度范围内用黄油充填，外绕扎工程胶布固定。

（8）挡墙墙后浇筑毛石混凝土，混凝土强度不小于C15，毛石规格20～40cm，强度等级不低于MU30，毛石掺入量不大于总体积的30%，分层浇筑，每层混凝土层厚度不超过0.5m，毛石混凝土浇筑施工之前应清除坡顶及坡面的土层、岩粉、全风化岩、松动岩块、草和树皮、树根等杂物，使新鲜基岩面暴露，并与毛石混凝土有效粘结。

（9）挡墙及毛石混凝土填料每12m设置变形缝，变形缝宽度30mm，沿墙体内外顶塞填沥青麻筋或沥青木板，入墙深度不小于200mm。

（10）挡墙横向竖向间距3.0m设置泄水孔，泄水孔直径80mm，采用ϕ75UPVC管，泄水孔外倾坡度为5%，泄水孔应保持直通无阻，泄水孔优先设置在裂隙发育位置。

（11）NO、OP段挡墙北侧与腊山御园规划A地块车库之间存在较厚杂填土，应对该支护段杂填土采用毛石混凝土换填，换填不小于墙前5.0m范围，换填至标高49.2m。

8.2.5 地基处理

以基岩为持力层的挡墙，基础施工前建议采用地球物理探测进一步查明基底下5m深度内岩溶的位置、大小及分布范围，采取注浆处理措施或毛石混凝土换填。

8.2.6 LS段支护方案（图8.7和图8.8）

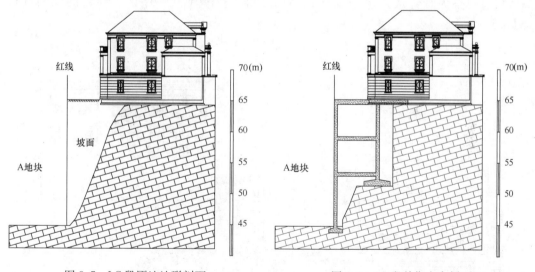

图8.7 LS段原地地形剖面　　　　　图8.8 LS段前期方案剖面

为充分利用建设用地，规划的边坡坡底线、坡顶线及院墙外边线与用地红线平齐，形成垂直边坡，场地整平时边坡超挖，导致LS段建筑及庭院地基被破坏。

该段最初的方案是建筑及庭院架空，架空框架基础下落到岩石上，外侧框架基础设置在坡底，内侧基础在坡中。后采用毛石混凝土回填，然后进行支护。

8.2.7 设计变更（一）

重力式挡墙全部改为钢筋混凝土挡墙，以便总包快速施工。连梁设置如图8.9所示。

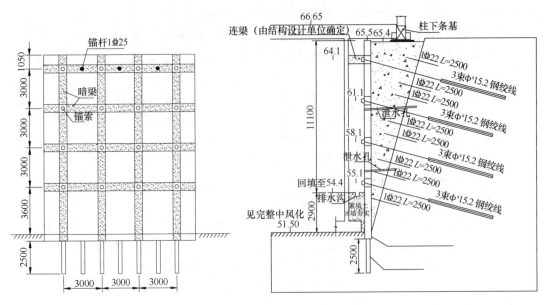

图 8.9　连梁设置图

8.2.8　设计变更（二）

KL 段墙高 10.1～12.5m，挡墙距别墅主体结构较近，在先施工别墅的前提下，将扶壁式挡墙调整为悬臂式挡墙＋锚杆式挡墙结合的支护形式，保证了施工的顺利进行（图 8.10）。

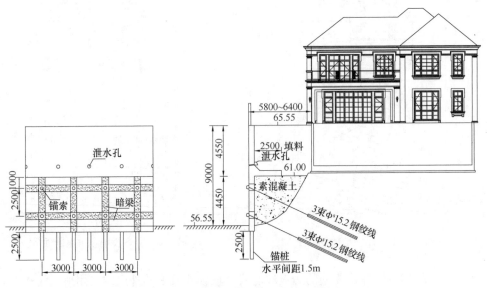

图 8.10　扶壁式挡墙＋锚杆式挡墙断面图

8.2.9　设计变更（三）

PS 段挡墙位于别墅下方，墙前为别墅基础架空层，墙顶为别墅基础，在近坡顶部第一道锚索之间增设一道锚杆为主体提供抗震拉力，并在靠近边坡的每一个竖向主体结构柱与墙体之间设置一道连梁保证拉力的有效传递；因施工顺序的先后，挡墙施工时，提前在暗梁位置预留钢筋。挡墙完成后照片如图8.11所示。

图8.11　挡墙完成后照片

8.3　结束语

（1）对于项目规模大，挡墙高度相差大的项目，应根据不同的高度及地层情况，分别采用相应的挡墙形式。

（2）对多层建筑的地基边坡，可采用毛石混凝土补齐找平，再进行锚拉支护，解决了边坡超挖，建筑物临空的工程问题，可大大降低主体结构的设计难度，又能很好的保证基础和边坡的安全。

（3）墙后回填的毛石混凝土可通过岩面植筋，增强混凝土体与岩体的有效粘结。通过钢管嵌固，钢筋粘结、锚杆预压，确保了楔形毛石混凝土体的稳定。

（4）对于主体结构需要挡墙结构提供水平抗力的边坡，可单独根据所需抗力为其设置锚杆并通过连梁等结构与主体连接。

（5）对于主体结构已施工，挡墙较高且场地空间无法满足挡墙基础宽度时，可采用下部毛石混凝土回填锚拉，上部设置悬臂式或扶壁式挡墙的组合支护形式。

9 中国人民银行济南分行营业管理部新建发行库及钞票处理中心边坡支护设计与施工

9.1 边坡概况、周边环境及场地工程地质条件

项目位于济南市龙奥北路南侧，奥体东路以东，东西长度约126m，南北长约50.5m。主楼地上9层，裙楼地上2~3层，主楼及附楼均为地下1层，采用天然地基条形基础。项目场地地面规划标高138~139m。

9.1.1 边坡概况及周边环境（图9.1）

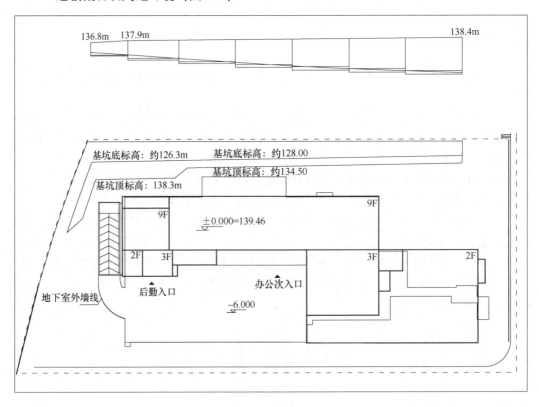

图9.1 边坡平面布置图

（1）北侧：西低东高，坡下方为龙奥北路人行道，地面标高由126.5m上升至134.4m，边坡高度4.00~12.70m，为地基边坡，需垂直支护。主楼地下室外墙距该地基

设计：范世英、肖代胜、叶胜林、马连仲。

边坡约19m，主楼地下室埋深约5.0m，基底与北侧道路路面高差为0.00～7.70m。

有污水管位于红线内，管道为东西走向与红线近似平行，污水管道距离用地红线1.50～2.70m，管身材料为塑料波纹管，管径500mm，埋深3.50～4.50m。挡墙底板及混凝土垫层施工时应预留管线（检查井）。

（2）西侧：南高北低，红线附近地面高度由147m降至126.50m，红线外为山坡绿化，种植有乔木、灌木和花草，形成邻近边坡和地基边坡，最大高度分别为8m和12m；地下室外墙距该边坡约11m。北侧边坡长约108.7m，西侧边坡长约84.00m。

9.1.2 工程地质条件及基坑支护设计岩土参数（表9.1）

场地地貌单元为山坡，上覆一定厚度的人工填土，下伏奥陶系石灰岩风化岩体，与设计相关的各岩土层物理力学性质简述如下：

①层素填土（Q^{ml}）：黄褐色，稍湿，稍密，主要由黏性土组成，混少量碎石，局部碎石含量较高。该层厚度4.00～9.40m，层底标高121.52～130.94m，层底埋深4.00～9.40m。

④层强风化石灰岩（O）：青灰色，隐晶质结构，层状构造，岩芯呈块状、短柱状，节理较发育。局部岩溶裂隙较发育，存在岩溶溶蚀现象，表现为溶洞、溶孔及裂隙，均充填粉质黏土，混少量碎石。该层厚度0.60～3.20m，层底标高118.82～129.44m，层底埋深5.10～10.90m。

⑤层中风化石灰岩：青灰色，隐晶质结构，层状构造，致密坚硬，岩芯呈柱状，少量短柱状，节理裂隙一般发育，岩层产状为25°～40°∠5°～10°，岩芯呈柱状和长柱状。该层局部存在岩溶溶蚀现象，表现为溶洞、溶孔及裂隙，均充填粉质黏土，混少量碎石，最大揭露深度15.00m，最大揭露厚度9.10m，最低标高111.42m。

表9.1 基坑支护设计岩土参数

层号	地层名称	γ (kN/m³)	直剪试验指标		锚杆土侧阻力	岩体结构面力学参数		桩基参数			岩体力学参数	地基承载力特征值
			c_k (kPa)	j_k (°)	q_{sik} (kPa)	c_k (kPa)	j_k (°)	q_{sik} (kPa)	q_{pk} (kPa)	j_e (°)		f_{ak}/f_{rk} (kPa/MPa)
①	素填土	18.0	5	12.0	35							180（处理后）
④	强风化石灰岩	22.0			300	35	12.5	350	4000	42		1000
⑤	中风化石灰岩	24.0				55	18.0				55	/30

9.2 边坡支护方案

9.2.1 边坡特点

（1）北侧和西侧北段地基边坡，无放坡空间，需直立支挡。支护高度较大，采用扶壁式挡墙支护。

（2）西侧南段邻近边坡，采用格构式锚杆挡墙支护。

（3）挡墙基础下存在3.0～4.0m厚新近填土，多采用灌注桩桩基础，并对填土采用注浆加固。西侧北段采用微型钢管桩基础，桩间填土也进行注浆处理。

（4）场地空间狭小，边坡挡墙施工形成基坑，需要采取支护措施。

9.2.2　边坡支护方案

1. 扶壁式挡墙（图9.2）

（1）扶壁式挡墙墙趾与北侧道路路缘石距离按0.50m考虑。

（2）挡墙墙身材料为C30混凝土。墙身及基础横向、纵向受力钢筋为HRB400钢材。

（3）墙身分层设置泄水孔，在立面上按梅花形布置，纵横向间距为3.00m，孔径$\phi=5$cm，孔内预埋镀锌钢管，外斜5%，泄水孔后沿墙填筑直径不小于500mm的反滤包（碎石或级配粗砂、碎石），最下一排泄水孔高出地面200mm，孔后底部夯填300mm厚黏土隔水层。

（4）挡墙应根据位置及工程地质条件设置变形缝，间距15.0～20.0m，缝宽20～30mm，缝中填塞沥青麻筋或其他有弹性的防水材料。填塞深度不小于150mm。伸缩缝间距10.0m，参数同沉降缝，挡墙长度小于20m时在挡墙中部设置一处伸缩缝。

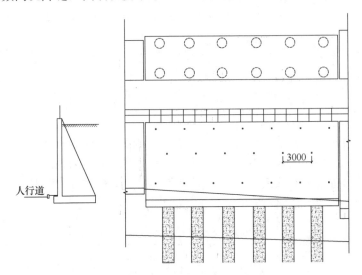

图9.2　扶壁式挡墙支护图

2. 格构式锚杆挡墙（图9.3）

（1）格构梁横竖向间距为2m，断面250。

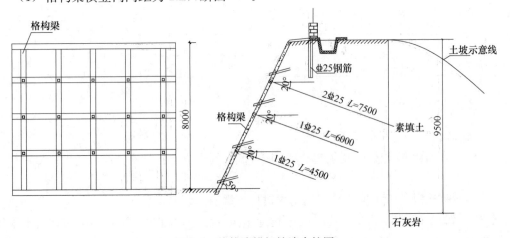

图9.3　格构式锚杆挡墙支护图

（2）锚杆类型为全粘结锚杆，锚杆孔直径为150mm，锚杆杆体材料采用HRB400热轧带肋钢筋，每2.0m设置对中支架，采用低压注水泥浆，注浆压力0.5MPa，水灰比为0.50；锚杆端部采用成品钢筋锁具锁定，并确保与面层配筋有效连接。

（3）坡顶面层上翻宽度大于1.0m。每隔2.0m间距成孔置入1C25钢筋长度1.0m并注水泥浆，孔径90mm，用以挂网；钢筋网规格为双层A8@200mm×200mm，网筋保护层厚度应大于30mm；细石混凝土面层厚度为150mm，混凝土强度等级为C25，水泥采用42.5级普通硅酸盐水泥。

（4）锚杆锚固段防腐：锚筋除锈后，应使锚筋位于锚孔中部，并确保水泥砂浆保护层厚度不小于25mm。

（5）锚杆端部防腐：锚杆注浆完毕后在端部设置过渡防腐套管，锚具施工完毕涂以沥青后采用水泥砂浆密封，其参数详见施工图。

3. 桩基础

（1）桩基采钢筋混凝土灌注桩，直径0.8～1.20m（不包括护壁），桩间距（中心距）3.00～3.60m；

（2）桩身混凝土等级C30，主筋采用HRB400级热轧带肋钢筋，箍筋采用HPB300级光圆钢筋，加强筋采用HRB400级热轧带肋钢筋，保护层厚度50mm；桩顶进入底板内长度100mm；

（3）桩顶标高根据挡墙墙底相对标高位置确定，设计桩长详见各段施工图；

（4）桩基施工按嵌岩桩设计时建议进行桩基施工勘察探明桩端下5.0m范围内岩溶发育情况。

4. 墙下钢管桩注浆

西北侧挡墙由于墙底为填土，承载力不足，为保证挡墙及地基稳定性，采用钢管注浆工艺进行地基加固。钢管规格为无缝钢管，直径127mm，壁厚≥5mm，钢管端部做成尖状至岩层顶面，为提高注浆效果，钢管设置完成后在槽底铺筑厚100mmC15混凝土垫层。注浆材料采用纯水泥浆，水泥采用42.5级普通硅酸盐水泥，水灰比0.6，注浆终止压力不小于0.5MPa，浆液注入率不小于25%，注浆量作为第一控制指标，注浆压力作为第二控制指标。采用二次劈裂注浆工艺，注浆压力0.5～1.5MPa，间隔时间小于4h；注浆后地基承载力特征值应大于180kPa。

5. 重力式挡墙

墙底位于基岩上，若存在超挖可采用素混凝土回填找平，并遵守如下要求：

挡墙断面形式采用直立式，设计采用1：0.2逆坡基底。墙背坡度为1：0；

挡墙墙身及基础材料采用M10级水泥砂浆砌筑，毛石强度等级不得低于MU30；

挡墙墙顶用水泥砂浆抹平，厚度20mm；可用C15级混凝土帽石，帽石厚度400mm，宽500mm，挡墙外露面用M10水泥砂浆勾缝。挡墙边设置钢管防护栏，钢管规格φ＝42mm，δ≥2.5mm。防护栏高度1.30m；

墙身分层设置两排泄水孔，在立面上按梅花形布置，横向间距均为2.0～3.0m，孔径10cm，孔内预埋PVC管，外斜5%，泄水孔后沿墙填筑直径不小于500mm的反滤包（碎石或级配粗砂、碎石），最下一排泄水孔高出地面200mm，孔后底部夯填300mm厚黏土隔水层。

9.3 边坡支护施工

9.3.1 扶臂式挡墙基础施工

扶臂式挡墙基础施工中形成十余米深的临时基坑，采用复合土钉进行了支护。

桩基础施工，如图 9.4 所示。

图 9.4 桩基础施工

9.3.2 格构式锚杆挡墙施工

格构式锚杆挡墙施工过程中，由于填土松散，锚孔坍塌严重，后调整为击入钢管土钉，再在钢管内置入钢筋，压力注浆成锚。已建扶臂式挡墙和已建格构式挡墙如图 9.5 和图 9.6。

图 9.5 已建扶臂式挡墙（西北角）

图 9.6 已建格构式挡墙（西侧南段）

9.4 结束语

（1）本项目兴建在山坡位置，场地空间小，竖向支护高度大、高差大；

（2）挖方支护范围和挡墙底板下部存在深厚新近填土，力学性质差；

（3）支护形式多样，包括格构式锚杆挡墙，扶壁式挡墙，复合土钉墙等；支护性质多样，分永久性和临时性；基础形式多样，包括桩基础、微型钢管桩复合地基，填土注浆加固等。

10　金帝山庄配套中学项目基坑与边坡支护设计与施工

10.1　边坡与基坑概况、周边环境和场地工程地质条件

项目位于青岛市崂山区梅岭西路东侧、金帝山庄西北侧、凯旋山庄以东，福鹰山庄以南。教学楼地上5层，地下3层；实验楼地上6层，地下1层；行政楼地上4层，地下3层；综合楼、音乐楼地上1～3层；地下车库地下2层。均采用框架结构，独立基础。

10.1.1　边坡与基坑概况

场地原为山坡，开辟金帝山庄配套中学项目后，于场地西侧北段、北侧、东侧及场地内教学楼北侧与东侧形成邻近边坡。场地周边形成的边坡大致呈7字形，西侧邻近边坡南北长约40.0m，高2.6～8.8m；北侧邻近边坡东西长约80m，高0.0～15.0m；东侧边坡南北长约100m，高3.2～10.0m；场地内教学楼北侧及东侧边坡整体呈7字形，其中教学楼北侧边坡东西长约65m，高5.62m；东侧边坡南北长约160m，高1.2～22.17m。

实验楼、教学楼、行政楼及地下室（车库）基坑，整体呈不规则矩形，南北最大长度约135m，东西最大宽度约65m，基坑周长约170m，基坑开挖深度为2.3～10.6m。

10.1.2　边坡及基坑周边环境条件

1. 边坡周边环境

（1）北侧边坡：为实验楼邻近边坡，边坡位于用地红线位置，红线外西段为福鹰山庄绿化用地，中段距福鹰山庄1号楼最近处5.9m，东段为现状山坡。坡顶、坡底建筑物概况见表10.1，基坑平面布置以及周边环境如图10.1所示。

表 10.1　北侧坡顶、坡底建筑物概况

建筑类别	基础形式	地上层数	地下层数	基础埋深（m）	相对距离（m）
地下车库	天然地基独立基础		1层，局部地下2层	约7.0m	9.5～10.1
福鹰山庄1号楼	天然地基条形基础	14～15层	1层，局部地下2层	约4.0m	5.79～9.96
实验楼	天然地基条形基础	6层	层	6.0	6.0

注：相对距离系指边坡顶边线与现有建筑的距离。

（2）东侧边坡：为综合楼、音乐楼及地下车库邻近边坡，建筑室外坪标高以下为基坑，边坡至用地红线（3.8～18.8m）之间为规划绿化用地；红线外为金帝山庄绿化用地及住宅楼（距红线4.8～18.0m），地上5层，天然地基独立基础，基础埋深约1.5m；边坡距综合楼、音乐楼及地下车库外墙1.0～3.0m。

设计：薄飞、秦永军、叶胜林、马连仲。

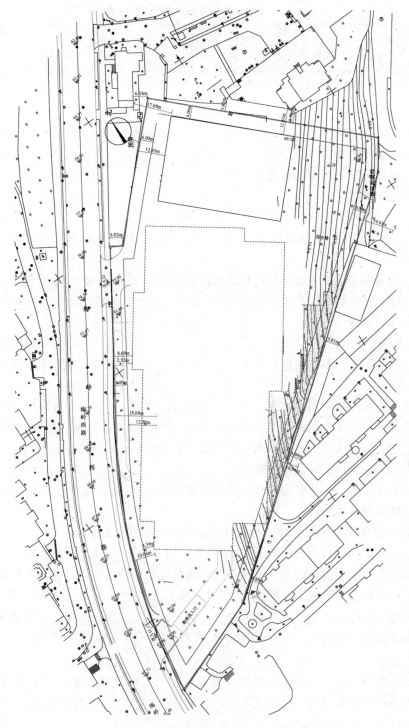

图 10.1 基坑平面布置以及周边环境图

（3）西侧北段边坡：为场地邻近边坡，距红线 9.5～10.1m，红线距梅岭西路绿化带边缘 8.15～21.8m，红线与梅岭西路绿化带之间现为空地及平房（1F），西北角为华金置业办公楼，地上 2～4F；西侧北部建筑物情况见表 10.2。

表 10.2　西侧北部边坡外建筑物情况一览表

建筑类别	基础形式	基础埋深	相对距离
1F 建筑	天然地基条形基础	约 1.0m	9.5～10.1m
2～4F 建筑	天然地基条形基础	约 1.0m	15.6～16.3m

注：相对距离系指边坡顶边线与现有建筑的距离。

（4）场地内教学楼北侧与东侧边坡：北侧边坡为教学楼邻近边坡、实验楼地基边坡，距教学楼和实验楼分别为 4.55m 和 5.52～11.46m；东侧边坡北段为教学楼，邻近边坡、综合楼地基边坡，距教学楼、综合楼分别为 1.0m 和 2.0～3.0m；东侧边坡南段为教学楼邻近边坡，坡顶为消防车道及绿化带。

2. 基坑周边环境

实验楼、教学楼、行政楼及地下车库基坑整体开挖；

北侧：实验楼地下室外墙距邻近边坡 3.65～3.72m；基坑开挖边线距邻近边坡 2.65～2.72m；

东侧：实验楼地下室外墙距综合楼地基边坡 1.0m、距综合楼东侧边坡 24.4～24.5m；教学楼地下室外墙距综合楼地基边坡 1.0m；距综合楼东侧边坡 22.5～23.1m；

地下车库外墙距邻近边坡 1.0～19.1m；距用地红线 2.5～15.9m；

南侧：地下车库外墙距用地红线 8.5～62.4m，红线为金帝山庄绿化用地及梅岭路绿化带；

西侧：地下车库外墙距用地红线 8.5～19.5m，红线外 2.5m 为梅岭路绿化带，局部为空地。

教学楼地下室外墙距用地红线 9.0～16.1m；红线外 2.4～8.4m 为梅岭西路绿化带；

行政楼地下室外墙距用地红线 8.7～10.2m；红线外 2.5m 为梅岭西路绿化带；

西侧北段：实验楼地下室外墙距邻近边坡 1m，基坑、边坡开挖线重合。

场地内无需重点保护的建筑及管线。

教学楼北侧：地下室外墙距实验楼地基边坡 1.0m，基坑、边坡开挖边线重合。

10.1.3　场地工程地质条件

1. 场地地层埋藏条件及边坡、基坑支护设计岩土参数（表 10.3）

项目场地现状为闲置土地。孔口地面标高 47.63～80.57m，最大相对高差 32.94m，场地呈北高南低，东高西低展布。场区地貌原属丘陵，后经人工改造成现有地貌。场地地层自上而下由第四系全新统人工堆积层（Q_4^{ml}）和下伏燕山期（γ_5^3）花岗岩，详述如下：

①层素填土（Q_4^{ml}）：黄褐色、褐黄色、松散，稍湿，以风化砂为主，局部表层含植物根系，局部含砖屑、碎石块、风化岩碎屑等。回填年限 3～5 年，该层未经压实。该层厚度 0.50～1.20m。

①-1 层杂填土（Q_4^{ml}）：杂色，松散～稍密，稍湿，以建筑垃圾、生活垃圾为主，表层含植物根系，局部含块石、混凝土块等，一般粒径 20～40cm，最大粒径 80cm。场区局部揭露，厚度 0.40～8.50m。

⑮层全风化花岗岩（γ_5^3）：灰褐、灰黄色，岩芯呈土柱状、砂状，干钻可钻进。场区局部分布，仅在 4、30 号钻孔揭露，厚度 1.30～1.60m，平均 1.45m。

⑯层强风化花岗岩：褐黄色、肉红色，岩芯呈碎块状、角砾状、砾砂状等，少量块状岩芯手搓呈砂砾状，干钻难以钻进。该层厚度 0.30～13.90m，层底标高 31.83～78.67m，

层底埋深 0.80~16.70m。

⑰层中风化花岗岩：肉红色，粗粒结构，块状构造，岩芯呈柱状、长柱状，少量块状，一般节长 10~30cm，最长 50cm，锤击声清脆。该层未穿透，最大揭露厚度 34.20m，最大揭露深度 35.00m。

表 10.3　基坑、边坡支护设计岩土参数

	土层名称	γ (kN/m³)	c_{cq} (kPa)	φ_{cq} (°)	土钉 q_{sk} (kPa)	锚杆 q_{sk} (kPa)
①	素填土					
①-1	杂填土	18.5*	5.0*	12.0*		
⑮	全风化云母片岩	20.0*	8.0*	30.0*	90	120
⑯	强风化云母片岩	22.0*	5.0*	40.0*	160	240
⑰	中风化云母片岩	23.0*	3.0*	50.0*		800

注：*代表经验值。

2. 地下水情况

场地地下水为基岩裂隙水，稳定水位埋深 1.90~11.50m，稳定水位标高 41.83~53.70m，径流方向由东北向西南。

10.2　边坡支护设计方案

本场地为山坡林地，场地周边环境复杂。综合考虑边坡周边建（构）筑物以及地层情况，永久性边坡采用排桩式锚杆挡墙＋板肋式锚杆挡墙＋格构式锚杆挡墙支护结构；基坑采用（复合）土钉墙＋天然放坡支护结构，并采用明排降水的地下水控制方案。

10.2.1　边坡支护设计方案

采用排桩式锚杆挡墙、板肋式锚杆挡墙、格构式锚杆挡墙等支护结构。按 29 个支护单元进行设计。

1. 排桩式锚杆挡墙（图 10.2）

桩径 0.8m，桩间距 1.6m，面板厚度为 250mm，一桩一锚，锚索角度 25°~40°，采

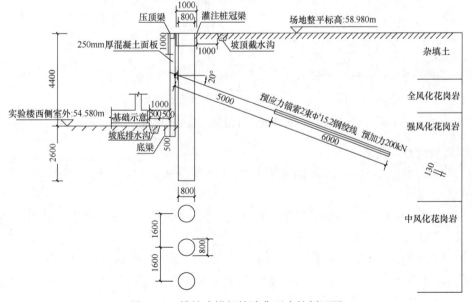

图 10.2　排桩式锚杆挡墙典型支护剖面图

用二次注浆工艺。W3—W3 剖面：上部采用排桩式锚杆挡墙支护结构，下部采用板肋式锚杆挡墙支护结构。

2. 板肋式锚杆挡墙

（1）边坡顶部设构造连梁，底部设置钢筋混凝土条形基础，横向 2.1m 间距设置混凝土立柱。挡墙、连梁与立柱混凝土强度等级均为 C30，受力钢筋采用 HRB400，箍筋采用 HPB300。混凝土保护层该层挡墙厚度 25mm，连梁、立柱及基础为 35mm。

（2）锚杆成孔直径 100mm，采用二次注浆工艺，锚杆（索）角度 15°。

（3）采用超前支护钢管桩，钢管桩直径 146mm，壁厚 5mm，Q345 级钢材，间距 0.7m，孔径 200mm，有效成孔深度不小于设计深度，成孔垂直度不大于 1‰，孔内外灌注不低于 M20 水泥浆，水灰比 0.5，灌浆应饱满。

（4）坡顶喷面护坡宽度不小于 2.0m，面层钢筋网采用 Φ6.5@250mm×250mm，喷面混凝土强度等级为 C20，喷面厚度为 80mm。

锚杆＋加肋面板为永久性支护结构，锚索＋钢管桩是为实现面板顺做而采取的超前支护措施；其余参数详见支护剖面如图 10.3 所示。

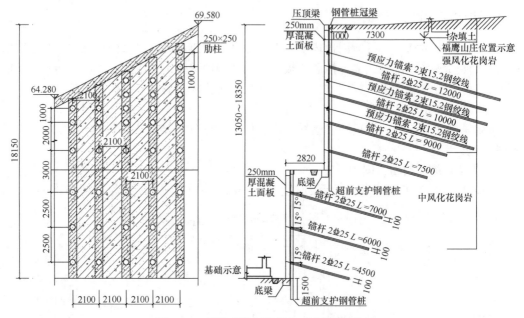

图 10.3　板肋式锚杆挡墙典型支护剖面图

3. 格构式锚杆挡墙

（1）格构梁按 2.0m×2.0m 间距布设，纵梁顶设压顶梁，格构梁及压顶梁尺寸为 300mm×300mm。

（2）锚杆成孔直径 100mm，采用二次注浆工艺，锚杆角度 15°，格构梁采用商品混凝土，强度等级 C30。

（3）坡顶喷面护坡宽度不小于 2.0m，每隔 2.0m 砸入 1Φ16（L=1500mm）用以挂网；面层钢筋网采用 Φ6.5@200mm×200mm，喷面混凝土强度等级为 C20，喷面厚度为 100mm；其余参数详见支护剖面（图 10.4）：

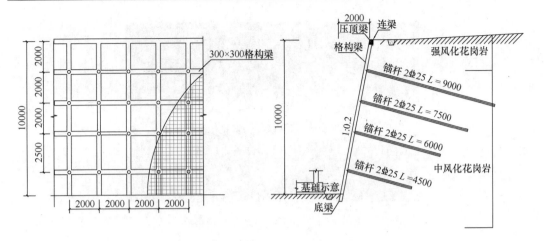

图 10.4　格构式锚杆挡墙典型支护剖面图

10.2.2　边坡地下水控制方案

挡墙侧壁分层设置泄水孔，在立面上按梅花形布置，横向间距及竖向排距均为 3.0m（最下一排泄水孔应高于室外坪不小于 200mm），孔径 10cm，孔内预埋镀锌钢管，外斜 5%，泄水孔进水侧按要求设置反滤层或反滤包，反滤层厚度不应小于 500mm，反滤包尺寸不应小于 500mm×500mm×500mm。

10.2.3　基坑地下水控制方案

（1）场区地下水位埋深 1.9～11.5m，稳定水位标高 41.83～53.70m，平均 48.45m，地下水位稳定标高设计取值为 49.0m，基坑开挖需人工降水（降水后基坑内的水位应低于坑底 0.5m 以下），最大水位降深约 8.5m。

（2）结合工程地质条件，本工程采用坑内集水明排的降水方案，基坑内距坡脚 500mm 处设置排水沟，间隔 30.0m 设集水坑，强风化岩内可直接砂浆抹面，规格见构造详图；基坑坡顶距开挖边线 1.0m 处设挡水墙或截水沟，规格见构造详图。

（3）基坑侧壁根据渗水情况设泄水孔。施工中坡底设临时排水沟（坡顶设临时截水沟），永久性边坡坡顶距边线 1.0m 处设置截水沟，坡脚设排水沟（排水暗渠），位置及做法由建筑设计单位确定，沟底纵坡不宜小于 0.3%。

10.3　基坑、边坡支护施工

10.3.1　基坑开挖过程（图 10.5～图 10.7）

图 10.5　基坑西侧开挖现场照片

图 10.6　基坑东侧开挖现场照片

图 10.7　基坑开挖至基底全景照片

支护施工单位（青岛业高建设工程有限公司）于 2018 年 12 月进场施工，2019 年 3 月完成支护桩、超前支护钢管桩的施工，并同时由西侧向东侧开始开挖，至 2019 年 8 月基坑北侧教学楼开挖完毕并进行基础及主体结构施工，全部基坑及边坡于 2019 年 12 月开挖完毕，总工期历时约 12 个月。

10.3.2　边坡支护过程

边坡开挖及支护过程如图 10.8～图 10.12 所示。

图 10.8　边坡东侧第一步开挖时现场照片　图 10.9　边坡北侧面板施工后现场照片

图 10.10　东侧边坡面板顺做
施工照片

图 10.11　北侧、西侧基坑及边坡
（面板已施工）照片

图 10.12　基坑底个别裂隙水出露情况

　　基底标高处为强风化以及中风化花岗岩，地下水受基岩裂隙发育情况控制，开挖至基底时，出现几处裂隙水出露点，采用挖设集水井，集水明排的方式进行排水。

10.3.3　爆破施工监测控制值（表10.4）

表 10.4　建筑物安全允许振动速度

保护对象类别	安全允许振动速度（cm/s）		
	＜10Hz	10～50Hz	50～100Hz
土坯房、毛石房屋	0.5～1.0	0.7～1.2	1.1～1.5
一般砖房、非抗震的大型砌块建筑	2.0～2.5	2.3～2.8	2.7～3.0
混凝土结构房屋	3.0～4.0	3.5～4.5	4.2～5.0

10.4　基坑监测

　　基坑监测工作自2018年12月10日开始，到2020年8月27日完成，历时626d。完成了基坑支护结构位移（水平及垂直共用）、周边环境监测点（道路管线、周边建筑物、周边管线）沉降监测。

　　基坑及边坡变形较大监测点数据如图10.13、图10.14所示，边坡西北侧华金置业21号楼沉降监测数据如图10.15所示，边坡北侧福鹰山庄1号楼沉降监测数据如图10.16所示。

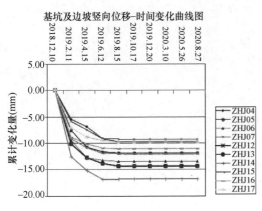

图 10.13　基坑及边坡水平位移曲线图

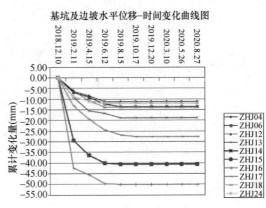

图 10.14　基坑及边坡竖向位移曲线图

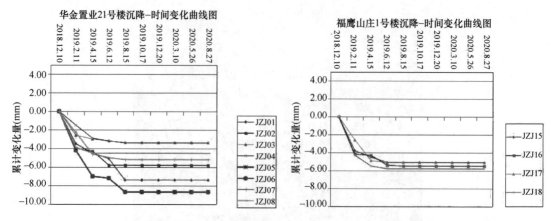

图 10.15　边坡西北侧华金置业 21 号楼沉降曲线　　图 10.16　边坡北侧福鹰山庄 1 号楼沉降曲线

基坑开挖及使用期间水平位移变化速率平稳，无较大起伏，且最大水平位移未超过规范报警值，所测基坑最大水平位移为 50.1mm，最大竖向位移为 16.8mm，周边建筑最大沉降值为 9.5mm。

从监测数据看，支护控制变形效果理想，类似场地中采用以上支护形式经济可行，可有效保护坡顶建筑物的安全。

10.5　结束语

（1）一般情况下，青岛地区岩石深基坑须采取支护措施，通常采用复合土钉墙、格构梁锚杆及桩锚支护形式。

（2）建筑物地基边坡可采用排桩式锚杆挡墙、板肋式锚杆挡墙、格构式锚杆挡墙等支护结构。

（3）青岛地区丘陵地带，通常分布风化裂隙水，水量不大，可采用集水明排降水方案进行地下水控制。当风化裂隙水量丰富时，可结合盲沟明排的方式进行排水。

11 临沂金锣糖尿病康复医院新院核心医疗楼边坡支护设计与施工

11.1 基坑概况、周边环境及场地工程地质条件

项目位于临沂市兰山区半程镇，沂蒙北路与汶泗公路交汇处向北150m路东，东邻农用水库，南邻半程韩家村农田。建筑物包括核心医疗楼、15层住院部、医疗区、办公区等，整体地下室3～4层。

11.1.1 基坑概况（图 11.1）

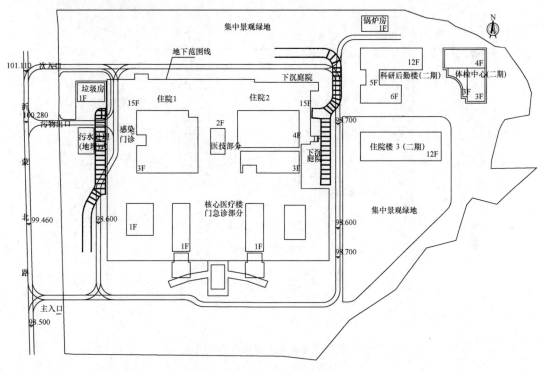

图 11.1 基坑周边环境总平面

建筑物地下室底板与地基采用隔震垫分离，地下室外墙与基坑侧壁分离，减小地震时水平及竖向地震力对建筑物影响，地下室周边按永久性边坡进行支护。地下室周长约1000m。

11.1.2 边坡周边环境条件

（1）北侧：地下室外墙距用地红线约60m，项目施工时，作为临时施工办公区；

设计：范世英、叶胜林、肖代胜。

（2）东侧：有下车坡道，地下室外墙距二期科研后勤楼、体检中心、住院楼场地约 20m；

（3）南侧：地下室外墙距用地红线大于 80m，红线外为半程镇韩家村农田；

（4）西侧：地下室外墙距下车坡道等建（构）筑物最小距离 1.3m，距沂蒙北路 68.8～72.2m，项目竣工后在坡顶建设污水处理池，垃圾转运站。

11.1.3　场地工程地质条件

1. 场地地层埋藏条件及基坑支护设计岩土参数（图 11.2 和表 11.1）

场地地处丘陵地貌单元，地形总体为西北高、东南低，场地内最大高差 4m 左右。场地地层以花岗岩风化层为主，表部有少量耕植土，自上而下分别如下：

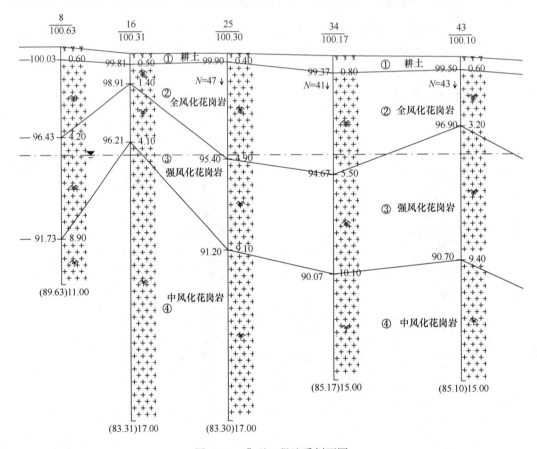

图 11.2　典型工程地质剖面图

①层耕土（Q_4^{ml}）：褐黄色，松散，湿，主要成分为黏性土夹植物根系和碎石等，分布于整个场地，厚度 0.40～0.90m，平均 0.58m。

②层全风化花岗岩（γ_5^3）：黄褐色，粗粒结构，块状构造，主要成分为长石和石英，风化强烈，进尺快，岩芯呈粗砂状，分布于整个场，层顶埋深 0.40～0.90m，层顶标高 97.78～101.87，揭露厚度 0.90～6.90m，平均厚 4.84m。

③层强风化花岗岩：黄褐色，肉红色，岩芯呈块状，部分短柱状，分布于整个场地，层顶埋深 1.40～7.60m，层顶标高 93.37～99.02m，揭露厚度 0.8～6.60m，平均厚 4.39m。

④层中风化花岗岩：肉红色，灰褐色，岩芯呈柱状，部分短柱状，分布于整个场地，

顶面埋深 3.90~11.70，揭露厚度 0.40~13.10m。

表 11.1　边坡支护设计岩土参数

层号	土层名称	γ (kN/m³)	c_{cqk} (kPa)	φ_{cqk} (°)	f_{ak} (kPa)	E_s (MPa)	f_{rk} (MPa)	f_{rbk} (kPa)
①	耕土	19.5	5.0	8.0				30
②	全风化花岗岩	22.0	22.0	30.0	400	20		260
③	强风化花岗岩	24.0			800	45		360
④	中风化花岗岩	24.0			$f_a=2600$		43.4	400

2. 场地地下水埋藏条件

场地地下水为基岩裂隙水，揭露于强风化花岗岩中。

11.2　边坡支护设计方案

边坡设计时，基坑已开挖完毕，集水坑部分开始浇筑垫层。采用复合土钉墙支护，土层放坡坡率约 1∶0.4，设置土钉及预应力锚杆（槽钢腰梁）；岩层采用锚喷支护，放坡坡率约 1∶0.2；地下水控制方式为明沟排水法。

岩层采用油锤破碎方式开挖，因岩层风化程度不同，开挖后岩层坡面凹凸不平。

11.2.1　边坡设计要求

按永久性边坡进行支护设计，同时支护结构应具有止水作用。场地抗震设防烈度为 8 度。

11.2.2　边坡设计方案

采用锚杆挡墙支护方案，北部边坡上部设扶壁式挡墙，局部锚杆挡墙作为坡道侧墙。

1. 锚杆挡墙（图 11.3~图 11.5）

（1）挡板采用现浇钢筋混凝土板，板厚 300mm，混凝土强度等级为 C35，抗渗等级

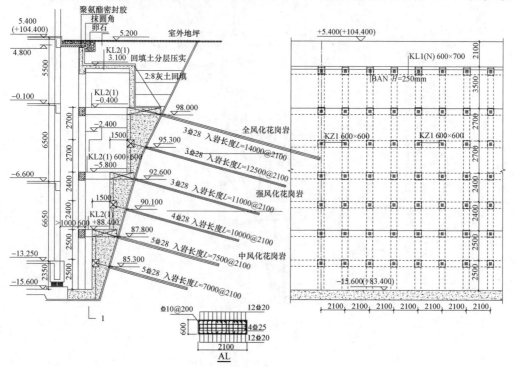

图 11.3　典型锚杆挡墙剖面（一）

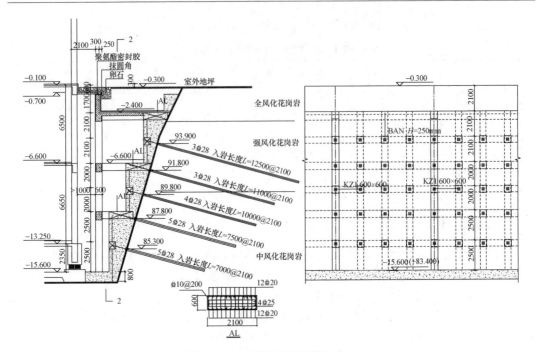

图 11.4　典型锚杆挡墙剖面（二）

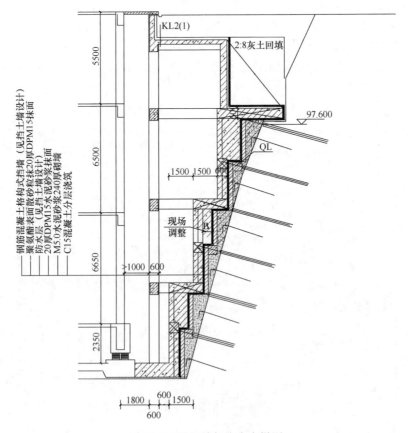

图 11.5　锚杆端部防水大样图

P8，混凝土中添加胶凝材料质量的 3% 复合液，提高混凝土的抗渗、抗裂性能。台阶状，每级高度约 5m。

（2）肋柱和格构梁截面尺寸均为 600mm×600mm，混凝土强度同挡板。

（3）锚杆采用全粘结锚杆，锚孔直径为 150mm，锚杆杆体采用具有环氧树脂涂层的成品耐腐蚀 HRB400 热轧带肋钢筋，采用的绑丝均带橡胶绝缘外皮，对中支架采用成品多孔塑料材质，注浆采用纯水泥浆，水泥为 P.O42.5 级。

（4）墙面防水。板外侧砌筑导墙，将导墙与坡面间采用 C15 素混凝土回填，导墙宽 240mm，并隔层设置一道圈梁，保证其整体稳定性，导墙表面采用 20 厚 DPM15 水泥砂浆抹面，刷基层处理剂（冷底子油一道），2mm 厚非固化橡胶沥青防水涂料，4mm 厚自粘聚合物改性沥青防水卷材（Ⅰ型），满挂 φ0.8 镀锌钢丝网（用粘片胶粘于卷材上 @300mm×300mm），20 厚 M15 水泥砂浆保护层。

（5）锚杆端部防水。端头处满刷 2mm 厚非固化橡胶沥青防水涂料，钢筋上返刷 50mm 高、2mm 厚，同时反包防水做法 50mm 高。

2. 扶壁挡墙（图 11.6）

（1）基坑坡顶标高 97.80～101.90m，规划标高 98.70～104.20m。场地北侧以及东、西两侧的北段后期将进行回填土施工，且回填高度较大。该区域在锚杆挡墙顶部增设扶壁式挡墙。

（2）锚杆挡墙以上为地下坡道等结构时，在结构外侧设置扶壁挡墙。

（3）锚杆挡墙计算时，考虑填土或扶壁挡墙产生的水平力。

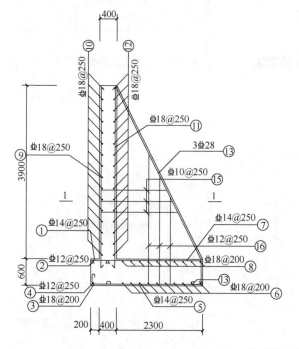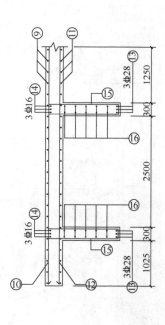

图 11.6　扶壁挡墙大样图

3. 两墙合一（图 11.7～图 11.14）

主楼东侧和西侧分别有进、出主楼地下坡道，均为外坡道。为了减小坡道结构产生的

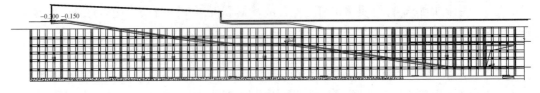

图 11.7 西坡道立面图

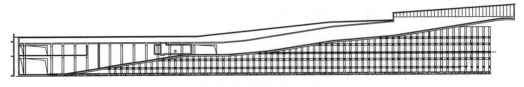

图 11.8 东坡道立面图

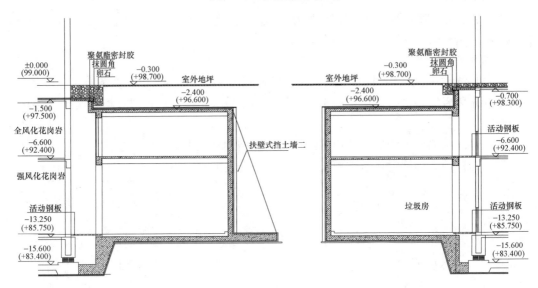

图 11.9 建筑物与坡道关系大样图

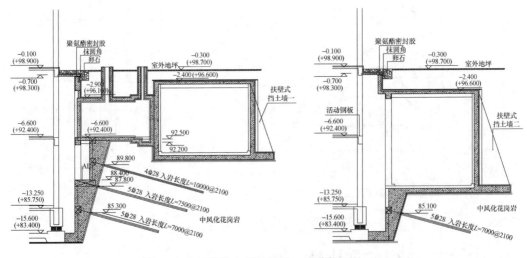

图 11.10 建筑物与锚杆挡墙、坡道断面图（一）

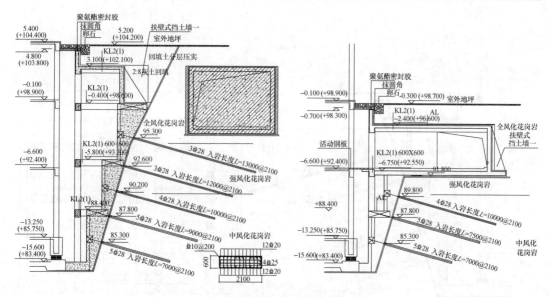

图 11.11　建筑物与锚杆挡墙、坡道断面图（二）

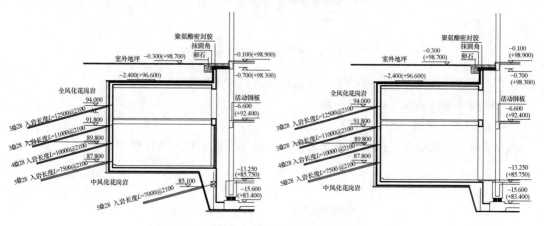

图 11.12　建筑物与锚杆挡墙、坡道断面图（三）

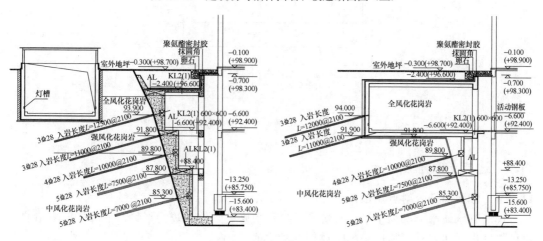

图 11.13　建筑物与锚杆挡墙、坡道断面图（四）

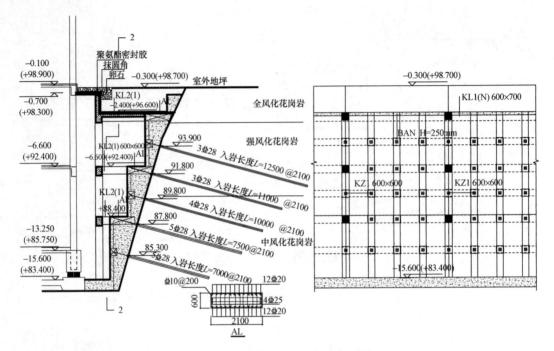

图 11.14　建筑物与锚杆挡墙断面图

水平力，在坡道外侧设置扶壁挡墙，该扶壁挡墙与坡道侧墙为一体。

锚杆挡墙顶标高位于坡道中下部。

4. 钢塑土工格栅（图 11.15）

为了进一步减小扶壁挡墙后填土的压力，局部增设钢塑土工格栅等方案。

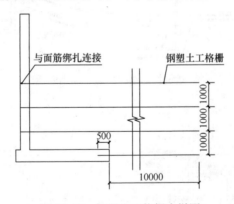

图 11.15　钢塑土工格栅大样图

11.3　边坡支护施工

11.3.1　坡面锚杆入射点定位

现场基坑坡壁上部为土层、基坑开挖过程中修坡到位，较为平整；下部岩层采用油锤破碎，坡面凹凸不平，与挡板的距离均不是定值。

为使锚杆在水平上位于同一标高，锚杆锚入肋柱和格构梁交叉点，坡面锚杆入射点定位尤为重要。因此，锚杆在坡面上的入射点点位采用水平向及竖向同时确定的方式，有两侧施工人员确定锚杆端部的位置，然后根据锚杆角度竖向由施工人员确定在坡面位置，效果良好。

11.3.2　各级挡板水平位置

根据设计要求，挡板最下部与基础边间的净距 2100mm，每级挡板高度 2400mm，上部设置一定宽度平台，平台内布设暗梁，平台的宽度根据该位置的基坑侧壁情况，尽量整体靠向基坑侧壁确定，根据对每一层级平台的竖向标高，在现场定位放线确定宽度，局部需要凿除的区域进行凿除，这样可以提高边坡稳定性及降低回填量。

11.3.3　锚孔塌孔

边坡下部岩石完整性较好，锚杆成孔比较顺利。上部全风化~强风化岩层，锚杆成孔时出现不同程度的塌孔情况，采用跟管钻进工艺成功解决。

11.3.4　导墙施工

为方便挡板外防水施工及后期面板浇筑，先在坡面采用砖砌筑导墙，导墙宽 240mm，导墙与坡面间采用 C15 素混凝土回填，为保证稳定性，间隔一级平台设置钢筋混凝土圈梁。然后在导墙上进行防水施工。

11.4　结束语

（1）该建筑边坡是在基坑支护完毕后进行设计施工的，基坑的安全性已有所保证。但基坑支护设计的结构部分未采取耐久性设计，不能考虑其作用。

（2）设计应搜集基坑支护及降水施工经验，揭示的工程地质与场地地下水埋藏条件，并用于指导本边坡支护设计。

12 威海龙润国际别墅区西侧边坡支护设计与施工

12.1 边坡概况、周边环境及场地工程地质条件

12.1.1 边坡概况

项目位于威海市海埠路以南，滨海大道以北。因别墅区室外坪设计高程为43.00m，西侧道路地面最低高程约25m，且无放坡空间，形成陡立建筑地基边坡，总长度约300m，最大高度约18m。建设单位委托一单位进行边坡支护设计，采用扶壁式挡墙，设计使用年限70年，已按方案施工至墙高4.0～12.0m，后因安全性考虑暂停。

12.1.2 周边环境条件

坡底线距红线3.0m，红线外为规划道路；坡底线距邻近别墅约12.0m。该别墅地上2～3层，框架结构，均采用桩基础；距消防通道约6.0m。边坡平面位置，如图12.1所示。

图12.1 边坡平面位置图

12.1.3 场地工程地质条件

场地地处山坡地貌单元，边坡位于山坡西北方向坡脚，中风化片麻岩出露，局部有少量人工填土和耕植土。

设计：范世英、叶胜林、马连伸。

12.2　项目现状

于 2016 年 12 月 12 日，进行了现场踏勘，项目大致情况如下：

(1) 挡墙开始施工日期为 2016 年 9 月 16 日，停工日为 2016 年 12 月 5 日。

(2) 挡墙地基为中风化片麻岩岩层，已施工挡墙长度约 200m，已施工高度 4.0～12.0m，墙后填土已部分回填，未进行压实处理，靠近挡墙区域回填土顶标高约 35m，然后按约 40°的自然坡度上升至 42m 左右。现状挡墙立面和俯视图，如图 12.2 和图 12.3 所示。

图 12.2　现状挡墙立面图

图 12.3　现状挡墙俯视图

12.3　加固方案设计

12.3.1　整体加固设计方案

挡墙已部分施工，墙后填土大部分已回填但未进行压实处理。建设单位初步意见是在现状填土不挖除的条件下，对挡墙进行加固处理，对尚未施工的挡墙重新设计。

已施工挡墙高度及强度均不满足要求，挡墙填土不满足设计要求。因此，整体加固方案按如下原则设计：

（1）对现状填土进行处理，下部 12.0m 注浆加固处理，上部换填压实灰土。

（2）估计处理后的物理力学参数，根据该物理力学参数，对原挡墙进行受力分析，复核已施工完毕的挡墙安全稳定性。

（3）经验算，原挡墙方案整体稳定性及局部稳定性均不满足规范要求，需进行加固。

（4）将扶壁式挡墙改为锚杆挡墙，在已施工的挡墙面板上设置格构梁，布设预应力锚索。

由于墙后填土厚度大，范围大，能够提供的锚固力有限，因而需要的锚杆数量很多。该方案提交建设单位后，经核算建设单位认为施工费用巨大，不能承受。现状挡墙整体加固设计方案如图 12.4 所示。

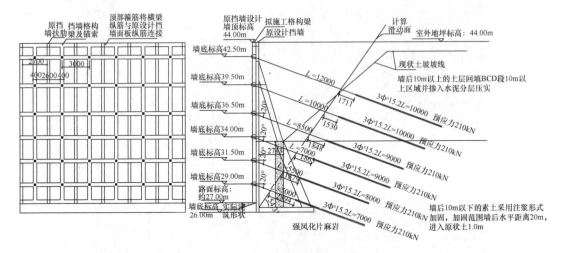

图 12.4　现状挡墙整体加固设计方案

12.3.2　挡墙加固设计方案（图 12.5～图 12.7）

按墙后填土重新换填，对已施工挡墙进行加固补强，以满足要求；对尚未施工的挡墙重新设计。

（1）已有挡墙高度不满足要求，其结构强度不满足规范要求，已施工挡墙需加高、加宽和加强。

（2）在已施工挡墙后增加一高度 10m 的矮扶壁式挡墙，并与已施工挡墙连接，使新挡墙有足够的宽度；在矮挡墙顶部设置顶板与原挡墙连接，增强厚挡墙刚度；加高原挡墙至 43m 标高。组合成一个底板宽度及扶壁宽度均增大的挡墙，满足整体及局部稳定性要求。

（3）墙后回填压实填土，上部增加加筋措施，辅装土工布。

（4）未施工挡墙区域进行新挡墙设计，并与加固挡墙有效连接。

该方案得到了建设单位的认可并予以实施。

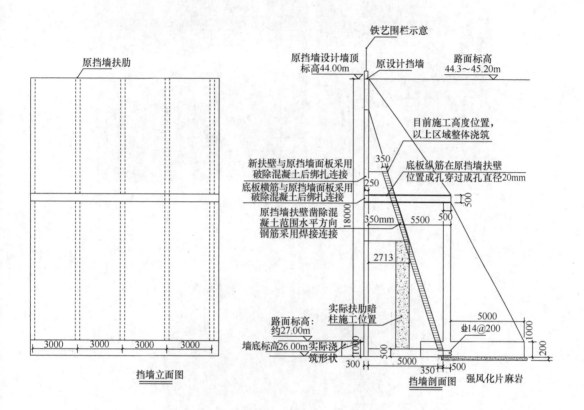

原挡墙扶肋

挡墙立面图

铁艺围栏示意

原挡墙设计墙顶标高44.00m

原设计挡墙

路面标高44.3~45.20m

目前施工高度位置，以上区域整体浇筑

新扶壁与原挡墙面板采用破除混凝土后绑扎连接

底板横筋与原挡墙面板采用破除混凝土后绑扎连接

原挡墙扶壁凿除混凝土范围水平方向钢筋采用焊接连接

底板纵筋在原挡墙扶壁位置成孔穿过成孔直径20mm

实际扶肋暗柱施工位置

路面标高：约27.00m

墙底标高26.00m实际浇筑形状

挡墙剖面图

强风化片麻岩

Φ14@200

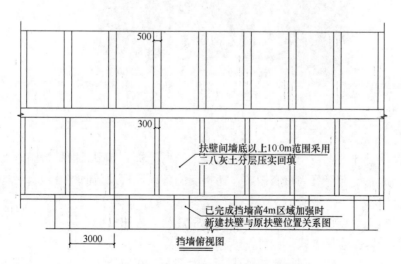

扶壁间墙底以上10.0m范围采用三八灰土分层压实回填

已完成挡墙高4m区域加强时新建扶壁与原扶壁位置关系图

挡墙俯视图

图12.5　现状挡墙加固设计方案

图 12.6　挡墙加固施工图片（一）

图 12.7　挡墙加固施工图片（二）

12.4　结束语

（1）该项目的设计难点在于方案模型的选取及结构分析。其中新旧挡墙组合后的整体稳定性计算及局部稳定性计算为核心内容，新挡墙的各项计算及新旧挡墙组合后原挡墙构件的内部计算。

（2）该项目施工重点在于新旧挡墙的有效连接，初步采用植筋连接，但考虑其耐久性问题后调整为钢筋绑扎连接方式。

（3）该项目挡墙高度超过现行规范要求，且大部分为在原挡墙基础上的加固，方案的合理性及施工质量要求均较高，方案本着安全第一的理念，在深入细致分析和研究的基础上，从安全性方面以及工期、造价方面均取得了良好的效果，得到了建设单位的认可，取得了良好的社会效益及经济效益，体现出较高的综合设计水平。

参考文献

［1］ 中华人民共和国住房和城乡建设部. 建筑地基基础设计规范：GB 50007—2011［S］. 北京：中国建筑工业出版社，2012.

［2］ 中华人民共和国住房和城乡建设部. 建筑边坡工程技术规范：GB 50330—2013［S］. 北京：中国建筑工业出版社，2014.

［3］ 中华人民共和国住房和城乡建设部. 建筑基坑支护技术规程：JGJ 120—2012［S］. 北京：中国建筑工业出版社，2012.

［4］ 中华人民共和国住房和城乡建设部. 建筑与市政工程地下水控制技术规范：JGJ 111—2016［S］. 北京：中国建筑工业出版社，2017.

［5］ 中华人民共和国住房和城乡建设部. 建筑桩基技术规范：JGJ 94—2008［S］. 北京：中国建筑工业出版社，2008.

［6］ 中华人民共和国住房和城乡建设部. 湿陷性黄土地区建筑基坑工程安全技术规程：JGJ 167—2009［S］. 北京：中国建筑工业出版社，2009.

［7］ 中华人民共和国住房和城乡建设部. 建筑基坑工程监测技术标准：GB 50497—2019［S］. 北京：中国计划出版社，2019.

［8］ 山东省住房和城乡建设厅，山东省质量技术监督局. 建筑岩土工程勘察设计规范：DB37/ 5052—2015［S］. 济南：黄河出版社，2016.

［9］ 山东省住房和城乡建设厅，山东省质量技术监督局. 工程建设地下水控制技术规范：DB37/T 5059—2016［S］. 长春：吉林科学技术出版社，2016.

［10］ 中华人民共和国住房和城乡建设部. 岩土工程勘察术语标准：JGJ/T 84—2015［S］. 北京：中国建筑工业出版社，2015.